Technical And Vocational Education

高职高专计算机系列

Photoshop CS5 实用教程（第2版）

Photoshop CS5 Practical Tutorial

郭万军 李辉 ◎ 主编

冯鲲 肖立军 景学红 ◎ 副主编

人民邮电出版社

北京

图书在版编目（CIP）数据

Photoshop CS5 实用教程 / 郭万军，李辉主编. -- 2版. -- 北京 : 人民邮电出版社，2013.4(2018.7重印）
工业和信息化人才培养规划教材. 高职高专计算机系列
ISBN 978-7-115-30825-2

Ⅰ. ①P… Ⅱ. ①郭… ②李… Ⅲ. ①图象处理软件－高等职业教育－教材 Ⅳ. ①TP391.41

中国版本图书馆CIP数据核字(2013)第016508号

内 容 提 要

本书以平面设计为主线，系统地介绍了 Photoshop CS5 的基本使用方法和技巧。

全书共分 11 章，内容包括图形图像的基本概念与 Photoshop CS5 窗口的基本操作，文件操作与颜色的设置方法，各种选择图像的技巧，移动、绘画工具及各种图像编辑与修复工具，绘制和调整路径，3D 工具，文字的输入与编辑，切片的应用，图层、蒙版和通道的应用技巧，色彩校正方法，滤镜，打印图像与系统优化设置等。在讲解工具和命令的同时，穿插了很多功能性的小案例及综合性的案例，使读者能够在理解工具命令的基础上边学边练。每章后面都有精心安排的习题，用于巩固并检验本章所学知识。

本书内容翔实，图文并茂，操作性强，适合作为高职高专院校“电脑平面设计”课程的教材，也可作为 Photoshop 初学者的自学参考书。

◆ 主　　编　郭万军　李　辉
副 主 编　冯　鲲　肖立军　景学红
责任编辑　桑　珊
◆ 人民邮电出版社出版发行　　北京市丰台区成寿寺路 11 号
邮编　100164　　电子邮件　315@ptpress.com.cn
网址　http://www.ptpress.com.cn
北京市艺辉印刷有限公司印刷
◆ 开本：787×1092　1/16
印张：19.5　　2013 年 4 月第 2 版
字数：495 千字　　2018 年 7 月北京第10次印刷

ISBN 978-7-115-30825-2

定价：39.80 元

读者服务热线：(010)81055256　印装质量热线：(010)81055316
反盗版热线：(010)81055315

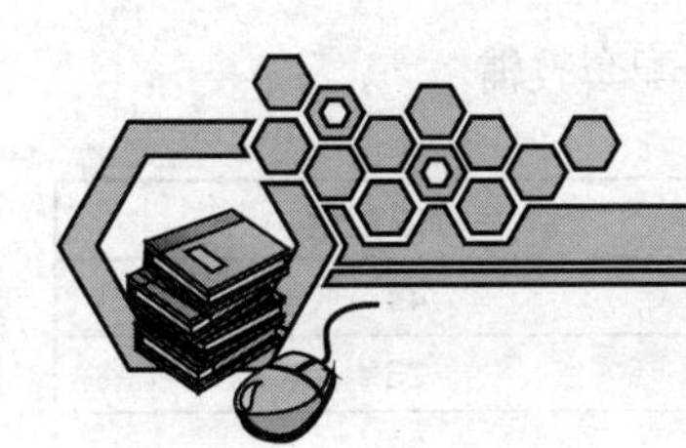

第2版前言

Photoshop 是 Adobe 公司推出的计算机图像处理软件，也是迄今为止适用于 Windows 和 Macintosh 平台的，应用最为广泛的图像处理软件。它强大的图像处理功能，可以使设计者对位图图像进行自由创作。为了帮助高职院校的教师比较全面、系统地讲授这门课程，使学生熟练地使用 Photoshop 来进行图像处理及创作，我们几位长期在高职院校从事艺术设计教学的教师共同编写了这本《Photoshop CS5 实用教程（第 2 版）》。

本书根据高等职业院校学生的实际情况，从软件的基本操作入手，深入浅出地讲述了 Photoshop CS5 的基本功能和使用技巧。在讲解工具和命令时，除了对基本使用方法和参数进行了全面、详细的介绍外，还对常用的、重要的和较难理解的工具和命令，以实例的形式进行了讲解，每章都安排有综合案例，使学生通过操作达到融会贯通、学以致用的目的。

为方便教师教学，本书还配备了内容丰富的教学资源包，其中包括本书用到的所有素材和案例的最终效果。任课教师可登录人民邮电出版社教学服务与资源网（www.ptpedu.com.cn），免费下载资源包来使用。

本课程的教学时数为 72 学时，各章的教学课时可参考以下的课时分配表。

章　节	课程内容	课时分配	
		讲　授	实践训练
第 1 章	基本概念与基本操作	2	2
第 2 章	文件操作与颜色设置	2	2
第 3 章	选择和移动图像	3	3
第 4 章	绘画和编辑图像命令	4	4
第 5 章	图像的修复与修饰	4	5
第 6 章	路径与 3D 工具的应用	3	4
第 7 章	输入工具与切片应用	3	3
第 8 章	图层、蒙版与通道	5	7
第 9 章	色彩校正	2	4
第 10 章	滤镜	2	4
第 11 章	打印图像与系统优化	2	2
课　时　总　计		32	40

本书由郭万军、李辉任主编，冯鲲、肖立军、景学红任副主编，参加编写工作的还有沈精虎、黄业清、宋一兵、谭雪松、向先波、冯辉、计晓明、滕玲、董彩霞、管振起等。

由于编者水平有限，书中难免存在疏漏和不妥之处，恳切希望广大读者批评指正。

编　者

2012 年 11 月

《Photoshop CS5 实用教程》教学辅助资源及配套教辅

素材类型	名称或数量	素材类型	名称或数量
教学大纲	1 套	课堂实例	44
电子教案	11 单元	课后实例	23
PPT 课件	11 个	课后答案	23

素材类型	名称或数量
第 1 章 基本概念与基本操作	制作图案
	制作照片排列效果
第 2 章 文件操作与颜色设置	调整图像文件大小
	调整图像画布大小
	设置标尺
	设置网格
	设置参考线
	制作化妆品包装图
	填充图案
	添加裁切线
第 3 章 选择和移动图像	套索工具练习
	制作照片的边框
	利用【色彩范围】命令选择图像
	羽化选区应用练习
	在当前文件中移动图像
	复制图像
	制作立体包装盒
	选取图像
	制作花布效果
	对人物像片进行装饰
	书籍装帧效果制作
第 4 章 绘画工具和编辑图像命令	面部化彩妆
	绘制梅花国画
	绘制标贴
	定义和填充图案
	绘制护肤品的软体包装
	制作纹理效果
	绘制几何体
第 5 章 图像的修复与修饰	重新构图裁切照片
	固定比例裁切照片
	旋转裁切倾斜的图像
	透视裁切倾斜的照片
	修复图像并制作双胞胎效果
	修复图像
	合成图像

素材类型	名称或数量
第 6 章 网站及网页广告设计	定义形状图形
	绘制小绵羊
	为花瓶贴图
	绘制邮票
	设计房地产宣传单
	选取图像更换背景
	制作炫光效果
第 7 章 文字工具与切片应用	输入文字并编辑
	设计报纸广告
	制作印章效果
	制作标贴
	制作候车亭广告
	设计杂志广告
第 8 章 图层、蒙版与通道	智能对象变换操作
	自动更新智能对象
	编辑修改智能滤镜
	制作按钮效果
	制作空间穿越特效
	制作墙壁剥落的旧画效果
	利用通道选取图像
	设计电影海报
第 9 章 色彩校正	为汽车更换颜色
	选择灰色背景中的婚纱人物
	制作儿童相册
	制作单色调效果
	调整出健康红润的皮肤颜色
	使用【消失点】命令给沙发贴图
第 10 章 滤镜	制作梦幻的光效翅膀
	制作透明玻璃效果字
	制作水墨画效果
	制作撕纸效果
第 11 章 打印图像与系统优化	打印图像

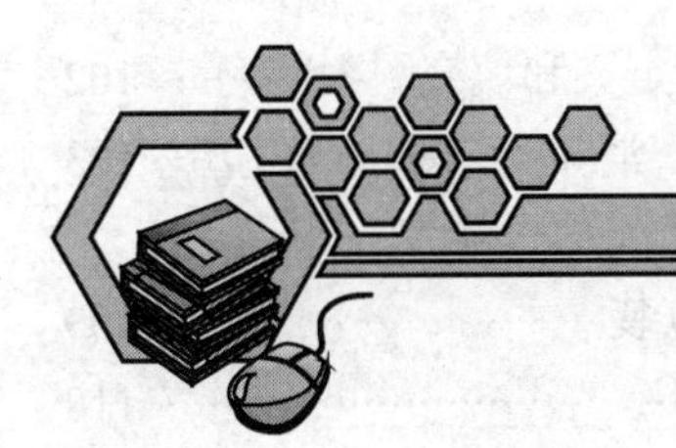

目　录

第1章 基本概念与基本操作

在 Adobe 公司出品的图形图像处理软件中，Photoshop CS5 版本的功能更强大、操作更灵活，为使用者提供了更为广阔的创作空间，使平面设计工作更加方便、快捷。

Photoshop CS5 作为专业的图像处理软件，给用户提供了新的创作方式，可制作出适用于打印、Web 图形和其他用途的最佳品质的图像，以提高工作效率。通过它便捷的文件数据访问、流线型的 Web 设计、更快的专业品质照片润饰功能及其他功能，可创造出无与伦比的影像世界。本章将主要介绍运行 Photoshop CS5 软件的环境要求、软件的应用领域、基本概念、软件的界面窗口及简单的操作等。

1.1 叙述约定

屏幕上的鼠标指针表示鼠标所处的位置，当移动鼠标时，屏幕上的鼠标指针就会随之移动。通常情况下，鼠标指针的形状是一个左指向的箭头。在某些特殊操作状态下，鼠标指针的形状会发生变化。在 Photoshop CS5 的操作中，会用到鼠标的 5 种基本操作，为了叙述方便，本书约定如下。

- 移动：在不按鼠标键的情况下移动鼠标，将鼠标指针指到某一位置。
- 单击：快速按下并释放鼠标左键。单击可用来选择工具、执行命令等，除非特别说明，否则，以后所出现的单击都是指用鼠标左键。
- 双击：快速、连续地单击鼠标左键两次。双击通常用于打开对象。除非特别说明，否则，以后所出现的双击都是指用鼠标左键。
- 拖曳：按住鼠标左键并移动鼠标指针到一个新位置，然后，释放鼠标左键。拖曳操作可用来绘制选框、绘制图形、移动图形及复制图形等。除非特别说明，否则，以后所出现的拖曳都是指按住鼠标左键。
- 右击：快速按下并释放鼠标右键。这个操作通常用于打开一个快捷菜单。

为了方便读者学习后面的章节，对一些常用术语的约定如下。

• “+”：指在键盘上同时按下“+”左、右两边的两个键，例如，“Ctrl+Z”表示同时按下 Ctrl 和 Z 两个键；或者先按住 Ctrl 键，然后，再按 Z 键，执行完毕后，同时释放两个键。在实际工作的过程中，后一种方法比较常用。

在利用快捷键执行命令时，还可能同时按更多的键，与上述操作相同，即一定要先按住键盘上的辅助键（如 Shift 键、Ctrl 键或 Alt 键）不放，然后，再按键盘上的其他键，否则，不能执行相应的操作。

• 【 】：符号中的内容表示菜单命令或对话框中的选项等。

• “/”：表示执行菜单命令的层次，例如，执行【文件】/【新建】命令，表示先选择【文件】菜单，然后，在弹出的下拉菜单中执行【新建】命令。

1.2 Photoshop 的应用领域

Photoshop 的应用范围非常广泛。从修复照片到制作精美的图片，从打印输出到上传到 Internet，从设计简单图案到设计专业平面或网页，该软件都可胜任，而且，可以优质、高效地帮助用户完成每项工作。

1.2.1 Photoshop 的用途

Photoshop 的应用领域主要有平面广告设计、网页设计、包装设计、CIS 企业形象设计、装潢设计、印刷制版、游戏、动漫形象及影视制作等。

• 平面广告设计行业。包括图案设计、文字设计、色彩设计、招贴设计（即海报设计）、POP 广告设计、户外广告设计、DM 广告设计、各类企业宣传品设计等。

• 网页设计行业。包括界面设计及动画素材的处理等。

• 包装设计行业。包括各类工业产品、食品、化妆品及书籍装帧等。

• CIS 企业形象设计行业。包括标志设计、服装设计及各种标牌设计等。

• 装潢设计行业。包括各种室内外效果图的后期处理等。用 Photoshop 对效果图进行后期处理，可以将单调乏味的建筑场景处理得真实、细腻。

• 印刷制版行业。主要是对设计好的版面进行排版或打印输出。

• 游戏行业。主要包括游戏界面的设计、游戏角色贴图的绘制、场景的绘制和整理等。

• 动漫形象及影视行业。包括贴图的绘制、卡通造型效果的表现、影视片头及片尾的特效制作等。

1.2.2 案例赏析

下面是一些利用 Photoshop 绘制的作品，希望读者能通过欣赏这些作品，提高对 Photoshop 软件的理解和学习兴趣。

（1）标志设计，如图 1-1 所示。

（2）艺术字体设计，如图 1-2 所示。

图 1-1　标志设计

图 1-2　字体设计

（3）卡通形象和吉祥物设计，如图 1-3 所示。

图 1-3　吉祥物设计

（4）插画绘制，如图 1-4 所示。

图 1-4　插画绘制

（5）老照片翻新处理，效果如图 1-5 所示。

图 1-5　老照片翻新处理

（6）照片个性色调调整，效果如图 1-6 所示。

图 1-6　照片个性色调调整

（7）数码照片合成，效果如图 1-7 所示。

图 1-7　数码照片合成效果

（8）结合【滤镜】命令制作的各种特效，如图 1-8 所示。

图 1-8　结合【滤镜】命令制作的特殊效果

（9）各种造型的鼠绘作品，如图 1-9 所示。

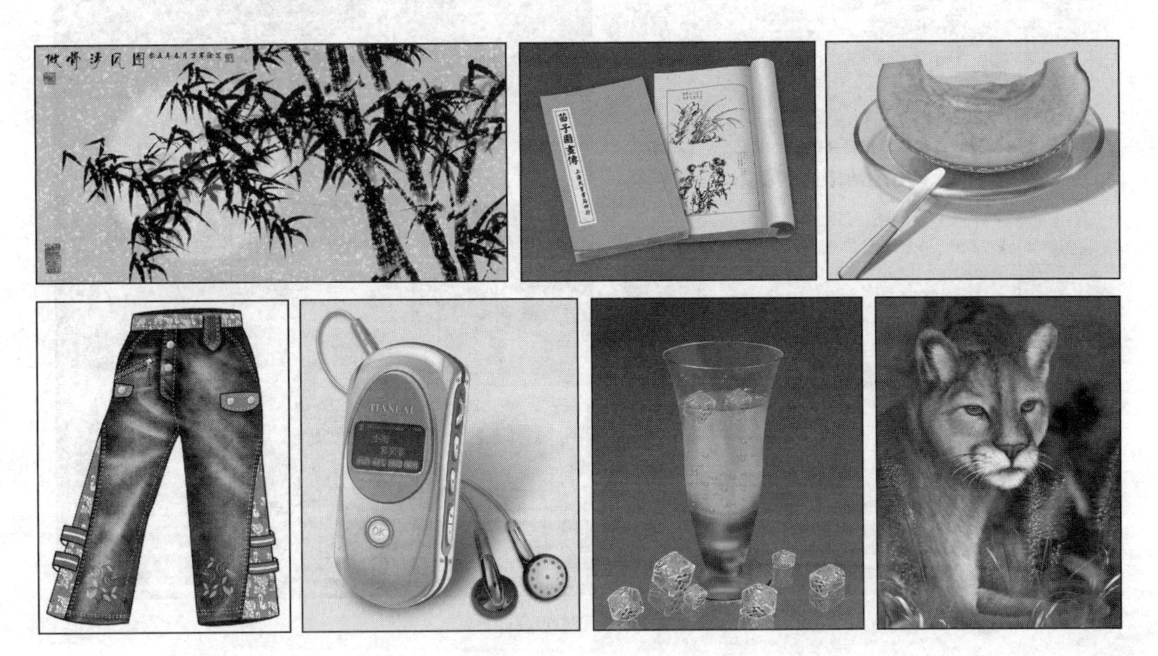

图 1-9　鼠绘作品

（10）各类广告设计，效果如图 1-10 所示。

图 1-10　广告设计

（11）网页设计，效果如图 1-11 所示。

（12）包装设计，效果如图 1-12 所示。

图 1-11　网页设计

图 1-12　包装设计

1.3　基本概念

学习并掌握 Photoshop 的基本概念，是应用好该软件的关键，也是深刻理解该软件的性质和功能的基础。本节要讲解的基本概念包括位图和矢量图、像素与分辨率、图像尺寸、图像文件大小、颜色模式及常用的文件格式等。

1.3.1　位图和矢量图

位图和矢量图是根据运用软件及最终存储方式的不同而生成的两种不同的文件类型。在图像处理过程中，分清位图和矢量图的不同性质是非常必要的。

一、位图

位图，也叫光栅图，是由很多个像小方块一样的颜色网格（即像素）组成的图像。位图中的像素由其位置值与颜色值表示，也就是将不同位置上的像素设置成不同的颜色，即组成了一幅图像。图 1-13 所示为一幅位图图像的小图及放大后的显示对比效果，从图中可以看出像素的小方块形状与不同的颜色。对位图的编辑操作实际上是对位图中的像素进行的编辑操作，而不是编辑图像本身。由于位图能够表现出颜色、阴影等一些细腻色彩的变化，因此，位图是一种具有色调的图像的数字表示方式。

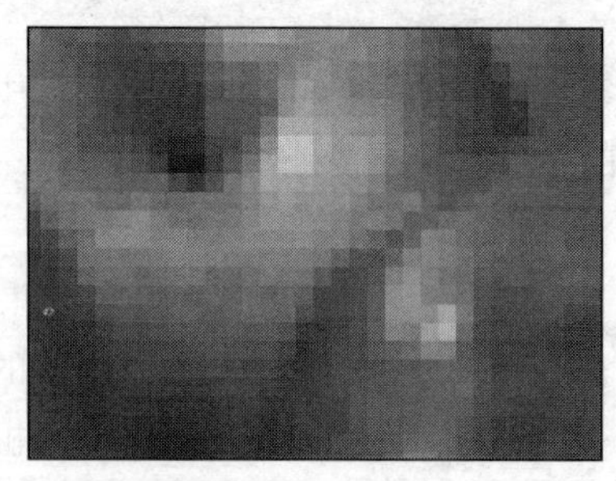

图 1-13　位图图像小图与放大后的显示对比效果

位图具有以下特点。

- 文件所占的空间大。用位图存储高分辨率的彩色图像需要较大的储存空间，这是因为像素之间相互独立，所占的硬盘空间、内存和显存都比矢量图大。
- 会产生锯齿。位图是由最小的色彩单位“像素点”组成的，所以，位图的清晰度与像素点的多少有关。将位图放大到一定的倍数后，看到的便是一个一个的像素，即一个一个方形的色块，整体图像便会变得模糊且有锯齿。
- 位图图像在表现色彩、色调方面比矢量图更加优越，尤其是在表现图像的阴影和色彩的细微变化方面效果更佳。

在平面设计方面，制作位图的软件主要是 Adobe 公司推出的 Photoshop，该软件可以说是目前平面设计中处理图形图像的首选软件。

二、矢量图

矢量图，又称向量图，是由图形的几何特性来描述并组成的图像，其特点如下。

- 文件小。由于图像中保存的是线条和图块的信息，因此，矢量图形与分辨率和图像大小无关，只与图像的复杂程度有关。简单图像所占的存储空间小。
- 图像大小可以无级缩放。在对图形进行缩放、旋转或变形操作后，图形仍具有很高的显示和印刷质量，且不会产生锯齿样的模糊效果。图 1-14 所示为矢量图的小图和放大后的显示对比效果。
- 可采取高分辨率印刷。矢量图形文件可以在任何输出设备及打印机上以打印机或印刷机的最高分辨率打印输出。

在平面设计方面，制作矢量图的软件主要有 CorelDRAW、Illustrator、InDesign、Freehand、PageMaker 等，用户可以用这些软件对图形和文字等进行处理。

图 1-14　矢量图的小图和放大后的显示对比效果

1.3.2　像素与分辨率

像素与分辨率是 Photoshop 中最常用的两个概念。对像素与分辨率的设置决定了文件的大小及图像的质量。

一、像素

像素（Pixel）是用来计算数字影像的一种单位。一个像素的尺寸不好衡量，它实际上只是屏幕上的一个光点。计算机显示器、电视机、数码相机等屏幕都使用像素作为基本度量单位，屏幕的分辨率越高，像素就越小。

像素是组成数码图像的最小单位，例如，一幅标有 1024 像素×768 像素的图像，就表明这幅图像的长边有 1024 个像素，宽边有 768 个像素，1024 像素×768 像素=786 432 像素，即这是一幅具有近 80 万像素的图像。

二、分辨率

分辨率（Resolution）是数码影像中的一个重要概念，它是指在单位长度中所表达或获取像素的数量。图像分辨率使用的单位是 PPI（Pixel per Inch），意思是“每英寸所表达的像素数目”。另外，还有一个概念是打印分辨率，它的使用单位是 DPI（Dot per Inch），意思是“每英寸所表达的打印点数”。

PPI 和 DPI 这两个概念经常被混用。从技术角度上说，PPI 只存在于屏幕的显示领域，而 DPI 只出现于打印或印刷领域。初学图像处理的用户可能难以分辨，这需要一个逐步理解的过程。

分辨率越高的图像，其包含的像素就越多，图像文件的长度也就越大，因此，能非常好地表现出图像丰富的细节，但会增加文件的大小，也需要耗用更多的计算机内存（RAM）资源并占用更大的硬盘存储空间等。而分辨率越低的图像，其包含的像素就越少，图像也就越粗糙，在排版、打印后，也会非常模糊。在图像处理过程中，必须根据图像最终的用途选用合适的分辨率，在能够保证输出质量的情况下，尽量选用更低的分辨率，不要因为分辨率过高而占用更多的计算机资源。

1.3.3　图像尺寸

图像尺寸指的是图像文件的宽度和高度尺寸。根据图像的不同用途，图像尺寸可以用“像素”、“英寸”、“厘米”、“毫米”、“点”、“派卡”和“列”等单位，例如，像素可以用于屏幕显示的度量，英寸、厘米可以用于图像文件打印输出尺寸的度量。

显示器显示图像的像素尺寸一般为 800 像素 × 600 像素或 1024 像素 × 768 像素等，大屏幕的液晶显示器的像素点还要高些。在 Photoshop 中，图像像素是直接转换为显示器像素的，当图像的分辨率比显示器的分辨率高时，图像将被显示得比指定的尺寸大，例如，288 像素/英寸、1 × 1 英寸的图像在 72 像素/英寸的显示器上将显示为 4 × 4 英寸的大小。

图像在显示器上的尺寸取决于图像的分辨率及显示器设置的分辨率，与打印尺寸无关。

1.3.4　图像文件大小

图像文件的大小由计算机存储的基本单位字节（byte）来度量。一个字节由 8 个二进制位（bit）组成，所以，一个字节的积数范围在十进制中为 0～255，即 2^8 共 256 个数。

因为图像的颜色模式不同，所以，图像中每一个像素所需要的字节数也不同。灰度模式图像的每一个像素灰度由一个字节的数值表示；RGB 颜色模式图像的每一个像素由 3 个字节（即 24 位）组成的数值表示；CMYK 颜色模式图像的每一个像素由 4 个字节（即 32 位）组成的数值表示。

一个具有 300 像素 × 300 像素的图像，在不同模式下文件的大小计算如下。

灰度图像：300 × 300=90000byte=90KB

RGB 图像：300 × 300 × 3=270000byte=270KB

CMYK 图像：300 × 300 × 4=360000byte=360KB

1.3.5　颜色模式

图像的颜色模式是指图像在显示及打印时定义颜色的不同方式。计算机软件系统为用户提供的颜色模式主要有 RGB 颜色模式、CMYK 颜色模式、Lab 颜色模式、位图颜色模式、灰度颜色模式和索引颜色模式等。每一种颜色模式都有其使用范围和优缺点，也可以根据处理图像的需要，在各模式之间进行模式转换。

一、RGB 颜色模式

RGB 颜色模式是屏幕显示的最佳模式，该模式下的图像是由红（R）、绿（G）、蓝（B）3 种基本颜色组成的。这种模式下的图像中的每个像素颜色用 3 字节（24 位）来表示，每一种颜色又可以有 0～255 的亮度变化，所以，能够反映出大约 16.7×10^6 种颜色。

RGB 颜色模式又叫光色加色模式，因为每叠加一次具有红、绿、蓝亮度的颜色，其亮度都有所增加，红、绿、蓝三色相加为白色。显示器、扫描仪、投影仪、电视等设备的屏幕都采用这种加色模式。

二、CMYK 颜色模式

CMYK 颜色模式下的图像是由青色（C）、洋红（M）、黄色（Y）、黑色（K）这 4 种颜色构成的。该模式下的图像的每个像素颜色由 4 字节（32 位）来表示，每种颜色的数值范围为 0%～100%，其中青色、洋红和黄色分别是 RGB 颜色模式中红、绿、蓝的补色，例如，用白色减去青色,剩余的就是红色。CMYK 颜色模式又叫减色模式,由于一般打印机或印刷机的油墨都是 CMYK 颜色模式，所以，这种模式主要用于彩色图像的打印或印刷输出。

三、Lab 颜色模式

Lab 颜色模式是 Photoshop 的标准颜色模式，也是由 RGB 模式转换为 CMYK 模式之间的中间模式。它的特点是在使用不同的显示器或打印设备时，所显示的颜色都是相同的。

四、灰度颜色模式

灰度颜色模式下的图像中的像素颜色用一个字节来表示,即每一个像素可以用 0～255 个不同的灰度值表示，其中 0 表示黑色，255 表示白色。一幅灰度图像在转变成 CMYK 模式后可以增加色彩。如果将 CMYK 模式的彩色图像转换为灰度模式，则颜色不能恢复。

五、位图颜色模式

位图颜色模式下的图像中的像素用一个二进制位表示，即由黑和白两种颜色组成。

六、索引颜色模式

索引颜色模式下的图像中的像素颜色用一个字节来表示，像素只有 8 位，最多可以包含 256 种颜色。将 RGB 或 CMYK 颜色模式的图像转换为索引颜色模式后，软件将为其建立一个 256 色的色表，用于存储并索引其所用颜色。这种模式的图像质量不是很高，一般适用于多媒体动画制作中的图片或 Web 页中的图像。

1.3.6 常用的文件格式

了解各种文件格式对进行图像编辑、保存及文件转换有很大的帮助。

下面来介绍平面设计软件中常用的几种图形、图像文件格式。

- PSD 格式：此格式是 Photoshop 的专用格式。它能保存图像数据的每一个细节，包括图像的层、通道等信息，确保各层之间相互独立，便于以后进行修改。PSD 格式还可以用于保存 RGB 或 CMYK 等颜色模式的文件，但唯一的缺点是保存的文件比较大。
- CDR 格式：此格式是 CorelDRAW 专用的矢量图格式，它可将图片定义为图形原语（矩形、直线、文本、弧形和椭圆等）的列表，并以逐点的形式映射到页面上，因此，在缩小或增大矢量图形的大小时，原始图像不会变形。
- BMP 格式：此格式是 Microsoft 公司软件的专用格式，也是 Photoshop 最常用的位图格式之一，支持 RGB、索引颜色、灰度和位图颜色模式的图像，但不支持 Alpha 通道。
- EPS 格式：此格式是一种跨平台的通用格式，几乎所有的图形图像和页面排版软件都支持该文件格式。它可以保存路径信息并在各软件之间进行相互转换。另外，这种格式在保存时可选用 JPEG 编码方式压缩，不过，这种压缩会破坏图像的外观质量。
- JPEG 格式：此格式是较常用的图像格式，支持真彩色、CMYK、RGB 和灰度颜色模式，但不支持 Alpha 通道。JPEG 格式可用于 Windows 和 MAC 平台，它是所有压缩格式中最卓越的。虽然它是一种有损的压缩格式，但在文件压缩前，可以在弹出的对话框中设置压缩的大小，这样就可以有效地控制压缩时损失的数据量了。JPEG 格式也是目前网络可以支持的图像文件格式之一。

- TIFF 格式：此格式是一种灵活的位图图像格式。TIFF 在 Photoshop 中可支持 24 个通道，是除了 Photoshop 自身格式外，唯一能存储多个通道的文件格式。
- AI 格式：此格式是一种矢量图像格式，在 Illustrator 中经常被用到。在 Photoshop 中，可以将保存了路径的图像文件输出为“*.AI”格式，然后，在 Illustrator 和 CorelDRAW 中直接打开它并进行修改处理。
- GIF 格式：此格式是由 CompuServe 公司制定的，能存储背景透明化的图像格式，但只能处理 256 种色彩。常用于网络传输，其传输速度要比其他格式的文件快很多，并且，可以将多张图像存储成一个文件而形成动画效果。
- PNG 格式：此格式是 Adobe 公司针对网络图像开发的文件格式。这种格式可以使用无损压缩方式压缩图像文件，并利用 Alpha 通道制作透明背景，是功能非常强大的网络文件格式，但较早版本的 Web 浏览器可能不支持该格式。

1.4 Photoshop CS5 界面

在计算机中安装好 Photoshop CS5 后，单击桌面任务栏中的 开始 按钮，在弹出的菜单中依次选择【程序】/【Adobe Design Premium CS5】/【Adobe Photoshop CS5】命令，即可启动该软件。

1.4.1 Photoshop CS5 界面布局

启动 Photoshop CS5 之后，在工作区中打开一幅图像，默认的界面窗口布局如图 1-15 所示。

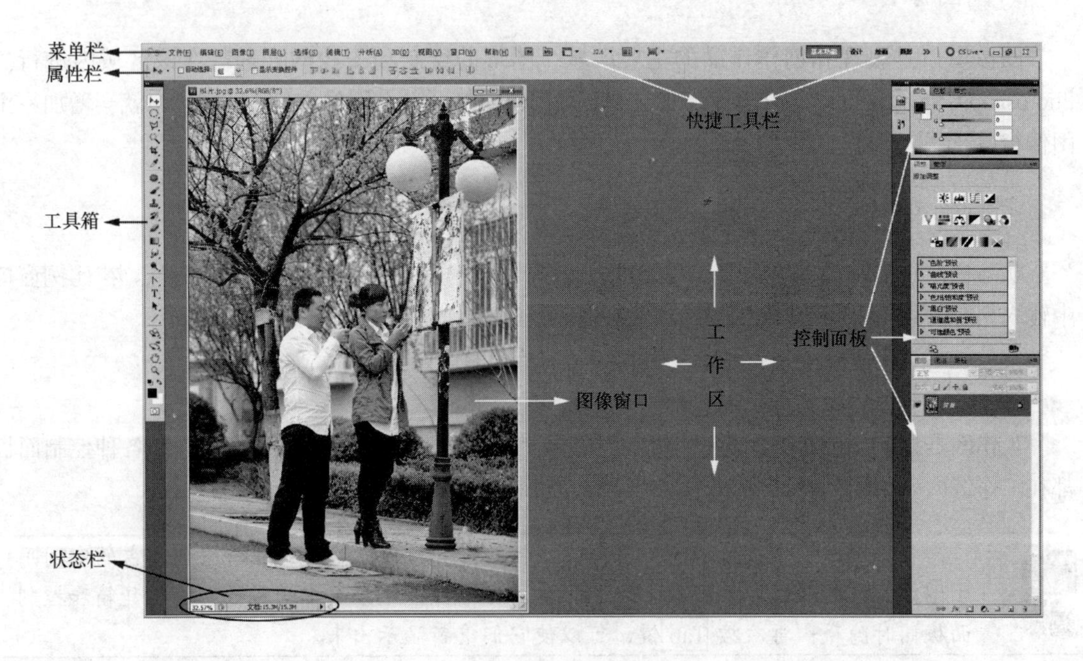

图 1-15　界面窗口布局

Photoshop CS5 的界面按其功能可分为菜单栏、快捷工具栏、属性栏、工具箱、控制面板、图像窗口、状态栏和工作区几部分。下面介绍各部分的功能和作用。

一、菜单栏

菜单栏中包括【文件】、【编辑】、【图像】、【图层】、【选择】、【滤镜】、【分析】、【3D】、【视图】、【窗口】和【帮助】，共 11 个菜单。单击任意一个菜单，将会弹出相应的下拉菜单，其中包含若干个子命令，选择任意一个子命令即可执行相应的操作。

二、快捷工具栏

快捷工具栏用于显示软件名称、各种快捷按钮和当前图像窗口的显示比例等。右侧 3 个按钮 中的前两个按钮 用于控制界面的显示大小， 按钮用于退出 Photoshop CS5。

三、属性栏

属性栏用于显示当前选择的工具按钮的参数和选项设置。在工具箱中选择不同的工具按钮，属性栏中显示的选项和参数也各不相同。

四、工具箱

工具箱中包含各种图形绘制和图像处理工具，如对图像进行选择、移动、绘制、编辑和查看的工具，在图像中输入文字的工具、3D 变换工具及更改前景色和背景色的工具等。

五、控制面板

控制面板用于对当前图像的色彩、大小显示、样式及相关操作等进行设置或控制。

六、图像窗口

图像窗口是表现和创作作品的主要区域，图形的绘制和图像的处理都在该区域内进行。Photoshop CS5 允许同时打开多个图像窗口，每创建或打开一个图像文件，工作区中就会增加一个图像窗口。

七、状态栏

状态栏位于图像窗口的底部，用于显示图像的当前显示比例和文件大小等信息。在比例窗口中输入相应的数值，就可以直接修改图像的显示比例。

八、工作区

工作区是指 Photoshop CS5 工作界面中的大片灰色区域，工具箱、图像窗口和各种控制面板都在工作区内。

提示

在绘图过程中，可以将工具箱、控制面板和属性栏隐藏，以将它们所占的空间用于图像窗口的显示。按键盘上的 Tab 键，可以将工作界面中的属性栏、工具箱和控制面板同时隐藏；再次按 Tab 键，可以使它们重新显示出来。

1.4.2　工具箱

工具箱的默认位置位于界面的左侧，包含 Photoshop CS5 的各种图形绘制和图像处理工具，例如，对图像进行选择、移动、绘制、编辑和查看的工具，在图像中输入文字的工具，更改前景色和背景色的工具及不同编辑模式工具等。注意，将鼠标指针放置在工具箱上方的蓝色区域内，按住鼠标左键并拖曳鼠标即可移动工具箱到工作区中的任意位置。单击工具箱中最上方的按钮，可以将工具箱转换为单列或双列显示。

当鼠标指针移动到工具箱中的任一按钮上时，该按钮将凸出显示，如果鼠标指针在工具按钮上停留一段时间，鼠标指针的右下角将会显示该工具的名称。单击工具箱中的任一工具按钮可将其选定。绝大多数工具按钮的右下角带有黑色的小三角形，表示该工具是个工具组，还有其他隐藏的同类工具。将鼠标指针放置在黑色小三角形按钮上，按住鼠标左键不放或单击鼠标右键，隐藏的工具即可显示出来，其中包含工具的名称和键盘快捷键，如图 1-16 所示。在展开的工具组中的任意一个工具按钮上单击，即可将其选定。

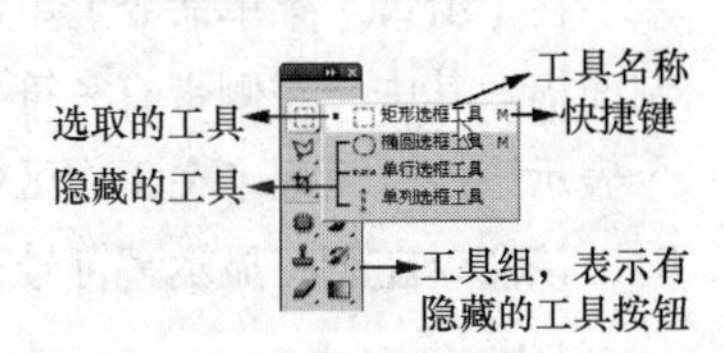

图 1-16　展开的工具组

工具箱及其所有隐藏的工具按钮如图 1-17 所示。

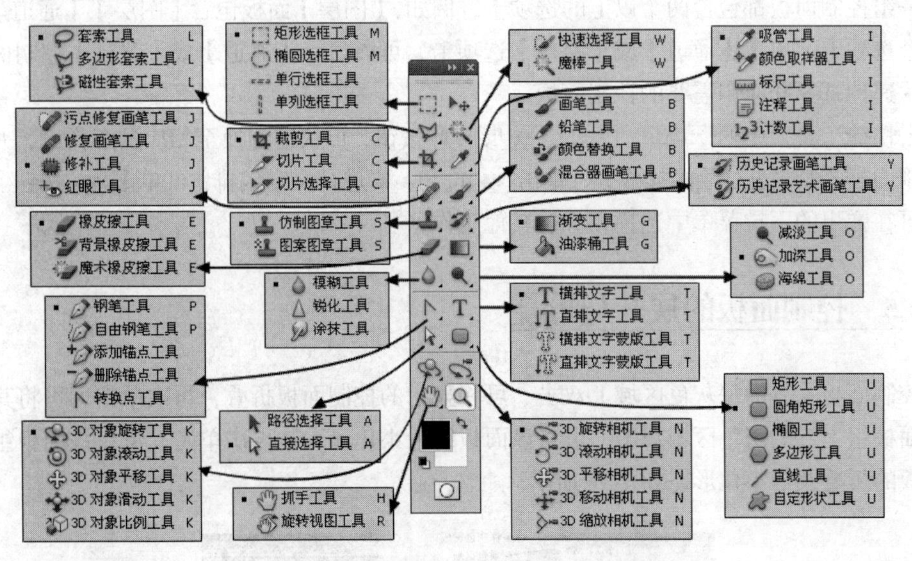

图 1-17　工具箱及其所有隐藏的工具按钮

1.4.3　软件窗口大小的调整

单击 Photoshop CS5 快捷工具栏右边的按钮，可以使工作界面窗口变为最小化图标状态，其最小化图标会显示在 Windows 系统的任务栏中。在 Windows 系统的任务栏中单击最小化后的图标后，工作界面窗口将还原为最大化显示。

单击快捷工具栏右侧的按钮，可以调整窗口为还原状态，按钮即变为形态，单击该按钮可以使还原后的窗口最大化显示。单击按钮，可以将当前窗口关闭，退出 Photoshop CS5。

无论 Photoshop CS5 窗口是最大化显示还是还原显示，只要将鼠标指针放置在标题栏的蓝色区域内双击，即可将窗口在最大化和还原状态之间切换。当窗口为还原状态时，将鼠标指针放置在窗口的任意边缘处，鼠标指针将变为双向箭头形状，此时，按住鼠标左键并拖曳鼠标，可以将窗口调整至任意大小。将鼠标指针放在标题栏的蓝色区域内，按住鼠标左键并拖曳鼠标，可以将窗口放置到 Windows 窗口中的任意位置。本节介绍了 Photoshop CS5 窗口大小的调整方法，对于其他软件或打开的任何文件，都可以通过这种方法来调整窗口的大小。

1.4.4　控制面板的显示与隐藏

在【窗口】菜单命令上单击，将会弹出下拉菜单，该菜单中包含了 Photoshop CS5 的所有控制面板。其中，左侧带有✔符号的命令表示该控制面板已在工作区中显示；左侧不带✔符号的命令表示该控制面板未在工作区中显示。选择不带✔符号的命令即可使该面板在工作区中显示，同时，该命令左侧将显示✔符号；选择带有✔符号的命令则可以将显示的控制面板隐藏。

反复按 Shift+Tab 组合键，可以将工作界面中的所有控制面板在隐藏和显示之间切换。

每一组控制面板都包含两个以上的选项卡，例如，【图层】面板包含【图层】、【通道】和【路径】3 个选项卡，单击【通道】或【路径】选项卡，可以显示【通道】或【路径】控制面板，这样可以快速地选择和应用需要的控制面板。

单击快捷工具栏中的 基本功能 、 设计 、 绘画 或 摄影 按钮，可快速切换至相应的工作区，并显示相关的控制面板。如要进行绘画操作，可单击 绘画 按钮；要进行文字编排，可单击 设计 按钮。单击 » 按钮，可在弹出的下拉菜单中选择相应的其他工作区。

1.4.5　控制面板的展开与折叠

在控制面板上方的深灰色区域上双击，可将显示的控制面板折叠，再次单击即可将其展开；在每个面板组上方的灰色区域双击，可将该面板组最小化显示，再次单击，可将该面板组展开。控制面板的折叠及最小化形态如 1-18 所示。

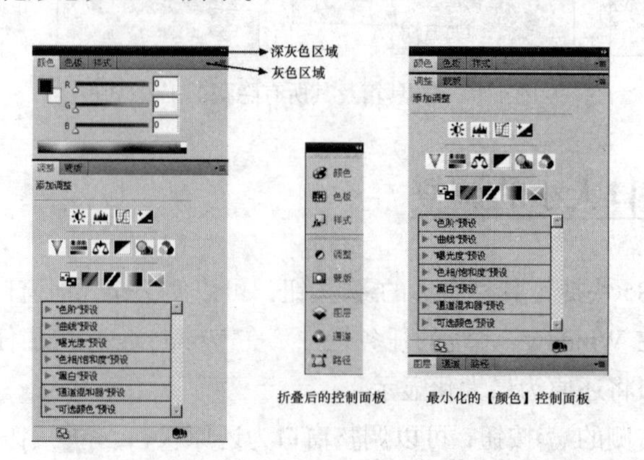

图 1-18　控制面板的折叠及最小化形态

单击已折叠控制面板的按钮可将该面板展开，如单击 按钮，展开的【颜色】控制面板如图 1-19 所示；再次单击该按钮或单击控制面板右上角的 按钮，即可将展开的面板折叠。

将鼠标指针放在面板组上方的灰色区域，按住鼠标左键并向工作区中拖曳，可将控制面板拖离默认的位置；将鼠标指针放在拖离原位置的面板上方的灰色区域，按住鼠标左键并向原来的位置拖曳，当出现如图 1-20 所示的蓝色线时释放鼠标左键，可将控制面板移回到原来的位置。

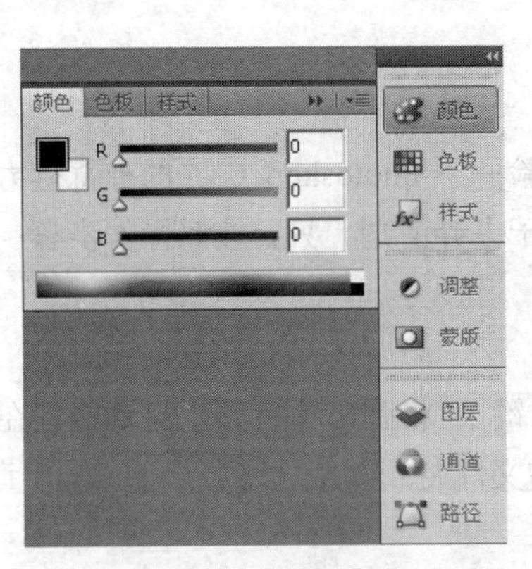
图 1-19　展开的【颜色】控制面板

图 1-20　拖曳控制面板时的状态

1.4.6　控制面板的拆分与组合

为了使用方便，可以对以组的形式堆叠的控制面板进行重新排列，包括向组中添加面板或从组中移出指定的面板。

将鼠标光标移动到需要分离出来的面板选项卡上，按住鼠标左键并向工作区中拖曳，释放鼠标左键后，即可将需要分离的面板从组中分离出来，操作过程如图 1-21 所示。

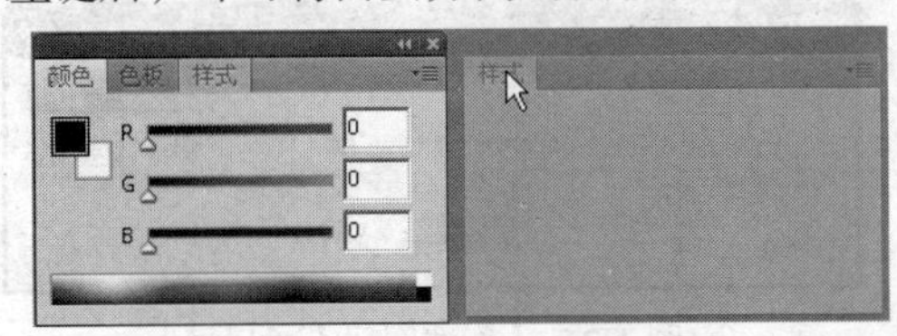
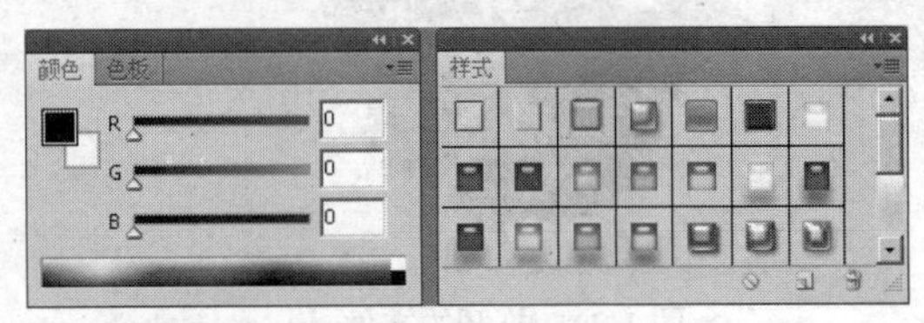
图 1-21　分离控制面板的操作过程示意图

将控制面板分离出来后，还可以将它们重新组合成组，例如，将鼠标光标移动到分离出的【样式】面板选项卡上，按下鼠标左键并向【颜色】面板组名称右侧的灰色区域拖曳，当出现蓝色的边框时释放鼠标左键，即可将【样式】面板和【颜色】面板组重新组合，操作过程如 1-22 所示。

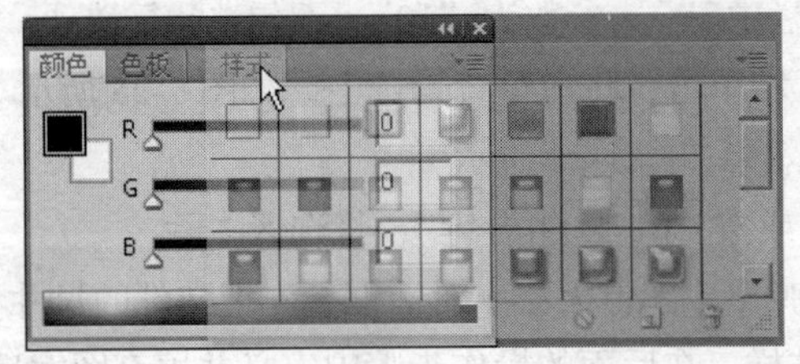
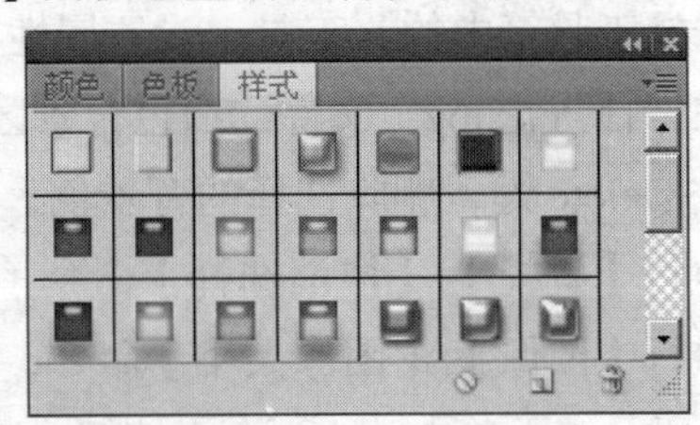
图 1-22　合并控制面板的操作过程示意图

1.4.7 退出 Photoshop CS5

单击 Photoshop CS5 界面右侧的【关闭】按钮，即可退出 Photoshop CS5。退出时，会关闭所有文件，如果编辑后的文件或新建的文件没保存，系统会给出提示，让用户决定是否保存。执行【文件】/【退出】命令或按 Ctrl+Q 组合键（或按 Alt+F4 组合键），也可以退出 Photoshop CS5。

1.5 综合案例——制作图案

本节来制作一个漂亮的牡丹花图案，让读者亲身体验一下 Photoshop CS5 的神奇魅力。在操作过程中，读者可能会遇到一些不明白的地方，不要急于去弄清楚，只要按照操作步骤一步一步地进行，一定可以完成本案例的制作。

制作图案

1. 执行【文件】/【打开】命令（或按 Ctrl+O 组合键），将弹出【打开】对话框，在该对话框上方的【查找范围】选项窗口中选择本书的教学资源包文件夹，然后，找到“图库\第 01 章”目录下的“牡丹花.jpg”文件。

2. 单击 打开(O) 按钮，即可将该文件在工作界面中打开，如图 1-23 所示。

3. 单击菜单栏中的【图层】菜单，然后，依次选择【新建】/【背景图层】命令，弹出如图 1-24 所示的【新建图层】对话框，单击 确定 按钮，将“背景”层转换成“图层 0”。

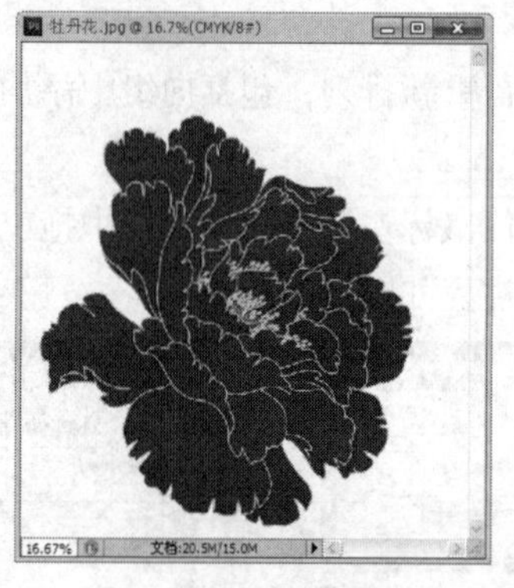

图 1-23 打开的文件

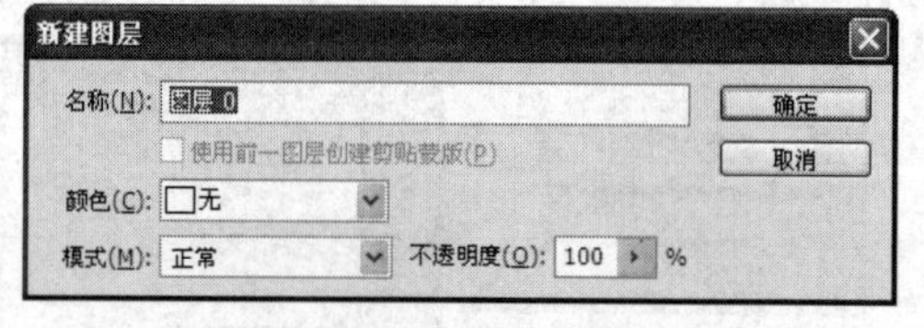

图 1-24 【新建图层】对话框

在下面的操作过程中，如再遇到执行相应的菜单命令时，将直接叙述为执行××命令，如此步操作，将叙述为：执行【图层】/【新建】/【背景图层】命令。

4. 选择工具箱中的工具，设置属性栏中参数为“10”，不勾选复选项。

5. 在“牡丹花.jpg”文件的白色背景区域单击，将白色背景选中，如图 1-25 所示。

6. 按 Delete 键，删除选择的背景色，效果如图 1-26 所示。

7. 执行【选择】/【取消选择】命令（或按 Ctrl+D 组合键），将选区去除。

8. 执行【图像】/【图像大小】命令，弹出【图像大小】对话框，先把文件的尺寸参数改小，如图 1-27 所示，再单击 确定 按钮。这样，在后面的操作步骤中定义并填充图案后，会在较小的文件中填充出多个图案。

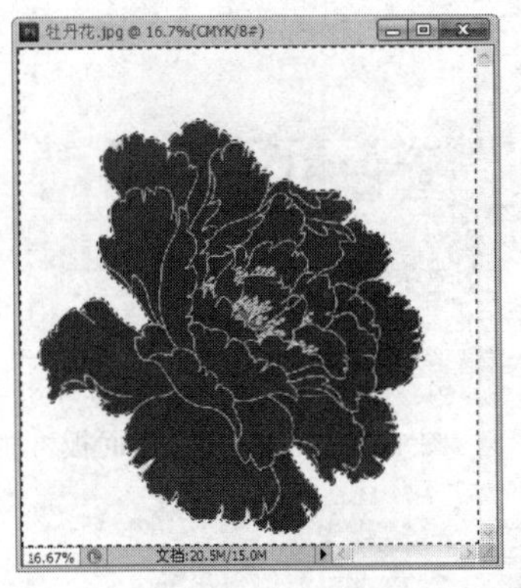

图 1-25　选择的背景

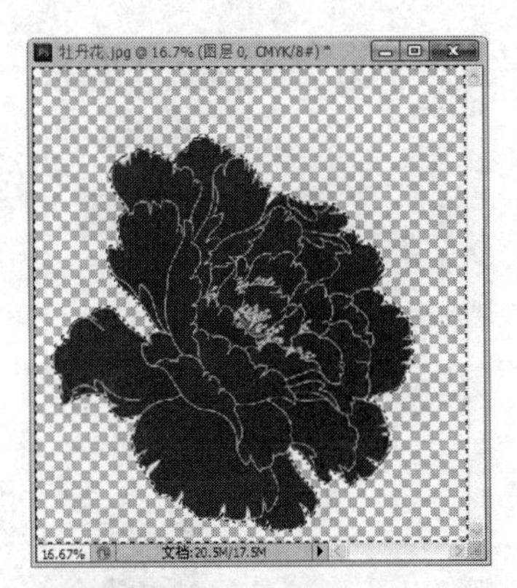

图 1-26　删除白色背景后的效果

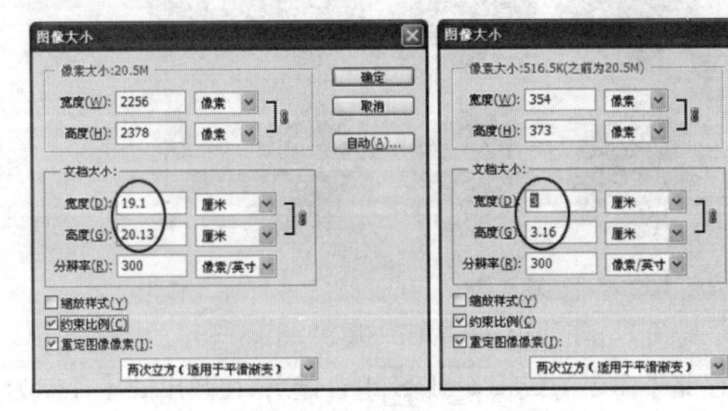

图 1-27 【图像大小】对话框

9. 执行【编辑】/【定义图案】命令，在弹出的【图案名称】对话框中单击 确定 按钮，将花卉定义为图案，然后，关闭该文件，注意不要存储文件。

10. 执行【文件】/【新建】命令（或按 Ctrl+N 组合键），弹出【新建】对话框，设置各选项及参数，如图 1-28 所示，然后，单击 确定 按钮，创建一个图像文件。

11. 按 F6 键，打开【颜色】面板，设置颜色参数，如图 1-29 所示。

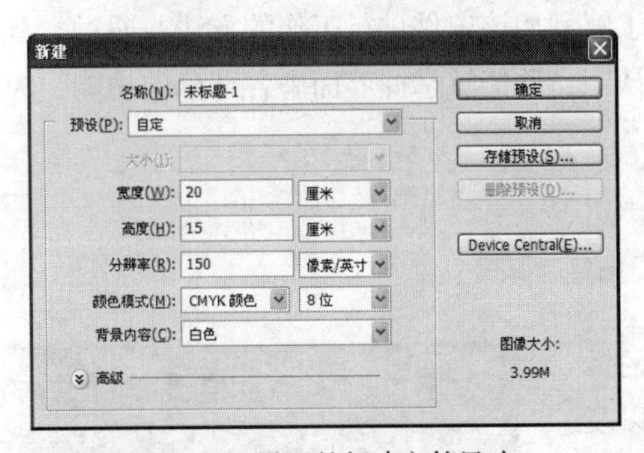

图 1-28　设置的新建文件尺寸

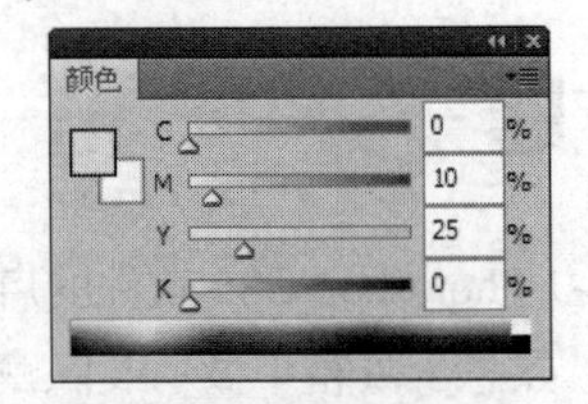

图 1-29　设置的颜色参数

12. 按 Alt+Delete 组合键，将设置的颜色填充到新建文件的背景层中。

13. 单击【图层】面板中的 按钮，新建“图层 1”，如图 1-30 所示。

14. 选择 工具，在属性栏中设置 图案 选项，单击 按钮，在弹出的【图案选择】面板中选择定义的图案，如图 1-31 所示。

15. 将鼠标光标移动到文件中，单击鼠标，即可用自定义的花卉图案填充画面，如图 1-32 所示。

图 1-30　新建的图层

图 1-31　【图案选择】面板

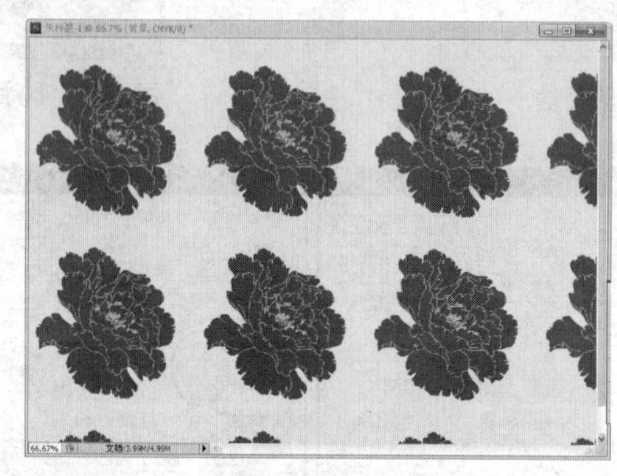

图 1-32　填充的图案

16. 执行【文件】/【存储】命令（或按 Ctrl+S 组合键），在弹出的【存储为】对话框中单击【保存在】选项右侧的窗口，设置一个合适的保存路径，再将【文件名】选项修改为“图案”。

17. 单击 保存(S) 按钮，即可将此文件保存为“图案.psd”。

小　　结

本章主要介绍了 Photoshop CS5 的应用领域、有关平面设计的一些基础知识和操作界面及各组成部分的功能，最后，通过制作一个花卉图案来了解利用该软件进行工作的方法。通过本章的学习，希望读者能对 Photoshop CS5 有一个总体的认识，并能够掌握界面中各部分的功能，为后面章节的学习打下良好基础。

习　　题

1. 练习 Photoshop CS5 软件的启动及控制面板的拆分与组合，熟悉工具箱中显示及隐藏的工具按钮，以及菜单栏中各菜单下的相应命令，最后，退出该软件。

2. 打开素材文件中“图库\第 01 章”目录下的“宝宝照.jpg”文件，利用【图像大小】和【画布大小】命令将照片调小，然后，利用【编辑】/【描边】命令给照片描边，并将照片定义为图案，再填充出如图 1-33 所示的照片排列效果。

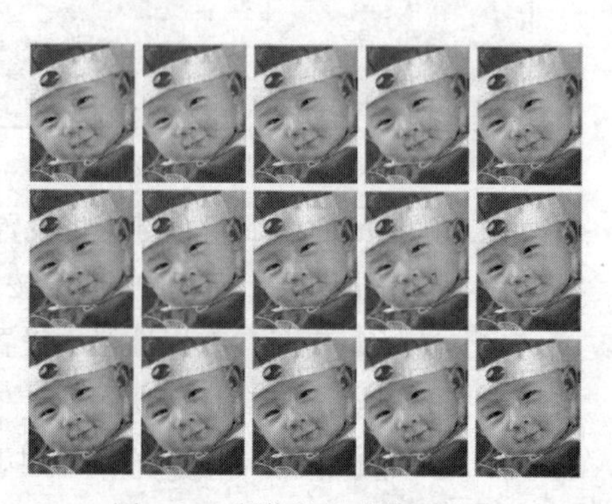

图 1-33　制作的照片排列效果

第2章 文件操作与颜色设置

本章将讲解有关文件操作和颜色设置的内容，包括文件操作、图像的显示控制、图像文件的大小设置、标尺、网格、参考线、以及设置颜色与填充颜色等。本章内容是学习 Photoshp CS5 的基础，希望读者能够认真学习，为后面章节的学习打下坚实的基础。

2.1 文件操作

如果要在一个空白的文件中绘制一个图形，应使用 Photoshop 的新建文件操作；如果要修改或继续处理一幅已有的图像，应使用打开的图像文件进行操作。图形绘制完成后，需要将其存储以备后用，这就需要存储或关闭文件。本节将详细讲解文件的新建、打开、关闭和存储等基本操作。

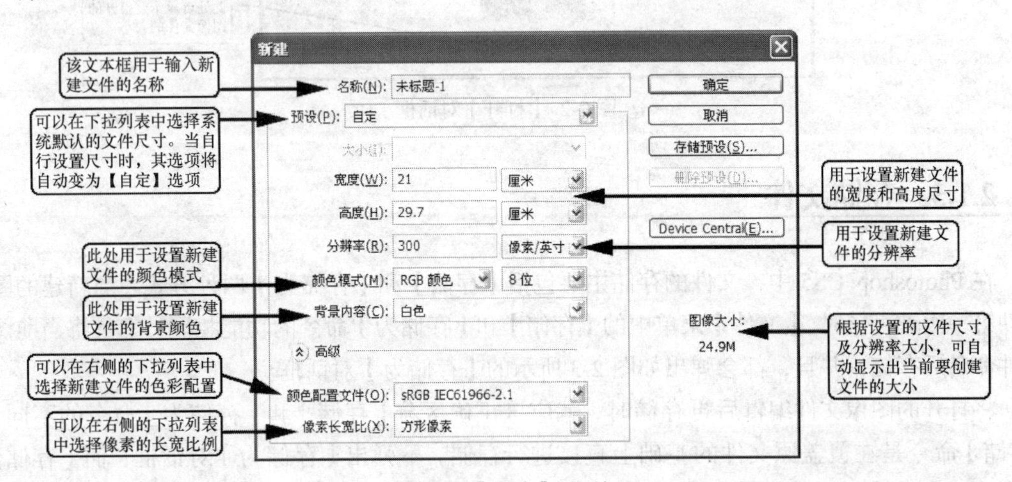

图 2-1 【新建】对话框

2.1.1 新建文件

执行【文件】/【新建】命令（快捷键为 Ctrl+N 组合键），会弹出如图 2-1 所示的【新建】对话框，可以在此对话框中设置新建文件的名称、尺寸、分辨率、颜色模式、背景内容和颜色配置文件等。单击 确定 按钮，即可新建一个图像文件。

2.1.2 打开文件

执行【文件】/【打开】命令（快捷键为 Ctrl+O 组合键）或直接在工作区中双击，会弹出如图 2-2 所示的【打开】对话框，利用此对话框可以打开计算机中存储的 PSD、BMP、TIFF、JPEG、TGA 和 PNG 等多种格式的图像文件。在打开图像文件之前，要知道文件的名称、格式和存储路径，这样才能顺利地打开文件。

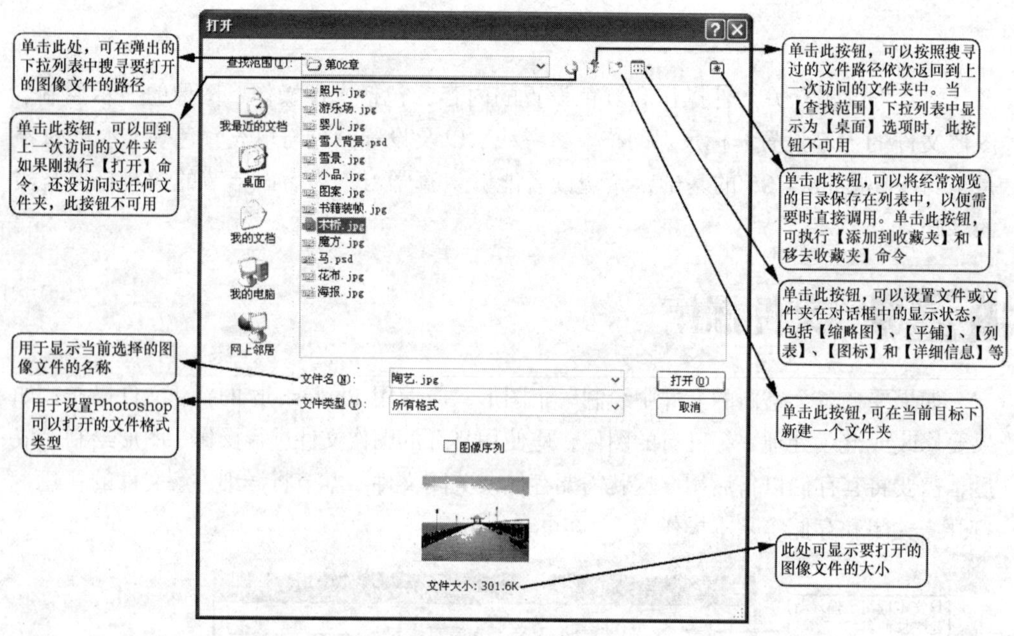

图 2-2 【打开】对话框

2.1.3 存储文件

在 Photoshop CS5 中，文件的存储主要包括【存储】和【存储为】两种方式。当新建的图像文件第一次被存储时，【文件】菜单中的【存储】和【存储为】命令的功能相同，都是将当前图像文件命名后存储，并且，都会弹出如图 2-3 所示的【存储为】对话框。

将打开的图像文件编辑后再存储时，就应该正确区分【存储】和【存储为】命令的不同了。【存储】命令是在覆盖原文件的基础上直接进行存储，不弹出【存储为】对话框；而【存储为】命令仍会弹出【存储为】对话框，它是在原文件不变的基础上将编辑后的文件重新命名并进行另存。

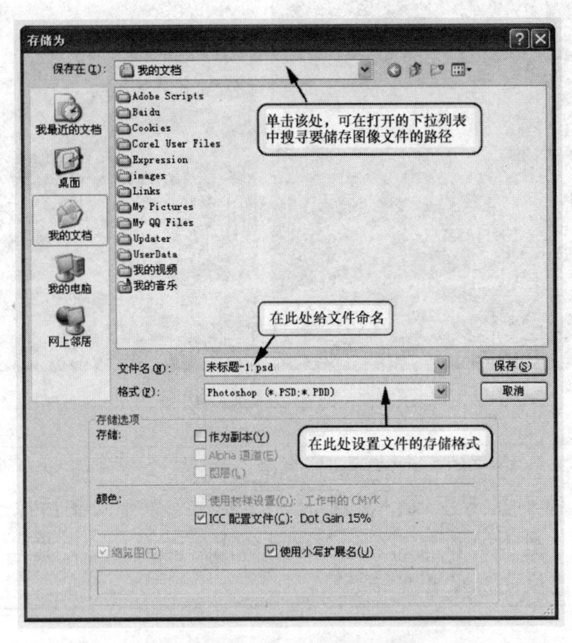

图 2-3 【存储为】对话框

提示

【存储】命令的快捷键为 Ctrl+S 组合键,【存储为】命令的快捷键为 Shift+Ctrl+S 组合键。在绘图过程中，一定要养成随时存盘的好习惯，以免因断电、死机等突发情况而造成不必要的麻烦。

2.1.4　关闭文件

执行【文件】/【关闭】命令（或按 Ctrl+Q 组合键），可以关闭当前图像文件，如果打开的文件编辑后或新建的文件没有存储，系统会给出提示，让用户决定是否保存。如果要同时关闭当前多个文件，可执行【文件】/【关闭全部】命令（或按 Alt+Ctrl+W 组合键），同时关闭打开的所有图像文件。

2.2　图像显示控制

在绘制图形或处理图像时，经常需要将图像放大或缩小显示，以便观察图像的细节。下面就来介绍图像大小的显示操作。

2.2.1　【缩放】工具

利用【缩放】工具可以将图像按比例放大或缩小显示。选择【缩放】工具，在图像窗口中单击，图像将以鼠标光标单击处为中心放大显示一级；按住鼠标左键并拖曳出一个矩形虚线框，释放鼠标左键后，即可将虚线框中的图像放大显示，如图 2-4 所示。如果按住 Alt 键，鼠标光标形状将变为，在图像窗口中单击时，图像将以鼠标光标单击处为中心缩小显示一级。

图 2-4　图像放大显示状态

无论使用工具箱中的哪种工具时，按 Ctrl++ 组合键都可以放大显示图像，按 Ctrl+- 组合键都可以缩小显示图像，按 Ctrl+0 组合键都可以将图像适配至屏幕显示，按 Ctrl+Alt+0 组合键都可以将图像以 100%的比例正常显示。在工具箱中的 工具上双击，可以使图像以实际像素显示。

2.2.2　【抓手】工具

将图像放大显示后，如果全幅图像无法在窗口中完全显示，可以使用【抓手】工具，在按住鼠标左键的同时拖曳图像，从而在不影响图像在图层中相对位置的前提下平移图像在窗口中的显示位置，以观察图像窗口中无法显示的图像，如图 2-5 所示。

图 2-5　平移显示图像状态

在使用【抓手】工具时，按住 Ctrl 键或 Alt 键可以暂时切换为【放大】或【缩小】工具；双击工具箱中的 工具，可以将图像适配至屏幕显示。当使用工具箱中的其他工具时，按住空格键可以将当前工具暂时切换为【抓手】工具。

2.2.3　屏幕显示模式

在【视图】菜单中提供了 3 种屏幕显示模式，分别为【标准屏幕模式】、【带有菜单栏的全屏模式】

和【全屏模式】，它们的快捷键为F键，反复按键盘上的F键，可在这 3 种模式之间进行切换。

- 标准屏幕模式：该模式为软件默认的显示模式，当屏幕模式为全屏模式时，执行【视图】/【屏幕模式】/【标准屏幕模式】命令后，可将屏幕模式设置为标准模式，即安装完此软件启动后的显示模式。
- 带有菜单栏的全屏模式：执行【视图】/【屏幕模式】/【带有菜单栏的全屏模式】命令后，软件会将顶部的标题栏隐藏。
- 全屏模式：执行【视图】/【屏幕模式】/【全屏模式】命令后，软件界面会将顶部的标题栏、菜单栏和底部的状态栏全部隐藏，以全屏幕的形式显示。

2.3 设置图像文件大小

第 1 章已经介绍了图像尺寸及图像文件大小的概念。图像尺寸及图像文件大小是可以设置的。本节来介绍有关图像大小的设置操作。

2.3.1 查看图像文件大小

在新建的图像文件或打开的图像文件的左下角有一组数字，如图 2-6 所示。其中，左侧的“文档：2.25M”表示图像文件的原始大小，也就是当文件存储为 TIFF 格式，无压缩存盘所占用磁盘空间的大小；右侧的“52.8M”表示当前图像文件的虚拟操作大小，也就是包含图层和通道中图像的综合大小。读者一定要清楚这组信息的含义，在处理图像和设计作品时，可通过这里随时查看图像文件的大小，以确认该图像文件的大小是否能满足设计的需要。

图 2-6　打开的图像文件

图像文件的大小以千字节（KB）、兆字节（MB）和吉字节（GB）为单位，简称（K、M、G）。它们之间的换算关系为 1MB=1024KB，1GB=1024MB。

单击右侧的▶按钮，将弹出如图 2-7 所示的菜单，选择【文档尺寸】命令后，在▶按钮左侧将显示图像文件的尺寸，也就是图像的长、宽数值及分辨率，如图 2-8 所示。

图 2-7 【文件信息】菜单

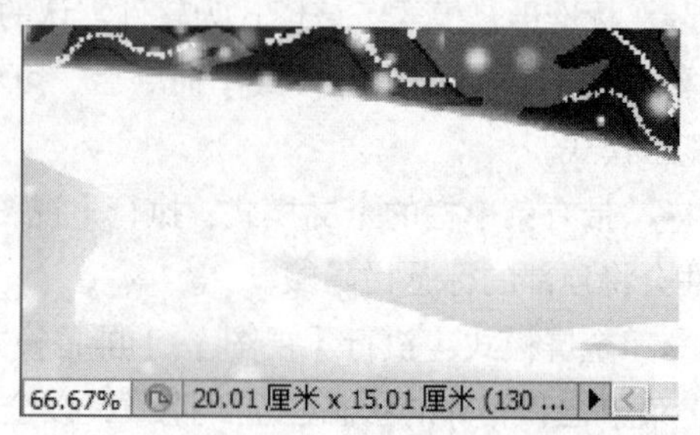

图 2-8 显示的长、宽数值及分辨率

图像文件左下角的第一组数字“66.67%”，表示当前图像的显示百分比，可以通过直接修改这个数值来改变图像的显示比例。图像文件窗口显示比例的大小与图像文件大小及尺寸大小是没有关系的，显示的大小只影响视觉效果，不影响图像文件打印输出后的大小。

2.3.2 调整图像文件大小

图像文件的大小是由文件尺寸（宽度、高度）和分辨率决定的。图像文件的宽度、高度或分辨率的数值越大，图像文件也就越大。当图像的宽度、高度和分辨率不符合设计要求时，可以通过改变图像的宽度、高度或分辨率来重新设置图像文件的大小。

调整图像文件大小

1. 打开教材资源包中的素材文件中“图库\第 02 章”目录下的“书籍装帧.jpg”文件，如图 2-9 所示。在图像左下角的状态栏中显示出图像的大小为“3.02M”。

2. 执行【图像】/【图像大小】命令，弹出【图像大小】对话框，如图 2-10 所示。

图 2-9 打开的文件

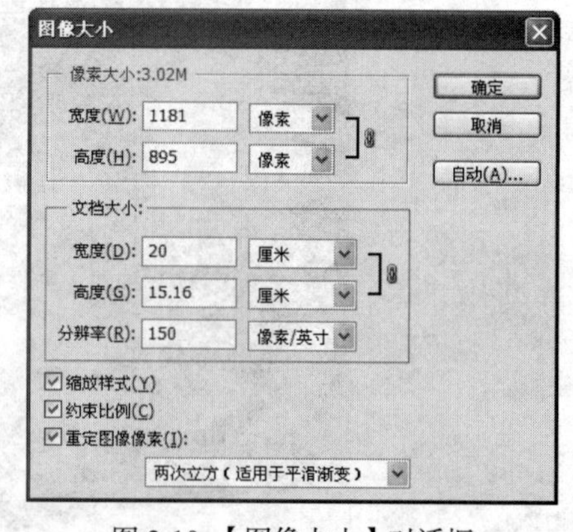

图 2-10 【图像大小】对话框

3. 如果需要保持当前图像的像素宽度和高度的比例，就要勾选【约束比例】复选项，这样，在更改像素的【宽度】或【高度】参数时，将按照比例同时对【宽度】或【高度】进行更改，如图 2-11 所示。

4. 修改【宽度】和【高度】参数后，可以在【图像大小】对话框中的【像素大小】后面看到修改后的图像大小为“4.72M”，括号内的“3.02M”表示图像的原始大小。

提示

在改变图像文件大小时，如果是将图像由大变小，其图像质量不会降低；如果是将图像由小变大，其图像质量将会下降。

5. 由于彩色印刷要求的分辨率是“300 像素/英寸”，因此，需要将【分辨率】参数设置为“300”，如图 2-12 所示。

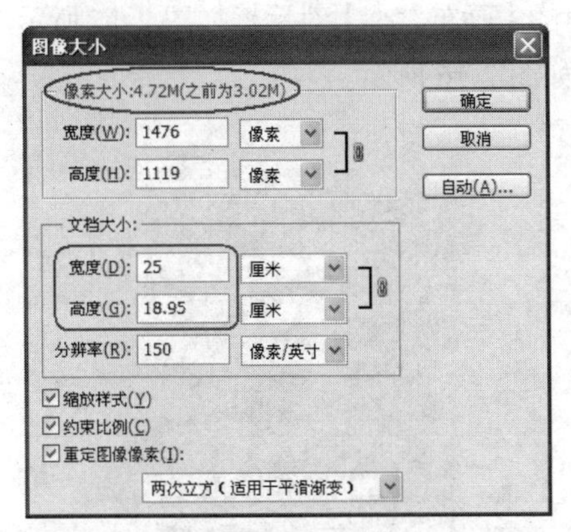

图 2-11 【图像大小】对话框

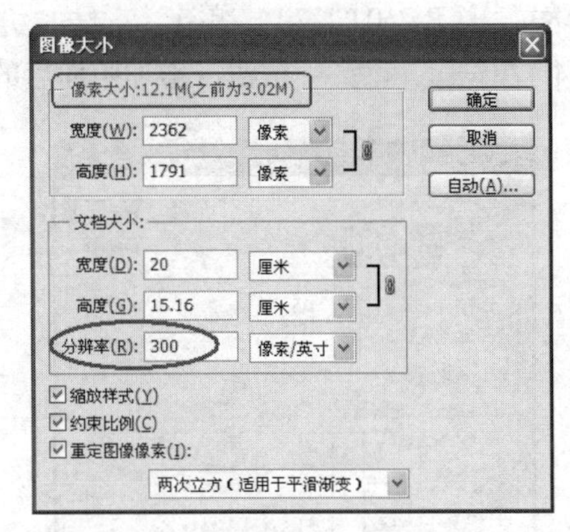

图 2-12 【图像大小】对话框

将【分辨率】参数设置为“300”后，可以看到【图像大小】对话框中的【文档大小】栏中的【宽度】和【高度】并没有发生变化，变化的只是【像素大小】，所以，调整图像的分辨率并不会影响图像的输出尺寸，影响的只是输出后图像的品质。

2.3.3　调整图像画布大小

在设计过程中，有时候需要增加或减小画布的尺寸来得到合适的版面，利用【画布大小】命令，就可以根据需要来改善作品的版面尺寸。该命令与【图像大小】命令不同，利用【画布大小】命令改变图像文件的尺寸后，原图像中每个像素的尺寸不发生变化，只是图像文件的版面增大或缩小了。而利用【图像大小】命令改变图像文件的尺寸后，原图像会被拉长或缩短，即图像中每个像素的尺寸都发生了变化。

下面以实例的形式来介绍调整画布大小的操作。

调整画布大小

1. 打开素材文件中“图库\第 02 章”目录下的“照片.jpg”文件，如图 2-13 所示。
2. 执行【图像】/【画布大小】命令，弹出【画布大小】对话框，如图 2-14 所示。

图 2-13　打开的文件

图 2-14 【画布大小】对话框

3. 勾选【相对】复选项，修改【宽度】和【高度】参数，在【画布扩展颜色】选项的下拉列表中可以选择增加版面的颜色，如选择【其他】选项，可在弹出的面板中指定需要的颜色，此处将颜色设置为黄色（R:250,G:220），单击 确定 按钮，此时的【画布大小】对话框如图 2-15 所示。

4. 单击 确定 按钮，增加版面后的画布效果如图 2-16 所示。

图 2-15　修改的参数

图 2-16　增加版面后的效果

5. 单击【画布大小】对话框中的【定位】选项中相应的箭头，可确定在画面的哪个位置添加版面，设置不同的参数及单击不同的箭头位置，生成的版面效果如图 2-17 所示。

图 2-17　增加的不同版面效果

2.4 标尺、网格、参考线及附注

标尺、网格、参考线和附注都是图像处理的辅助工具，它们被使用的频率非常高。在绘制和移动图形的过程中，这些工具可以帮助用户精确地对图形进行定位、对齐和添加附注等操作。

2.4.1 设置标尺

下面以实例操作的形式来讲解设置标尺的方法。

设置标尺

1. 打开素材文件中“图库\第 02 章”目录下的“木桥.jpg”文件，如图 2-18 所示。

2. 执行【视图】/【标尺】命令（快捷键为 Ctrl+R 组合键），即可在窗口的左侧和上方显示标尺，如图 2-19 所示。

图 2-18 打开的文件

图 2-19 显示的标尺

当再次执行【视图】/【标尺】命令时，可以将显示的标尺隐藏。另外，反复按 Ctrl+R 组合键，可以在显示或隐藏标尺之间切换。

3. 将鼠标光标移动到文件左上角的水平与垂直标尺的交叉点上，按住鼠标左键并沿对角线向下拖曳指针，将出现一组十字线，如图 2-20 所示。

4. 拖曳到适当的位置后释放鼠标左键，标尺的原点（0,0）将被设置在释放鼠标左键的位置，如图 2-21 所示。

图 2-20 拖曳鼠标指针时的状态

图 2-21 调整标尺原点后的位置

按住 Shift 键的同时拖曳鼠标，可以将标尺原点与标尺的刻度对齐。标尺的原点位置改变后，双击标尺的交叉点，可将标尺的原点还原到默认位置。

5. 执行【编辑】/【首选项】/【单位与标尺】命令，弹出【首选项】对话框，如图 2-22 所示。

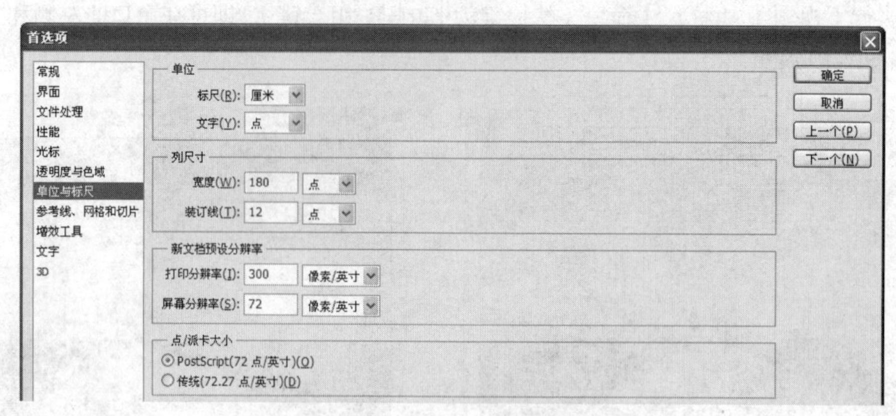

图 2-22 【首选项】对话框

在图像窗口中的标尺上双击，同样可以弹出【首选项】对话框。在标尺上单击鼠标右键，可以弹出标尺的单位选择列表。反复按 Ctrl+R 组合键，可以切换标尺的显示与隐藏状态。

【首选项】对话框中的【单位】栏中包含【标尺】和【文字】两个选项，在其下拉列表中可以分别设置标尺和文字的单位。

2.4.2 设置网格

网格是由显示在文件上的一系列相互交叉的虚线构成的，其间距可以在【首选项】对话框中设置。下面以实例的形式来讲解网格的显示、隐藏和对齐的设置方法。

设置网格

1. 打开素材文件中“图库\第 02 章”目录下的“小品.jpg”文件。
2. 执行【视图】/【显示】/【网格】命令（快捷键为 Ctrl+' 组合键），即可在文件窗口中显示网格，如图 2-23 所示。

图 2-23 显示的网格

反复按 Ctrl+' 组合键，可以在显示或隐藏网格之间切换。

3. 执行【编辑】/【首选项】/【参考线、网格和切片】命令，弹出【首选项】对话框，如图 2-24 所示。

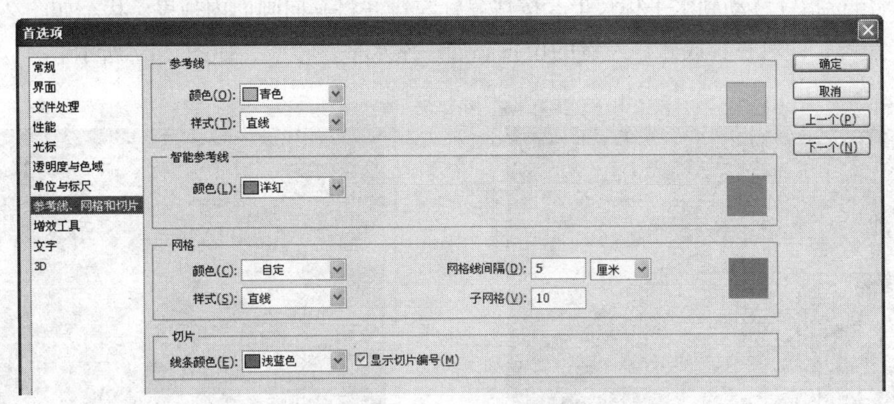

图 2-24 【首选项】对话框

4. 在【首选项】对话框的【网格线间隔】中，将单位设置为【像素】，将【网格线间隔】参数设置为“80”，将【子网格】参数设置为“4”。

5. 单击 确定 按钮，新设置的网格如图 2-25 所示。

图 2-25　新设置的网格

查看【视图】/【对齐到】/【网格】命令前面是否有 ✔ 标识，如果有，说明当前已经设置了对齐网格功能，此时绘制选区，就可以对齐到网格上面了。再次执行【视图】/【对齐到】/【网格】命令，即可将对齐网格命令关闭。

2.4.3 设置参考线

参考线是浮在图像上但不可打印的线。下面讲解参考线的创建、显示、隐藏、移动和清除的方法。

设置参考线

1. 打开素材文件中“图库\第 02 章”目录下的“游乐场.jpg”文件。

2. 执行【视图】/【标尺】命令，将标尺显示在文件窗口中。

3. 将鼠标指针移动到水平标尺上，按住鼠标左键并将其向画面内拖曳，状态如图 2-26 所示。释放鼠标左键，即可在释放鼠标左键的位置添加一条水平参考线，如图 2-27 所示。

图 2-26　通过拖曳添加参考线的状态

图 2-27　添加的参考线

4. 将鼠标指针移动到垂直标尺上，按住鼠标左键并将其向画面内拖曳，可以添加一条垂直参考线。

将鼠标指针移动到水平标尺上，按住鼠标左键并将其向画面内拖曳时，在不释放鼠标左键的情况下，按 Alt 键，可将水平参考线变为垂直参考线；同理，如在垂直标尺上按住鼠标并将其向画面中拖曳时，按住 Alt 键，可将垂直参考线变为水平参考线。

一般在使用参考线进行辅助作图时，讲究参考线的精确性，需要利用准确的参考线添加方法。

5. 执行【视图】/【新建参考线】命令，弹出【新建参考线】对话框，如图 2-28 所示。

- 【水平】：用于设置水平参考线。
- 【垂直】：用于设置垂直参考线。
- 【位置】：用于设置参考线在图像文件中的精确位置。

6. 选项及参数设置完成后，单击 确定 按钮，即可按照精确数值在文件中添加参考线，如图 2-29 所示。

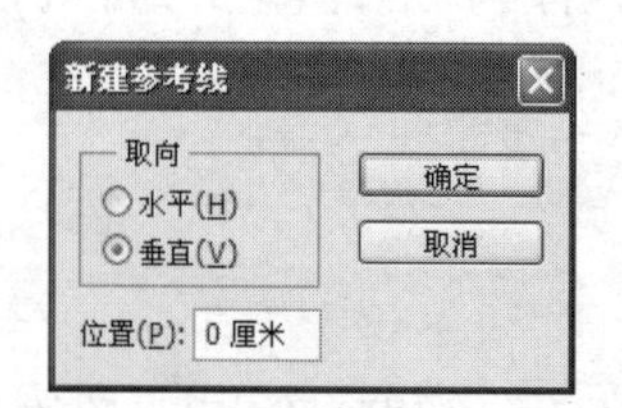

图 2-28 【新建参考线】对话框

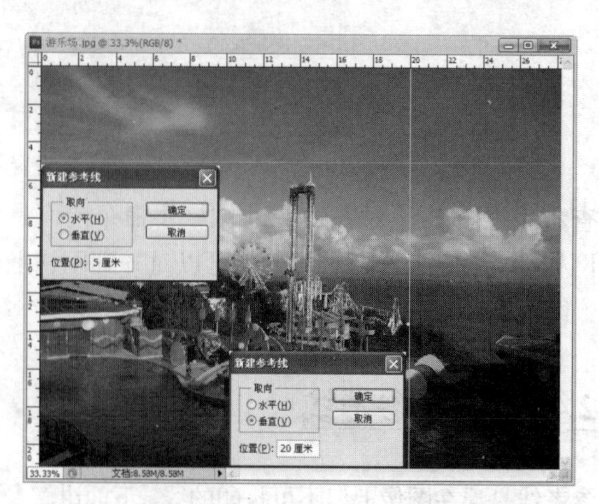

图 2-29　文件中添加的参考线

下面介绍删除参考线的方法。

7. 选择▶工具，将鼠标光标移动到参考线上，此时，鼠标指针的形状变为双向箭头 ÷ 。按住鼠标左键并拖曳鼠标，可以移动参考线的位置，当参考线被拖曳到文件窗口之外时，释放鼠标左键即可将参考线删除。

8. 执行【视图】/【清除参考线】命令，可以将参考线全部删除。

反复按 Ctrl+; 组合键，可以在显示或隐藏参考线之间切换；反复按 Ctrl+H 组合键，可以在同时显示或隐藏参考线和网格之间切换。

2.5 设置颜色与填充颜色

利用 Photoshop CS5 绘画时，设置颜色和填充颜色是必不可少的操作。本节来介绍有关颜色设置和填充的方法。

2.5.1 设置颜色

设置颜色的方法有以下 5 种。

一、利用【拾色器】设置颜色

单击工具箱中的前景色或背景色色块，如图 2-30 所示。将弹出【拾色器】对话框，默认的前景色为黑色，背景色为白色。在对话框右侧的参数设置区中选择一组选项并设置相应的参数值，即可改变前景色或背景色，如图 2-31 所示。

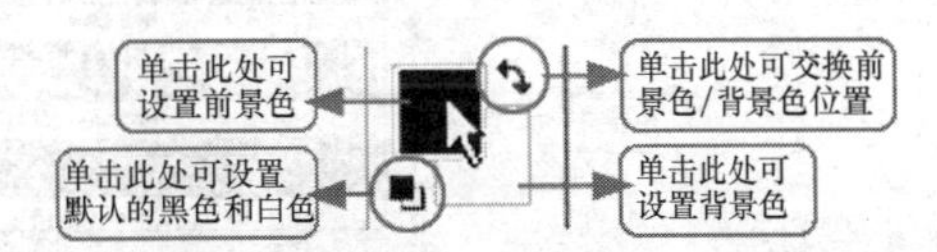

图 2-30　工具箱中的前景色和背景色色块

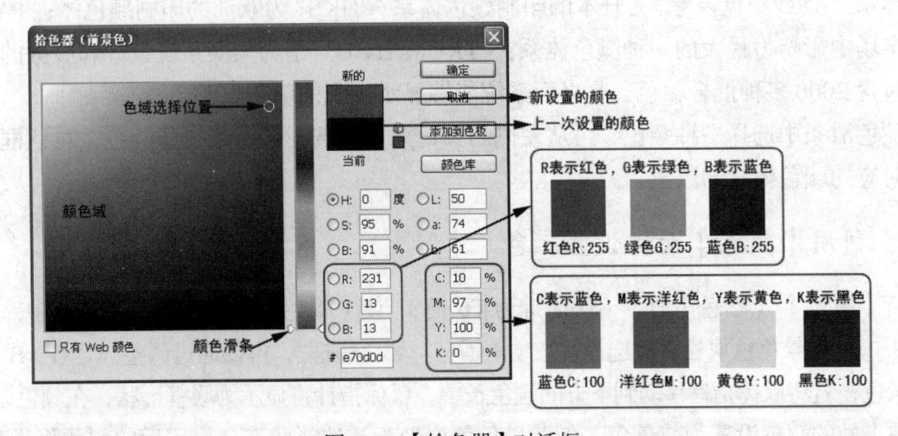

图 2-31 【拾色器】对话框

如果最终作品用于彩色印刷，那么，在设置颜色时，通常选择 CMYK 颜色，即通过设置 C（蓝）、M（洋红）、Y（黄）和 K（黑）4 种颜色值来设置颜色；如最终作品用于网络，即在计算机屏幕上观看，通常选择 RGB 颜色，可通过设置 R（红）、G（绿）、B（蓝）3 种颜色值来设置颜色。

设置颜色后，在参数区上方的矩形中，顶部的颜色块将显示新颜色，底部的颜色块将显示旧颜色。右侧出现▲时，表示当前所选的颜色超出了 CMYK 颜色域，其下方的颜色块显示了最为接近的 CMYK 颜色，可以选择它以替代所选的颜色；当显示◎时，表示当前所选的颜色超出了 Web 的 256 种安全颜色，其下方的颜色块显示了最为接近的 Web 颜色。

在【拾色器】对话框中设置颜色的方法如下。

（1）分别点选【H】、【S】或【B】选项，颜色滑条及颜色域将根据不同的选项而发生变化。颜色滑条代表了颜色明度的变化，颜色域的水平方向代表了颜色的变化，垂直方向代表了颜色的明度变化。

（2）拖动颜色滑条或直接在颜色条上单击，颜色域将发生变化。

（3）在颜色域中选择需要的颜色后，对话框右侧的参数设置区中将反映出所选颜色的颜色值。

（4）对双色调图像模式的文件颜色，一般用【颜色库】来设置。在【拾色器】对话框中单击 颜色库 按钮，即可打开如图 2-32 所示的【颜色库】对话框。

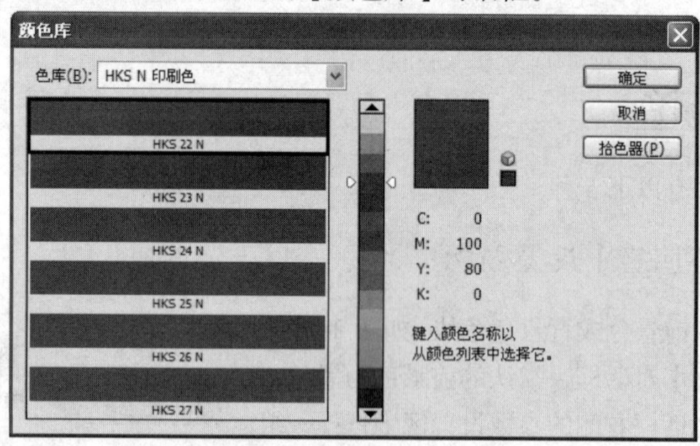

图 2-32 【颜色库】对话框

【色库】的下拉列表中列出了用于印刷的常用颜色体系，其中的“ANPA”为美国报业联合会的颜色体系；“DIC 颜色参考”为日本的印刷颜色体系；“HKS”为欧洲的印刷颜色体；“PANTONE”为美国市场中影响力最大的一种颜色体系；“TRUMATCH”是为桌面系统设计和服务的一种颜色体系，包含 2000 多种混合颜色，是桌面系统能够显示出来的颜色。

在颜色滑条中选择一种颜色，再从左侧的颜色列表中选择带有编号的颜色，对话框的右侧将显示相对应的颜色模式的数值。

二、利用【颜色】面板设置颜色

执行【窗口】/【颜色】命令（快捷键为 F6 键），使【颜色】面板显示在工作区中。确认【颜色】面板中的前景色色块处于被选择状态（周围有一黑色边框），可以通过调整 R、G、B 的数值来设置前景色；若将鼠标指针移动到下方的颜色条中，鼠标指针将显示为吸管形状，在颜色条中单击，即可将单击处的颜色设置为前景色。如背景色色块处于被选择状态，设置后的颜色将为背景色。

在【颜色】面板中设置前景色时，按住 Alt 键并在颜色条中单击，可将单击处的颜色设置为背景色；同样，设置背景色时，按住 Alt 键并在颜色条中单击，可将单击处的颜色设置为前景色。另外，拖动 R、G 和 B 颜色块下方的三角滑块，可以直观地修改颜色值。

三、利用【色板】面板设置颜色

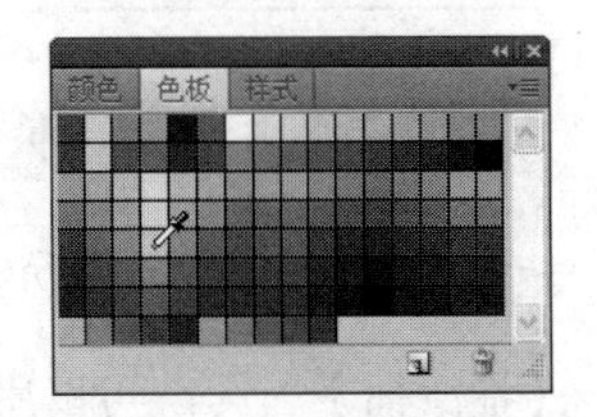
图 2-33　显示为吸管形状的鼠标指针

单击【颜色】面板组中的【色板】选项卡，使【色板】面板显示在工作区中，此时，鼠标指针将显示为吸管形状，如图 2-33 所示。在【色板】面板中的某一颜色块上单击，即可将该颜色块代表的颜色设置为前景色；按住 Ctrl 键并单击某颜色块，可将该颜色块代表的颜色设置为背景色。

在【色板】面板中，按住 Alt 键并单击某颜色块，可以将其删除；在空白位置单击，可以将工具箱中的前景色添加到色板中。单击【色板】面板右上角的按钮，在弹出的菜单中选择【复位色板】命令，即可将默认的色板颜色恢复。

四、利用【吸管】工具设置颜色

选择【吸管】工具，然后，在图像中的任意位置单击，即可将该位置的颜色设置为前景色；如果在按住 Alt 键的同时单击，单击处的颜色将被设置为背景色。

五、利用【颜色取样器】工具查看颜色

【吸管】工具组中的【颜色取样器】工具可用于在图像文件中提取多个颜色样本，它最多可以在图像文件中定义 4 个取样点。用此工具时，【信息】面板不仅会显示测量点的色彩信息，还会显示鼠标指针当前所在的位置及所在位置的色彩信息。

选择工具，在图像文件中依次单击，以创建取样点，此时，【信息】面板中将显示鼠标指针单击处的颜色信息，如图 2-34 所示。

图 2-34　选择多个样点时【信息】面板显示的颜色信息

设置了工具箱中的前景色或背景色后，单击【切换前景色和背景色】按钮或按 X 键可以交换前景色和背景色的位置；单击【默认前景色和背景色】按钮或按 D 键可以设置回默认的前景色和背景色，即将前景色设置为黑色，背景色设置为白色。

2.5.2 填充颜色

填充颜色的方法有 3 种，分别是利用工具填充、利用菜单命令填充和利用快捷键填充。

一、利用工具填充颜色

【油漆桶】工具可以用于在图像中填充颜色或图案。其使用方法非常简单，先在工具箱中设置好前景色或在属性栏中的图案选项中选择需要的图案，然后，设置好属性栏中的【模式】、【不透明度】和【容差】等选项，再移动鼠标指针到需要填充的图像区域内并单击鼠标左键，即可完成填充操作。

【油漆桶】工具的属性栏如图 2-35 所示。

前景 模式: 正常 不透明度: 100% 容差: 32 消除锯齿 连续的 所有图层

图 2-35 【油漆桶】工具的属性栏

- 【设置填充区域的源】选项：用于设置向画面或选区中填充的内容，包括【前景】和【图案】两个选项。选择【前景】选项，向画面中填充的内容为工具箱中的前景色；先选择【图案】选项，再在右侧的图案窗口中选择一种图案后，向画面中填充的内容即为选择的图案，如图 2-36 所示。

图 2-36 填充的单色及图案效果

- 【模式】：用于设置填充颜色后与下面图层混合产生的效果。
- 【不透明度】：用于设置填充颜色的不透明度。
- 【容差】：用于控制图像中填充颜色或图案的范围。数值越大，填充的范围也就越大，效果如图 2-37 所示。

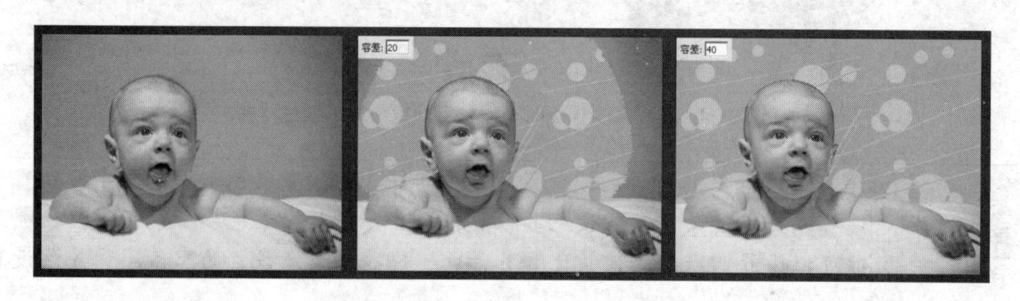

图 2-37 设置不同容差值后的填充效果

• 【连续的】：勾选此复选项，利用【油漆桶】工具填充时，只能填充与鼠标单击处颜色相近且相连的区域；若不勾选此项，则可以填充与鼠标单击处颜色相近的所有区域，效果如图 2-38 所示。

图 2-38　勾选和不勾选【连续的】复选项后的填充效果

• 【所有图层】：若勾选此复选项，则填充的范围是图像文件中的所有图层。

二、利用菜单命令填充颜色

执行【编辑】/【填充】命令后，将弹出如图 2-39 所示的【填充】对话框，利用此对话框也可以完成填充颜色的操作，各选项的功能如下。

• 【使用】：此下拉列表中的选项如图 2-40 所示。选择【颜色】选项，可以在弹出的【选取一种颜色】对话框中设置一种颜色来填充画面或选区；选择【图案】选项后，单击【自定图案】图标，可在弹出的图案选项面板中选择填充图案。

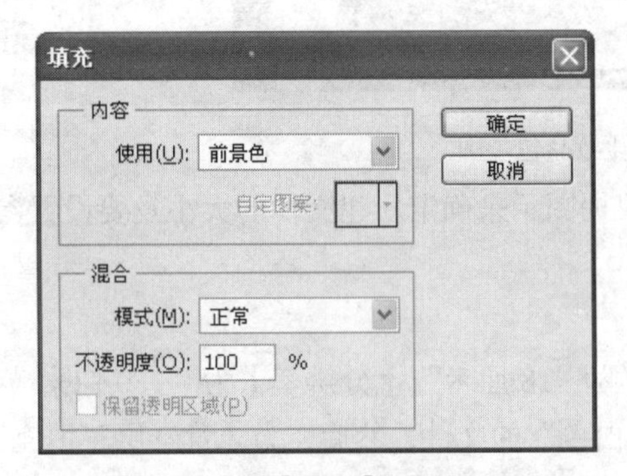

图 2-39 【填充】对话框

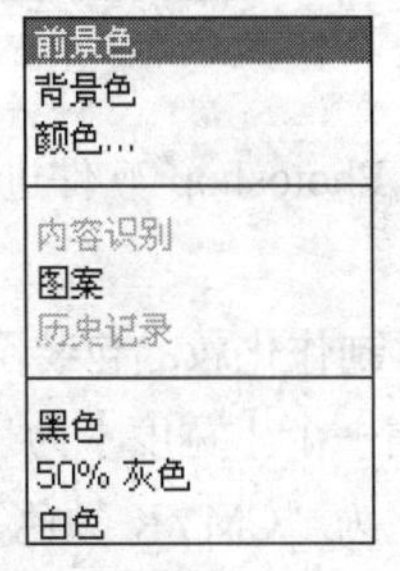

图 2-40【使用】下拉列表

• 【模式】：用于选择填充的颜色或图案与下层图像之间的混合模式。

• 【不透明度】：用于设置填充颜色或图案的不透明度。

• 【保留透明区域】：若勾选此复选项，那么，在填充颜色或图案时将锁定工作层的透明区域，也就是说，在填充颜色或图案时，只能在当前层的不透明区域进行。

三、利用快捷键填充颜色

（1）按 Alt+Delete 组合键，可以填充前景色。

（2）按 Ctrl+Delete 组合键，可以填充背景色。

（3）按 Alt+Shift+Delete 组合键，可以填充前景色，而透明区域仍保持透明。

（4）按 Ctrl+Shift+Delete 组合键，可以在画面中的不透明区域填充背景色。

2.6 综合练习——制作化妆品包装图

本节以实例操作的形式来介绍参考线的添加及图案的填充应用，制作好的化妆品包装图如图 2-41 所示。

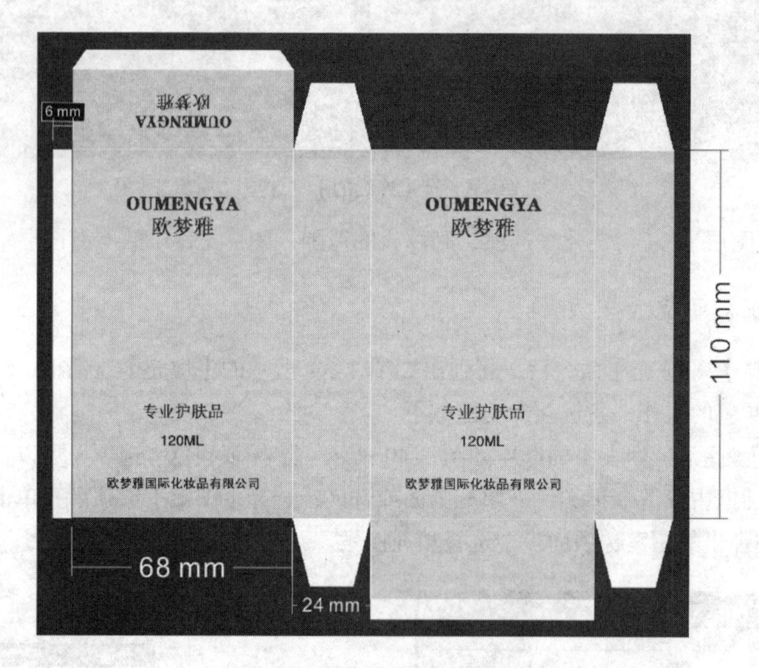

图 2-41　制作的化妆品包装图

在利用 Photoshop 软件进行制作之前，先要根据图示来确定新建文件的大小及要设置参考线的位置。

制作化妆品包装图

1. 新建一个【宽度】为“20 厘米”、【高度】为“18 厘米”、【分辨率】为“180 像素/英寸”、【颜色模式】为“CMYK 颜色”、【背景内容】为“白色”的文件，然后，为“背景层”填充黑色。

2. 执行【视图】/【新建参考线】命令，弹出【新建参考线】对话框，参数设置如图 2-42 所示。

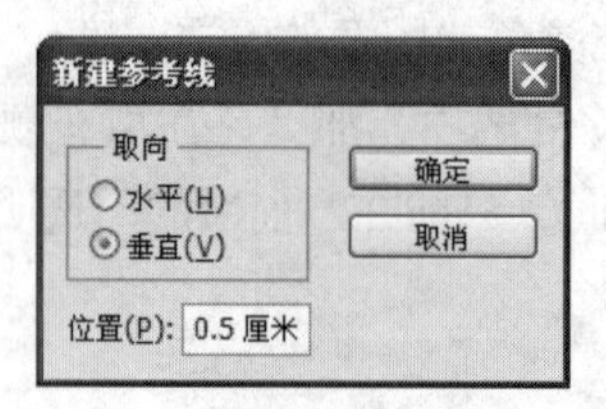

图 2-42 【新建参考线】对话框

3. 单击 确定 按钮，即可添加一条垂直参考线。

4. 多次执行【视图】/【新建参考线】命令，在弹出的【新建参考线】对话框中，分别将【位置】参数设置为“1.1 厘米”，“7.9 厘米”，“10.3 厘米”，“17.1 厘米”和“19.5 厘米”，在画面中完成垂直参考线的设置。

5. 继续利用【视图】/【新建参考线】命令，添加水平参考线，将【位置】参数分别设置为“0.5 厘米”，“1.1 厘米”，“3.5 厘米”，“14.5 厘米”，“16.9 厘米”及“17.5 厘米”，添加的参考线如图 2-43 所示。

查看【视图】/【对齐到】/【参考线】菜单命令前面是否有标识，如果没有，请勾选此命令。

6. 选择工具，将鼠标光标移动到画面中并根据添加的参考线绘制出如图 2-44 所示的矩形选区。

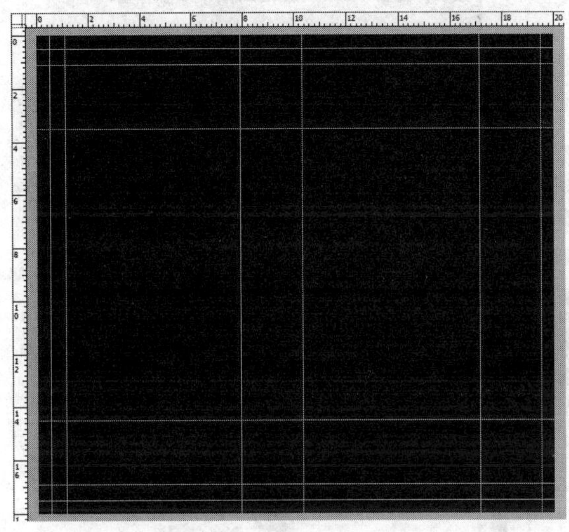

图 2-43　添加的参考线

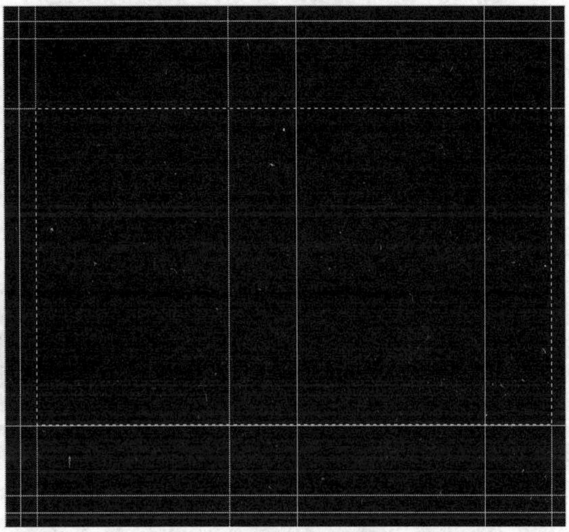

图 2-44　绘制的矩形选区

7. 在【图层】面板中单击按钮，新建“图层 1”。

8. 选择工具，在属性栏中设置选项，并单击按钮，在弹出的【图案选择】面板中单击右上角的按钮。

9. 在弹出的列表中选择【彩色纸】命令，然后，在弹出的如图 2-45 所示的询问面板中单击确定按钮，用选择的彩色纸图案替换【图案选择】面板中的图案。

10. 在【图案选择】面板中选择如图 2-46 所示的图案。

图 2-45　询问面板

图 2-46　选择的图案

11. 将鼠标指针移动到选区中并单击鼠标左键，为选区填充图案，效果如图 2-47 所示。

12. 继续利用工具，在画面的左上方绘制出如图 2-48 所示的选区，然后，将鼠标指针移动到选区中并单击鼠标左键，填充选择的图案。

13. 用与步骤 12 相同的方法，在画面的右下角绘制选区并填充图案，如图 2-49 所示。

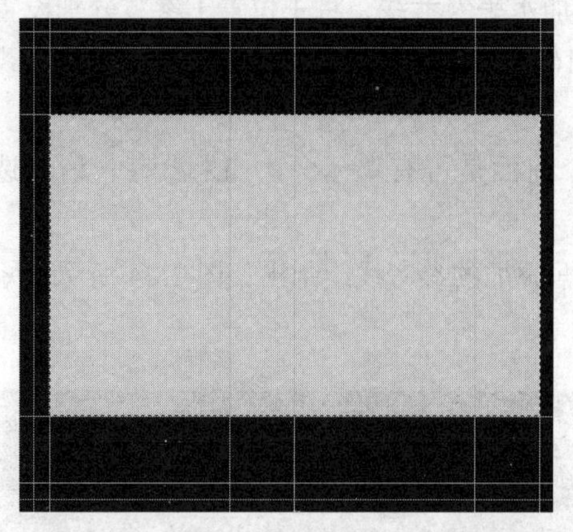

图 2-47　填充图案后的效果

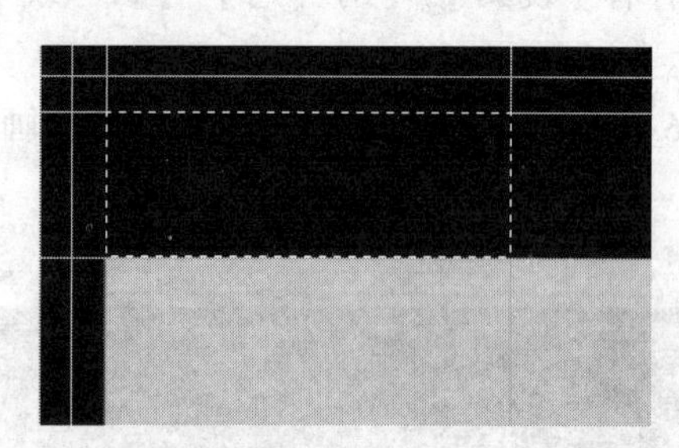

图 2-48　绘制的选区

14. 在【图层】面板中单击按钮，新建“图层 2”，然后，利用工具在画面的左侧位置绘制出如图 2-50 所示的选区。

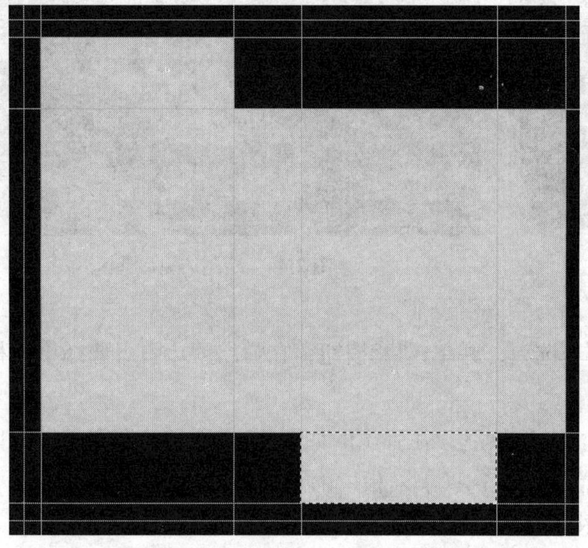

图 2-49　填充的图案

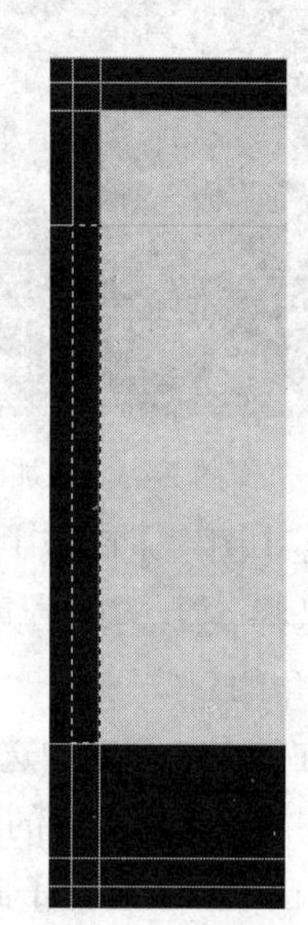

图 2-50　绘制的选区

15. 将前景色设置为白色，然后，按 Alt+Delete 组合键，将设置的颜色填充至选区中。

16. 继续利用工具在画面的下方绘制出如图 2-51 所示白色图形。

17. 选择工具，根据添加的参考线，在画面的左上方依次单击以绘制选区，状态如图 2-52 所示，生成的选区形态如图 2-53 所示。

图 2-51　绘制的图形

图 2-52　绘制选区

图 2-53　生成的选区

18. 按 Alt+Delete 组合键，为选区填充白色。

19. 用与步骤 17～18 相同的方法，依次绘制出如图 2-54 所示的白色图形，注意，结束后要执行【选择】/【取消选择】命令，将选区去除。

20. 选择[T]工具，在主画面上依次输入如图 2-55 所示的文字。

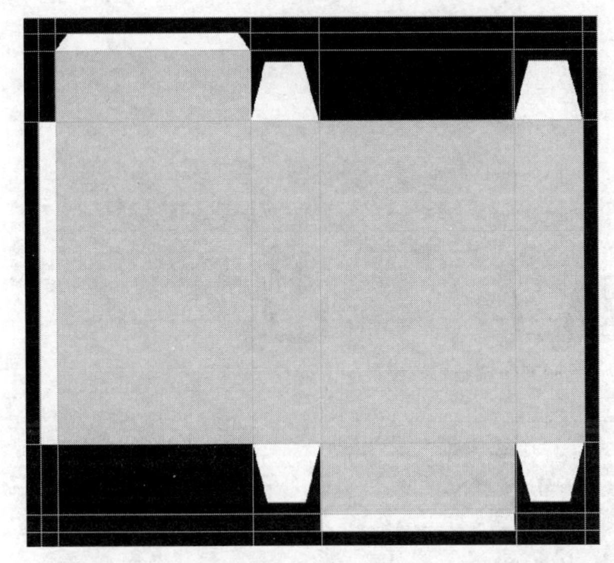

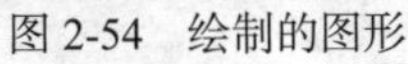

图 2-54　绘制的图形

图 2-55　输入的文字

21. 按住 Shift 键，依次在【图层】面板中单击图层名，将如图 2-56 所示的图层选择。

22. 执行【图层】/【复制图层】命令，在弹出的【复制图层】对话框中单击 确定 按钮，复制出选择图层的副本，如图 2-57 所示。

23. 执行【图层】/【合并图层】命令，将复制出的图层合并为一个图层，如图 2-58 所示。

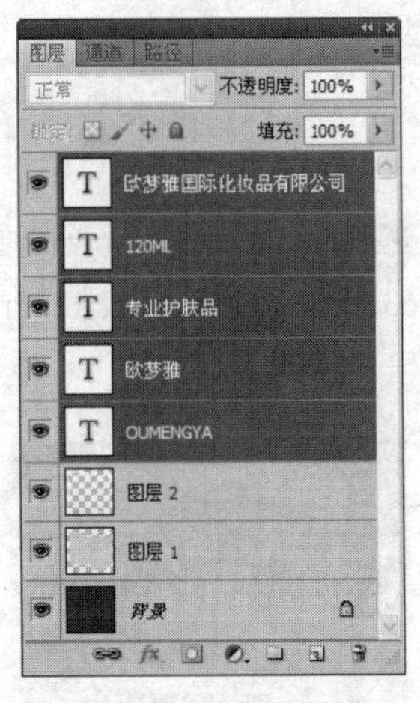

图 2-56　选择的图层

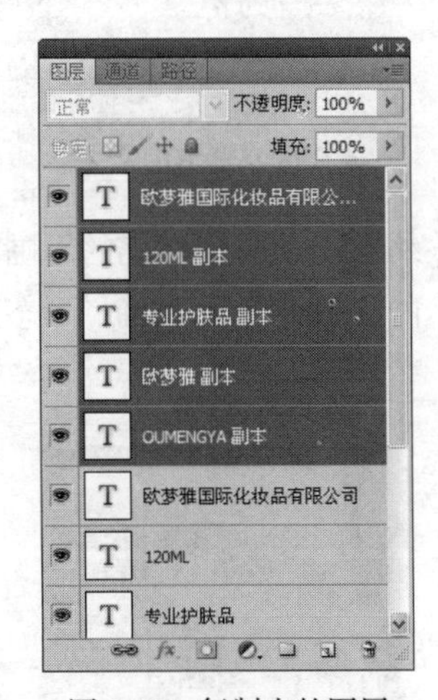

图 2-57　复制出的图层

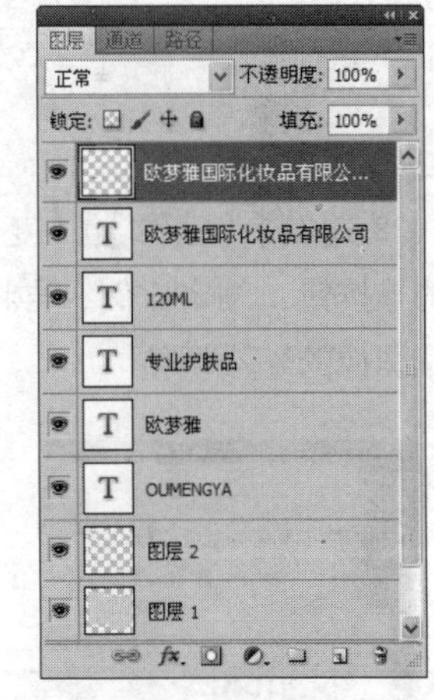

图 2-58　合并后的图层

24. 选择[移动]工具，按住 Shift 键，将复制出的文字向右移动至如图 2-59 所示的位置。

25. 利用[选框]工具，在合并后的文字位置绘制出如图 2-60 所示的选区。

26. 执行【图层】/【新建】/【通过拷贝的图层】命令，将选区中的文字通过复制生成一个新的图层“图层 3”。

27. 利用[移动]工具将复制出的文字移动到如图 2-61 所示的顶面图形中，然后，执行【编辑】/【变换】/【旋转 180 度】命令，效果如图 2-62 所示。

图 2-59　复制文字调整后的位置

图 2-60　选取的文字

28. 执行【编辑】/【变换】/【缩放】命令，文字的周围将显示变换框，然后，单击属性栏中的按钮，缩定比例，再将【H】的参数设置为 85%，形态如图 2-63 所示，最后，按 Enter 键确认图像的缩小调整。

图 2-61　调整的位置

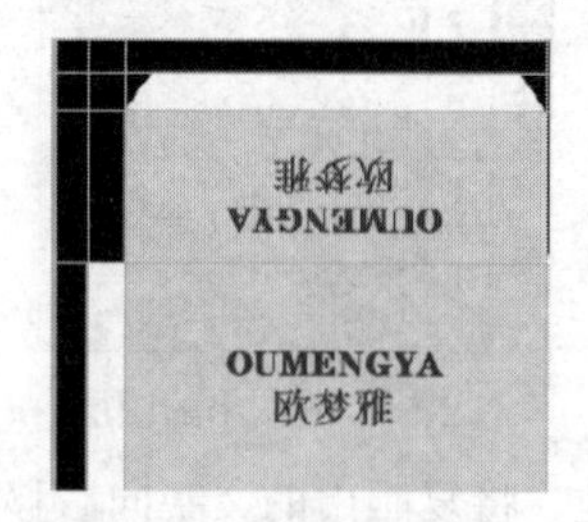

图 2-62　旋转后的形态

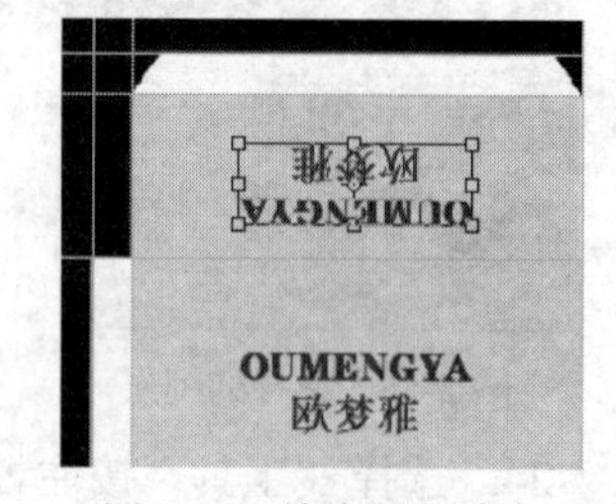

图 2-63　缩小后的形态

最后，我们利用工具来绘制包装盒的折痕线。

29. 选择工具后，将属性栏中的【粗细】选项设置为粗细: 1px，再单击按钮右侧的按钮，在弹出的【箭头】设置面板中，将【起点】和【终点】选项的选择取消。

30. 单击属性栏中的按钮，然后，按住 Shift 键，在画面中要绘制折痕的位置拖曳鼠标，绘制折痕线。

31. 至此，化妆品包装图制作完成，按Ctrl+H组合键将参考线隐藏，效果如图 2-64 所示。

32. 按 Ctrl+S组合键，将此文件命名为“化妆品包装.psd”并保存。

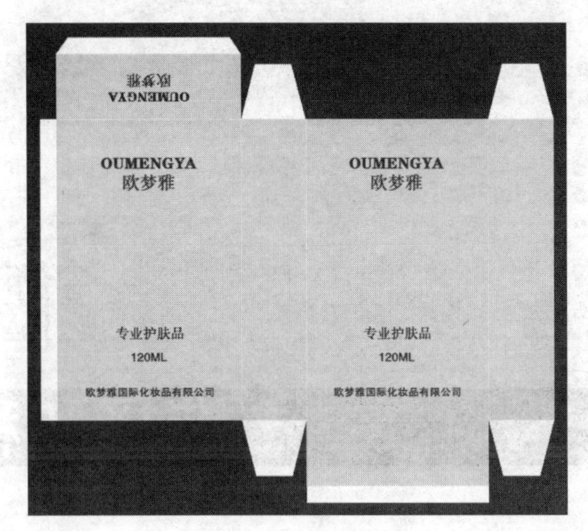

图 2-64　最终效果

小　结

本章主要学习了文件的基本操作，图像显示控制，设置图像文件大小、标尺、网格、参考线，以及设置颜色与填充颜色等内容。这些内容比较容易理解，希望读者能够将其熟练掌握，以便在处理图像中用到这些基本命令操作时，能得心应手。另外，也希望读者能通过本章的学习将包装的设计方法掌握。

习　题

1. 请读者自己动手新建一个【名称】为“花卉图案”、【宽度】为“25 厘米”、【高度】为“20 厘米”、【分辨率】为“72 像素/英寸”、【颜色模式】为“RGB 颜色”、【背景内容】为“白色”的文件，然后，为整个画面填充如图 2-65 所示的图案，再将其命名为“psd”格式并保存。

2. 打开素材文件中“图库\第 02 章”目录下的“海报.jpg”文件，利用【视图】/【新建参考线】命令，在文件的 4 个边缘位置各添加距离边缘 3mm 的参考线，如图 2-66 所示。

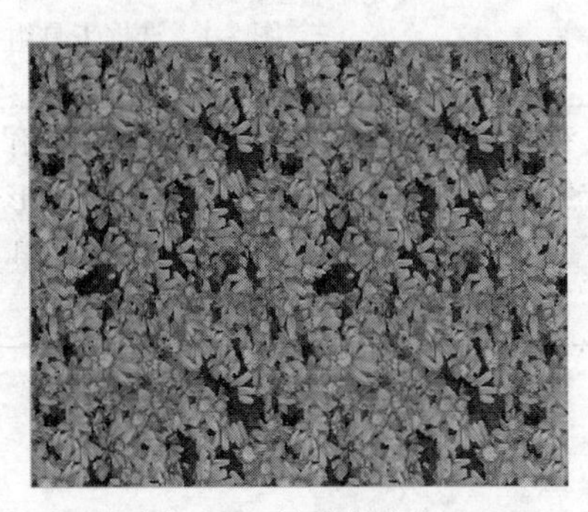

图 2-65　填充的花卉

图 2-66　添加的参考线

第3章 选择和移动图像

在利用 Photoshop 处理图像时，对图像局部及指定位置的处理，需要先用选区将其选择出来。Photoshop CS5 提供的选区工具有很多种，可以利用它们按照不同的形式来选定图像以进行调整或添加效果，这样就可以针对性地编辑图像了。对于图像位置的移动，是每一幅设计作品都必须进行的操作，利用移动工具或结合键盘操作，都可以移动图像的位置。

3.1 选择工具

选择工具的主要功能是在图像中建立选区。当图像存在选区时，所进行的工作都是针对选区内的图像的，选区外的图像不受影响。

3.1.1 绘制矩形和椭圆形选区

选框工具组中有 4 种选框工具，分别是【矩形选框】工具、【椭圆选框】工具、【单行选框】工具和【单列选框】工具。默认的是工具，将鼠标光标放置到此工具上，按住鼠标左键不放或单击鼠标右键，即可展开隐藏的工具组，如图 3-1 所示。

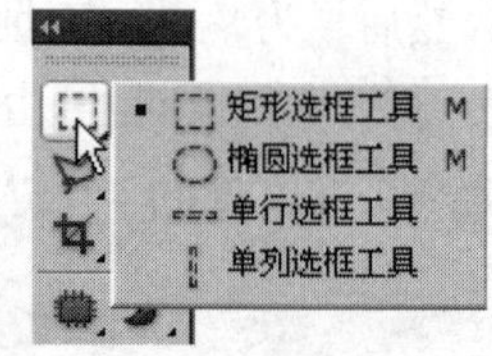

图 3-1 选框工具组

提示：在图 3-1 中，【矩形选框】工具和【椭圆选框】工具的右侧都有一个字母“M”，表示“M”是该工具的快捷键。按 M 键可以选择【矩形选框】工具或【椭圆选框】工具，按 Shift+M 组合键可在两种工具之间切换。

一、【矩形选框】工具的使用方法

【矩形选框】工具主要用于绘制各种矩形或正方形选区。选择工具后，按住鼠

标左键并拖曳鼠标，释放鼠标左键后即可创建一个矩形选区，如图 3-2 所示。

图 3-2　绘制的矩形选区

二、【椭圆选框】工具的使用方法

【椭圆选框】工具主要用于绘制各种圆形或椭圆形选区。选择工具后，按住鼠标左键并拖曳鼠标，释放鼠标左键后即可创建一个椭圆形选区，如图 3-3 所示。

图 3-3　绘制的椭圆形选区

三、【单行选框】和【单列选框】工具的使用方法

【单行选框】工具和【单列选框】工具主要用于创建 1 像素高度的水平选区和 1 像素宽度的垂直选区。选择或工具后，在画面中单击即可创建单行或单列选区。

使用【矩形选框】和【椭圆选框】工具绘制选区时，按住 Shift 键并拖曳鼠标，可以绘制出以按住鼠标左键位置为起点的正方形或圆形选区；按住 Alt 键并拖曳鼠标，可以绘制出以按住鼠标左键位置为中心的矩形或椭圆选区；按住 Alt+Shift 组合键并拖曳鼠标，可以绘制出以按住鼠标左键位置为中心的正方形或圆形选区。

选框工具组中各工具的属性栏完全相同，如图 3-4 所示。

图 3-4　选框工具属性栏

四、选区的合并、相减与相交

选框工具除了可以绘制各种基本形状的选区外，还可以结合属性栏中的运算按钮将选区进行相加、相减及相交运算。

- 【新选区】按钮：默认状态下此按钮处于激活状态，此时在图像中依次绘制选区，图像中将始终保留最后一次绘制的选区。
- 【添加到选区】按钮：激活此按钮，在图像中依次绘制选区，新建的选区将与之前绘制的选区合并为一个选区，如图 3-5 所示。

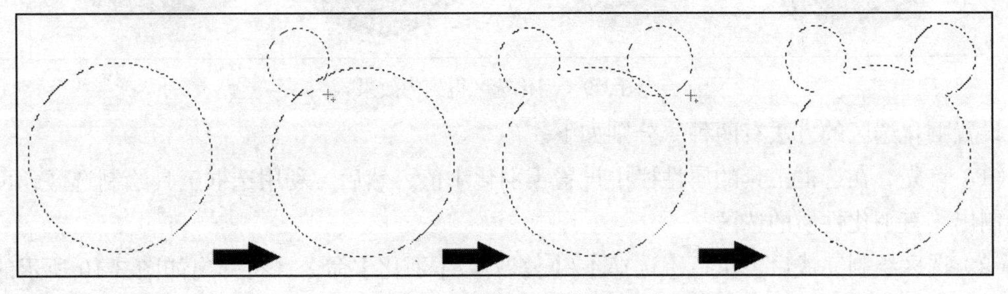

图 3-5　添加选区示意图

- 【从选区减去】按钮：激活此按钮，在图像中依次绘制选区，如果新建的选区与之前绘

制的选区有相交部分，则从之前绘制的选区中减去相交部分，并将剩余的选区作为新选区，如图 3-6 所示。

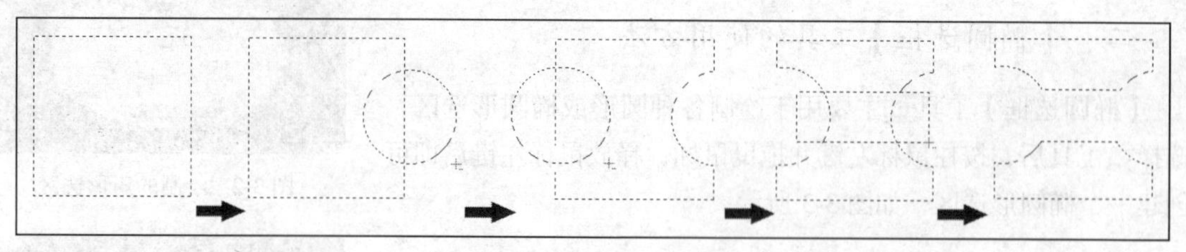

图 3-6 修剪选区示意图

- 【与选区交叉】按钮：激活此按钮，在图像中依次绘制选区，如果新建的选区与之前绘制的选区有相交部分，将把相交部分作为一个新选区，如图 3-7 所示。如果新选区与之前绘制的选区没有相交部分，将弹出如图 3-8 所示的警告对话框，提示用户未选择任何像素。

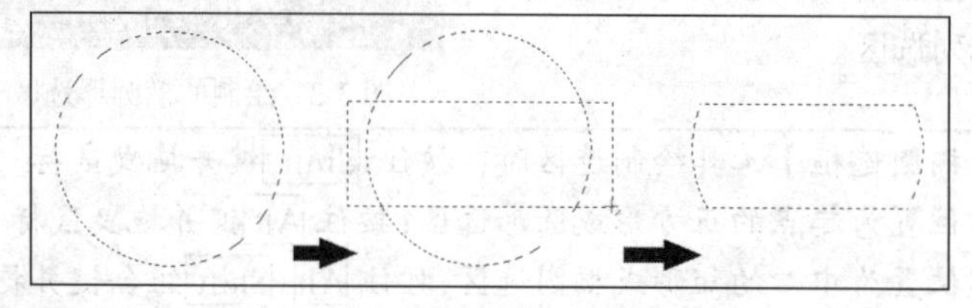

图 3-7 与选区交叉示意图

图 3-8 警告对话框

在绘制选区时，按住 Shift 键可以将当前选区状态切换到【添加到选区】状态；按住 Alt 键可以将当前选区状态切换到【从选区减去】状态；按住 Alt+Shift 组合键可以将当前选区切换到【与选区交叉】状态。

五、设置选区羽化

通过给选区设置羽化属性，可以使选区在选择图像或填充颜色后得到边缘虚化的效果，如图 3-9 所示。

图 3-9 羽化选区得到的效果

设置羽化选区的方法有两种，分别如下。

（1）首先，在选框工具的属性栏中设置【羽化】值，然后，利用选框工具绘制选区，可以直接绘制出具有羽化性质的选区。

（2）选区绘制完成后，执行【选择】/【修改】/【羽化】命令，将弹出如图 3-10 所示的【羽化选区】对话框。在对话框中设置适当的【羽化半径】参数，单击 确定 按钮，即可使已有的选区具有羽化性质。

【羽化半径】值决定选区的羽化程度，数值越大，图像产生的羽化效果越明显。需要注意的是，此值必须小于选区的最小半径，否则，将会弹出如图 3-11 所示的警告对话框，提示用户需要将选区创建得大一点，或将【羽化半径】值设置得小一点。

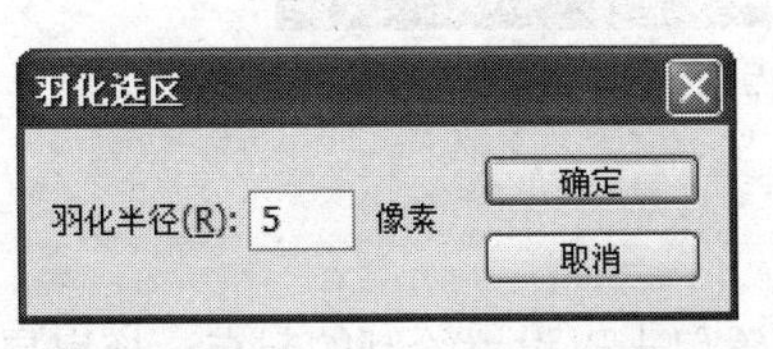

图 3-10 【羽化选区】对话框

图 3-11　警告对话框

六、【消除锯齿】复选项

位图图像是由许多不同颜色的正方形像素点组成的，所以，在 Photoshop 中编辑圆形或弧形图形时，其边缘常会出现锯齿现象。当在属性栏中勾选【消除锯齿】复选项之后，系统将自动淡化图像边缘，使图像边缘和背景之间产生平滑的颜色过渡。

七、【样式】下拉列表

【样式】下拉列表中有【正常】、【固定比例】和【固定大小】3 个选项。

- 【正常】：设置此选项后，可以在图像中创建任意大小或任意比例的选区。
- 【固定比例】：设置此选项后，可以通过设置【宽度】和【高度】值来约束选区的宽度和高度比。
- 【固定大小】：设置此选项后，可以直接在【样式】右侧指定选区的宽度和高度，以确定选区的大小，其单位为“像素”。

八、调整边缘

创建选区后单击 调整边缘... 按钮，将弹出【调整边缘】对话框，通过设置该对话框中的选项参数，可以创建精确的选区边缘，从而更快、更准确地从背景中抽出需要的图像。

3.1.2　利用【套索】工具绘制选区

【套索】工具是一种使用灵活、形状自由的选区绘制工具，该工具组包括【套索】工具、【多边形套索】工具和【磁性套索】工具。下面介绍这 3 种工具的使用方法。

一、【套索】工具的使用方法

选择【套索】工具，在图像边缘的任意位置按下鼠标左键设置绘制的起点，拖曳鼠标指针到任意位置后释放鼠标左键，即可创建出任意形状的选区，如图 3-12 所示。套索工具的自由性很大，在利用套索工具绘制选区时，必须对鼠标有良好的控制能力，才能绘制出满意的选区。此工具一般用于修改已经存在的选区或绘制没有具体形状要求的选区。

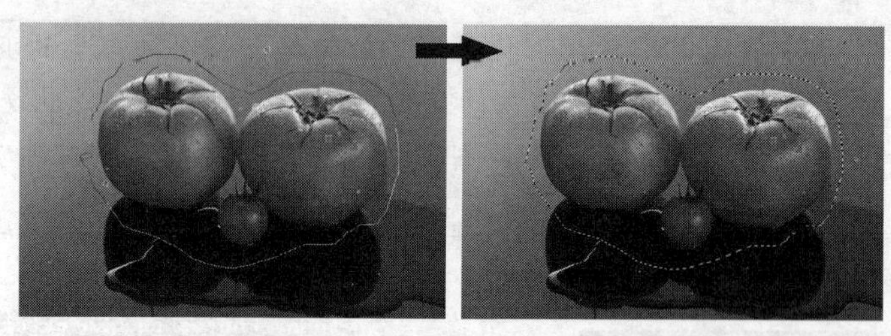

图 3-12 【套索】工具操作示意图

二、【多边形套索】工具的使用方法

选择【多边形套索】工具，在图像边缘的任意位置单击以设置绘制的起点，拖曳鼠标指针到合适的位置，再次单击，设置转折点，直到鼠标指针与最初设置的起点重合（此时鼠标指针的下面多了一个小圆圈），然后，在重合点上单击即可创建出选区，如图 3-13 所示。

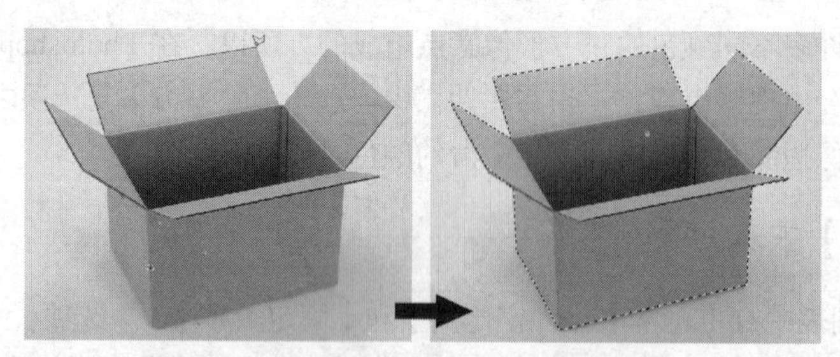

图 3-13 【多边形套索】工具操作示意图

在利用【多边形套索】工具绘制选区过程中，按住 Shift 键，可以控制在水平方向、垂直方向或成 45° 倍数的方向绘制；按 Delete 键，可逐步撤销已经绘制的选区转折点；双击可以闭合选区。

三、【磁性套索】工具的使用方法

选择【磁性套索】工具，在图像边缘单击以设置绘制的起点，然后，沿图像的边缘拖曳鼠标指针，选区会自动吸附在图像中对比最强烈的边缘，如果选区的边缘没有吸附在想要的图像边缘，可以通过单击来添加一个紧固点，以确定要吸附的位置，再拖曳鼠标，直到鼠标指针与最初设置的起点重合时，单击即可创建选区，如图 3-14 所示。

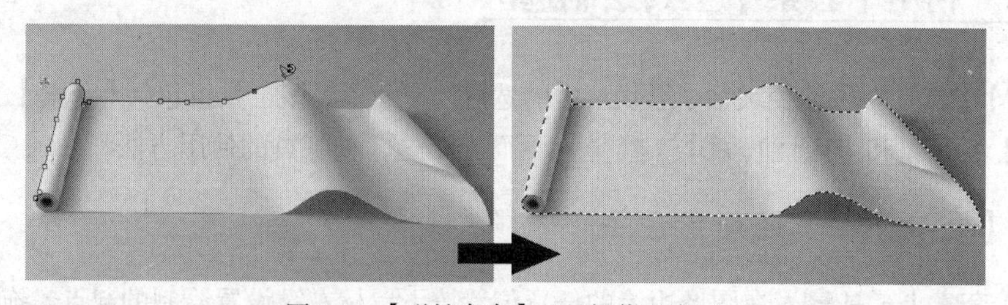

图 3-14 【磁性套索】工具操作示意图

四、【套索】工具组的属性栏

【套索】工具组的属性栏与选框工具组的属性栏基本相同，只是【磁性套索】工具的属性栏增加了几个新的选项，如图 3-15 所示。

图 3-15 【磁性套索】工具属性栏

- 【宽度】：用于决定【磁性套索】工具的探测范围。数值越大，探测范围越大。
- 【对比度】：用于决定【磁性套索】工具探测图形边界的灵敏度。该数值过大时，将只能对颜色分界明显的边缘进行探测。
- 【频率】：在利用【磁性套索】工具绘制选区时，会有很多的小矩形对图像的选区进行固定，以确保选区不被移动。此选项用于决定这些小矩形出现的次数。数值越大，在拖曳过程中出现的小矩形越多。
- 【压力】按钮：安装了绘图板和驱动程序后此选项才可用，它主要用来设置绘图板的笔刷压力。设置此选项时，钢笔的压力增加，会使套索的宽度变细。

3.1.3　套索工具练习

下面以实例操作的形式来讲解套索工具的应用。首先，利用【多边形套索】工具将“花卉”图像中的花瓶选择并删除，然后，利用【磁性套索】工具选取另一个花瓶图像，再将其移动复制到“花卉”图像中，组成一幅新的图像。

套索工具练习

1. 打开素材文件中“图库\第 03 章”目录下的“花卉.jpg”文件。
2. 选择【多边形套索】工具，在花卉图像的边缘单击，确定绘制选区的起始点，如图 3-16 所示。
3. 按住 Shift 键，沿着花瓶边缘移动鼠标指针到合适的位置，再次单击，设置转折点，如图 3-17 所示。
4. 继续移动鼠标指针并单击，设置转折点，直到鼠标指针与最初的起始点重合（此时鼠标指针的下面多了一个小圆圈），如图 3-18 所示。

图 3-16　绘制选区的起点

图 3-17　确定的转折点

图 3-18　鼠标指针的状态

5. 在重合点上单击即可将花瓶选择，生成选区，如图 3-19 所示。
6. 按 D 键，将前景色和背景色设置为默认的黑色和白色，然后，按 Delete 键，删除选区中的图像，此时，将弹出如图 3-20 所示的【填充】对话框，单击 确定 按钮，将选区中删除图像的区域填充白色背景色，效果如图 3-21 所示。

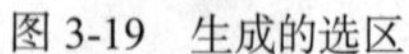

图 3-19　生成的选区

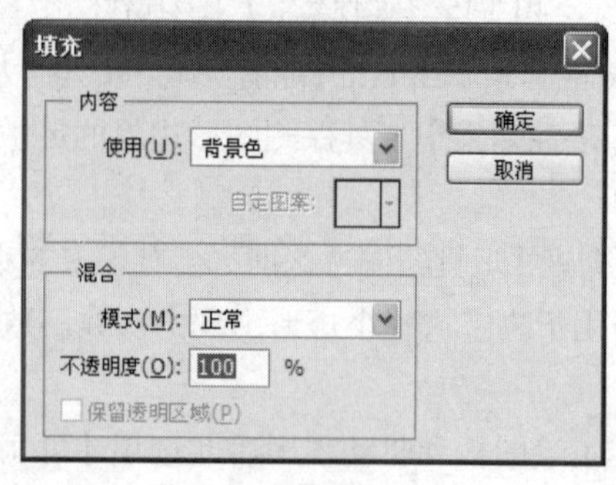

图 3-20 【填充】对话框

图 3-21　删除图像后的效果

7. 执行【选择】/【取消选择】命令（快捷键为 Ctrl+D 组合键），将选区取消。

8. 打开素材文件中“图库\第 03 章”目录下名为“花瓶.jpg”的文件。

9. 利用【缩放】工具将图像放大显示，然后，选择【磁性套索】工具，在花瓶图像的左上方边缘处单击，设置绘制的起点，如图 3-22 所示。

10. 沿图像的边缘拖曳鼠标，选区会自动吸附在图像中对比最强烈的边缘，如果选区的边缘没有吸附在想要的图像边缘，可以通过单击添加一个紧固点来确定要吸附的位置，如图 3-23 所示。

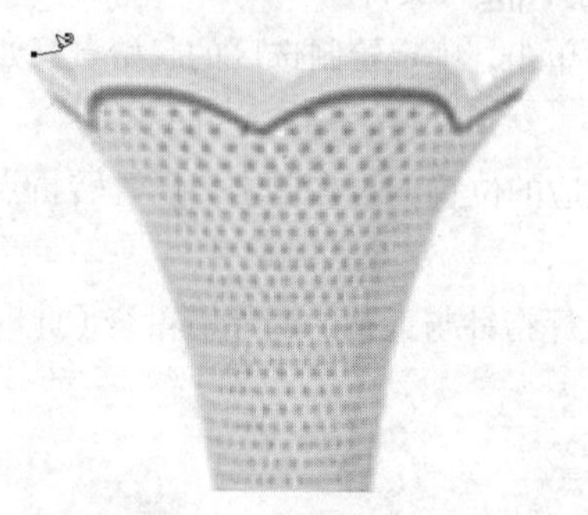

图 3-22　确定的起点

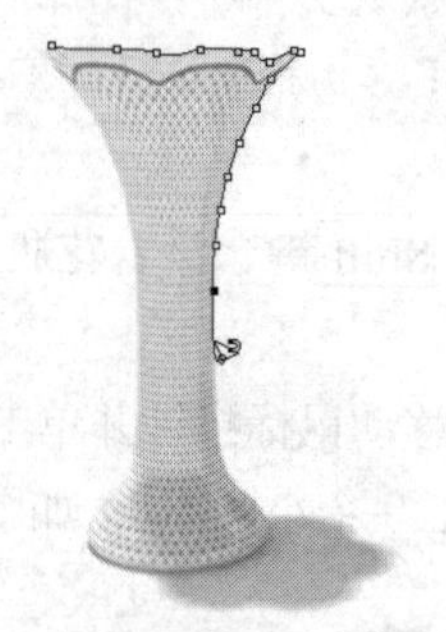

图 3-23　拖曳鼠标的状态

利用【磁性套索】工具创建选区时，可随时按 Ctrl+ + 组合键或 Ctrl+ - 组合键，以调整不同的图像显示大小，利于创建精确的选区。

11. 继续拖曳鼠标，直到鼠标指针与最初设置的起点重合，状态如图 3-24 所示。

12. 单击鼠标，即可创建选区，如图 3-25 所示。

13. 执行【选择】/【修改】/【羽化】命令，在弹出的【羽化选区】对话框中，将【羽化半径】的参数设置为“2 像素”，单击 确定 按钮。

14. 选择工具，将鼠标指针移到选区中，按住鼠标左键，将花瓶拖曳至“花卉”文件中，释放鼠标左键后，即可将选区中的花瓶移动到该文件中。

15. 继续利用工具，将花瓶调整至如图 3-26 所示的位置。

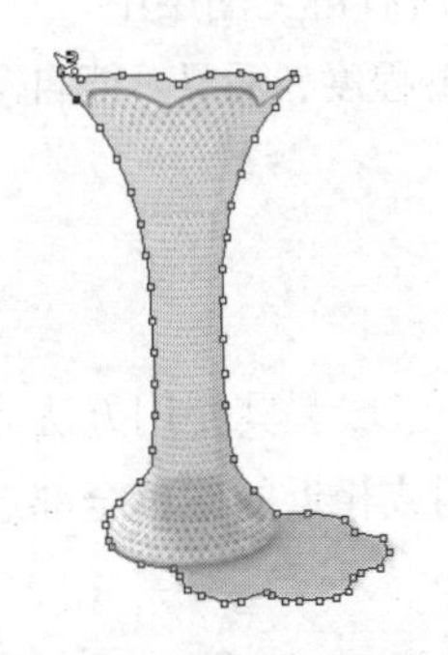

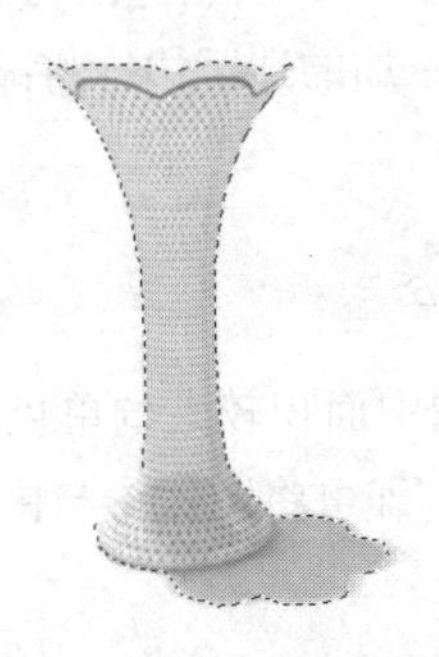

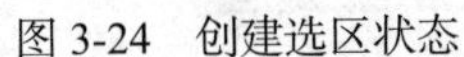

图 3-24 创建选区状态　　图 3-25 生成的选区　　图 3-26 调整后的形态

16. 按 Shift+Ctrl+S 组合键，将此文件命名为“套索工具练习.psd”并另存。

3.1.4 利用【魔棒】工具选择图像

对于轮廓分明、背景颜色单一的图像来说，利用【快速选择】工具或【魔棒】工具来选择图像，是非常不错的方法。下面来介绍这两种工具的使用方法。

一、【快速选择】工具

【快速选择】工具非常直观、灵活和快捷，可选择图像中面积较大的单一颜色的区域。其使用方法为：将鼠标指针移至需要添加选区的图像位置并按下鼠标左键，然后，移动鼠标指针，即可将鼠标指针经过的区域及与其颜色相近的区域生成为一个选区，如图 3-27 所示。

图 3-27 【快速选择】工具的操作示意图

【快速选择】工具的属性栏如图 3-28 所示。

图 3-28 【快速选择】工具属性栏

- 【新选区】按钮：默认状态下，此按钮处于被激活状态，此时，按住鼠标左键并拖曳鼠标可以在图像中绘制出新的选区。
- 【添加到选区】按钮：激活此按钮后，按住鼠标左键并在图像中拖曳鼠标，可以增加图像的选择范围。
- 【从选区减去】按钮：激活此按钮后，可以使图像中已有的选区按照鼠标拖曳的区域来减少被选择的范围。
- 【画笔】：用于设置所选范围区域的大小。

- 【对所有图层取样】：勾选此复选项，绘制选区的操作将应用到所有可见图层中。
- 【自动增强】：勾选此复选项，添加的选区边缘将减少锯齿的粗糙程度，而且，能自动将选区向图像边缘进一步扩展、调整。

二、【魔棒】工具的使用方法

【魔棒】工具主要用于选择图像中面积较大的单色或相近颜色的区域。其使用方法非常简单，只需在要选择的颜色范围内单击，即可将图像中与鼠标单击处相同或相近的颜色全部选择，如图 3-29 所示。

图 3-29 【魔棒】工具操作示意图

【魔棒】工具的属性栏如图 3-30 所示。

图 3-30 【魔棒】工具属性栏

- 【容差】：用于决定创建选区的范围大小。数值越大，创建选区的范围越大。
- 【连续】：若勾选此复选项，则只能选择图像中与鼠标单击处颜色相近且相连的部分；若不勾选此项，则可以选择图像中所有与鼠标单击处颜色相近的部分，如图 3-31 所示。

图 3-31 勾选与不勾选【连续】复选项时创建的选区

- 【对所有图层取样】：若勾选此复选项，则可以选择所有可见图层中与鼠标单击处颜色相近的部分；若不勾选此项，则只能选择工作层中与鼠标单击处颜色相近的部分。

3.2 【选择】命令

在图像中创建选区后，有时为了图像处理的需要，要对已创建的选区进行编辑修改，使之更符合要求。本节将介绍有关对选区的编辑和修改操作方法。

3.2.1　移动选区

在图像中创建选区后，无论当前使用哪一种选区工具，将鼠标光标移动到选区内时，鼠标光标都将变为 形状，按住鼠标左键并拖曳鼠标即可移动选区的位置。按键盘上的→、←、↑或↓方向键，可以按照 1 个像素单位来移动选区的位置；如果按住 Shift 键再按方向键，可以一次以 10 个像素单位来移动选区的位置。

3.2.2　显示、隐藏和取消选区

在编辑图像时，合理地隐藏与显示选区可以让用户清楚地看到制作的效果与周围图像的对比。执行【视图】/【显示】/【选区边缘】命令，即可将选区显示或隐藏。一般情况下，使用菜单栏中的【视图】/【显示额外内容】命令（快捷键为 Ctrl+H 组合键）来隐藏或显示选区，利用此命令的快捷键可以非常方便地隐藏或显示需要的选区。图像编辑完成后，不再需要当前的选区时，可以通过执行【选择】/【取消选择】命令将选区取消，最常用的还是通过 Ctrl+D 组合键来取消选区，此快捷键在处理图像时会经常用到。

3.2.3　全部、重新选择和反向

执行【选择】/【全部】命令（快捷键为 Ctrl+A 组合键），可以将当前层中的图像全部选择。将选区取消后，执行【选择】/【重新选择】命令（快捷键为 Shift+Ctrl+D 组合键），可以将刚取消的选区恢复。

在图像中创建选区后，执行【选择】/【反向】命令（快捷键为 Shift+Ctrl+I 组合键），可以将选区进行反选，即选择选区以外的图像。

3.2.4　制作照片的边框

本节将通过制作照片的边框效果，来练习选区的全部选择、变换及反向等操作。

制作照片边框

1. 打开素材文件中“图库\第 03 章”目录下的“划船.jpg”文件，如图 3-32 所示。
2. 执行【选择】/【全部】命令（快捷键为 Ctrl+A 组合键），将画面全部选择。
3. 执行【选择】/【变换选区】命令，此时，选区的周围将显示变换框，在属性栏中分别设置【W】和【H】的参数为 W: 90%　H: 85%，选区调小后的形态如图 3-33 所示。
4. 单击属性栏中的 ✔ 按钮，完成选区的缩小调整。
5. 执行【选择】/【反向】命令（快捷键为 Shift+Ctrl+I 组合键），将选区反选，如图 3-34 所示。
6. 执行【图像】/【调整】/【亮度/对比度】命令，弹出的【亮度/对比度】对话框，参数设置如图 3-35 所示。

图 3-32　打开的图片

图 3-33　选区调整后的形态

图 3-34　反选后的选区形态

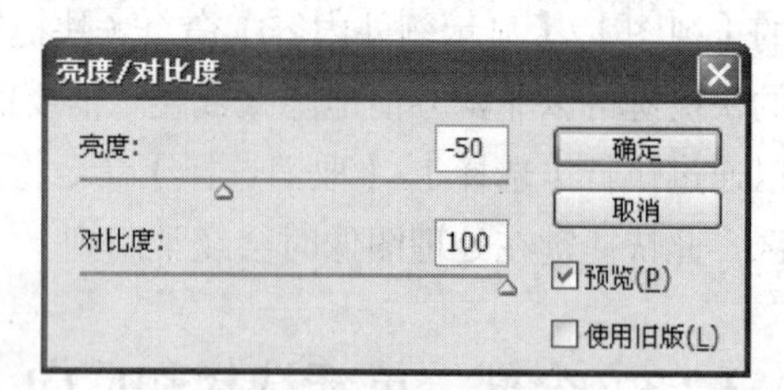

图 3-35　设置的参数

7. 单击 确定 按钮，调整了亮度、对比度后的图像效果如图 3-36 所示。

8. 再次执行【选择】/【反向】命令，将选区反选，还原以前的选区状态。

9. 执行【图像】/【调整】/【曲线】命令，在弹出的【曲线】对话框中，单击 自动(A) 按钮，自动调整一下图像的颜色，此时的【曲线】对话框如图 3-37 所示。

图 3-36　调整亮度、对比度后的效果

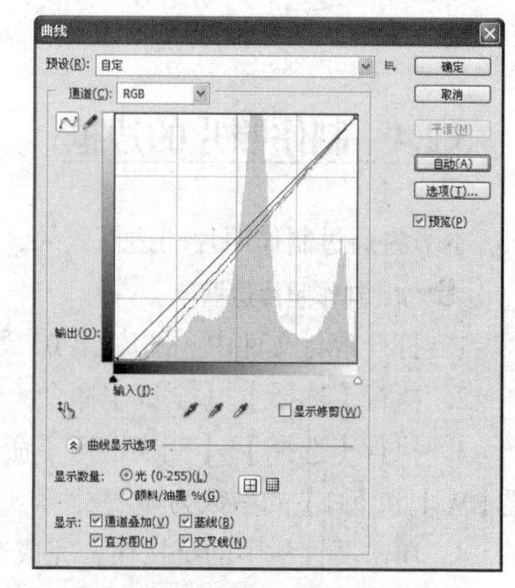

图 3-37【曲线】对话框

10. 单击 确定 按钮，自动调整色调后的图像效果如图 3-38 所示。

11. 执行【编辑】/【描边】命令，在弹出的【描边】对话框中设置参数，如图 3-39 所示。注意，要将颜色的色块设置为白色。

图 3-38　自动调整色调后的效果

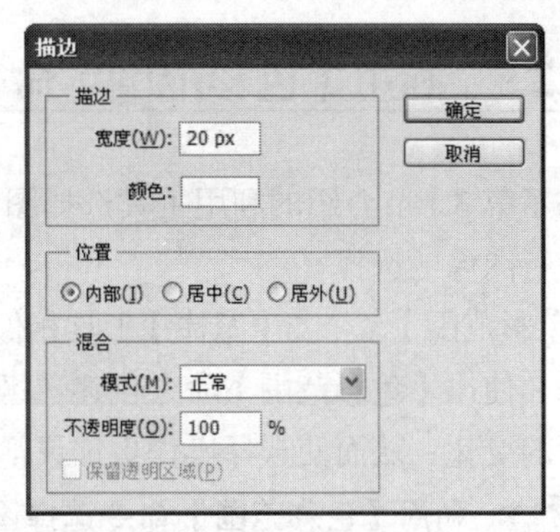

图 3-39 【描边】对话框

12. 单击 确定 按钮，描边后的效果如图 3-40 所示。

13. 执行【图层】/【新建】/【通过拷贝的图层】命令，将选区中的图像通过复制生成一个新的图层“图层 1”，如图 3-41 所示。

图 3-40　描边后的效果

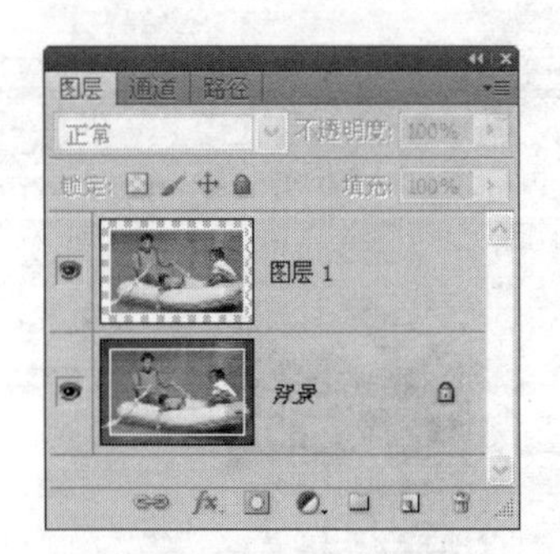

图 3-41　生成的新图层

14. 执行【图层】/【图层样式】/【投影】命令，在弹出的【图层样式】对话框中，设置选项的参数，如图 3-42 所示。

15. 单击 确定 按钮，添加投影后的图像效果如图 3-43 所示。

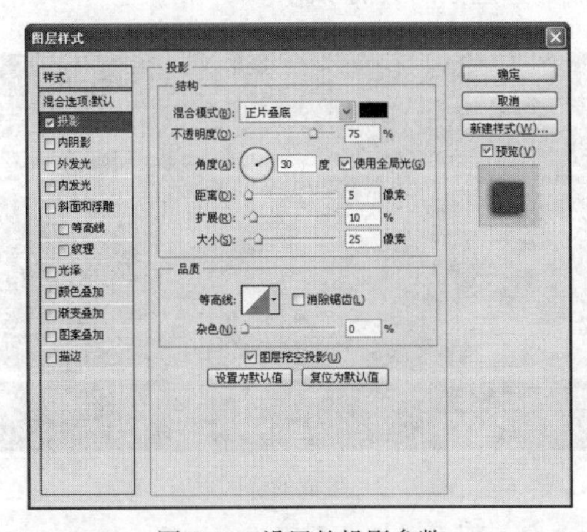

图 3-42　设置的投影参数

图 3-43　添加投影后的效果

16. 至此，照片的边框添加完成，按 Shift+Ctrl+S 组合键，将此文件命名为“制作边框效果.psd”并另存。

3.2.5 利用【色彩范围】命令选择图像

除了第 3.1 节介绍的利用工具选择图像外，还可以利用【选择】/【色彩范围】命令来创建选区，进行图像的选择。

【色彩范围】命令与【魔棒】工具相似，也可以根据容差值与选择的颜色样本来创建选区并选择图像。使用【色彩范围】命令创建选区的优势在于：它可以根据图像中色彩的变化情况设定选择程度的变化，从而使选择操作更加灵活、准确。下面以实例操作的形式来讲解该命令的使用。

利用【色彩范围】命令选择图像

1. 打开素材文件中“图库\第 03 章”目录下的“山水风景.jpg”文件。
2. 按 Ctrl+J 组合键，将背景层复制为“图层 1”。
3. 执行【选择】/【色彩范围】命令，弹出如图 3-44 所示的【色彩范围】对话框。
4. 确认【色彩范围】对话框中的按钮和【选择范围】单选项处于被选择状态，将鼠标指针移动到如图 3-45 所示的位置后单击鼠标左键，吸取色样。

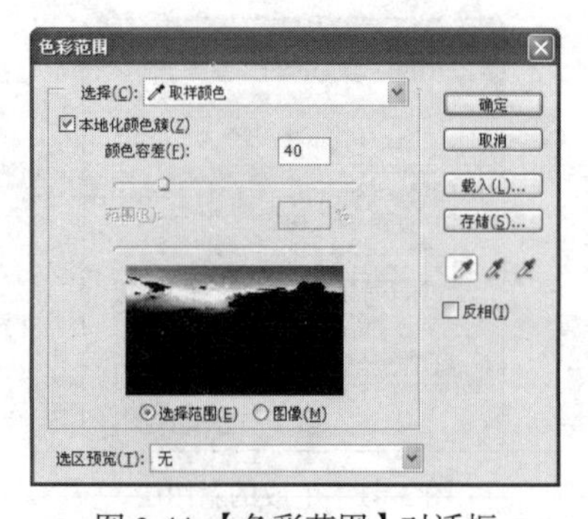

图 3-44 【色彩范围】对话框

图 3-45 吸取色样的位置

5. 在【颜色容差】文本框中输入数值（或拖曳其下方的三角按钮）调整选择的色彩范围，将【颜色容差】参数设置为“200”，如图 3-46 所示。
6. 单击 确定 按钮，此时，图像文件中生成的选区如图 3-47 所示。

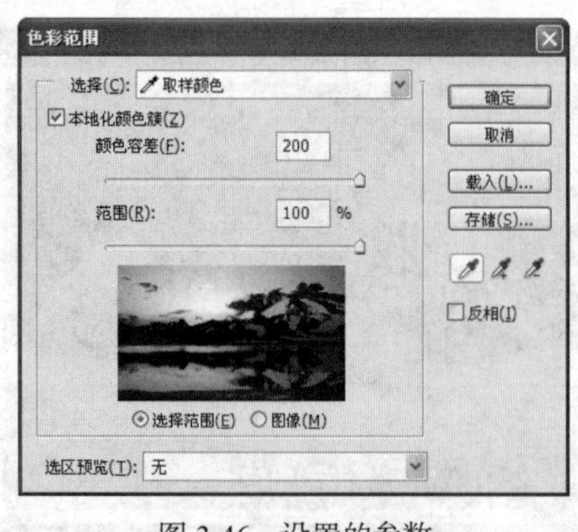

图 3-46 设置的参数

图 3-47 生成的选区

从上图中可以看出，图像右上角的蓝色并没有被选取，下面我们要重新进行选择。

7. 按 Ctrl+D 组合键，去除选区，然后，再次执行【选择】/【色彩范围】命令，弹出【色彩范围】对话框。

8. 将鼠标光标移动到步骤 3 单击的位置，再次单击，然后，激活【色彩范围】对话框中的按钮，再将鼠标光标依次移动到画面的右上角和如图 3-48 所示的区域并单击鼠标左键。

9. 单击 确定 按钮，生成的选区如图 3-49 所示。

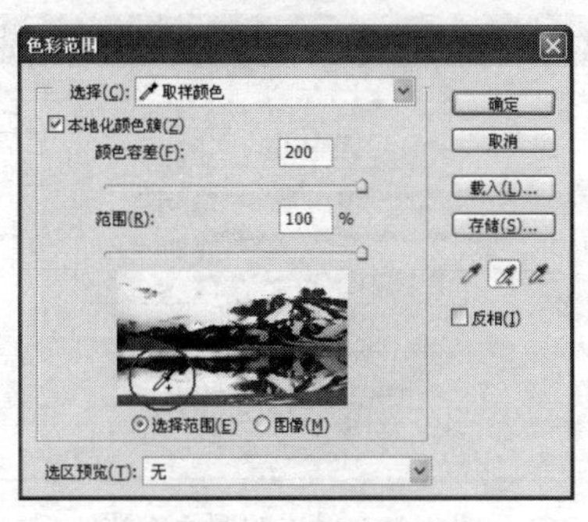

图 3-48　吸取色样的位置

图 3-49　生成的选区

10. 执行【视图】/【显示额外内容】命令（快捷键为 Ctrl+H 组合键），将选区在画面中隐藏，这样更方便观察颜色调整时的效果。此命令非常实用，读者要灵活掌握此项操作技巧。

11. 执行【图像】/【调整】/【色相/饱和度】命令（快捷键为 Ctrl+U 组合键），在弹出的【色相/饱和度】对话框中设置参数，如图 3-50 所示。

12. 单击 确定 按钮，按 Ctrl+D 组合键去除选区，调整后的颜色效果如图 3-51 所示。

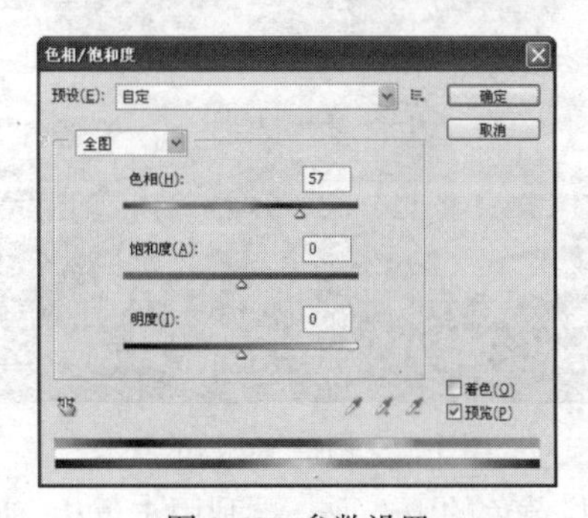

图 3-50　参数设置

图 3-51　调整颜色后的图片效果

13. 再次执行【选择】/【色彩范围】命令，在弹出的【色彩范围】对话框中激活按钮，然后，如图 3-52 所示的雪山位置单击，拾取色样。

14. 激活按钮，再在【色彩范围】对话框中未显示白色雪山的位置单击，拾取该处的颜色，拾取后的对话框如图 3-53 所示。

图 3-52　鼠标指针放置的位置

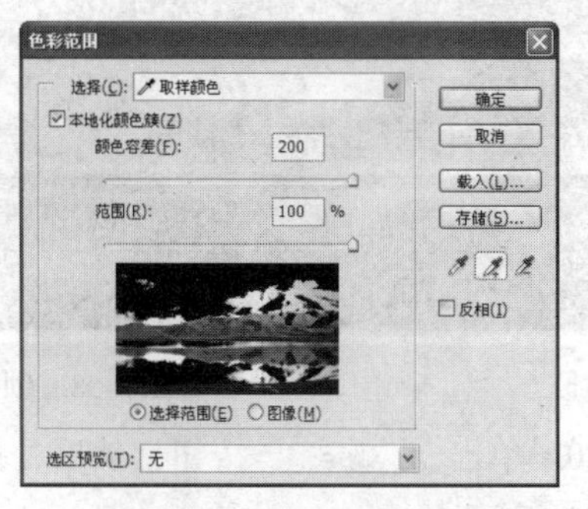

图 3-53　设置的选项参数

15. 单击 确定 按钮，生成的选区形态如图 3-54 所示。

16. 执行【图像】/【调整】/【色彩平衡】命令（快捷键为 Ctrl+B 组合键），在弹出的【色彩平衡】对话框中设置如图 3-55 所示的参数，然后，单击 确定 按钮。

图 3-54 生成的选区

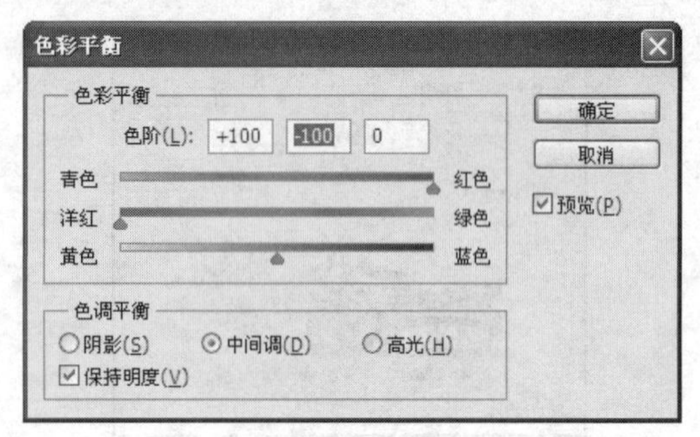

图 3-55 设置的颜色参数

17. 再次执行【图像】/【调整】/【色彩平衡】命令，在弹出的【色彩平衡】对话框中设置如图 3-56 所示的参数。

18. 单击 确定 按钮，然后，按 Ctrl+D 组合键，去除选区，调整颜色后的雪山效果如图 3-57 所示。

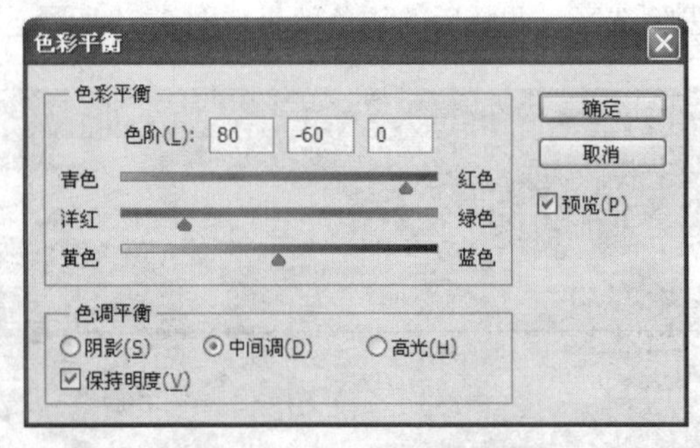

图 3-56 设置的颜色参数

图 3-57 调整颜色后的效果

19. 用与上面相同的创建选区并调整颜色的方法，将黄色的山选取，再利用【色相/饱和度】命令调整颜色，创建的选区形态及设置的颜色参数如图 3-58 所示。

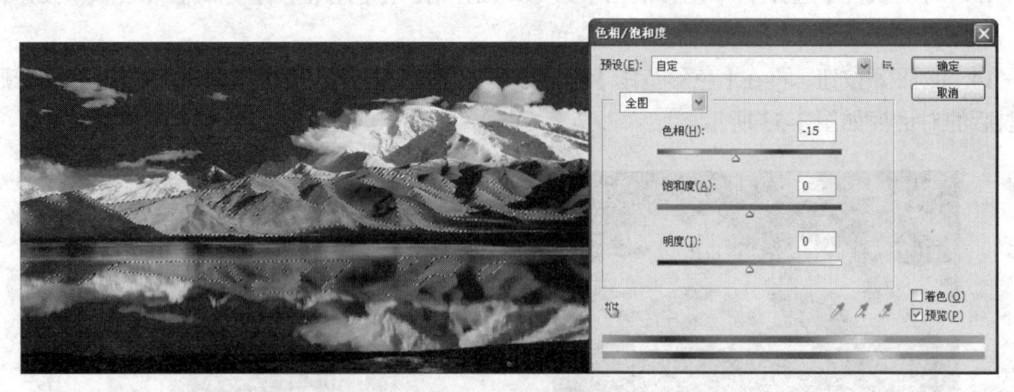

图 3-58 创建的选区形态及设置的颜色参数

20. 单击 确定 按钮，然后，按 Ctrl+D 组合键，去除选区，调整颜色后的图片效果如图 3-59 所示。

图 3-59　图像调整颜色后的效果

21. 按 Shift+Ctrl+S 组合键，将此文件命名为“色彩范围命令应用.psd”并另存。

3.2.6　修改选区

在处理图像的过程中，经常要对选区进行修改操作。执行【选择】/【修改】子菜单下的命令，即可对选区进行修改。

- 【边界】命令：执行此命令后，可以在弹出的【边界选区】对话框中设置选区向内或向外扩展，扩展的选区将重新生成新的选区。
- 【平滑】命令：该命令可以对选区的边缘进行平滑设置，执行此命令后，可以在弹出的【平滑选区】对话框中设置选区的边角平滑度。
- 【扩展】命令：执行此命令后，可以在弹出的【扩展选区】对话框中设置选区的扩展量，确认后，选区将在原来的基础上扩展。
- 【收缩】命令：执行此命令后，即可打开【收缩选区】对话框，在对话框中进行设置后即可将原选区进行收缩。
- 【羽化】命令：该命令可以将选区进行羽化处理，执行此命令后，再在打开的【羽化】对话框中设置羽化值，即可将选区进行羽化处理。

3.2.7　羽化选区

给选区设置适当的羽化值，会使处理后的图像及填充颜色后的边缘出现过渡消失的虚化效果。下面以实例操作的形式讲解选区的羽化设置。

羽化选区应用练习

1. 打开素材文件中“图库\第 03 章”目录下名为“山水画.jpg”和“茶壶.jpg”的文件。

2. 将“山水画.jpg”文件设置为工作状态，然后，选择 工具，再在画面中绘制出如图 3-60 所示的椭圆形选区。

3. 执行【选择】/【修改】/【羽化】命令（快捷键为 Shift+F6 组合键），弹出【羽化选区】对话框，参数设置如图 3-61 所示。

图 3-60　绘制的选区

图 3-61　设置的羽化参数

4. 单击 确定 按钮，为选区设置羽化效果。

虽然此时在选区中还看不出变化，但当利用【移动】工具对其进行移动时，即可发现选区内边缘的图像都产生了虚化效果。

5. 选择【移动】工具，将鼠标光标移动到选区内，按住鼠标左键，将选区内的图像向“茶壶.jpg”文件中拖曳，状态如图 3-62 所示。

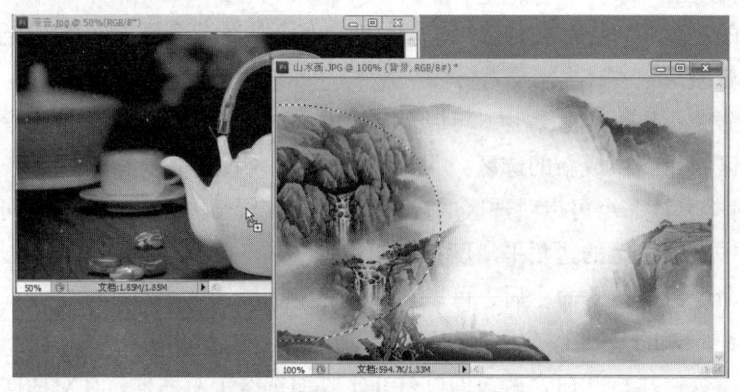

图 3-62　移动复制图像时的状态

6. 释放鼠标左键后，选区内的图像即移动复制到“茶壶.jpg”文件中，如图 3-63 所示。

7. 执行【编辑】/【变换】/【缩放】命令，图像的周围将显示变换框，将鼠标光标放置到任意角控制点上，按下鼠标左键并向图像内部拖曳，将图像缩小，然后，将鼠标光标移动到变换框内拖曳，调整图像在茶壶图形上的位置，如图 3-64 所示。

图 3-63　移动复制入的图像

图 3-64　调整后的图像的大小及位置

8. 按 Enter 键确认图像的缩小调整，即可完成应用练习。按 Shift+Ctrl+S 组合键，将此文件命名为“羽化选区应用练习.psd”并另存。

3.2.8　扩大选取和选取相似

在图像中创建选区后，执行【选择】/【扩大选取】命令，可以按照当前选择的颜色把相连且颜色相近的部分扩充到选区中，扩充范围取决于【魔棒】工具属性栏中【容差】参数的大小。

在图像中创建选区后，执行【选择】/【选取相似】命令，可将图像中不一定是相连的所有与选区内的图像颜色相近的部分扩充到选区中。

利用【魔棒】工具创建选区后，执行【扩大选取】命令和【选取相似】命令创建的选区如图 3-65 所示。

图 3-65　创建的选区

3.2.9　变换选区

执行【选择】/【变换选区】命令，会在选区的边缘出现自由变换框。利用此自由变换框可以将选区进行缩放、旋转和透视等自由变换操作，其功能和操作方法与【编辑】菜单下的【自由变换】命令相同。请参见第 3.3.3 小节“变换图像”的内容进行学习。

3.2.10　存储和载入选区

在图像处理及绘制的过程中，当创建一个选区后，再创建另一个选区，原选区就会消失，此后的操作便无法对原选区继续进行处理，因此，为了便于再次用到原选区继续编辑，有效地保存选区是很有必要的。

一、保存选区

在当前图像文件中创建选区后，执行【选择】/【存储选区】命令，将弹出如图 3-66 所示的【存储选区】对话框。

- 【文档】：用于选择保存选区的文件。
- 【通道】：用于选择保存选区的通道。如果是第一次保存选区，则只能选择【新建】选项。
- 【名称】：用于设置保存的选区在通道中的名称。如果不设置名称，单击 确定 按钮后，在【通道】面板中将出现名称为“Alpha 1”的通道。

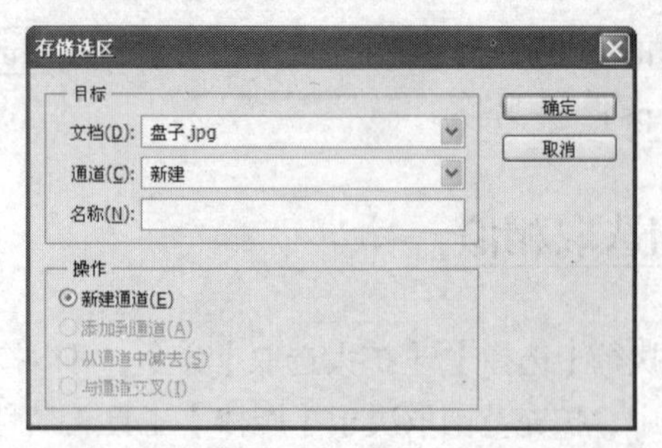

图 3-66 【存储选区】对话框

在【通道】下拉列表框中选择【新建】选项时，【操作】选项栏中只有【新建通道】选项可用，即创建新的通道。

将第一个选区保存后，再创建选区，执行【存储选区】命令，在【存储选区】对话框的【通道】下拉列表中有【新建】和【Alpha 1】两个选项。如果选择【Alpha 1】选项，【操作】选项栏中的选项即变为可用，通过设置不同的选项，可以保存不同形态的选区。

- 【替换通道】：用新建通道来替换原通道中的选区。
- 【添加到通道】：在原通道中加入该通道中的选区。
- 【从通道中减去】：在原通道中减去该通道中的选区。
- 【与通道交叉】：将新建通道与原通道选区的交叉部分定义为新通道。

二、载入选区

保存选区的目的是将其再次载入图像中使用。保存选区后，执行【选择】/【载入选区】命令，将弹出如图 3-67 所示的【载入选区】对话框，单击 确定 按钮，即可将保存的选区载入到当前文件中。

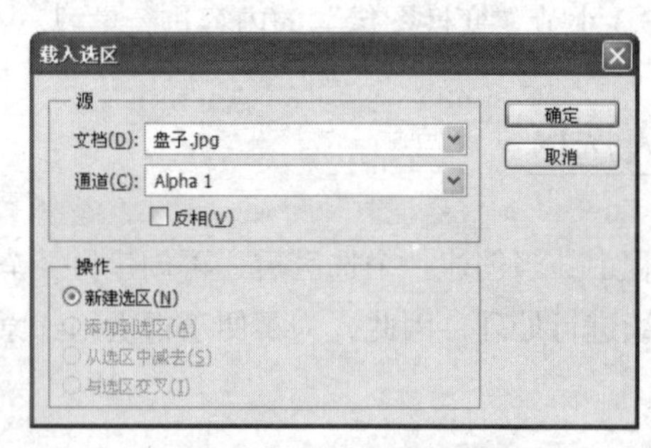

图 3-67 【载入选区】对话框

- 【反相】：勾选此复选项，将载入反选后的选区。

当图像文件中已有选区存在并执行载入选区操作时，该对话框中的【操作】选项栏中的选项才变得可用。通过设置不同的选项，可以创建不同形态的选区。

- 【新建选区】：用载入的选区替换图像中的选区。
- 【添加到选区】：将载入的选区与图像中的选区相加，得到新的选区。
- 【从选区中减去】：从图像中的选区中减去载入的选区。
- 【与选区交叉】：将已有的选区与载入选区相交的部分定义为新选区。

3.3 【移动】工具

【移动】工具是图像处理中应用最频繁的工具。利用它可以在当前文件中移动或复制图像，也可以将图像由一个文件移动复制到另一个文件中，还可以对选择的图像进行变换、排列、对齐与分布等操作。

利用【移动】工具移动图像的方法非常简单，在要移动的图像内拖曳鼠标指针，即可移动图像的位置。在移动图像时，按住 Shift 键可以确保图像在水平、垂直或 45º 的倍数方向上移动；配合属性栏及键盘操作，还可以复制和变形图像。

3.3.1 移动图像

下面通过实例讲解图像在当前文件中的移动操作方法。

在当前文件中移动图像

1. 打开素材文件中“图库\第 03 章”目录下的“盘子.jpg”文件，如图 3-68 所示，然后，选择工具，按住 Shift 键，绘制出如图 3-69 所示的选区。

图 3-68　打开的文件

图 3-69　绘制的选区

2. 选择工具，将鼠标光标移动到选区内，按下鼠标左键并拖曳鼠标，释放鼠标左键后选择的盘子图片即停留在移动后的位置，如图 3-70 所示。

利用【移动】工具在当前图像文件中移动图像分为两种情况：一种是移动“背景”层选区内的图像，移动此类图像时，图像被移动位置后，原图像位置需要用颜色补充，因为背景层是不透明的图层，而此处所补充显示的颜色为工具箱中的背景颜色；另一种情况是移动“图层”中的图像，当移动此类图像时，不需要添加选区就可以移动图像的位置，但移动“图层”中图像的局部位置时，还是需要添加选区的。如该图层为普通层，移动图像后，将露出下方的透明色，如图 3-71 所示。

图 3-70　移动图片状态

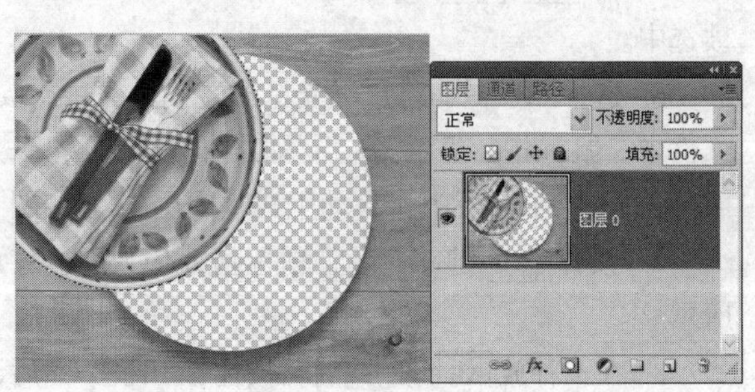

图 3-71　显示的背景色

3.3.2 移动复制图像

移动复制图像的操作分为在同一文件中移动复制和在两个文件中移动复制。

在两个文件之间移动复制图像的具体操作为：首先，确定要移动的图像（选择相应的图层或创建选区），然后，选择工具，将鼠标指针放置到要移动的图像上，按住鼠标左键并向另一个文件中拖曳鼠标指针，当在新的文件中，鼠标指针显示为形状时，释放鼠标左键，所选择的图片即被移动到另一个图像文件中。

在同一文件中移动复制图像的具体操作为：选择【移动】工具，然后，按住 Alt 键并拖曳鼠标，释放鼠标左键后，即可将图像移动复制到指定位置。按住 Alt 键并移动复制图像又分为两种情况，一种是不添加选区直接复制图像；另一种是将图像添加选区后再进行移动复制。

下面通过实例来讲解这两种复制图像的具体操作方法。

复制图像

1. 新建一个【宽度】为“30 厘米”、【高度】为“8 厘米”、【分辨率】为“150 像素/英寸”、【颜色模式】为“RGB 颜色”、【背景内容】为“白色”的文件。

2. 打开素材文件中“图库\第 03 章”目录下的“花瓶组合.jpg”文件，如图 3-72 所示。

3. 选择工具，将属性栏中的【容差】参数设置为“15”，然后，将【连续】选项前面的勾选取消。

4. 将鼠标光标移动到画面中的白色区域并单击鼠标左键，添加的选区如图 3-73 所示。

图 3-72 打开的图片

图 3-73 创建的选区

5. 按 Ctrl+Shift+I 组合键，将选区反选，此时，花卉与花瓶将全部被选中，而白色的背景未被选中。

6. 选择工具，将鼠标光标放置到选区中，按下鼠标左键并向新建的文件中拖曳，当在新的文件中，鼠标指针显示为形状时，释放鼠标左键，即可将选择的图像移动复制到新建的文件中，而且，【图层】面板中会自动生成“图层 1”，如图 3-74 所示。

7. 按住 Alt 键，此时，鼠标指针变为黑色三角形，下面重叠带有白色的三角形，如图 3-75 所示。

8. 在不释放 Alt 键的同时再按住 Shift 键，然后，向右拖曳鼠标，至合适的位置后释放鼠标左键，即可完成图片的移动复制操作，在【图层】面板中将自动生成“图层 1 副本”层，如图 3-76 所示。

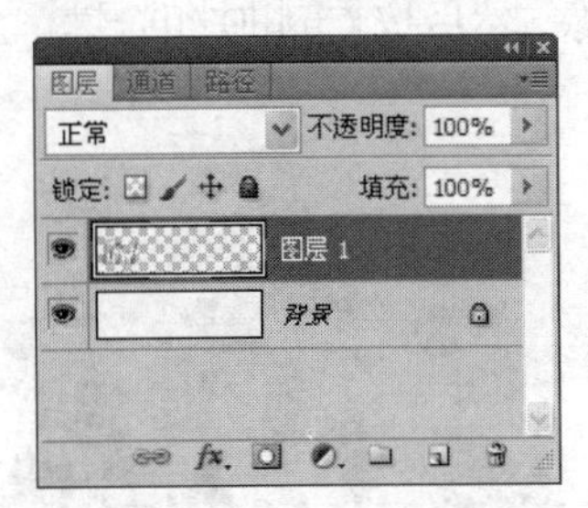

图 3-74　生成的新图层

图 3-75　显示的移动复制图标

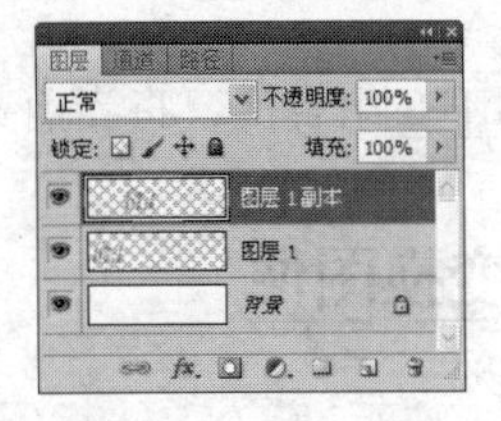

图 3-76　移动复制出的图像及生成的新图层

步骤 8 中按住 Alt 键的作用是复制；而同时按住 Shift 键，是确保图像在移动复制时水平移动。

9. 按住 Ctrl 键，单击如图 3-77 所示的“图层 1 副本”图层缩览图，可加载图像的选区，如图 3-78 所示。

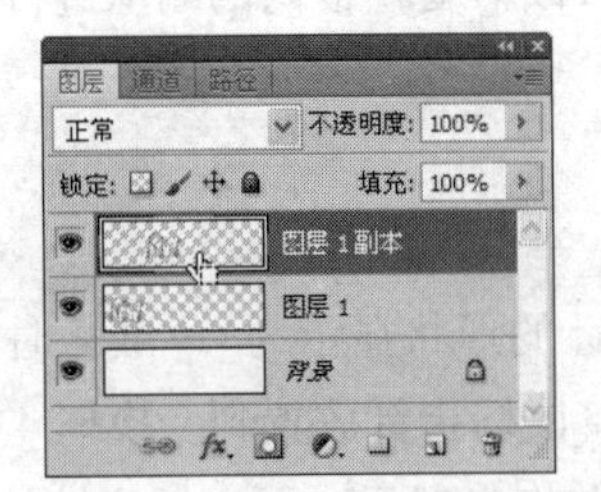

图 3-77　鼠标指针放置的位置

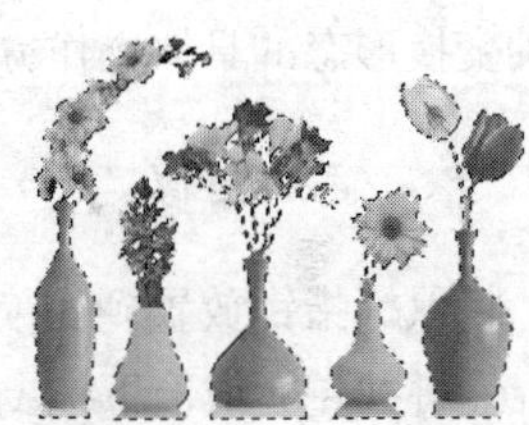

图 3-78　加载的选区

10. 再次按住 Shift+Ctrl 组合键，向右移动复制选区内的图像，效果及【图层】面板的状态如图 3-79 所示。

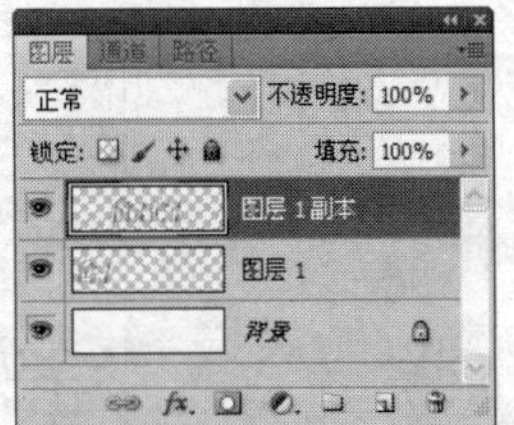

图 3-79　复制出的图像及【图层】面板的状态

从上图中可以发现，经过步骤 10 移动复制完图像后，在【图层】中并没有生成新的图层，这就说明如果在移动复制图像之前，先为图像添加选区，复制出的图像将不会生成新的图层，而与原图像在同一图层。希望读者注意。

11．用与步骤 10 相同的方法，再向右移动复制一组图像，然后按 Ctrl+D 组合键，去除选区，复制出的图像如图 3-80 所示。

图 3-80　移动复制出的图像

12．按 Ctrl+S 组合键，将当前文件命名为“复制图像.psd”并保存。

3.3.3　变换图像

在处理图像的过程中，经常需要对图像进行变换操作，以使图像的大小、方向、形状或透视符合作图要求。在 Photoshop CS5 中，变换图像的方法有两种，一种是直接利用【移动】工具结合属性栏中的 ☑显示变换控件 选项来变换图像，另一种是利用菜单命令变换图像。这两种方法可以得到相同的变换效果。

在使用【移动】工具变换图像时，若勾选属性栏中的 ☑显示变换控件 复选项，图像中将根据工作层（背景层除外）或选区内的图像显示变换框。将鼠标指针移至变换框的调节点上，按住鼠标左键，变换框将由虚线变为实线，此时，拖动变换框周围的调节点就可以对变换框内的图像进行变换。各种变换形态的具体操作方法如下。

一、缩放图像

将鼠标指针放置到变换框各边中间的调节点上，待鼠标指针的形状显示为 ↔ 或 ↕ 时，按下鼠标左键并左右或上下拖曳鼠标，即可水平或垂直缩放图像。将鼠标指针放置到变换框 4 个角的调节点上，待鼠标指针的形状显示为 ⤡ 或 ⤢ 时，按下鼠标左键并拖曳鼠标，可以任意缩放图像；按住 Shift 键，可以等比例缩放图像；按住 Alt+Shift 组合键，可以以变换框的调节中心为基准等比例缩放图像。以不同方式缩放图像时，鼠标指针的形态如图 3-81 所示。

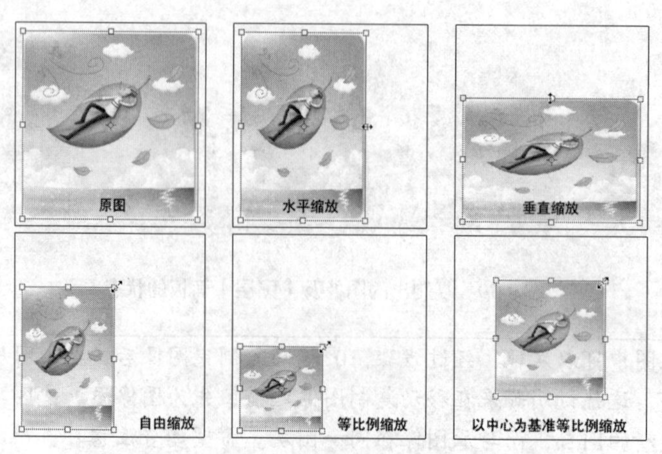

图 3-81　以不同方式缩放图像时，鼠标指针的形态

二、旋转图像

图 3-82 旋转图像

将鼠标指针移动到变换框的外部，待鼠标指针的形状显示为 或 时，拖曳鼠标，即可围绕调节中心旋转图像，如图 3-82 所示。若按住 Shift 键并旋转图像，可以使图像按 15° 的倍数旋转。

在【编辑】/【变换】命令的子菜单中选择【旋转 180 度】、【旋转 90 度（顺时针）】、【旋转 90 度（逆时针）】、【水平翻转】或【垂直翻转】等命令，可以将图像旋转 180°、顺时针旋转 90°、逆时针旋转 90°、水平翻转或垂直翻转。

三、斜切图像

执行【编辑】/【变换】/【斜切】命令或按 Ctrl+Shift 组合键调整变换框的调节点，即可对图像进行斜切变换，如图 3-83 所示。

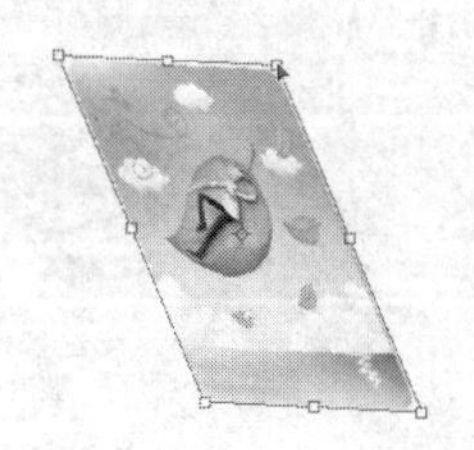

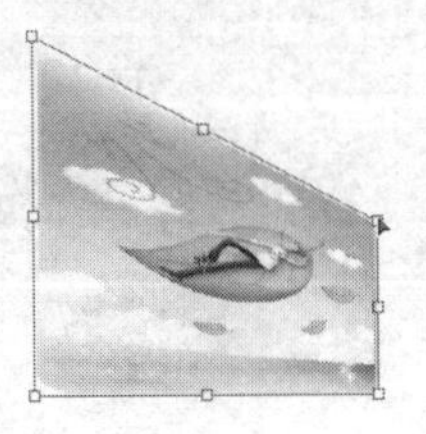

图 3-83 斜切变换图像

四、扭曲图像

执行【编辑】/【变换】/【扭曲】命令或按 Ctrl 键调整变换框的调节点，即可对图像进行扭曲变形，如图 3-84 所示。

图 3-84 扭曲变形

五、透视图像

执行【编辑】/【变换】/【透视】命令或按 Ctrl+Alt+Shift 组合键调整变换框的调节点，即可使图像产生透视变形效果，如图 3-85 所示。

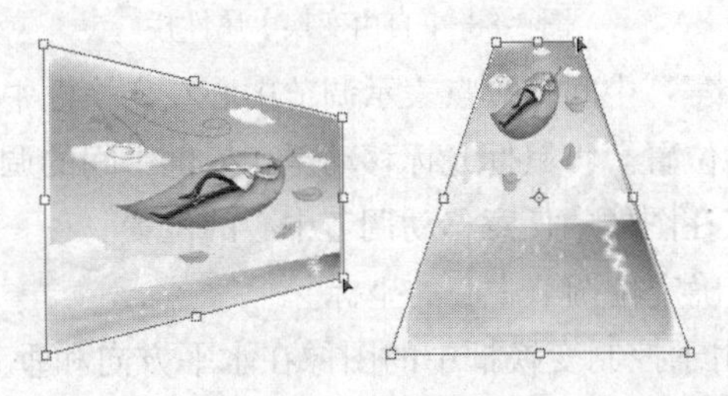

图 3-85 透视变形

六、变形图像

执行【编辑】/【变换】/【变形】命令，或者激活属性栏中的【在自由变换和变形模式之间切换】按钮，变换框将转换为变形框，通过调整变形框 4 个角上的调节点的位置及控制柄的长度和方向，可以使图像产生各种变形效果，如图 3-86 所示。

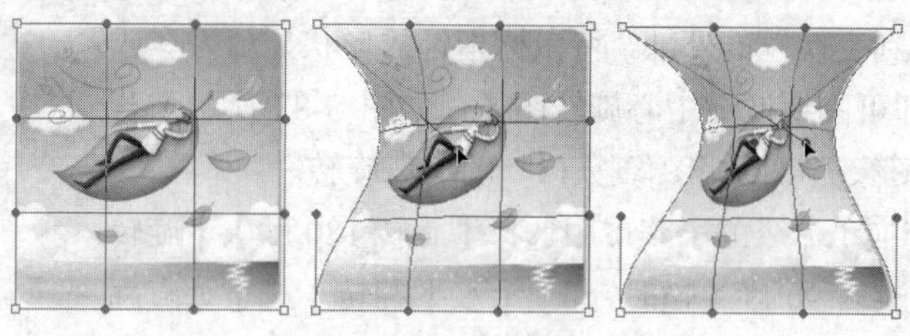

图 3-86　变形图像

在属性栏中的【变形】自定下拉列表中选择一种变形样式，可以使图像产生各种相应的变形效果，如图 3-87 所示。

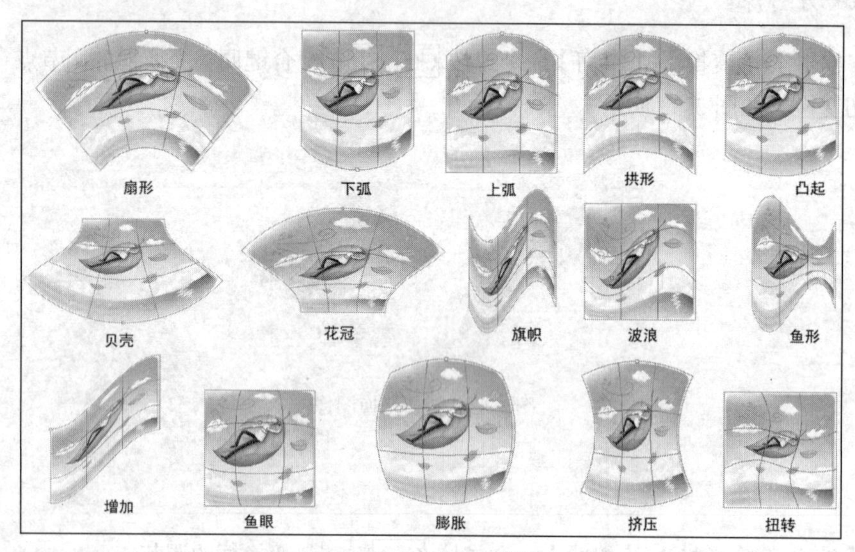

图 3-87　各种变形效果

七、变换命令属性栏

执行【编辑】/【自由变换】命令后，属性栏如图 3-88 所示。

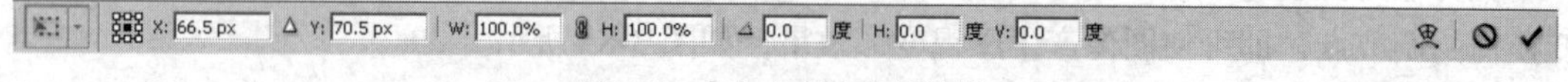

图 3-88 【自由变换】属性栏

- 【参考点位置】图标：中间的黑点表示调节中心在变换框中的位置，在任意白色小点上单击，可以定位调节中心的位置。将鼠标光标移动至变换框中间的调节中心上，待鼠标指针显示为形状时拖曳鼠标，可以在图像中任意移动调节中心的位置。
- 【X】、【Y】：用于精确定位调节中心的坐标。
- 【W】、【H】：分别用于控制变换框中的图像在水平方向和垂直方向缩放的百分比。激活【保持长宽比】按钮，可以保持图像的长宽比例来缩放。
- 【旋转】按钮：用于设置图像的旋转角度。
- 【H】、【V】：分别用于控制图像的倾斜角度。【H】表示水平方向，【V】表示垂直方向。
- 【在自由变换和变形之间切换】按钮：激活此按钮，可以由自由变换模式切换为变形模式；取消其激活状态后，可再次切换到自由变换模式。

- 【取消变换】按钮：单击按钮（或按 Esc 键），将取消图像的变形操作。
- 【进行变换】按钮：单击按钮（或按 Enter 键），将确认图像的变形操作。

3.4 综合案例——制作立体图形

下面运用本章讲解的工具和命令，将第 3 章制作的化妆品包装图制作成立体效果图。在制作过程中，要注意【自由变换】命令的灵活运用。通过本例的学习，希望读者能将该命令熟练掌握。

制作立体图形

1. 新建一个【宽度】为“25 厘米”、【高度】为“18 厘米”、【分辨率】为“150 像素/英寸”、【颜色模式】为“RGB 颜色”、【背景内容】为“白色”的文件。
2. 将前景色设置为灰色（R:140,G:145,B:120），背景色设置为黑色。
3. 选取工具，设置属性栏中的选项，如图 3-89 所示。

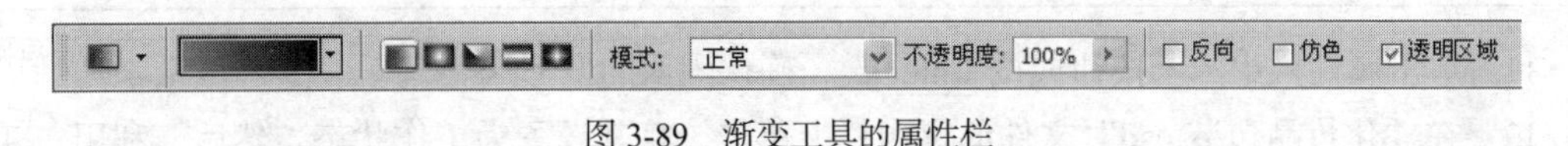

图 3-89　渐变工具的属性栏

4. 将鼠标光标移动到画面中并自上向下拖曳鼠标，为背景填充如图 3-90 所示的渐变色。
5. 打开素材文件中“作品\第 3 章”目录下的“化妆品包装.psd”文件，然后，执行【图层】/【合并可见图层】命令（快捷键为 Shift+Ctrl+E 组合键），将所有图层合并为一个图层。
6. 选择工具，根据添加的参考线将如图 3-91 所示的正面选取。

图 3-90　填充的渐变色

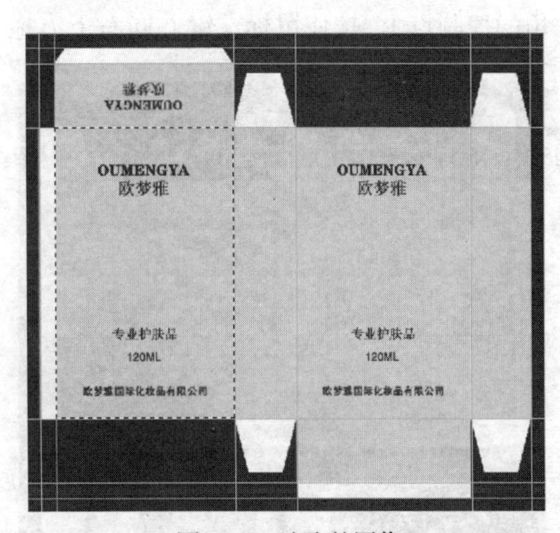

图 3-91　选取的图像

7. 选择工具，将鼠标光标放置到选区内，按住鼠标左键并向新建的文件中拖曳，将选区内的图像移动复制到新建文件中，生成“图层 1”。
8. 执行【编辑】/【自由变换】命令，图像周围将显示自由变换框，然后，按住 Ctrl 键，将鼠标指针放置在变换框左上角的控制点上，将控制点稍向下移动，状态如图 3-92 所示。
9. 至合适位置后释放鼠标左键，然后，将右上角的控制点向左下方调整，状态如图 3-93 所示。
10. 用与上面相同的方法，将右下角的控制点进行调整，调整出如图 3-94 所示的透视效果。

图 3-92　调整左上角控制点

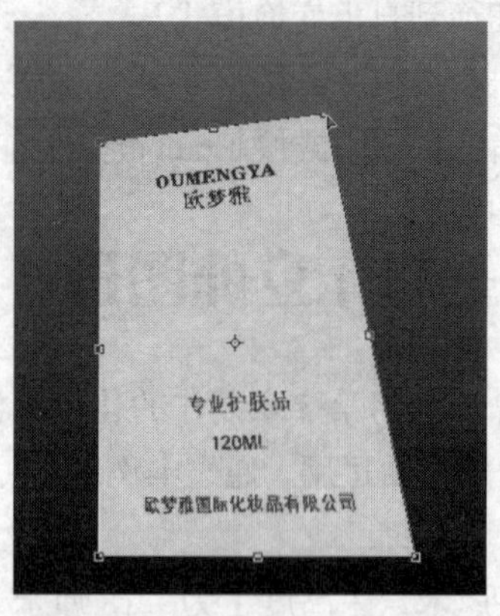

图 3-93　调整右上角控制点

图 3-94　调整出的透视效果

提示

在调整时，一定要遵循近大远小的透视规律，右边的高度要比左边的高度矮一些。

11. 单击属性栏中的✓按钮或按 Enter 键，确认图像的变形调整。

12. 在“化妆品包装.psd”文件的标题栏上单击，将其设置为工作状态，然后，利用工具将侧面图形选取，如图 3-95 所示。

13. 用工具将侧面图形移动复制到新建的文件中，生成“图层 2”，然后，将其移动至正面图形的左侧。

14. 执行【编辑】/【自由变换】命令，然后，按住 Shift 键，再将鼠标指针放置到变换框左上角的控制点上，按住鼠标左键并向右下方拖曳，将侧面图形等比例缩小至如图 3-96 所示的形态。

图 3-95　选择的侧面图形

图 3-96　缩小后的形态

15. 将鼠标指针放置到左侧中间的控制点上，当鼠标指针显示为双向箭头时，按下鼠标左键并向右拖曳鼠标，将侧面图形稍微缩窄一点。

16. 按住 Ctrl 键，再次将鼠标指针放置到左侧中间的控制点上，将其向上移动，调整至如图 3-97 所示的斜切形态。

17. 按住 Ctrl 键，将鼠标指针放置到左下角的控制点上，然后，将其稍向上移动一下，制作出如图 3-98 所示的透视效果，再按 Enter 键确认图像的变形操作。

图3-97 斜切图形时的形态

图3-98 调整后的透视形态

18. 按住Ctrl键，单击“图层 2”的图层缩览图加载选区，然后，单击【图层】面板下方的按钮，在弹出的命令列表中选择【亮度/对比度】命令。

19. 在弹出的【调整】面板中设置如图3-99所示的参数，调整颜色后的图像如图3-100所示。

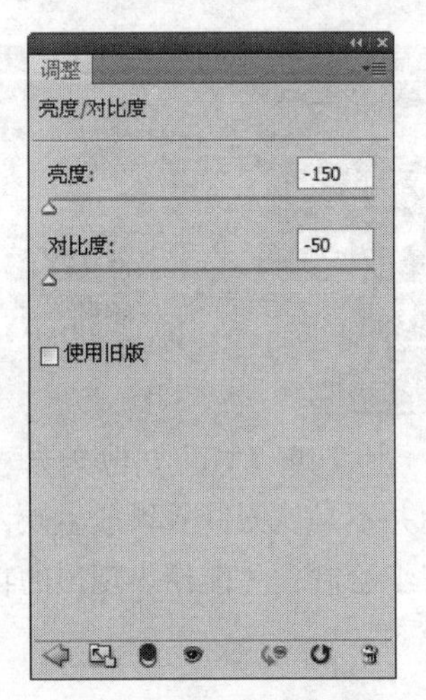

图3-99 选项参数设置

图3-100 调整颜色后的效果

此处先加载“图层 2”的选区，目的是使接下来的操作只对图层2中的图像起作用；降低亮度和对比度的目的是制作出图形的明暗关系。希望读者注意。

20. 在【图层】面板中，将生成的“亮度/对比度 1”层的【不透明度】参数设置为“70%”。

21. 选取工具，将前景色设置为黑色，然后，单击属性栏中右侧的倒三角按钮，在弹出的【渐变样式】选择面板中，选择如图3-101所示的渐变样式，再将【不透明度】选项的参数设置为“20%”。

22. 按住Ctrl键并单击“图层 2”的图层缩览图，加载选区，然后，新建“图层 3”，再将鼠标指针移动到选区内，自右向左拖曳鼠标，为其填充如图3-102所示的渐变色，制作出图形的明暗过渡，最后，按Ctrl+D组合键去除选区。

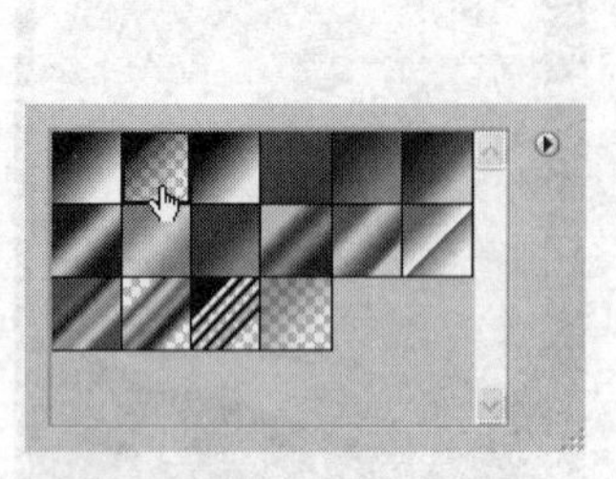

图 3-101　选择渐变样式

图 3-102　制作的明暗过渡

23. 用与步骤 12～步骤 17 相同的方法，将顶面图形移动复制到新建文件中，再将其调整至如图 3-103 所示的形态。

24. 按 Enter 键确认图形的变形调整，然后，用与步骤 21～步骤 22 相同的方法制作明暗过渡，为顶面图形制作出如图 3-104 所示的明暗过渡效果。

图 3-103　调整后的顶面图形的形态

图 3-104　制作的明暗关系

包装盒面和面之间的转折处的棱角结构应稍微圆滑，而并不是像刀锋效果般生硬，所以，一定要注意物体结构转折的微妙变化规律，只有仔细观察、仔细绘制，才能使表现出的物体更加真实自然，下面进行棱角处理。

25. 新建“图层 6”，然后，将前景色设置为白色。

26. 选择工具，激活属性栏中的按钮，设置粗细: 2 px 的参数为“2px”，然后，沿包装盒的面和面的结构转折位置绘制出如图 3-105 所示的直线。

27. 执行【滤镜】/【模糊】/【高斯模糊】命令，弹出【高斯模糊】对话框，将【半径】选项的参数设置为“2 像素”，单击 确定 按钮。

28. 在【图层】面板中，将“图层 6”的【不透明度】参数设置为“50%”，线形模糊后的效果如图 3-106 所示。

下面为包装盒绘制投影效果，以增强包装盒在光线照射下的立体感。还要特别注意的是，每一种物体的投影形态是根据物体本身的形状结构而有所不同的，投影要跟随物体的结构变化及周围环境的变化而变化。

29. 在【图层】面板中单击“图层 1”，将其设置为工作层，然后，将其向下拖曳至按钮上，释放鼠标左键，复制“图层 1”，生成“图层 1 副本”层，如图 3-107 所示。

图 3-105　绘制的直线

图 3-106　模糊后的效果

30. 执行【图层】/【排列】/【后移一层】命令，将复制出的图层调整至“图层 1”的下方。执行【编辑】/【变换】/【垂直翻转】命令，使复制出的图像在垂直方向上翻转。

31. 按 Ctrl+T 组合键，为图形添加自由变换框，将其向下调整至如图 3-108 所示的位置。

32. 多次按 Ctrl+- 组合键，将画面的显示状态缩小，使其显示出整个变换框。

33. 按住 Ctrl 键，将鼠标指针放置到变换框右侧中间的控制点上，按住鼠标左键并向上调整，将其调整至如图 3-109 所示的形态。

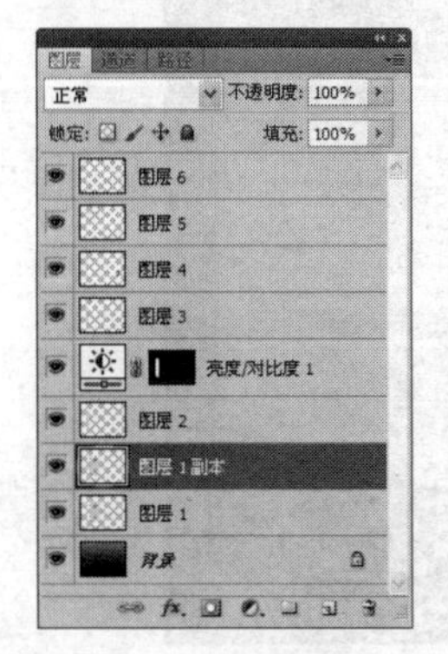

图 3-107　复制出的图层

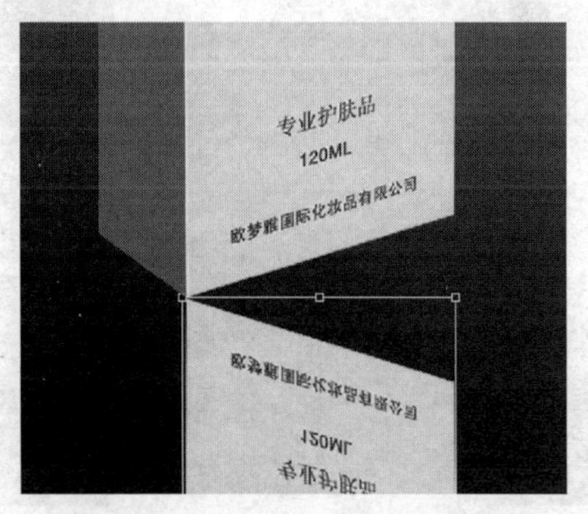

图 3-108　复制图像调整后的位置

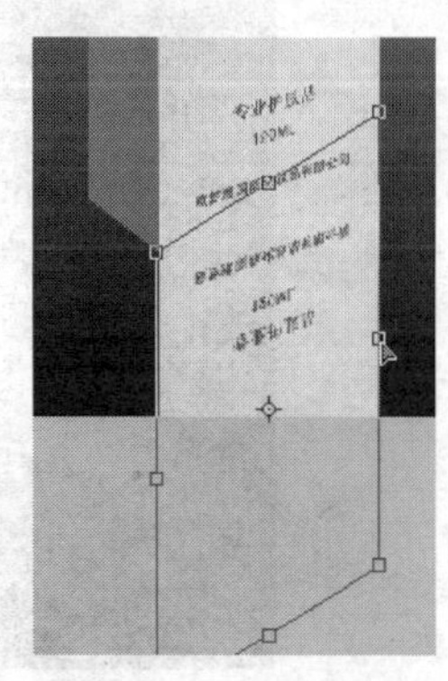

图 3-109　变形形态

34. 按 Enter 键，确认图像的变形调整，然后，在【图层】面板中将其【不透明度】的参数设置为“40%”，降低不透明度后的效果如图 3-110 所示。

35. 单击【图层】面板中的按钮，为“图层 1”添加图层蒙版。

36. 选取工具，将前景色和背景色设置为白色和黑色，然后，在下方图像上自上向下拖曳鼠标指针，对图层蒙版进行编辑，生成的效果及【图层】面板如图 3-111 所示。

图 3-110　降低不透明度后的效果

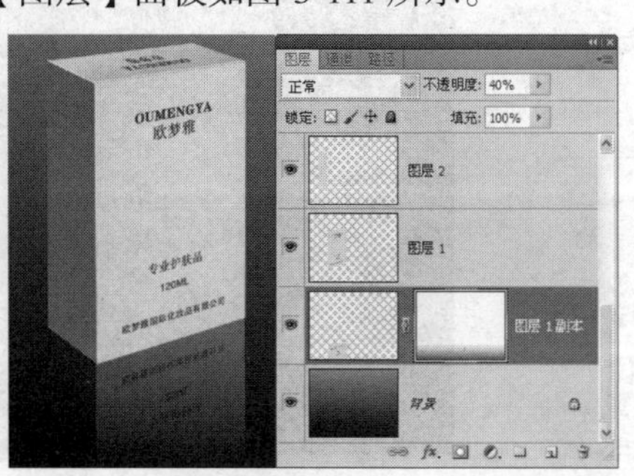

图 3-111　制作的倒影效果及【图层】面板

37. 单击“图层 2”，将其设置为工作层，然后，按住 Shift 键并单击“亮度/对比度 1”层和“图层 3”，将 3 个图层同时选择。

38. 执行【图层】/【复制图层】命令，在弹出的【复制图层】对话框中，单击 确定 按钮，将选择的图层分别复制出一层，然后，按 Ctrl+E 组合键，将复制出的图层合并为一个图层。

39. 用与步骤 30～步骤 36 相同的方法，制作出侧面图形的倒影效果，如图 3-112 所示。

最后，我们来制作包装盒的阴影效果。

40. 按住 Ctrl 键，单击“图层 1”的图层缩览图，加载选区，然后，将“背景”层设置为工作层，再新建“图层 7”。

41. 执行【选择】/【修改】/【羽化】命令，在弹出的【羽化选区】对话框中将【羽化半径】的参数设置为“50 像素”，单击 确定 按钮。

42. 将前景色设置为黑色，选取工具，将属性栏中的【不透明度】参数设置为“50%”，将鼠标指针移动到选区中，单击鼠标左键，为选区填充具有透明度的黑色，然后，按 Ctrl+D 组合键，去除选区。

43. 利用工具将制作出的阴影图形向左移动，使其显示出如图 3-113 所示的阴影效果。

图 3-112　侧面图形的倒影效果

图 3-113　制作的阴影效果

44. 用与上面相同的制作包装盒的方法，再制作出其他透视形态的包装盒，如图 3-114 所示。

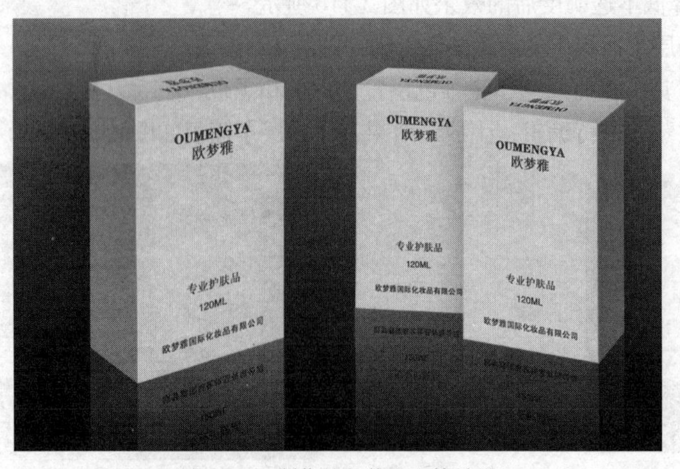

图 3-114　制作的包装盒立体效果

45. 按 Ctrl+S 组合键，将此文件命名为“包装盒立体效果.psd”并保存。

小　　结

本章主要学习了选择工具、选择命令和移动工具的使用方法，包括选区的创建和编辑、图像的移动和复制等知识点。通过本章的学习，希望读者在掌握这些基本工具和命令的基础上，熟悉各工具的属性栏及各功能之间的联系和区别，以便在以后的绘图过程中能运用自如。另外，【移动】工具的应用是本章的重点内容，特别是图像的变换操作，它可以将图像进行随意缩放、旋转、斜切、扭曲或透视处理，从而制作出各种形态的图像效果。

习　　题

1. 打开素材文件中“图库\第 03 章”目录下的“童裤.jpg”文件，灵活运用各选择工具将背景选择并去除，得到如图 3-115 所示的背景透明效果。

图 3-115　打开的素材图片及去除背景后的效果

2. 打开素材文件中“图库\第 03 章”目录下的“花布 01.jpg”和“花布 02.jpg”文件，利用【移动】工具的复制操作，制作出如图 3-116 所示的花布效果。

图 3-116　打开的素材图片及复制得到的花布效果

3. 打开素材文件中“图库\第 03 章”目录下的“美女.jpg”和“蝴蝶.jpg”文件，灵活运用【移动】工具、【选区】工具和【变换】命令，对人物像片进行装饰，制作出如图 3-117 所示的效果。

图 3-117　装饰后的图像效果

4. 打开素材文件中“图库\第 03 章”目录下的“书本封面.jpg”文件，灵活运用【编辑】/【变换】命令，对其进行立体变形，制作出如图 3-118 所示的书籍装帧效果。

图 3-118　制作的书籍装帧效果

第4章 绘画工具和编辑图像命令

绘画工具和编辑图像命令是绘制图形和处理图像最基本的工具和命令。绘画工具包括【画笔】工具、【铅笔】工具、【颜色替换】工具、【混合器画笔】工具和【渐变】工具；编辑图像命令是指【编辑】菜单下的各命令。熟练掌握这些工具和命令的应用，可大大提高图像处理的工作效率，希望读者能认真学习。

4.1 绘画

绘画工具组中包括【画笔】工具、【铅笔】工具、【颜色替换】工具和【混合器画笔】工具，这4个工具的主要功能是绘制图形和修改图像颜色，灵活运用绘画工具，可以绘制出各种各样的图像效果，使设计者的思想被最大限度地表现出来。

4.1.1 使用绘画工具

绘画工具的工作原理如同实际绘画中的画笔和铅笔一样，其基本使用方法介绍如下。

（1）在工具箱中选择相应的绘画工具。

（2）设置前景色。

（3）在【画笔】工具的属性栏中设置画笔笔尖的大小和形状，或者单击属性栏中的按钮，在弹出的【画笔】面板中编辑、设置画笔。

（4）在属性栏中设置画笔的绘制属性。

（5）新建所要绘制图形的图层，以方便后期修改和编辑。

（6）按住鼠标左键并拖曳鼠标，即可在图像文件中绘制出想要表现的画面，如图4-1所示。

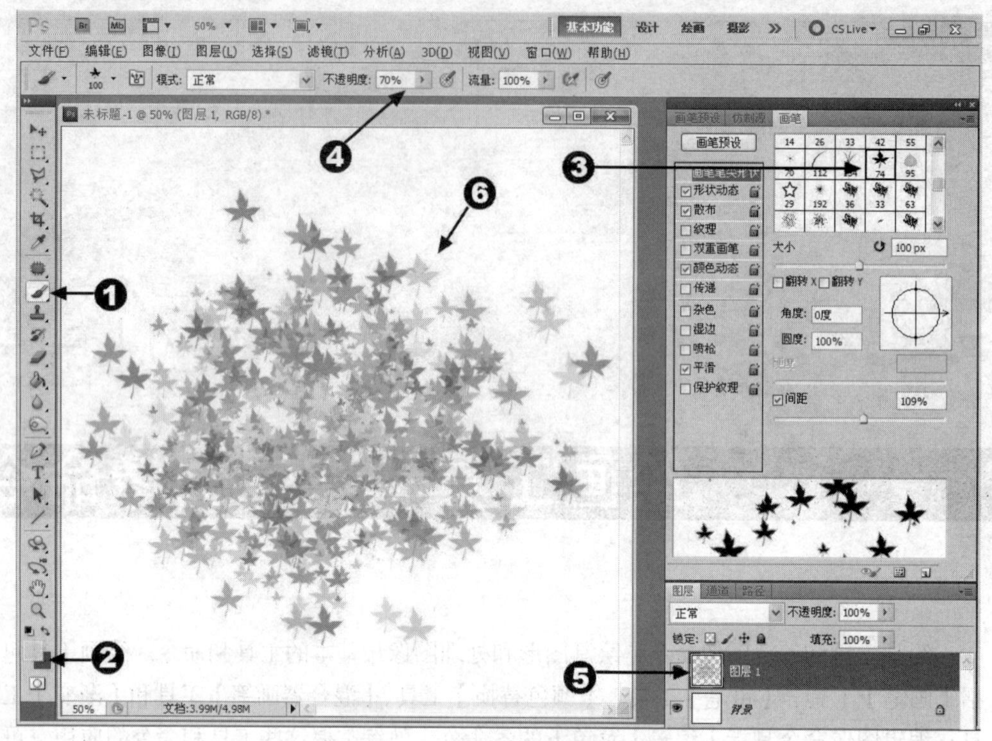

图 4-1　绘画工具的基本使用方法

4.1.2　选择画笔

在开始绘画前，先要选择使用的画笔工具。本节将讲解选择画笔工具的方法。

一、显示【画笔】面板

（1）在工具箱中选择画笔工具后，属性栏中即可显示出所选择的画笔及相关设置的属性，单击【画笔】按钮，弹出如图 4-2 所示的【画笔笔头】设置面板。

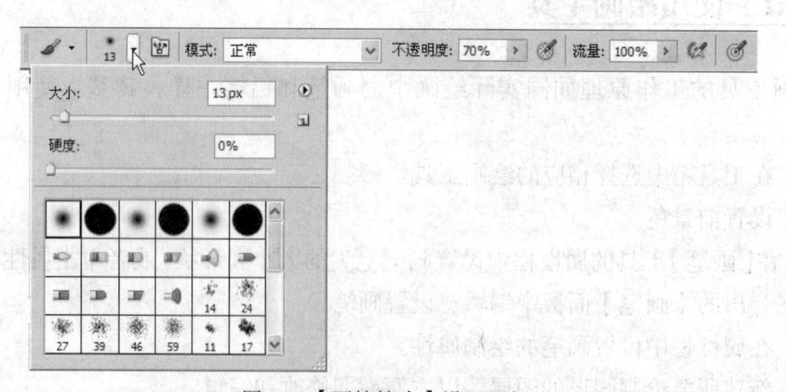

图 4-2 【画笔笔头】设置面板

（2）执行【窗口】/【画笔】命令（按 F5 键或单击属性栏中的按钮），打开如图 4-3 所示的【画笔】面板。单击面板左上角的 画笔预设 按钮，将弹出【画笔预设】面板，如图 4-4 所示。

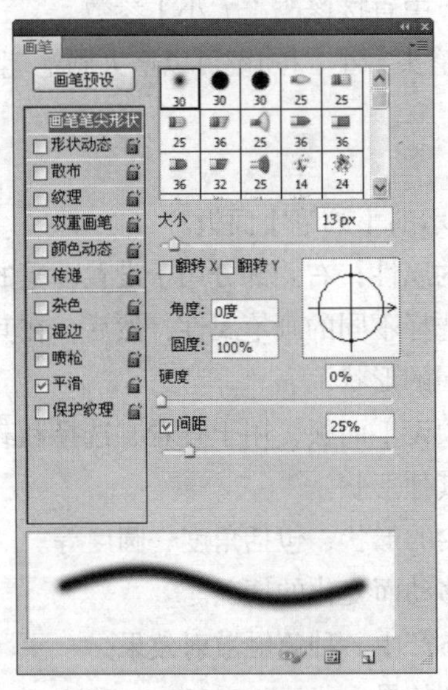

图 4-3 【画笔】面板

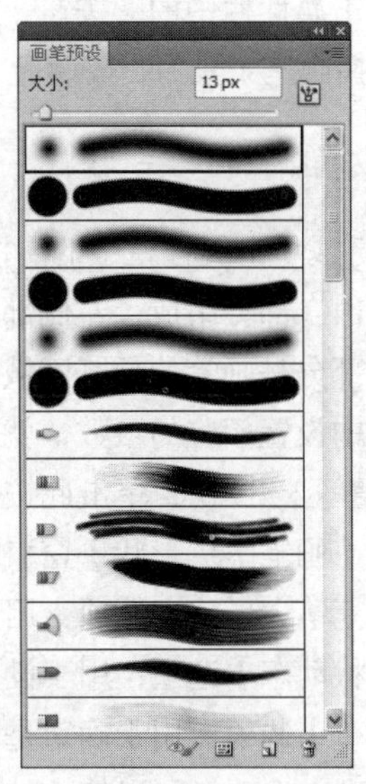

图 4-4 【画笔预设】面板

单击【画笔笔头】设置面板右上角的按钮或【画笔预设】面板右上角的按钮，将弹出相同的菜单命令，选择其中的【纯文本】、【小缩略图】、【大缩略图】、【小列表】或【大列表】等命令，可以得到不同形态的画笔。如果在菜单命令中选择【载入画笔】命令，再在弹出的【载入】对话框中选择画笔文件，那么，单击 载入(L) 按钮即可载入新的画笔样式。如果要恢复系统默认的画笔预设，在菜单中选择【复位画笔】命令即可。

二、选择画笔

可以使用以下两种操作方法在【画笔】面板中选择画笔，而且，当下一次再使用的时候，系统会记忆这次所选的工具。

（1）使用鼠标在【画笔】面板中选择。

（2）按 Shift+< 组合键，可选择【画笔】面板中第一个画笔，按 Shift+> 组合键，可选择【画笔】面板中最后一个画笔。

4.1.3 设置画笔

设置画笔操作主要包括设置画笔的大小、笔尖形状及样式等。

一、设置画笔直径

设置画笔直径的方法有以下 3 种。

（1）在工具箱中选择画笔工具后，单击属性栏中的【画笔】按钮，在弹出的【画笔笔头】设置面板中直接修改【大小】选项的参数。

使用【画笔】工具绘图时，单击鼠标右键，也可以弹出【画笔笔头】设置面板。另外，工具箱中的其他图像修饰和编辑工具与画笔工具共用【画笔】面板，其大小设置方法与画笔工具相同。

（2）单击属性栏中的按钮，在弹出的【画笔】面板中直接修改【大小】参数。

（3）选择画笔工具后，按键盘上的[键可以减小画笔笔头大小，按]键可以增大画笔笔头大小。

二、设置画笔笔尖形状

按 F5 键或单击属性栏中的按钮，打开如图 4-5 所示的【画笔】面板。

该面板由 3 部分组成，左侧部分主要用于选择画笔的属性；右侧部分用于设置画笔的具体参数；最下面部分是画笔的预览区域。在设置画笔时，先选择不同的画笔属性，然后，在其右侧的参数设置区中设置相应的参数，就可以将画笔设置为不同的形状了。

- 画笔预设 按钮：单击此按钮，将切换到【画笔预设】面板，用于查看、选择和载入预设画笔。拖动【画笔笔尖形状】窗口右侧的滑块可以浏览其他形状。
- 【画笔笔尖形状】选项：用于选择和设置画笔笔尖的形状，包括角度、圆度等。
- 【形状动态】选项：用于设置笔尖形状随画笔的移动而变化的情况。
- 【散布】选项：用于确定是否使绘制的图形或线条产生一种笔触散射效果。
- 【纹理】选项：可以使【画笔】工具产生图案纹理效果。
- 【双重画笔】选项：可以设置两种不同形状的画笔来绘制图形，先通过【画笔笔尖形状】设置主笔刷的形状，再通过【双重画笔】设置次笔刷的形状。
- 【颜色动态】选项：可以将前景色和背景色进行不同程度的混合，通过调整颜色在前景色和背景色之间的变化情况及色相、饱和度和亮度的变化，绘制出具有各种颜色混合效果的图形。
- 【传递】选项：用于设置画笔的不透明度和流量的动态效果。
- 【杂色】选项：可以在绘制的图形中添加杂色效果。
- 【湿边】选项：可以使绘制的图形边缘出现湿润边的效果。
- 【喷枪】选项：相当于激活属性栏中的按钮，使画笔具有喷枪的性质。
- 【平滑】选项：可以使画笔绘制的颜色边缘较平滑。
- 【保护纹理】选项：可以对所有的画笔执行相同的纹理图案和缩放比例。当使用多个画笔时，可模拟一致的画布纹理。

（1）【画笔笔尖形状】类参数

单击【画笔】面板左侧的【画笔笔尖形状】选项，右侧显示的【画笔笔尖形状】类选项和参数如图 4-5 所示。

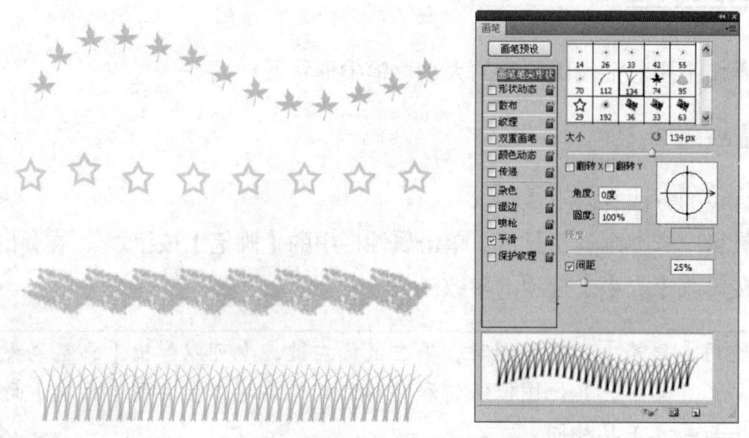

图 4-5　绘制的形状图形及【画笔笔尖形状】选项

- 在右上方的笔尖形状列表中，单击相应的笔尖形状，即可将其选择。
- 【大小】值是用来表示画笔直径的，用户可以直接修改右侧的数值，也可以拖动其下的滑块来得到需要的数值。
- 勾选【翻转 X】和【翻转 Y】复选项，可以分别将笔尖形状进行水平翻转和垂直翻转。
- 设置【角度】值，可将笔尖以显示屏垂直的坐标轴为中轴进行旋转。
- 设置【圆度】值，可将笔尖以 x 轴为中轴旋转。
- 在【角度】和【圆度】值右侧有一个坐标轴，其中带箭头的坐标轴为 x 轴，与 x 轴垂直的为 y 轴。坐标轴上有一个圆形，它所显示的是笔尖的角度和圆度。在圆形与 y 轴相交的位置上各有一个大黑点，用户可以用鼠标拖曳 x 轴来改变笔尖的角度，也可以沿 y 轴拖曳其上的黑点来改变笔尖的圆度。
- 【硬度】值只对边缘有虚化效果的笔尖有效。【硬度】值越大，画笔边缘越清晰；【硬度】值越小，画笔边缘越模糊、柔和。
- 【间距】是一个可选选项。当勾选【间距】复选项时，它的值表示每两笔之间跨越画笔直径的百分之几，当【间距】值等于“100”时，画出的就是一条笔笔相连的线，当【间距】值大于“100”时，画笔所画出的线条是一系列中断的点；当【间距】选项的勾选取消后，所画线的形态将与用户拖曳鼠标的速度有关，拖曳得越快，每两笔之间的跨度就越大，拖曳得越慢，每两笔之间的跨度就越小。

（2）【形状动态】类参数

通过对笔尖的【形状动态】类参数的调整，可以设置画线时笔尖的大小、角度和圆度的变化情况。【形状动态】选项可以使画笔工具绘制出来的线条产生一种很自然的笔触流动效果，选择此选项后的【画笔】面板如图 4-6 所示。

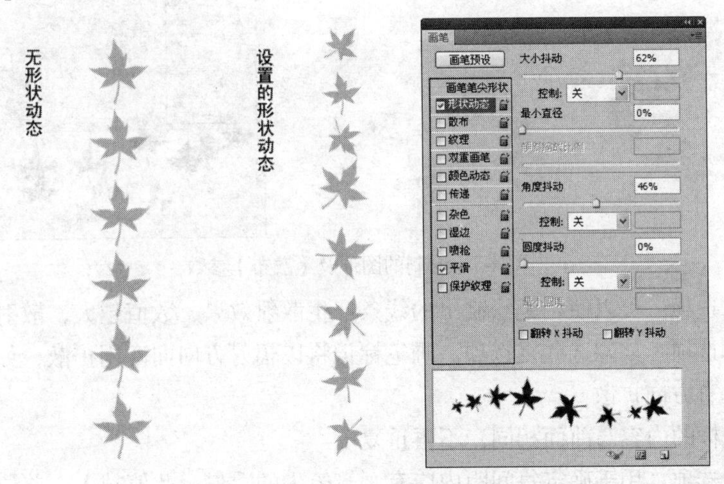

图 4-6　绘制的图形及【形状动态】参数

- 【大小抖动】选项：用于控制画笔动态形状之间的混合大小。
- 【控制】选项：用于设置画笔动态形状的不同控制方式，其下拉列表框中包括关、渐隐、钢笔压力、钢笔斜度和光笔轮 5 个选项。【钢笔压力】选项、【钢笔斜度】选项和【光笔轮】选项只有在使用外接绘图板等设备进行输入时才有用。如果左侧出现一个带“!”的三角形标志，表示这一选项当前不可用。这 3 个选项是基于外接钢笔的压力、斜度或拇指轮位置，在初始直径和最小直径之间改变画笔笔迹的大小，可使画笔在绘制过程中产生不同的凌乱效果。

• 【最小直径】选项：在【控制】选项中选择了【渐隐】选项后，拖动此滑块可以指定所使用的最小直径。

• 【倾斜缩放比例】选项：只有在【控制】框内选择了【钢笔斜度】选项后，此项才可用，它用于设置外接钢笔产生的旋转画笔的高度值。

• 【角度抖动】选项：用于调整画笔动态角度形状和方向混合度。

【角度抖动】值下的【控制】框用于决定角度改变量的渐变方式。

• 【圆度抖动】选项：用于调整画笔动态圆度形状和方向混合度。

【圆度抖动】值下的【控制】框用于决定圆度改变量的渐变方式。

• 【最小圆度】选项：在【控制】选项中选择了【渐隐】选项后，拖动此滑块可以调整画笔所指定的最小圆度。

• 勾选【翻转 X 抖动】和【翻转 Y 抖动】复选项，可使画笔随机进行垂直和水平翻转。

（3）【散布】类参数

通过调整【散布】类参数，可以设置笔尖沿鼠标拖曳的路径向外扩散的范围，从而产生一种笔触的散射效果。选择该选项后的【画笔】面板如图 4-7 所示。

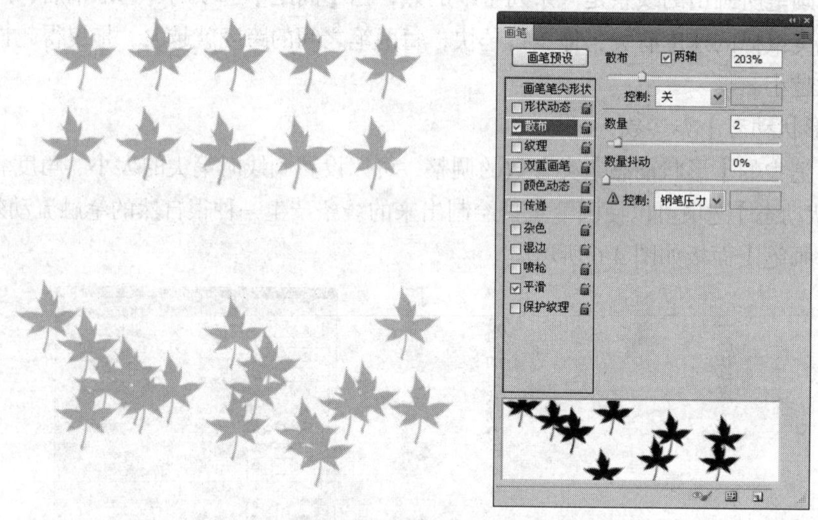

图 4-7　绘制的图形及【散布】参数

• 【散布】选项：可以使画笔绘制出的线条产生散射效果，数值越大，散射效果越明显。

• 【两轴】选项：如勾选此复选项，画笔标记将以辐射方向向四周扩散，如不勾选此选项，画笔标记将按垂直方向扩散。

• 【控制】框的内容与前面相同，不再重复。

• 【数量】选项：用于确定每间距内应有画笔笔尖的数量，此值越大，单位间距内画笔笔尖的数量就越多。

• 【数量抖动】选项：用于确定每间距内画笔【数量】值的变化效果，其下的【控制】框用于确定变化的类型。此值越大，画笔笔尖效果越密，数值小则画笔笔尖效果稀疏。

（4）【纹理】类参数

通过设置【纹理】类参数可以使画笔中产生图案纹理效果。选择该选项后的【画笔】面板如图 4-8 所示。

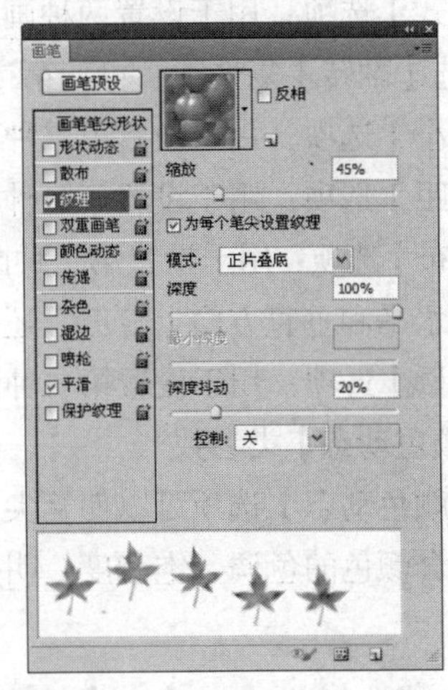

图 4-8　绘制的图形及【纹理】参数

- 【纹理选择】：单击右侧窗口左上角的方形纹理图案可以调出纹理样式面板，我们可以从中选择所需的纹理。
- 【反相】选项：勾选此复选项，可以将选择的纹理反相。
- 【缩放】选项：用于调整在画笔中应用图案的缩放比例。
- 【为每个笔尖设置纹理】选项：用于确定以每个画笔笔尖为单位适用纹理，否则，以绘制出的整个线条为单位适用纹理。
- 【模式】选项：用于确定纹理和画笔的混合模式。
- 【深度】选项：用于设置画笔绘制出的图案纹理颜色与前景色混合效果的明显程度。
- 【最小深度】选项：用于设置图案纹理与前景色混合的最小深度。
- 【深度抖动】选项：拖动此滑块可设置画笔绘制出的图案纹理与前景色产生不同密度的混合效果。其下的【控制】选项用于控制画笔与图案纹理混合的变化方式。

（5）【双重画笔】类参数

利用【双重画笔】类参数和选项，可以使笔尖产生两种不同纹理的笔尖相交的效果。选择该选项后的【画笔】面板如图 4-9 所示。

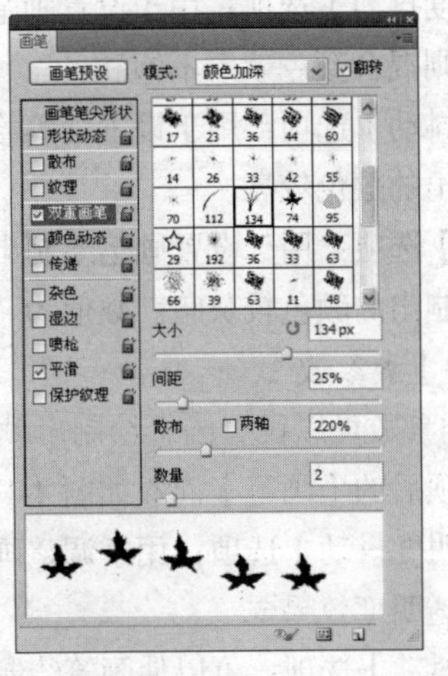

图 4-9　绘制的图形及【双重画笔】参数

- 【模式】选项：用于设置两种画笔的混合模式。
- 勾选【翻转】复选项，可使第二种笔尖随机翻转。
- 【大小】选项：用于设置第二种画笔直径的大小。
- 【间距】选项：用于设置第二种画笔与第一种画笔的间距。
- 【散布】选项：用于设置第二种画笔的分散程度。【两轴】复选项用于确定第二种画笔是同时在笔画的水平和垂直方向上分散，还是只在画笔的垂直方向上分散。
- 【数量】选项：用于设置第二种画笔绘制时的间隔处画笔标记的数目。

（6）【颜色动态】类参数

使用【颜色动态】选项可以使笔尖产生两种颜色及图案进行不同程度混合的效果，并且，可以调整其混合颜色的色调、饱和度、明度等。选择该选项后的【画笔】面板如图 4-10 所示。

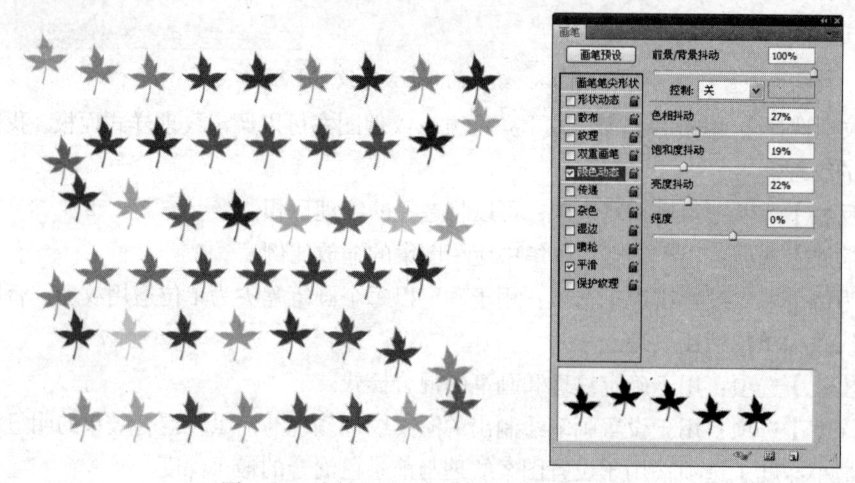

图 4-10　绘制的图形及【颜色动态】参数

- 【前景/背景抖动】选项：用于设置画笔绘制出的前景色和背景色之间的混合程度。【控制】框用于设置前景色和背景色抖动的范围。
- 【色相抖动】选项：用于设置前景色和背景色之间的色调偏移方向，数值小，色调则偏向前景色方向；数值大，色调则偏向背景色方向。
- 【饱和度抖动】选项：用于设置画笔绘制出颜色的饱和度，数值大，则混合颜色效果较饱和；数值小，则混合颜色效果不饱和。
- 【亮度抖动】选项：用于设置画笔绘制出颜色的亮度，数值大，则绘制出的颜色较暗；数值小，则绘制出的颜色较亮。
- 【纯度】选项：用于设置画笔绘制出颜色的鲜艳程度，数值大，则绘制出的颜色较鲜艳；数值小，则绘制出的颜色较灰暗。数值为“-100”时，绘制出的颜色为灰度色。

（7）【传递】类参数

【传递】类参数可以设置画笔绘制出颜色的不透明度，还可以使颜色之间产生不同的流动效果。选择该选项后的【画笔】面板如图 4-11 所示。

- 【不透明度抖动】选项：用于调整画笔颜色的不透明度效果，数值大，则颜色较透明；数值小，则颜色透明度效果弱。
- 【流量抖动】选项：可以使画笔绘制出的线条产生类似于液体流动的效果，数值大，则流动效果明显；数值小，则流动效果不明显。

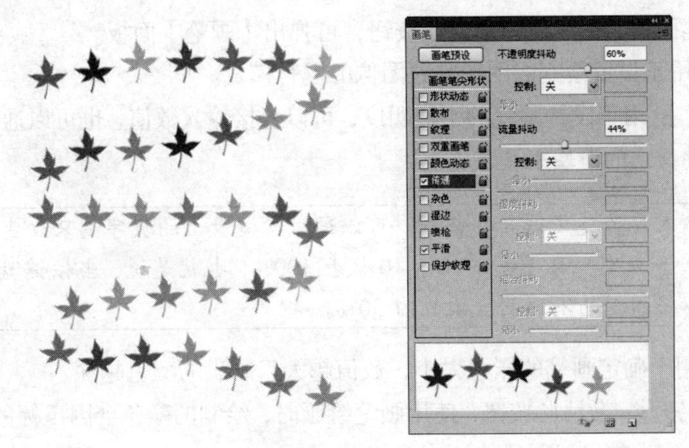

图 4-11 绘制的图形及【传递】参数

（8）其他选项设置

除了前面介绍的参数和选项外，在【画笔】面板左侧还有几个单独的选项，介绍如下。

- 选择【杂色】选项，可以使画笔产生细碎的噪声效果，也就是产生一些小碎点的效果。
- 选择【湿边】选项，可以使画笔绘制出的颜色产生中间淡四周深的润湿效果，用于模拟加水较多的颜料产生的效果。
- 选择【喷枪】选项，可以使画笔产生类似喷枪的效果，即按下鼠标左键后，图像中相应位置的画笔颜色将加深。
- 选择【平滑】选项，画笔绘制出的颜色的边缘较平滑。
- 选择【保护纹理】选项后，当使用【复位画笔】等命令对画笔进行调整时，系统会保护当前画笔的纹理图案不发生改变。

4.1.4 设置画笔属性

利用【画笔】工具绘制图像时，在属性栏中设置画笔的属性是不可缺少的步骤。【画笔】工具的栏属性栏如图 4-12 所示。

图 4-12 【画笔】工具的属性栏

- 【画笔】：用于设置画笔笔尖的形状及大小。单击 按钮，会弹出如图 4-13 所示的【画笔笔头】设置面板。

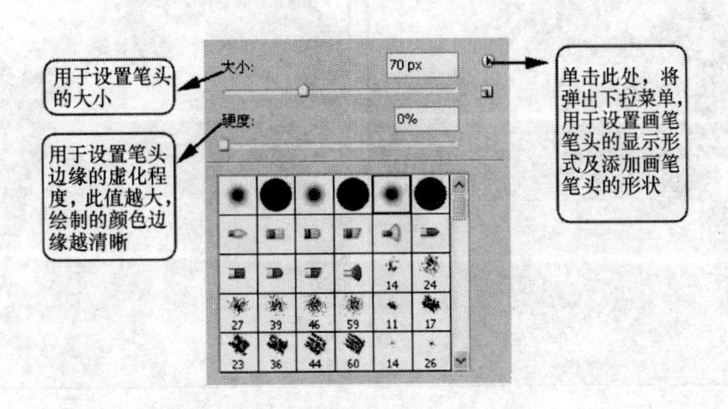

图 4-13 【画笔笔头】设置面板

- 【切换画笔面板】按钮：单击此按钮，可弹出【画笔】面板。
- 【模式】：用于设置绘制的图形与原图像的混合模式。
- 【不透明度】：用于设置画笔的不透明度，可以直接输入数值，也可以通过单击此选项右侧的按钮，再拖动弹出的滑块来调节。

提示

在输入法为英文输入状态下，可以通过按键盘上的数字键来改变画笔的不透明度参数，1～9 分别代表 10%～90%，0 代表 100%，也就是说，当按键盘上的数字键“3”时，可以将画笔的不透明度设置为 30%。

- 【流量】：用于确定画笔的压力大小，数值越大，画出的颜色越深。
- 【喷枪】按钮：激活此按钮，使用画笔绘画时，绘制的颜色会因鼠标的停留而向外扩展，画笔笔头的硬度越小，效果越明显。

【铅笔】工具的属性栏中有一个【自动抹掉】复选项，这是【铅笔】工具所具有的特殊功能。勾选此复选项并在图像内绘制颜色时，如果在与前景色相同的颜色区域绘画，铅笔会自动擦除此处的颜色而显示工具箱中的背景颜色；如在与前景色不一样的颜色区绘画，绘制出的颜色将是前景色。

4.1.5 定义画笔

除了上面介绍的【画笔】工具自带的笔尖形状外，还可以将自己喜欢的图像或图形定义为画笔笔尖。下面介绍定义画笔笔尖的方法。

（1）使用选区工具在图像中选择要作为画笔的图像区域，如果希望创建的画笔带有锐边，则应当将选区工具属性栏中的【羽化】参数设置为“0 像素”；如果要定义具有柔边的画笔，可适当设置选区的【羽化】参数。

（2）执行【编辑】/【定义画笔预设】命令，在弹出的【画笔名称】对话框中设置画笔的名称，单击 确定 按钮。此时，在【画笔笔尖】面板的最后即可查看到定义的画笔笔尖。

4.1.6 替换图像颜色

【颜色替换】工具是一个非常不错的对图像颜色进行替换的工具。其使用方法为：在工具箱中选择该工具，设置为图像要替换的前景色，在属性栏中设置【画笔】笔尖、【模式】、【取样】、【限制】及【容差】等选项，将鼠标指针移至图像中要替换颜色的位置，按住鼠标左键并拖曳鼠标，即可用设置的前景色替换鼠标拖曳位置的颜色。图 4-14 所示为照片原图与替换颜色后的效果。

图 4-14 图像原图与替换颜色后的效果

【颜色替换】工具的属性栏如图 4-15 所示。

图 4-15 【颜色替换】工具的属性栏

- 【画笔】: 可以设置画笔笔尖的大小和形态。
- 【模式】: 可以设置替换颜色与原图的混合模式。
- 【取样】按钮: 用于指定取样区域的大小。激活【连续】按钮，将连续取样来对鼠标光标经过的位置替换颜色；激活【一次】按钮，只替换第一次单击取样区域的颜色；激活【背景色板】按钮，只替换画面中包含有背景色的图像区域。
- 【限制】选项: 用于限制替换颜色的范围。选择【不连续】选项，将替换出现在鼠标光标下任何位置的颜色；选择【连续】选项，将替换与紧挨鼠标光标下的颜色邻近的颜色；选择【查找边缘】选项，将替换包含取样颜色的连接区域，同时，能更好地保留图像边缘的锐化程度。
- 【容差】: 用于指定替换颜色的精确度，此值越大，替换的颜色范围越大。
- 【消除锯齿】: 可以为替换颜色的区域指定平滑的边缘。

4.1.7　混合图像

【混合器画笔】工具是 Photoshop CS5 版本中新增加的工具，它可以借助混色器画笔和毛刷笔尖，创建逼真、带纹理的笔触，轻松地将图像转变为绘图或创建独特的艺术效果。如图 4-16 所示为原图片及处理后的绘画效果。

图 4-16　原图片及处理后的绘画效果

【混合器画笔】工具的使用方法非常简单：选择工具，然后，设置合适的笔头大小，再在属性栏中设置好各选项参数后，拖动鼠标即可将照片涂抹出油画或水粉画等效果。

【混合器画笔】工具的属性栏如图 4-17 所示。

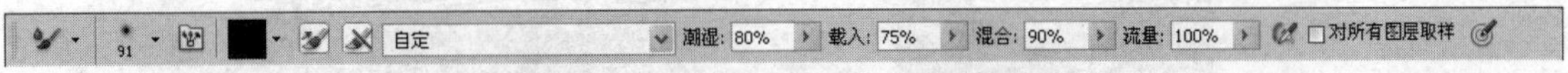

图 4-17 【混合器画笔】工具的属性栏

- 【当前画笔载入】按钮: 可重新载入画笔、清除画笔或载入需要的颜色，让它和涂抹的颜色进行混合。具体的混合结果可通过后面的设置值进行调整。
- 【每次描边后载入画笔】按钮和【每次描边后清理画笔】按钮: 用于控制每一笔涂抹

结束后是否对画笔更新和清理。类似于绘画时的一笔过后是否将画笔在水中清洗。

- 自定：单击此窗口，将弹出下拉列表，用于选择预先设置好的混合选项。当选择某一种混合选项时，右边的四个选项设置值会自动调节为预设值。
- 【潮湿】：用于设置从画布拾取的油彩量。
- 【载入】：用于设置画笔上的油彩量。
- 【混合】：用于设置颜色混合的比例。
- 【流量】：用于设置描边的流动速率。

4.1.8 化面部彩妆

下面利用【画笔】工具为女孩面部化彩妆，以练习【画笔】工具的使用方法。在绘制过程中，一定要注意画笔工具笔头大小的灵活设置，以确保不绘制出多余的颜色。

化面部彩妆

1. 打开素材文件中“图库\第 04 章”目录下的“人像.jpg”文件。
2. 将前景色设置为紫色（R:137,G:87,B:160），然后，利用工具将嘴部放大显示。
3. 选择工具，在属性栏中设置【画笔】大小为“100 像素”，设置【模式】选项为“颜色”，设置【不透明度】参数为“30%”，将鼠标光标移动到嘴唇位置并拖曳鼠标，给嘴唇上色，效果如图 4-18 所示。

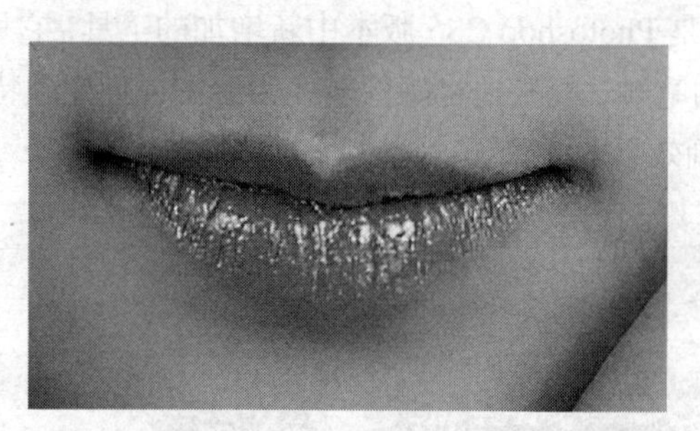

图 4-18　给嘴唇上色效果

4. 用相同的方法，将女孩的眼部放大显示，绘制上眼影效果，然后，再在人物的脸颊位置喷绘红色，得到面部腮红的红润效果。处理前后的对比效果如图 4-19 所示。

图 4-19　绘制的眼影及腮红

5. 按Shift+Ctrl+S组合键，将此文件命名为“彩妆.jpg”并另存。

4.1.9　绘制梅花国画

本节将通过绘制梅花国画来进一步练习【画笔】工具的使用方法。

一、绘制梅花瓣

先定义画笔笔尖参数，绘制出几个单独的梅花图形，然后，将其定义为预设画笔。

绘制梅花

1. 新建一个【宽度】为“10 厘米”、【高度】为“7.5 厘米”、【分辨率】为“200 像素/英寸”、【模式】为“RGB 颜色”、【背景内容】为“白色”的文件。

2. 选择工具，单击属性栏中的按钮，在弹出的【画笔】面板中设置各选项及参数，如图 4-20 所示。

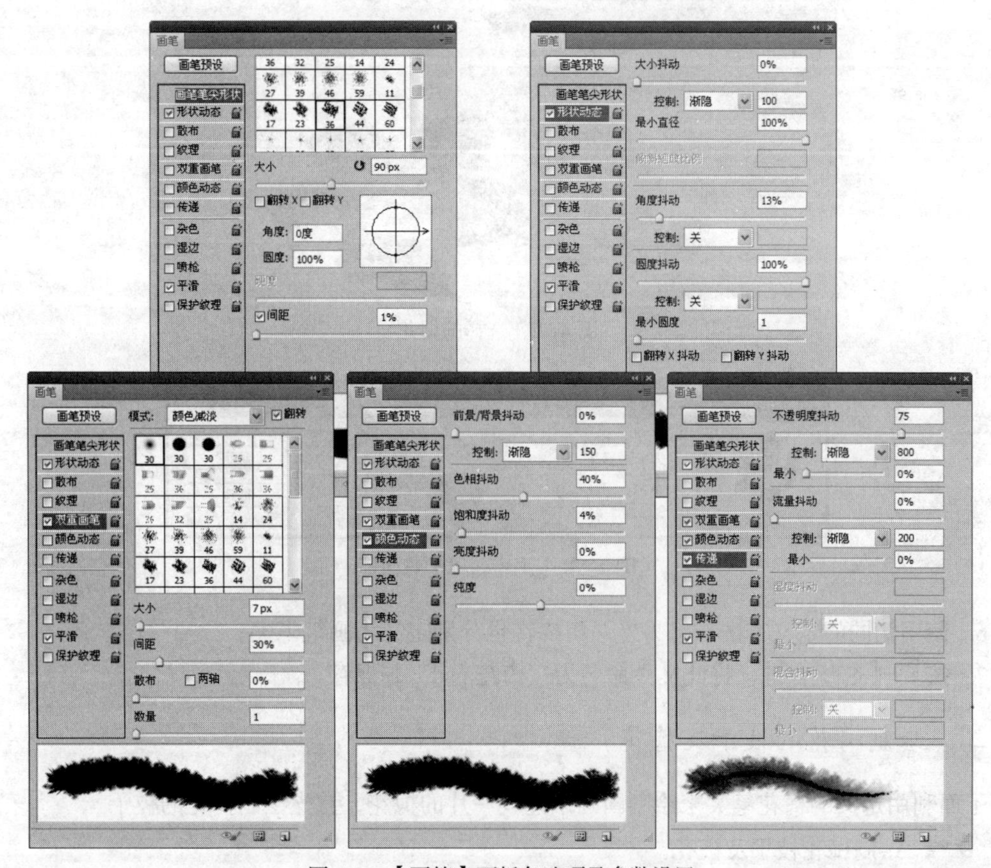

图 4-20 【画笔】面板各选项及参数设置

3. 新建“图层 1”，将前景色设置为黑色，然后，根据如图 4-21 所示的流程图绘制出右边的梅花图形。

4. 选择工具，绘制选区，将如图 4-22 所示的梅花选择。

5. 执行【编辑】/【定义画笔预设】命令，弹出【画笔名称】对话框，设置名称，如图 4-23 所示，单击 确定 按钮，将梅花定义为画笔笔尖。

图 4-21　梅花花瓣绘制流程图

图 4-22　选择的梅花

图 4-23 【画笔名称】对话框

6. 使用相同的定义方法，将另外两组梅花也分别定义为画笔笔尖。

7. 按 Ctrl+S 组合键，将此文件命名为"梅花.psd"并保存。

二、绘制梅花的枝干及梅花

下面利用定义的梅花笔尖来绘制国画中连成一片的梅花，首先绘制梅花的枝干。

绘制梅花枝干及梅花

1. 新建一个【宽度】为"12 厘米"、【高度】为"20 厘米"、【分辨率】为"150 像素/英寸"、【颜色模式】为"RGB 颜色"、【背景内容】为"白色"的文件。

2. 将前景色设置为黑色，新建"图层 1"。

3. 选择工具，单击属性栏中的按钮，在弹出的【画笔】面板中设置各选项及参数，如图 4-24 所示。

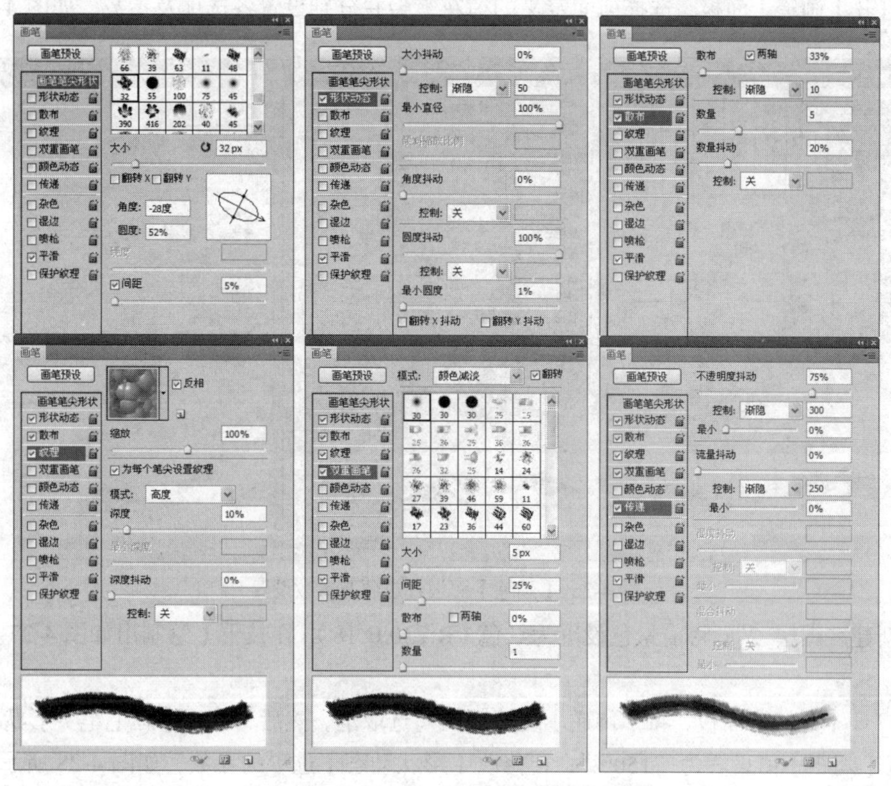

图 4-24 【画笔】面板各选项及参数设置

4. 利用设置的画笔笔尖，根据梅花枝干的生长规律，依次绘制出如图 4-25 所示的梅花枝干。注意，绘制时可以结合键盘上的[键和]键随时修改笔尖的大小。

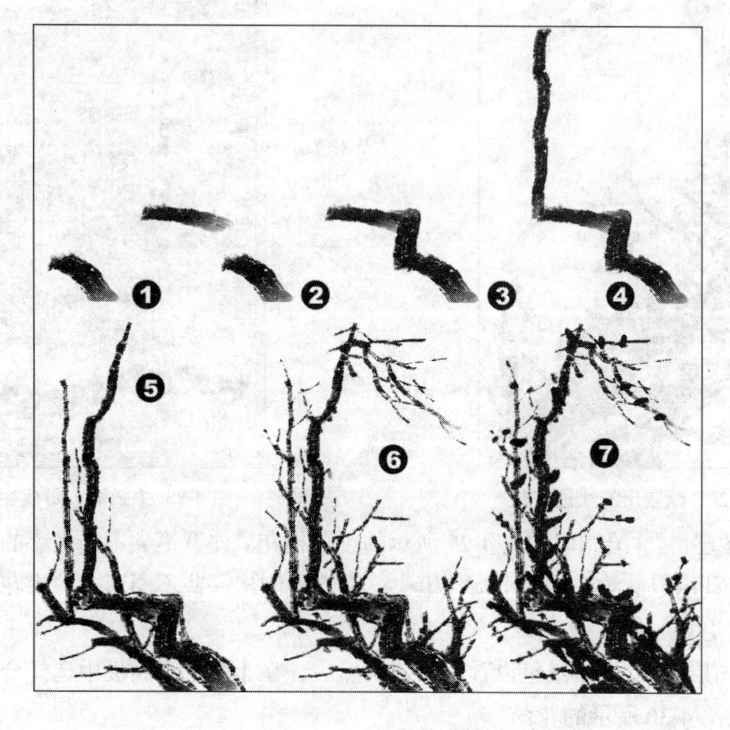

图 4-25　梅花枝干绘制流程图

5. 打开【画笔】面板，选择前面定义的梅花笔尖并分别设置各选项及参数，如图 4-26 所示。

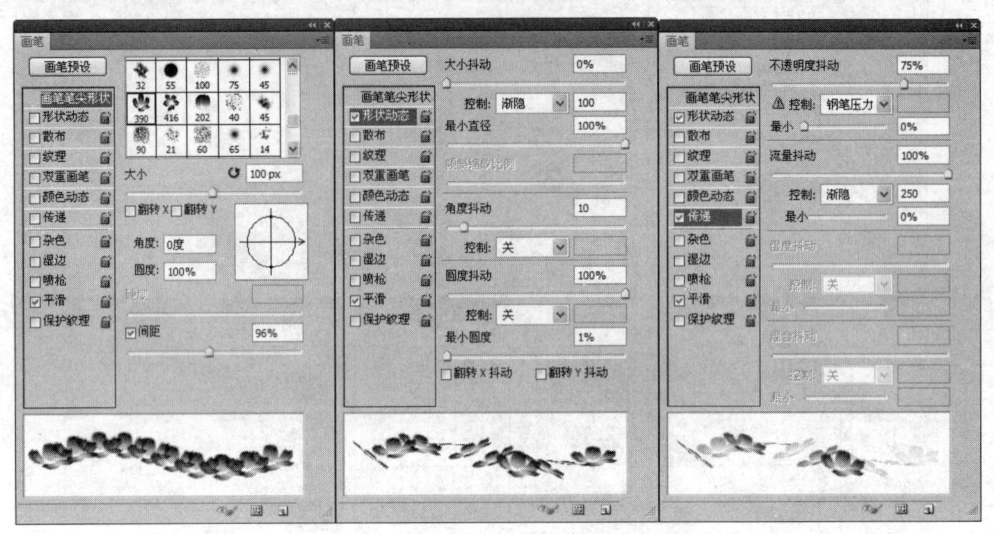

图 4-26 【画笔】面板各选项及参数设置

6. 新建“图层 2”，将前景色设置为红色（R:230,B:18），在枝干上绘制出如图 4-27 所示的浅色梅花。

7. 打开【画笔】面板，将【传递】复选项的勾选取消，然后，修改【画笔笔尖形状】选项的参数，将【间距】值设置为“150%”，再修改【形状动态】选项的参数，如图 4-28 所示。

图 4-27 绘制出的浅色梅花

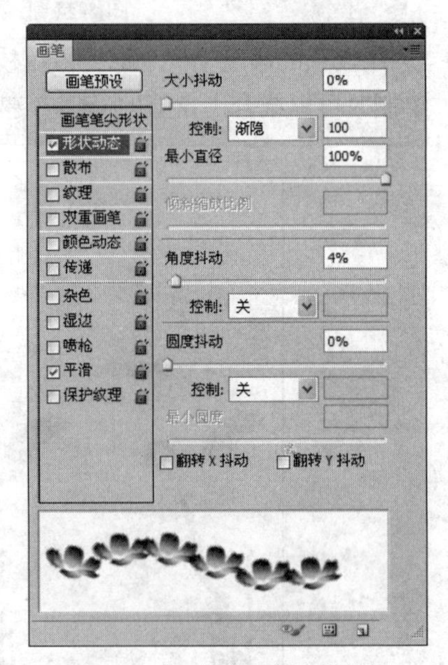

图 4-28 【画笔】面板参数设置

8. 新建“图层 3”，绘制出如图 4-29 所示的红色梅花。注意笔尖不同大小的设置及梅花的疏密组合，还可以利用定义的其他两个梅花笔尖，穿插绘制出一些不同形态的梅花，这样绘制出的梅花更加生动、逼真。

9. 新建“图层 4”，将前景色设置为黑色，然后，在【画笔】面板中选择合适的笔尖，在梅花上面绘制出如图 4-30 所示的花蕊。

10. 在【画笔】面板中设置不同的笔尖形状及参数，再在梅花上面分别绘制黑色的花蕊，绘制完成的梅花效果如图 4-31 所示。

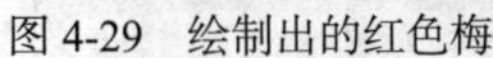

图 4-29　绘制出的红色梅

图 4-30　绘制出的花蕊

图 4-31　绘制完成的梅花效果

11. 选择 T 工具，在画面中依次输入如图 4-32 所示的文字。

12. 打开素材文件中“图库\第 04 章”目录下的“图章.psd”文件，将图章分别移动复制到国画中，调整大小后放置到如图 4-33 所示的画面位置，完成梅花的绘制。

图 4-32　输入的文字

图 4-33　加入图章后的效果

13. 按 Ctrl+S 组合键，将此文件命名为“寒香.psd”并保存。

4.2 渐变颜色

【渐变】工具是一个非常不错的向图像文件填充渐变色的工具，其使用方法非常简单。使用该工具的基本操作步骤如下。

（1）在工具箱中选择【渐变】工具。

（2）在图像文件中设置需要填充的图层或创建选区。

（3）在属性栏中设置渐变方式和渐变属性。

（4）打开【渐变编辑器】对话框，选择渐变样式或编辑渐变样式。

（5）将鼠标光标移动到图像文件中，按下鼠标左键并拖曳鼠标，释放鼠标左键后即可完成渐变颜色的填充。

4.2.1 设置渐变样式

单击属性栏中▬右侧的▾按钮，弹出如图 4-34 所示的【渐变样式】面板。在该面板中显示了许多渐变样式的缩略图，在缩略图上单击即可将该渐变样式选择。

单击【渐变样式】面板右上角的▸按钮，即可弹出菜单列表。该菜单中有一部分命令与【画笔】工具的菜单列表相同，在此不再赘述。该菜单下面的部分命令是系统预设的一些渐变样式，选择后即可载入【渐变样式】面板中，如图 4-35 所示。

图 4-34 【渐变样式】面板

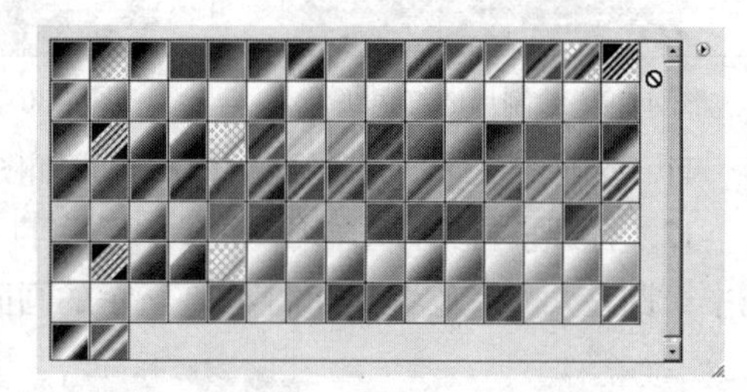

图 4-35 载入的渐变样式

4.2.2 设置渐变方式

【渐变】工具的属性栏中包括【线性渐变】、【径向渐变】、【角度渐变】、【对称渐变】和【菱形渐变】5 种渐变方式。当选择不同的渐变方式时，填充的渐变效果也各不相同。

- 【线性渐变】按钮▣：可以在画面中填充由鼠标光标的起点到终点的线性渐变效果，如图 4-36 所示。
- 【径向渐变】按钮▣：可以在画面中填充以鼠标光标的起点为中心、以拖曳距离为半径的环形渐变效果，如图 4-37 所示。

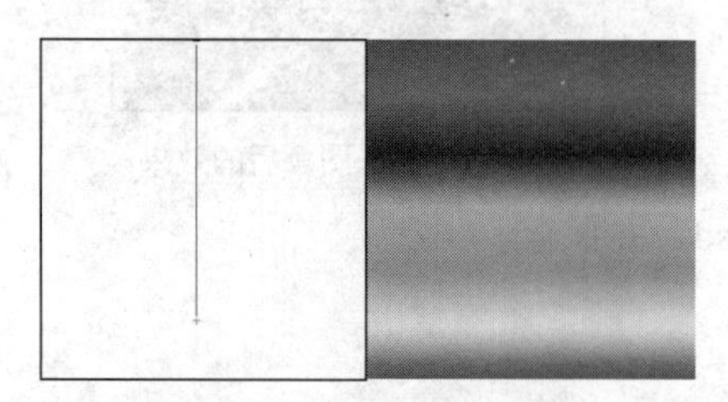

图 4-36 线性渐变的效果

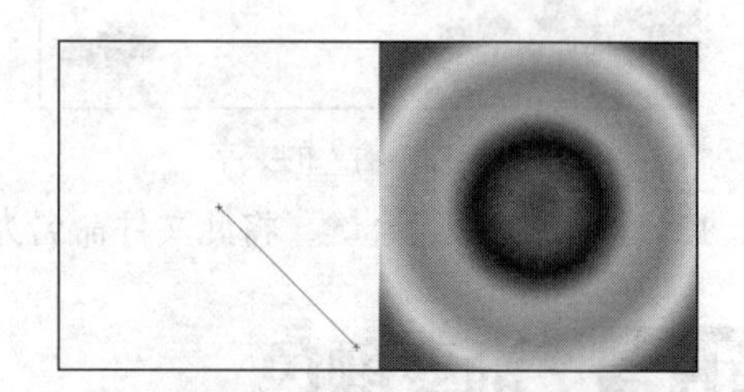

图 4-37 径向渐变的效果

- 【角度渐变】按钮▣：可以在画面中填充以鼠标光标起点为中心、自拖曳方向起旋转一周的锥形渐变效果，如图 4-38 所示。

• 【对称渐变】按钮：可以产生由鼠标光标起点到终点的，以经过鼠标光标起点与拖曳方向垂直的直线为对称轴的轴对称直线渐变效果，如图 4-39 所示。

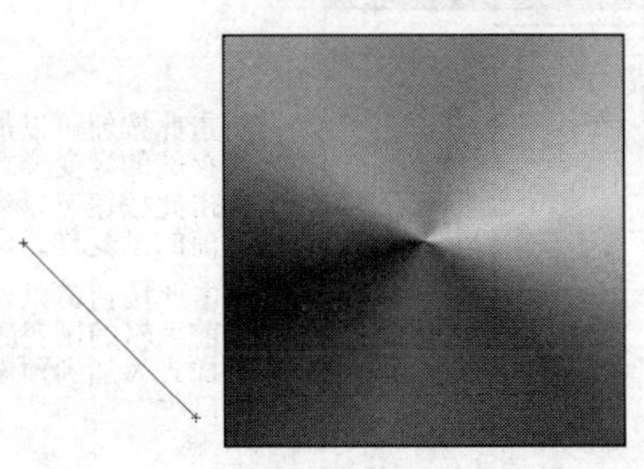

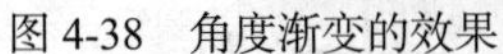

图 4-38　角度渐变的效果

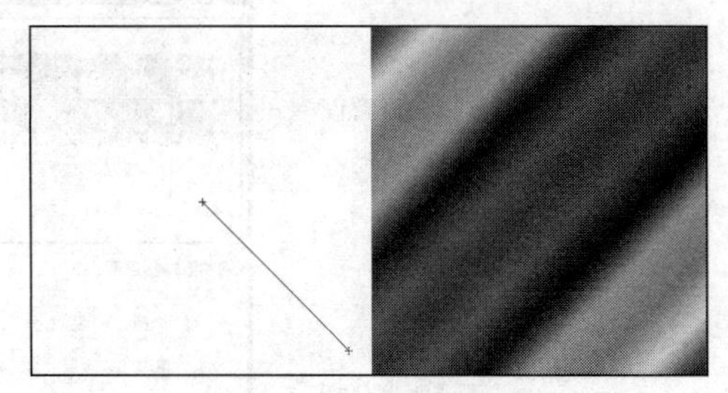

图 4-39　对称渐变的效果

• 【菱形渐变】按钮：可以在画面中填充以鼠标光标的起点为中心，以拖曳的距离为半径的菱形渐变效果，如图 4-40 所示。

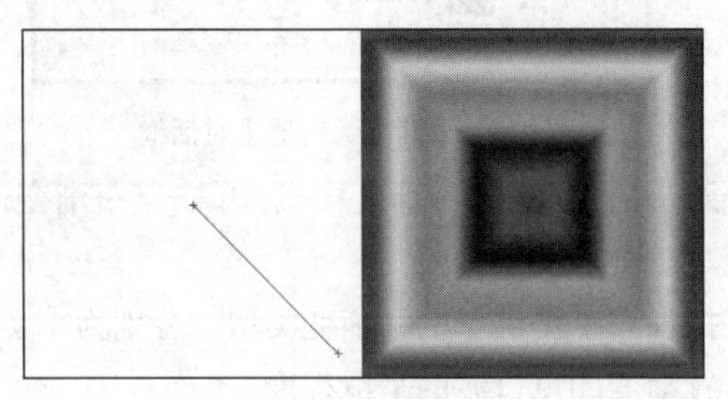

图 4-40　菱形渐变的效果

4.2.3　设置渐变选项

合理地设置【渐变】工具属性栏中的渐变选项，才能达到要求填充的渐变颜色效果。【渐变】工具的属性栏如图 4-41 所示。

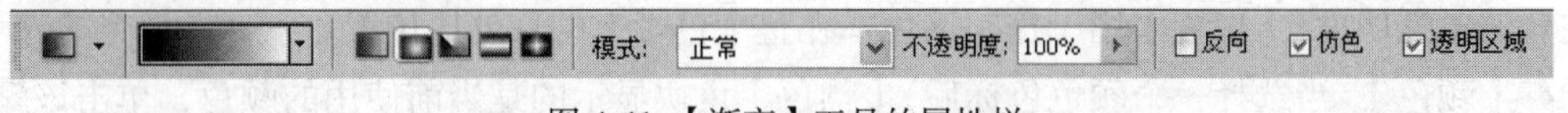

图 4-41 【渐变】工具的属性栏

• 【点按可编辑渐变】按钮：单击颜色条部分，将弹出【渐变编辑器】对话框，用于编辑渐变色；单击右侧的按钮，将弹出【渐变选项】面板，用于选择已有的渐变选项。

• 【模式】：与其他工具相同，用来设置填充颜色与原图像所产生的混合效果。

• 【不透明度】：用来设置填充颜色的不透明度。

• 【反向】：勾选此复选项，可在填充渐变色时颠倒填充的渐变排列顺序。

• 【仿色】：勾选此复选项，可以使渐变颜色之间的过渡更加柔和。

• 【透明区域】：勾选此复选项，【渐变编辑器】对话框中渐变选项的不透明度才会生效，否则，系统将不支持渐变选项中的透明效果。

4.2.4　编辑渐变颜色

在【渐变】工具属性栏中单击【点按可编辑渐变】按钮的颜色条部分，将会弹出【渐变编辑器】对话框，如图 4-42 所示。

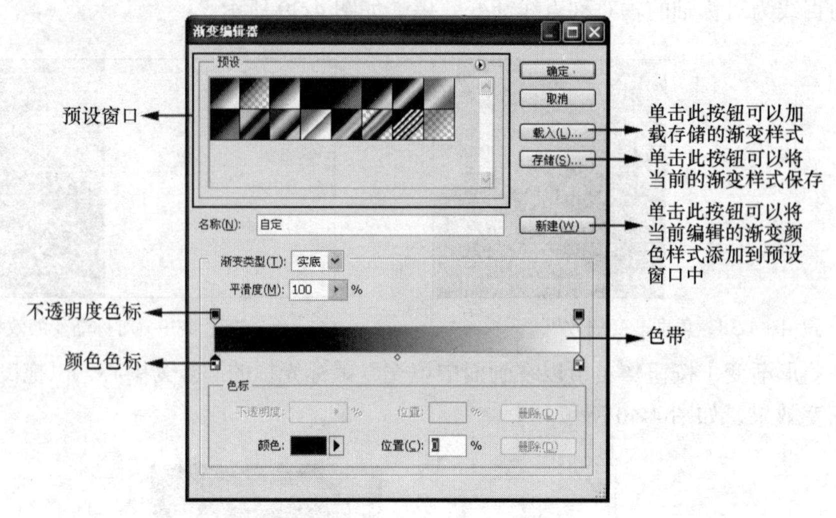

图 4-42 【渐变编辑器】对话框

- 【预设窗口】：预设窗口中提供了多种渐变样式，单击某一渐变样式缩略图即可选择该渐变样式。
- 【渐变类型】：此下拉列表中提供了两种渐变类型，分别为【实底】和 【杂色】。
- 【平滑度】：用于设置渐变颜色过渡的平滑程度。
- 【不透明度色标】按钮：色带上方的色标称为不透明度色标，它可以根据色带上该位置的透明效果显示相应的灰色。当色带完全不透明时，不透明度色标显示为黑色；色带完全透明时，不透明度色标显示为白色。
- 【颜色色标】按钮：左侧的色标，表示该色标使用前景色；右侧的色标，表示该色标使用背景色；当色标显示为状态时，则表示使用自定义的颜色。
- 【不透明度】：当选择一个不透明度色标后，可通过下方的【不透明度】选项设置该色标所在位置的不透明度；【位置】用于控制该色标在整个色带上的百分比位置。
- 【颜色】：当选择一个颜色色标后，【颜色】色块显示的是当前使用的颜色，单击该颜色块或在色标上双击，可在弹出的【拾色器】对话框中设置色标的颜色；单击颜色块右侧的按钮，可以在弹出的菜单中将色标设置为前景色、背景色或自定颜色。
- 【位置】：可以设置色标按钮在整个色带上的百分比位置；单击 删除(D) 按钮，即可删除当前选择的色标。

4.2.5 绘制标贴

本节将通过绘制一个标贴来学习和掌握【渐变】工具的使用方法。

绘制标贴

1. 新建一个【宽度】为“12 厘米”、【高度】为“13 厘米”、【分辨率】为“300 像素/英寸”、【颜色模式】为“RGB 颜色”、【背景内容】为“白色”的文件。

2. 按 Ctrl+R 组合键，调出标尺，然后，将鼠标光标依次移动到水平和垂直标尺中，按住鼠标左键并向画面中拖曳，在画面的中心位置分别添加水平参考线和垂直参考线。

3. 选择◯工具，按住 Shift+Alt 组合键，然后，将鼠标光标移动到参考线的交点位置，按住鼠标左键并拖曳，以参考线的交点位置为圆心绘制出如图 4-43 所示的圆形选区。

4. 新建“图层 1”，选择■工具，再单击属性栏中■的颜色区域，弹出【渐变编辑器】对话框，选择如图 4-44 所示的渐变样式。

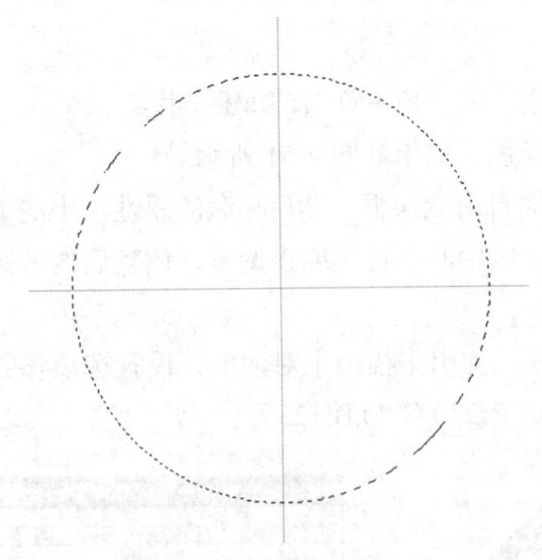

图 4-43　绘制的圆形选区

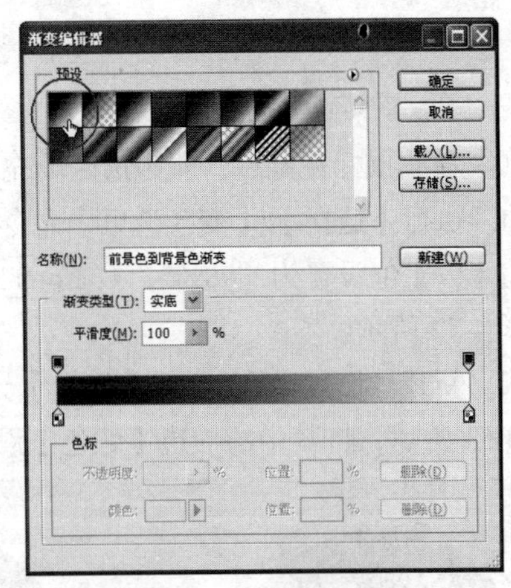

图 4-44　选择的渐变样式

5. 选择色带下方左侧的色标，如图 4-45 所示，然后，单击【颜色】色块■，在弹出的【拾色器】对话框中将颜色设置为红色（R:230,G:25,B:75）。

6. 选择右侧的色标，然后，将颜色设置为洋红色（R:195, B:80），如图 4-46 所示。

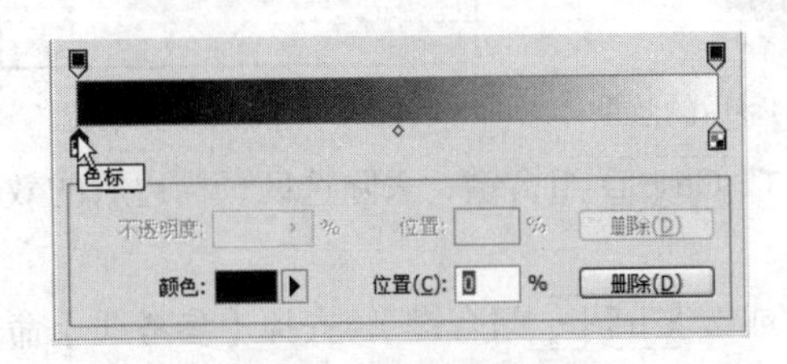

图 4-45　选择的色标

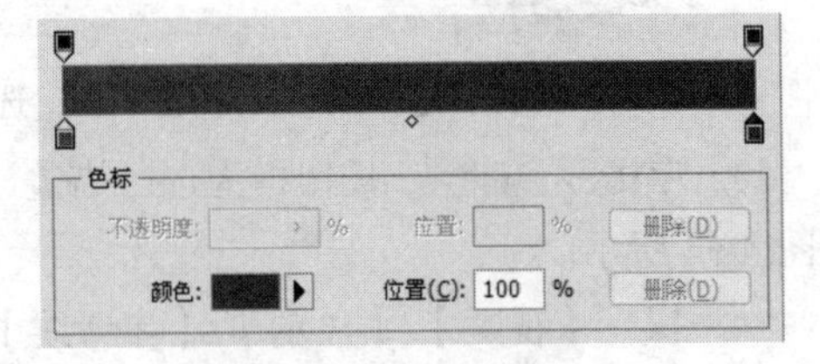

图 4-46　设置的颜色

7. 在色带下面如图 4-47 所示的位置单击，添加颜色色标，然后，将颜色设置为深红色（R:170,G:20,B:70），如图 4-48 所示。

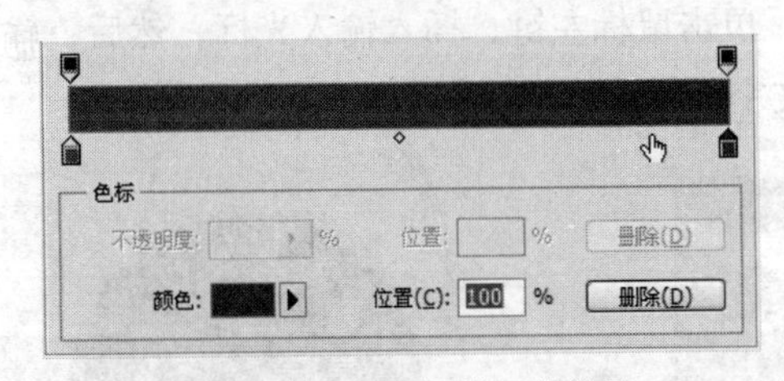

图 4-47　鼠标指针放置的位置

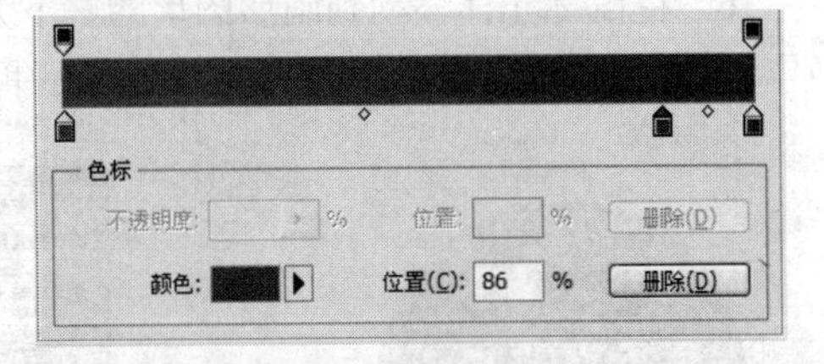

图 4-48　添加的色标

8. 将鼠标指针放置到左侧的色标上，按下鼠标左键并向右拖曳，将其调整至如图 4-49 所示的位置。

9. 单击 确定 按钮，完成渐变色的编辑，然后，激活属性栏中的■按钮，再将鼠标指针移动到参考线的交点位置，按住鼠标左键并向右下方拖曳，状态如图 4-50 所示。

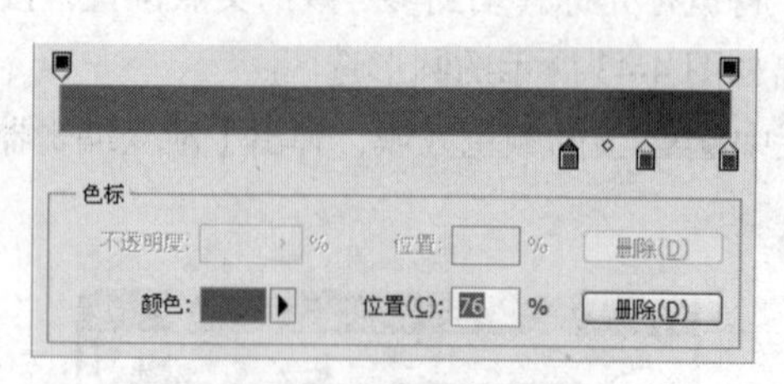

图 4-49　调整后的位置

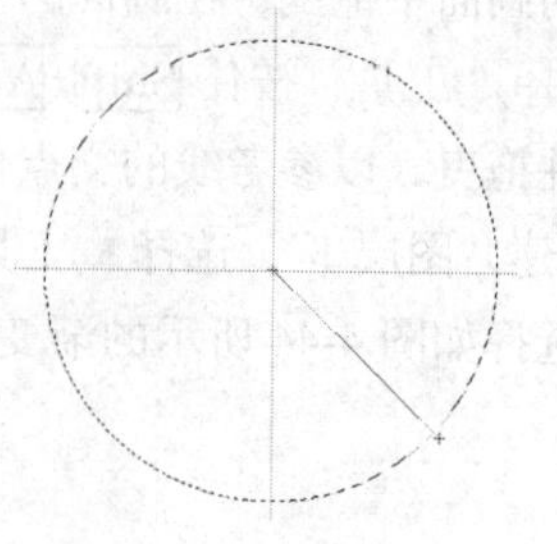

图 4-50　拖曳鼠标的状态

10. 释放鼠标左键后，即为选区填充了设置的渐变色，效果如图 4-51 所示。

11. 执行【选择】/【变换选区】命令，为选区添加自由变换框，然后，激活属性栏中的按钮，将【W】值设置为“90%”，按 Enter 键，确认选区以中心等比例缩小调整，调整后的选区形态如图 4-52 所示。

12. 新建“图层 2”，执行【编辑】/【描边】命令，弹出【描边】对话框，设置选项参数，如图 4-53 所示，将其中的描边【颜色】设置为洋红色（R:230,G:80,B:125）。

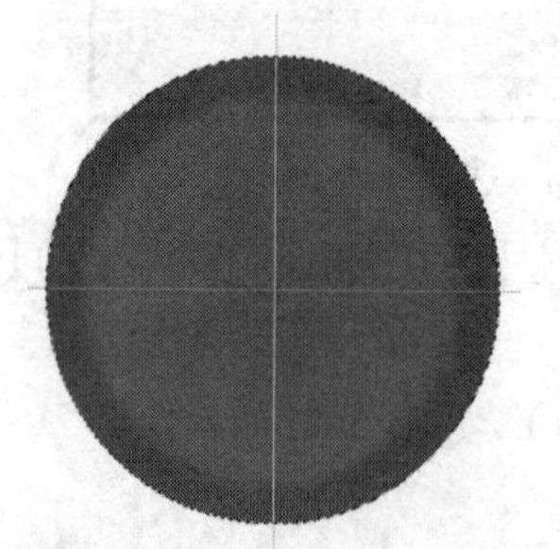

图 4-51　填充渐变色后的效果

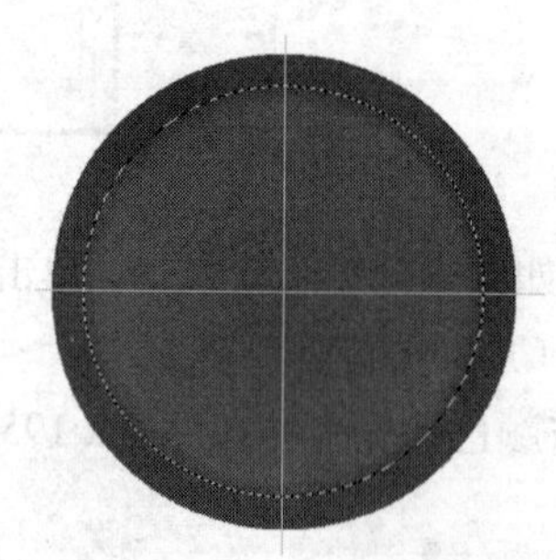

图 4-52　选区缩小调整后的效果

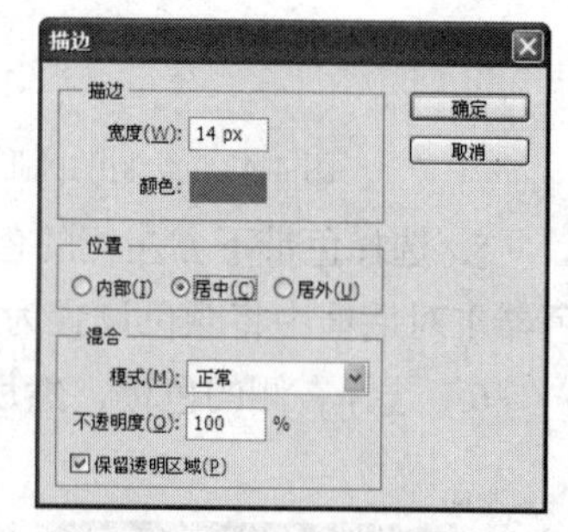

图 4-53　描边参数设置

13. 单击 确定 按钮，为选区描边，然后，按 Ctrl+D 组合键，去除选区，描边后的效果如图 4-54 所示。

14. 执行【视图】/【显示】/【参考线】命令（或按 Ctrl+ ; 组合键），去掉【参考线】命令前面的✔符号，将参考线隐藏。

15. 选择T工具，单击属性栏中的按钮，在弹出的【字符】面板中设置【字体】及【字号】参数，如图 4-55 所示，将文字的【颜色】设置为“白色”。

16. 将鼠标光标移动到圆形图形的右下方位置，单击鼠标左键，插入输入光标，然后，输入数字“49”，如图 4-56 所示，单击✔按钮，即完成文字的输入。

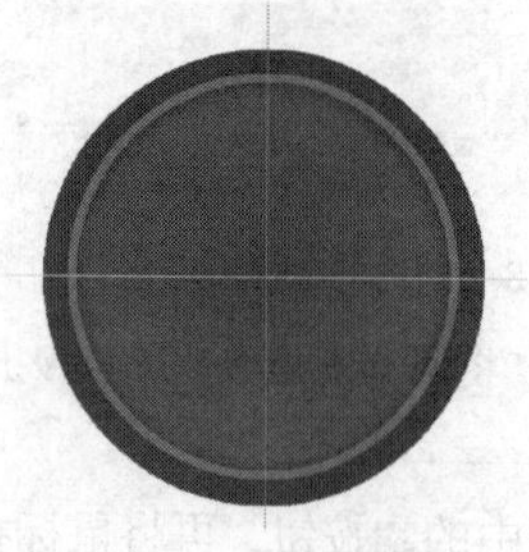

图 4-54　描边后的效果

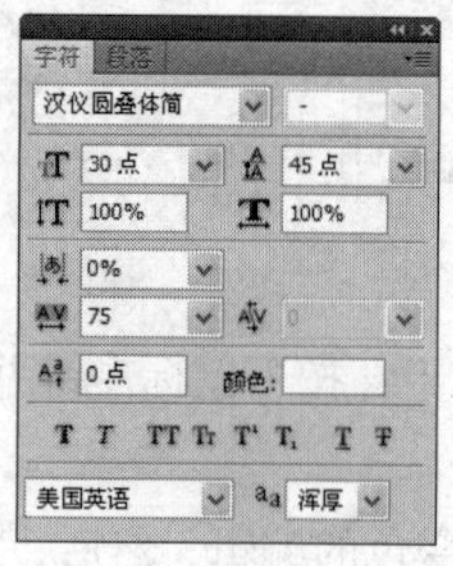

图 4-55【字符】面板

图 4-56　输入的数字

17. 按住Ctrl键并单击“49”文字层的缩览图，将数字“49”作为选区载入，效果如图 4-57 所示。

18. 新建“图层 3”，选择工具，再单击属性栏中的按钮，将渐变类型设置为线性渐变。

19. 单击属性栏中的颜色条，在弹出的【渐变编辑器】对话框中选择“黑、白”渐变，然后，将色带中的黑色修改为灰色（R202,G:202,B:202），如图 4-58 所示。

图 4-57　加载的选区

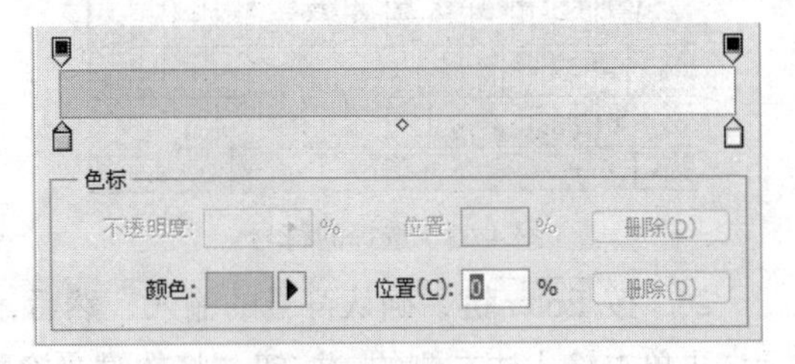

图 4-58　设置的渐变色

20. 单击 确定 按钮，然后，按住Shift键，将鼠标光标移动到数字选区中，自下向上拖曳鼠标，状态如图 4-59 所示，释放鼠标左键后，填充渐变色后的文字效果如图 4-60 所示。

图 4-59　拖曳鼠标状态

图 4-60　填充渐变色后的效果

21. 按Ctrl+D组合键，去除选区，然后，执行【图层】/【图层样式】/【投影】命令，弹出【图层样式】对话框，设置选项参数，如图 4-61 所示。

22. 单击 确定 按钮，为“图层 3”添加“投影”图层样式后的效果如图 4-62 所示。

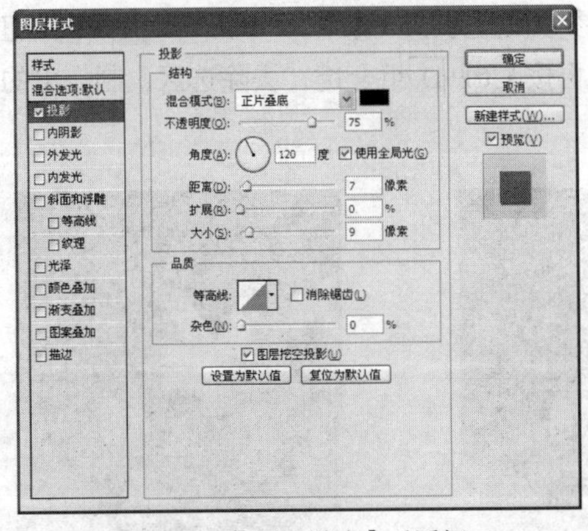

图 4-61　【图层样式】对话框

图 4-62　添加图层样式后的效果

23. 选择T工具，将前景色设置为白色，然后，将鼠标光标移动到“49”数字的左侧，单击以插入输入光标。

24. 反复按 Shift+Ctrl 组合键，将输入法设置为系统自带的标准输入法状态条，然后，用鼠标右键单击软键盘按钮，在弹出的菜单中选择【单位符号】命令，将软键盘调出。

25. 单击如图 4-63 所示的符号，即可在数字左侧输入选择的符号，如图 4-64 所示。

图 4-63　选择的符号

图 4-64　输入的符号

26. 按 Enter 键，确认符号的输入，然后，在属性栏中将符号的字号调大，状态如图 4-65 所示，再单击输入法右侧的软键盘按钮，将软键盘隐藏。

27. 用与步骤 17～22 相同的方法，为符号填充渐变色并添加投影图层样式，效果如图 4-66 所示。

图 4-65　调整后的符号的大小及位置

图 4-66　调整后的效果

28. 在"背景"层上单击，将其设置为工作层，然后，利用渐变工具为其自上向下填充由黑色到白色的线性渐变色，效果如图 4-67 所示。

29. 选择椭圆选框工具，在画面中绘制如图 4-68 所示的椭圆形选区，然后，按 Shift+F6 组合键，在弹出的【羽化选区】对话框中，将【羽化半径】选项的参数设置为"35 像素"，单击 确定 按钮。

30. 新建"图层 5"，然后，为选区填充黑色，再按 Ctrl+D 组合键，去除选区，制作出的阴影效果如图 4-69 所示。

图 4-67　为背景填充的渐变色

图 4-68　绘制的椭圆形选区

图 4-69　制作的阴影效果

31. 至此，标贴制作完成，按 Ctrl+S 组合键，将此文件命名为“标贴.psd”并保存。

4.3 编辑图像命令

本节将讲解菜单中的【编辑】命令。部分命令在前面章节中已经介绍了，图像处理过程中的恢复和撤销操作、复制粘贴图像、给图像描边、定义填充图案及图像的变换等是要重点掌握的命令。熟练掌握这些命令是进行图像特殊艺术效果处理的关键。

4.3.1 中断操作

在处理图像的过程中，有时需要花费较长的时间等待计算机对执行命令的处理，此时，状态栏中会显示操作过程的状态。在计算机未完成对执行命令的处理之前，可以按 Esc 键中断正在进行的操作。

4.3.2 恢复上一步的操作

在图像文件中执行任一操作后，【编辑】/【还原…】命令即显示为可用状态，当执行了错误的操作时，可通过该命令恢复上一步的操作。

执行【还原…】命令后，该命令将变为【重做…】命令，该命令可将刚才还原的操作恢复。按 Ctrl+Z 组合键可在【还原…】与【重做…】命令之间进行切换。

4.3.3 多次还原与重做

当对图像文件进行了多步操作，又想将其后退到原先的画面时，可连续执行【编辑】/【后退一步】命令，每执行一次将逐一后退到每一个画面；反复按 Alt+Ctrl+Z 组合键也可以后退。在此过程中，如连续执行【编辑】/【前进一步】命令，每执行一次将逐一前进到每一个画面。

默认情况下，【后退一步】和【前进一步】命令的可操作步数为 20 步，执行【编辑】/【首选项】/【性能】命令，在弹出的【首选项】对话框中修改【历史记录状态】选项的参数，可重定【前进一步】和【后退一步】的步数。

4.3.4 恢复到最近一次存盘

对打开的图像文件执行了错误的操作后，执行【文件】/【恢复】命令或按 F12 键，可将图像文件快速恢复到最近一次存盘的图像内容。

4.3.5 渐隐恢复不透明度和模式

执行【编辑】/【渐隐…】命令，可对刚执行的一步操作的不透明度或模式按照指定的百分比参数渐渐地消退，它能作用于【画笔】、【图章】、【历史记录画笔】、【橡皮擦】、【渐变】、【模糊】、

【锐化】、【涂抹】、【减淡】、【加深】和【海绵】等工具。

4.3.6 复制和粘贴图像

第 3 章讲解了利用【移动】工具并结合键盘操作来复制图像，利用【编辑】菜单栏中的【剪切】、【拷贝】和【合并拷贝】命令也可以复制图像。这 3 个命令所复制的图像是以计算机内存记忆的形式暂存在剪贴板中，再通过执行【粘贴】或【贴入】命令，将剪贴板上的图像粘贴到指定的位置，这样才能够完成一个复制图像的操作过程。

剪贴板是临时存储图像的计算机系统内存区域，每次将指定的图像剪切或复制到剪贴板中，此图像将会覆盖前面已经剪切或复制的图像，即剪贴板中只能保存最后一次剪切或复制的图像。执行【编辑】/【清理】/【剪贴板】或【全部】命令，可以清除剪贴板中存储的图像。

一、复制图像

复制图像的操作方法如下。

（1）执行【编辑】/【剪切】命令（快捷键为 Ctrl+X 组合键），可以将当前层或选区中的图像剪切到剪贴板中，此时，原图像文件被破坏。

（2）执行【编辑】/【拷贝】命令（快捷键为 Ctrl+C 组合键），可以将当前层或选区中的图像复制到剪贴板中，此时，原图像文件不会被破坏。

（3）当图像文件中有两个以上的图层时，可通过执行【编辑】/【合并拷贝】命令（快捷键为 Shift+Ctrl+C 组合键），将当前层与其下方层选区内的图像合并复制到剪贴板中。

【剪切】命令的功能与【拷贝】命令相似，只是这两种命令复制图像的方法不同。【剪切】命令是将所选择的图像从原图像中剪掉后复制到剪贴板中，原图像被破坏；【拷贝】命令是在原图像不被破坏的情况下，将选择的图像复制到剪贴板中。

二、粘贴图像

执行下面的操作，可以将剪贴板中的图像粘贴到当前文件中。

（1）执行【编辑】/【粘贴】命令（快捷键为 Ctrl+V 组合键），可以将剪贴板中的图像粘贴到当前文件中，此时，【图层】面板中会自动生成一个新的图层。

（2）执行【编辑】/【选择性粘贴】/【原位粘贴】命令（快捷键为 Shift+Ctrl+V 组合键），可以根据需要在复制图像的原位置粘贴图像。

（3）创建了选区后，执行【编辑】/【选择性粘贴】/【贴入】命令（快捷键为 Alt+Shift+Ctrl+V 组合键），可将剪贴板中的图像粘贴到当前选区内；执行【编辑】/【选择性粘贴】/【外部粘贴】命令，可将剪贴板中的图像粘贴到选区以外。

4.3.7 删除所选图像

删除所选图像的操作方法有以下几种。

一、菜单法

（1）利用选框工具选择所要删除的图像。

（2）执行【编辑】/【清除】命令，选区内的图像将被清除。如果是背景层中的图像，图像被删除后，选区内将由背景色填充。

二、快捷键法

（1）利用选框工具选择所要删除的图像。

（2）按 Delete 键或 Backspace 键，选区内的图像将被清除。如果是背景层中的图像，删除图像后，选区内将由背景色填充。

（3）按 Shift+Alt+Delete 组合键或 Shift+Alt+Backspace 组合键，选区内的图像将被清除，选区内将由前景色填充。

4.3.8　图像描边

在 Photoshop 中，给图像描边的方法有两种，一种是执行【图层】/【图层样式】/【描边】命令，另一种是执行【编辑】/【描边】命令。【图层样式】命令详见第 8.1.15 小节的讲解。

执行【编辑】/【描边】命令后，会弹出图 4-70 所示的【描边】对话框。

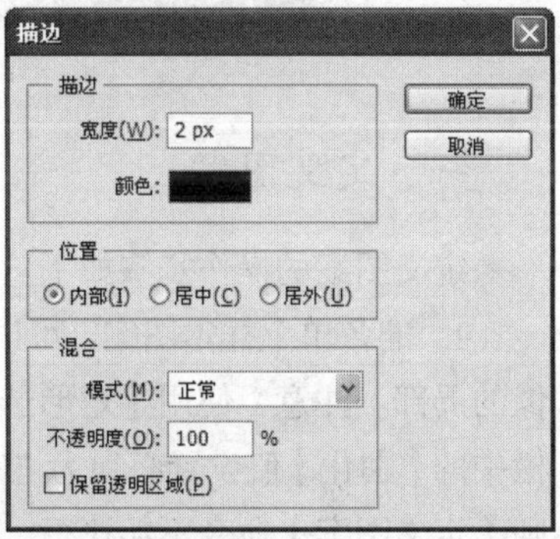

- 【宽度】：用于设置描边的宽度。
- 【颜色】：单击颜色色块，可以设置描边的颜色。
- 【位置】：包括【内部】、【居中】和【居外】3 个选项，分别用于确定描边的位置是在边缘内、边缘两边还是边缘外描绘。

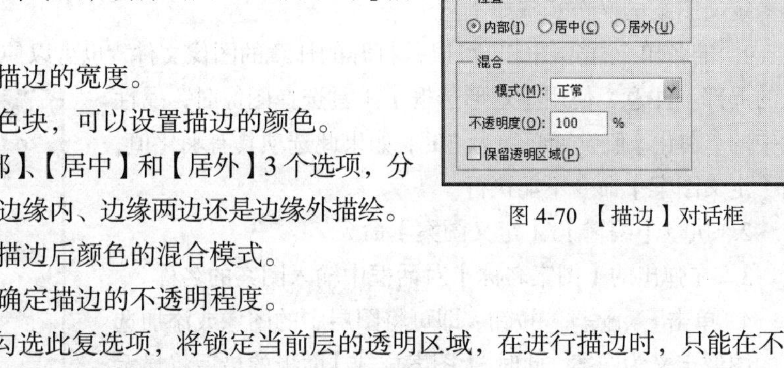

图 4-70 【描边】对话框

- 【模式】：用于确定描边后颜色的混合模式。
- 【不透明度】：用于确定描边的不透明程度。
- 【保留透明区域】：勾选此复选项，将锁定当前层的透明区域，在进行描边时，只能在不透明区域内进行。当选择背景层时，此选项不可用。

图 4-71 所示为文字原图与选择不同位置的描边效果。

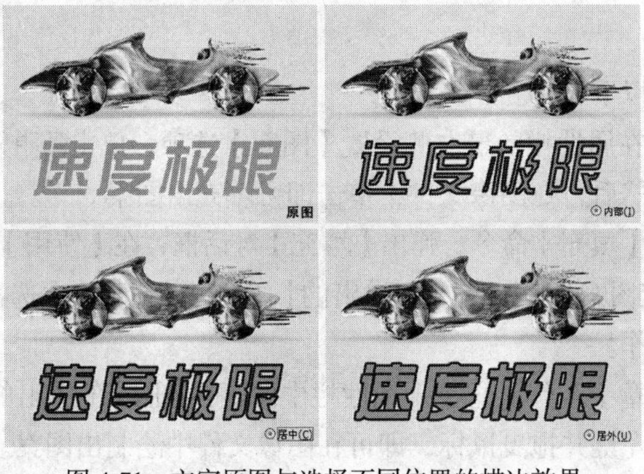

图 4-71　文字原图与选择不同位置的描边效果

4.3.9 定义和填充图案

利用【编辑】菜单中的【定义图案】和【填充】命令，可以把已有的图案定义为图案样本并进行填充，得到单个样本图案平铺的效果，如图 4-72 所示。

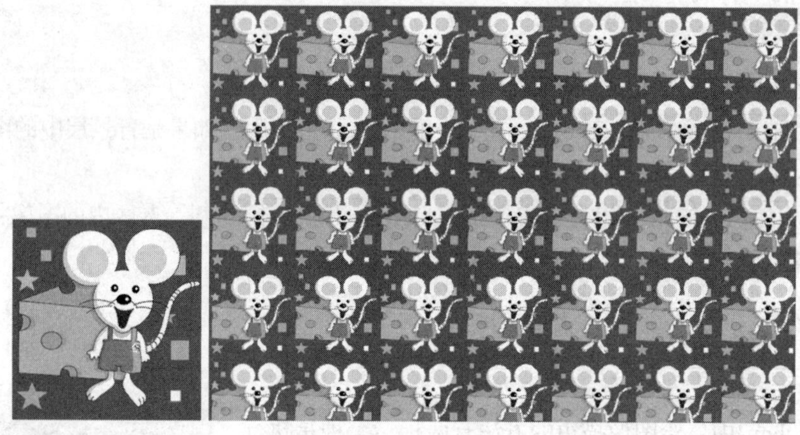

图 4-72 单个样本图案和定义填充后的图案

一、定义图案

定义图案的操作步骤如下。

1. 准备单个样本图案，可以是打开的任意的图像文件，也可以使用【矩形选框】工具选择图像的局部。注意，使用【矩形选框】工具选择图像时，属性栏中的【羽化】值设置必须为“0”，如果此选项具有羽化值，则【定义图案】命令不能执行。

2. 执行【编辑】/【定义图案】命令。

3. 在弹出的【图案名称】对话框中输入图案的名称。

4. 单击 确定 按钮，即可将图层中的图像或添加选区的图像定义为图案，此时，【图案样式】面板的最后将显示定义的新图案，如图 4-73 所示。

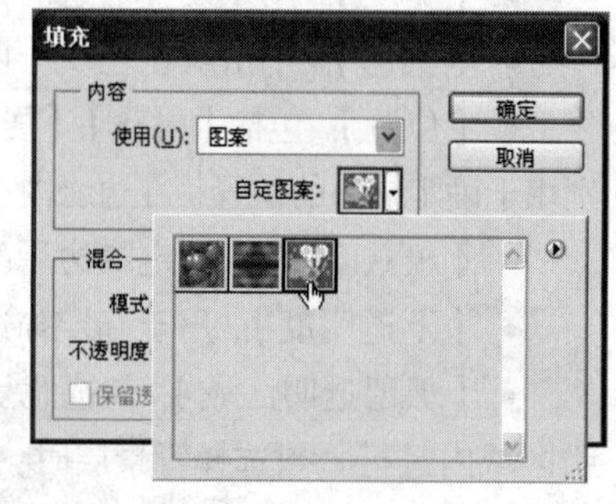

图 4-73 定义的图案

二、填充图案

填充图案的方法有以下 3 种。

（1）选择工具，在属性栏的最左侧设置【图案】选项，单击按钮，在弹出的【图案样式】面板中选择图案，然后，在图像文件中单击即可填充出图案。

（2）执行【编辑】/【填充】命令，弹出【填充】对话框，在【使用】下拉列表中选择【图案】选项，然后，单击【自定图案】按钮，在弹出的【图案样式】面板中选择图案，单击 确定 按钮，完成填充图案操作。

（3）选择【图案图章】工具，单击属性栏中的按钮，在弹出的【图案样式】面板中选择图案，然后按住鼠标左键并拖曳鼠标，即可在图像文件中绘制出图案。

4.3.10　消除图像黑边或白边

利用选框工具选择并移动图像位置或复制图像的操作过程中，当从黑色背景的图像中选择了图像，将其移动复制到白色背景中，或者从白色背景中选择图像，移动复制到黑色背景中时，往往会出现令人不满意的黑边或白边，如图 4-74 所示。

执行【图层】/【修边】命令，弹出【修边】子菜单，根据图像边缘留下的杂色情况执行相应的命令，即可移除图像边缘的黑边或白边，效果如图 4-75 所示。执行【去边】命令时，弹出的【去边】对话框中的【宽度】参数最好不要超过数值“2”，否则，建议重新选择图像，以保证图像的质量。

图 4-74　未去除的黑边

图 4-75　去除黑边后的效果

4.4　综合案例——绘制护肤品的软体包装

本节将通过绘制护肤用品的软体包装，来练习渐变工具及所学工具的使用方法。

绘制软体包装

1. 新建一个【宽度】为“20 厘米”、【高度】为“16厘米”、【分辨率】为“200像素/英寸”、【颜色模式】为“RGB 颜色”、【背景内容】为“白色”的文件，然后为背景层填充黑色。

2. 选择⬚工具，绘制如图 4-76 所示的矩形选区，然后，执行【选择】/【变换选区】命令。

3. 按住 Shift+Ctrl+Alt 组合键，将鼠标指针放置到变换框的上角的控制点上，按住鼠标左键并向右拖曳鼠标，将选区调整至如图 4-77 所示的形态。

图 4-76　绘制的选区

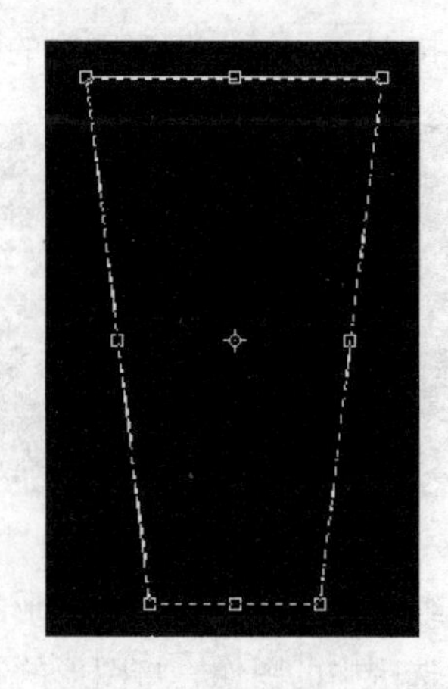

图 4-77　调整后的形态

4. 按 Enter 键确认选区的变换调整，然后，选择 工具，单击属性栏中的 按钮。

5. 在弹出的【渐变编辑器】对话框中，设置渐变颜色，如图 4-78 所示。

6. 单击 确定 按钮，然后，新建“图层 1”，确认属性栏中选择的是线性渐变方式，将鼠标光标移动到选区内，按住鼠标左键并自左向右拖曳鼠标，为选区填充如图 4-79 所示的渐变色。

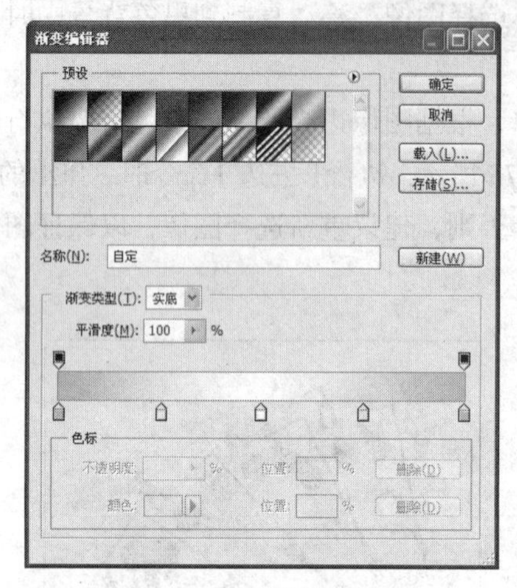

图 4-78 设置的渐变颜色

图 4-79 填充渐变色后的效果

7. 选择 工具，然后，在图形的下方随意绘制一个椭圆形选区，如图 4-80 所示。

8. 执行【选择】/【变换选区】命令，然后，将选区调整至如图 4-81 所示的形态，按 Enter 键确认。

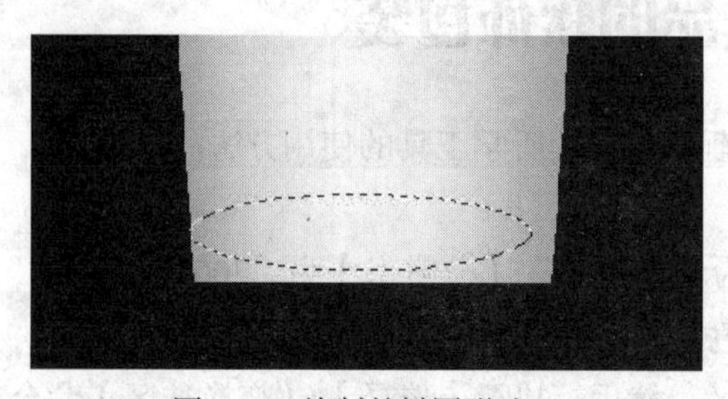

图 4-80 绘制的椭圆形选区

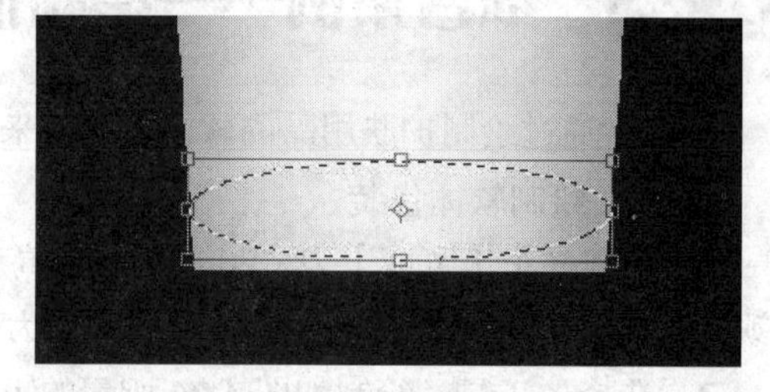

图 4-81 选区调整后的形态

9. 选择 工具，然后，按住 Shift 键在椭圆形的下方绘制矩形，加选出如图 4-82 所示的选区形态。

10. 按 Delete 键，将选区内的图像删除，制作出如图 4-83 所示的瓶口效果。

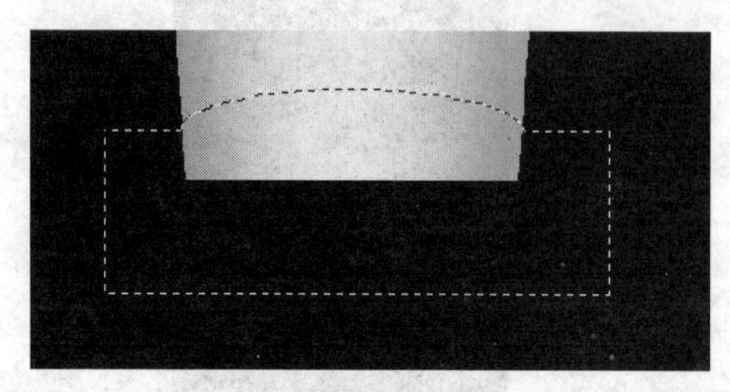

图 4-82 绘制的选区

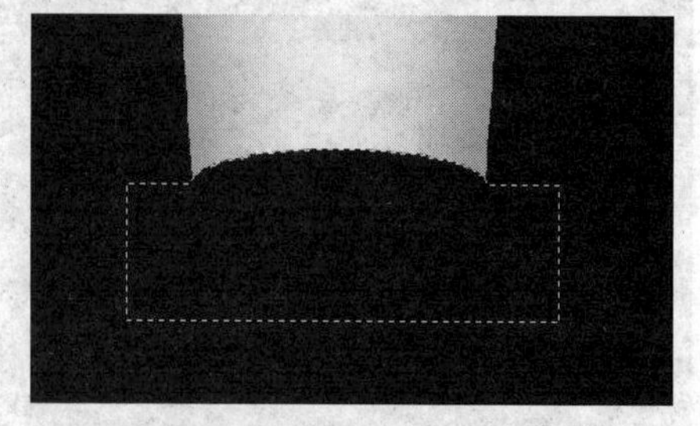

图 4-83 删除图像后的效果

11. 继续利用 工具，在图形的右上角绘制出如图 4-84 所示的矩形选区，然后，按 Delete 键，删除选区中的图像，将图形的斜角变成直角状态。

12. 将鼠标指针放置到选区中，按住鼠标左键，然后，按住 Shift 键并向左拖曳鼠标，将选区水平移动到画面的左侧，按 Delete 键删除，效果如图 4-85 所示。

图 4-84　绘制的选区

图 4-85　删除后的形态

13. 利用工具，根据删除边角后的形态绘制出如图 4-86 所示的矩形选区。

14. 按 Shift+F6 组合键，在弹出的【羽化选区】对话框中，将【羽化半径】的参数设置为“1 像素”，单击 确定 按钮。

15. 选择工具，设置合适的笔头大小后，将鼠标光标移动到选区的左右两侧并用鼠标拖曳，对图形的两端进行加深处理，效果如图 4-87 所示。

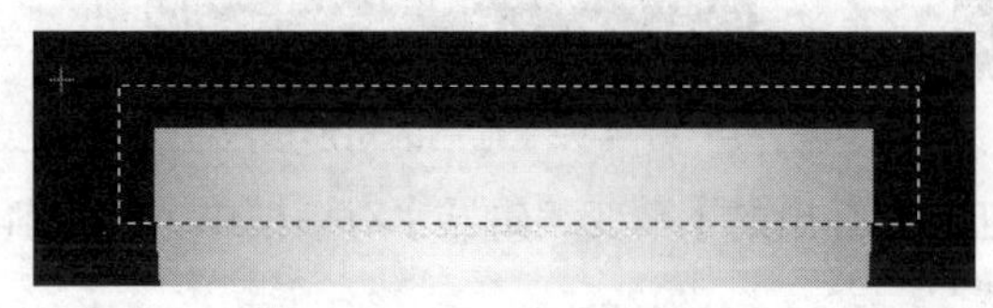
图 4-86　绘制的选区

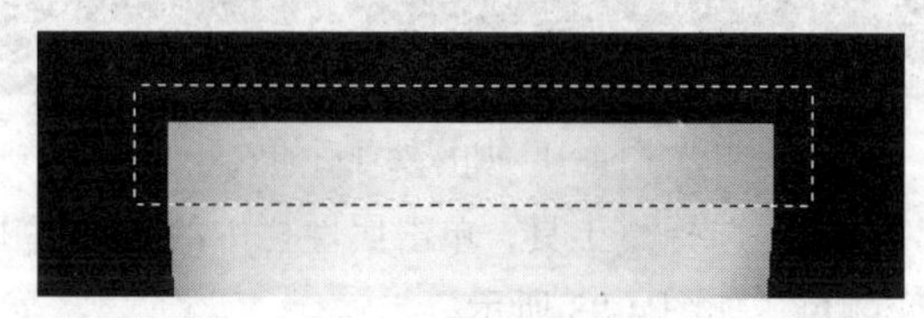
图 4-87　加深后的效果

16. 继续利用工具，用一个较小的笔头在选区的下方涂抹，进行加深处理，按 Ctrl+D 组合键，去除选区后的效果如图 4-88 所示。

图 4-88　加深处理后的管尾效果

17. 选择工具，用一个合适的笔头后对管体的中间部分进行提亮，制作出管体的高光区域，效果如图 4-89 所示。

18. 按住 Ctrl 键并单击“图层 1”的图层缩览图，加载选区，然后，执行【选择】/【变换选区】命令，将选区调整至如图 4-90 所示的形态。

图 4-89　提亮后的效果

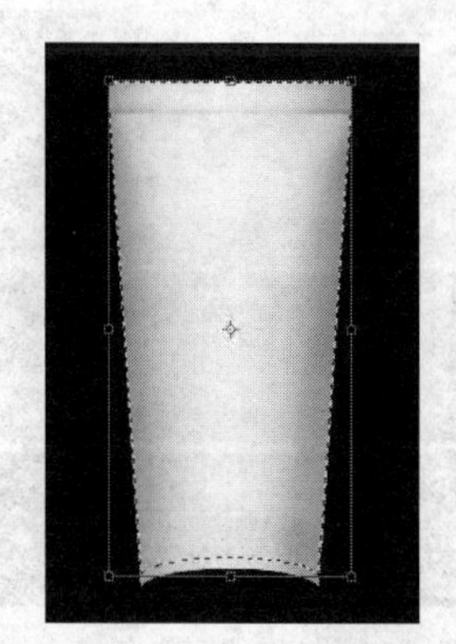
图 4-90　变换后的选区形态

19. 按Enter键，确认选区的变形调整，然后，按Shift+Ctrl+I组合键，将选区反选，再按Shift+F6组合键，在弹出的【羽化选区】对话框中，将【羽化半径】的参数设置为“5 像素”，单击 确定 按钮。

20. 继续利用工具，对图形下方的两端进行加深处理，效果如图 4-91 所示。

软体包装的主体已经绘制完成，下面来绘制瓶盖图形。

21. 新建“图层 2”，利用工具绘制出如图 4-92 所示的矩形选区。

图 4-91 加深处理后的效果

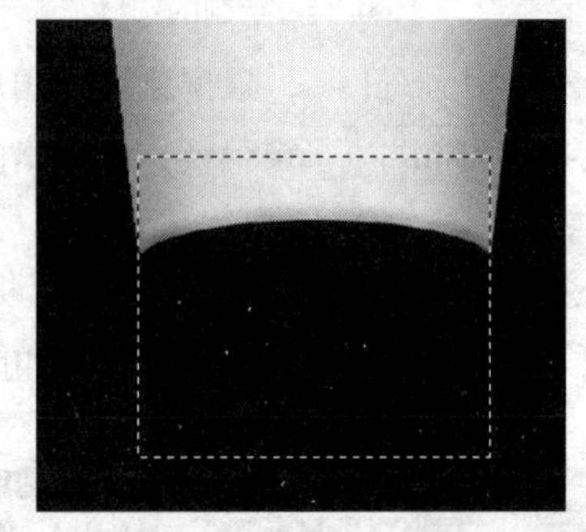

图 4-92 绘制的矩形选区

22. 选择工具，单击属性栏中的按钮，在弹出的【渐变编辑器】对话框中，设置渐变颜色，如图 4-93 所示。

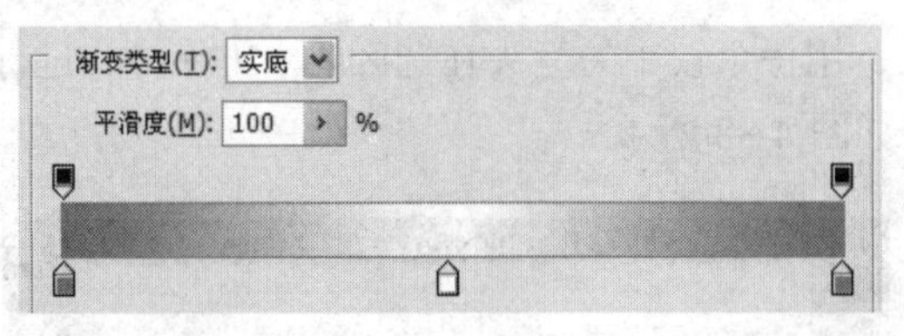

图 4-93 设置的渐变颜色

23. 单击 确定 按钮，然后，将鼠标光标移动到选区内，按住鼠标左键并自左向右拖曳鼠标，为选区填充如图 4-94 所示的渐变色，再按Ctrl+D组合键，去除选区。

24. 执行【图层】/【排列】/【后移一层】命令，将“图层 2”调整至“图层 1”的下方，然后，按Ctrl+T组合键，为图形添加自由变形框。

25. 单击属性栏中的按钮，然后，分别调整变形框下方两个角点的位置，将图形调整至如图 4-95 所示的形态，再按Enter键，确认图形的变形形态。

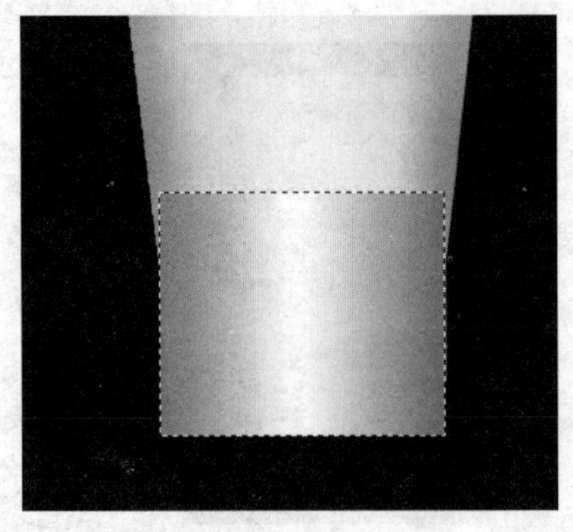

图 4-94 填充的渐变色

图 4-95 变形后的形态

26. 新建“图层 3”，利用⬚工具绘制条形的矩形选区，为其填充黑色，如图 4-96 所示。

27. 按 Ctrl+D 组合键，去除选区，然后，按 Ctrl+T 组合键，为图形添加自由变形框，再单击属性栏中的按钮。

28. 在属性栏中【变形】选项右侧的选项窗口中选择“扇形”，然后，将【变曲】的参数设置为“22%”，单击✓按钮，图形弯曲后的形态如图 4-97 所示。

图 4-96　绘制的图形

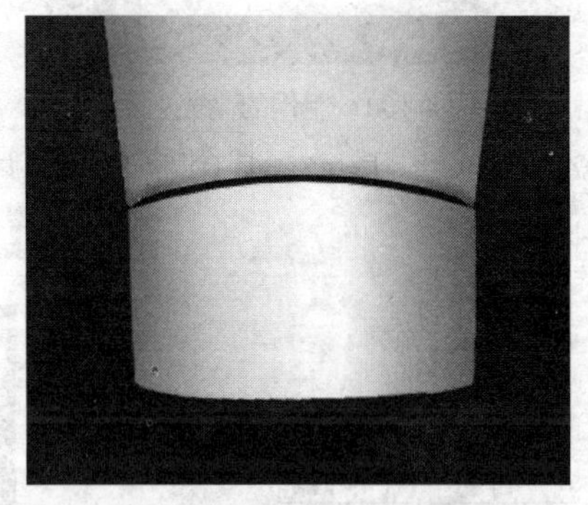

图 4-97　弯曲后的效果

29. 执行【滤镜】/【模糊】/【高斯模糊】命令，在弹出的【高斯模糊】对话框中设置选项参数，如图 4-98 所示。

30. 单击 确定 按钮，将图形模糊处理，然后，将“图层 3”的【不透明度】参数设置为“50%”，效果如图 4-99 所示。

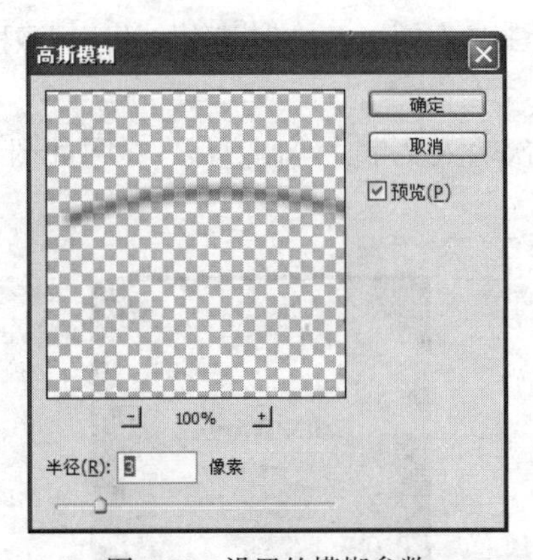

图 4-98　设置的模糊参数

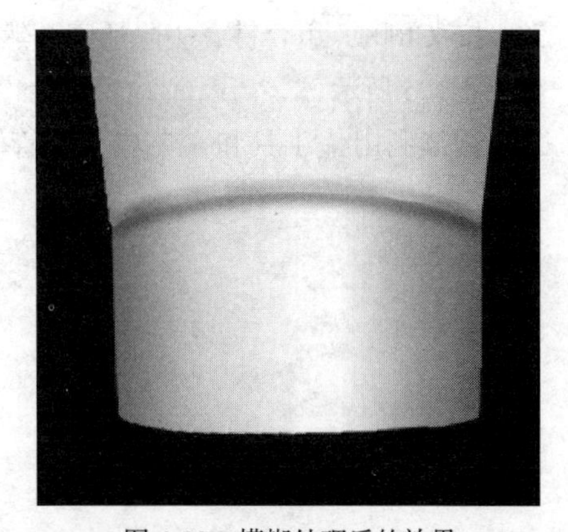

图 4-99　模糊处理后的效果

31. 在“图层 1”的上方新建“图层 4”，然后，用与步骤 26～步骤 30 相同的方法，制作出管体上的高光效果，如图 4-100 所示。注意，在填充颜色时，要为选区填充白色。

接下来，我们来制作管体上的图形及文字。

32. 选择工具，单击属性栏中【形状】选项右侧的按钮，在弹出的【自选形状】选项面板中单击右上角的按钮。

33. 在弹出的菜单命令中选择【全部】命令，弹出如图 4-101 所示的询问面板，单击 确定 按钮，将全部的形状图形都加载到【自选形状】选项面板中。

34. 拖动【自选形状】选项面板右侧的滑块，然后，选择如图 4-102 所示的形状图形。

35. 新建“图层 5”，将前景色设置为橘黄色（R:255,G:210,B:125），激活属性栏中的□按钮，然后，按住 Shift 键，绘制出如图 4-103 所示花形图形。

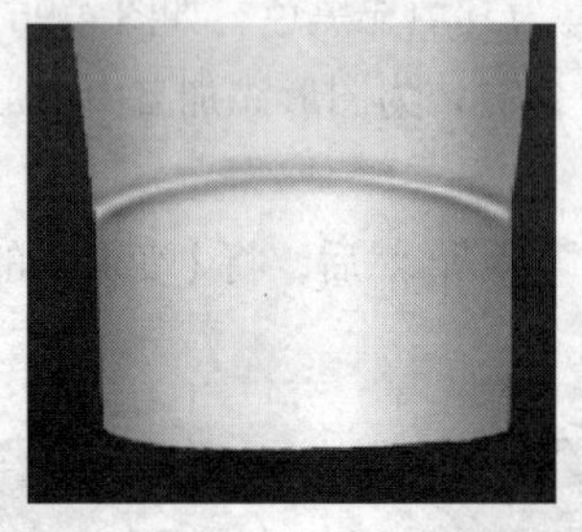

图 4-100　制作的高光效果

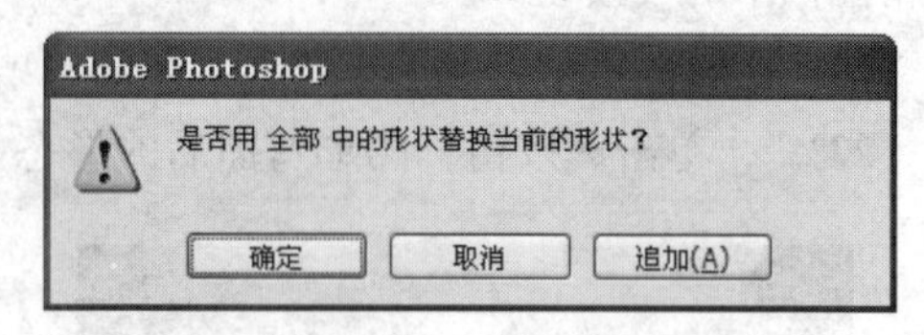

图 4-101　询问面板

36. 新建“图层 6”，利用工具在花形的下方绘制矩形选区，然后，为其填充前景色，效果如图 4-104 所示。

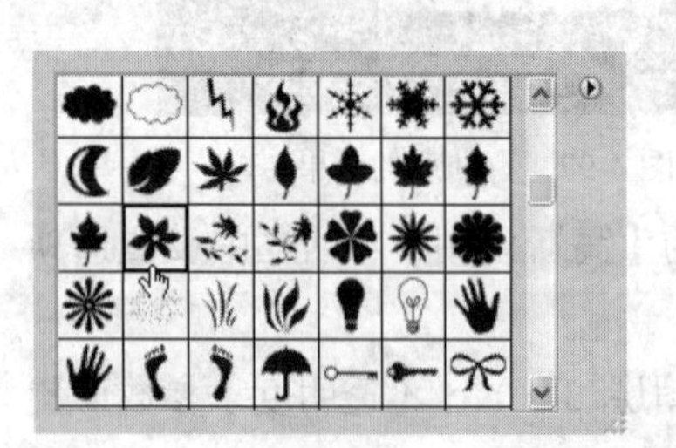

图 4-102　选择的形状图形

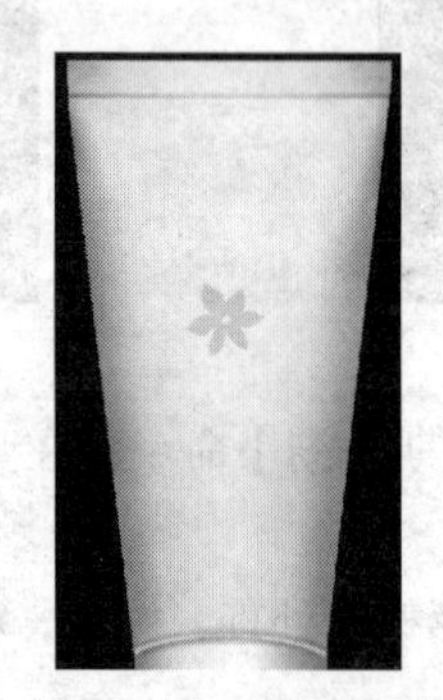

图 4-03　绘制的花形

图 4-104　绘制的矩形

37. 按 Ctrl+D 组合键，去除选区，然后，利用工具在矩形上输入黑色的“法国橄榄”文字，如图 4-105 所示。

38. 继续利用工具和工具，在管体图形上依次输入文字并绘制直线，效果如图 4-106 所示。

图 4-105　输入的文字

图 4-106　输入的文字及绘制的线形

至此，护肤品的软体包装绘制完成，最后，再复制两组，并制作出投影效果。

39. 在【图层】面板中，单击“背景”层前面的图标，将背景层隐藏，然后，按 Shift+Ctrl+Alt+E 组合键，将显示的所有图层复制并进行合并。

40. 将复制出的图形水平向右移动位置，然后，用移动复制图形的方法，将复制出的图形再向左移动复制，效果如图 4-107 所示。

41. 再次按 Shift+Ctrl+Alt+E 组合键，将显示的所有图层复制并进行合并，然后，执行【编辑】/【变换】/【垂直翻转】命令，将复制出的图像在垂直方向上翻转。

图 4-107　复制出的图形

42. 利用▶工具，将翻转后的图像垂直向下移动位置，如图 4-108 所示。

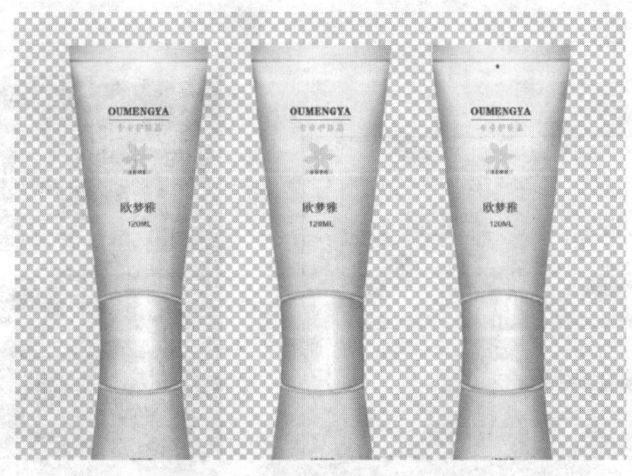

图 4-108　翻转图像调整后的位置

43. 单击“背景”层前面的□图标，使其在画面中显示，然后，利用■工具为其自上向下填充由灰色（R:140,G:145,B:120）到黑色的线性渐变色。

44. 用与第 3.4 节为包装盒制作投影效果的方法，为护肤品的软体包装制作出如图 4-109 所示的投影效果。

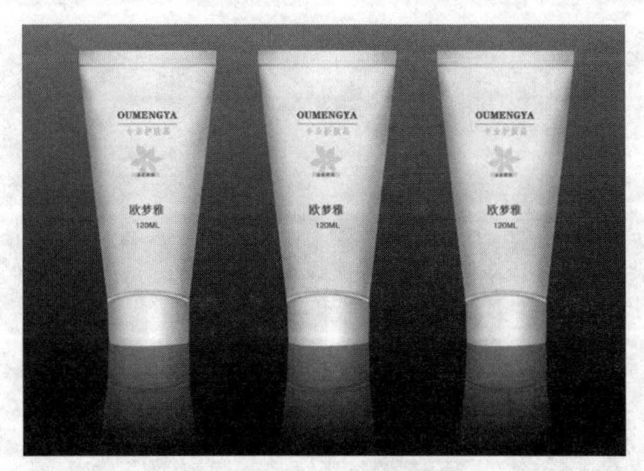

图 4-109　制作的投影效果

45. 按Ctrl+S组合键，将此文件命名为“护肤品包装.psd”并保存。

小　　结

本章主要讲解了绘画工具、渐变工具和编辑图像的菜单命令。掌握这些工具和命令对于学好 Photoshop 的应用是至关重要的，希望读者在深刻理解每一工具和命令的功能和使用方法的前提下，多动手做一些练习，这样才能掌握这些工具和命令。

习　　题

1. 利用【定义画笔预设】命令，将输入的文字定义为画笔笔头，然后，利用【画笔】工具绘制出如图 4-110 所示的纹理效果。

2. 灵活运用各种选框工具、【渐变】工具及【自由变换】命令，绘制出如图 4-111 所示的几何体。

图 4-110　绘制的纹理效果

图 4-111　绘制的几何体

第5章 图像的修复与修饰

本章将主要介绍图像修复工具及图像修饰工具。利用修复工具可以轻松修复破损或有缺陷的图像，如果想去除照片中多余或不完整的区域，利用相应的修复工具也可以轻松地完成。修饰工具是为照片制作各种特效的快捷工具，包括模糊、锐化、减淡和加深处理等。通过本章的学习，希望读者能熟练掌握这些工具的使用方法，以便在实际工作过程中灵活运用。

5.1 【裁剪】工具

【裁剪】工具是调整图像大小必不可少的工具，可以对图像进行重新构图裁切、按照固定的大小比例裁切、旋转裁切及透视裁切等操作。

5.1.1 重新构图并裁切照片

在处理照片的过程中，当遇到主要景物太小，而周围的多余空间较大的照片时，就可以利用【裁切】工具对其进行裁切处理，使照片的主体更为突出。

重新构图并裁切照片

1. 打开素材文件中“图库\第05章”目录下的“儿童01.jpg”文件，如图5-1所示。

2. 选择工具，将鼠标光标移动到画面中，按住鼠标左键并拖曳鼠标，绘制出如图5-2所示的裁切框。

如果裁切区域的大小和位置不适合，还可以对其进行位置及大小的调整。

3. 与调整变形框一样，用裁切框的控制点来调整裁切框的大小，如图5-3所示。

4. 将鼠标光标放置在裁切框内，按住鼠标左键并拖曳鼠标，可以调整裁切框的位置，如图5-4所示。

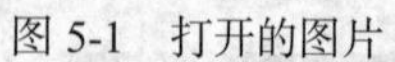

图 5-1　打开的图片

图 5-2　拖曳鼠标绘制裁切区域

图 5-3　调整裁切框大小

5. 将裁切区域的大小和位置调整合适后，单击属性栏中的✓按钮，即可完成图片的裁切，裁切后的效果如图 5-5 所示。

图 5-4　调整裁切框位置

图 5-5　裁切后的图片

除了用单击属性栏中的✓按钮确认对图像的裁切外，还可以将鼠标指针移动到裁切框内，双击鼠标左键或按 Enter 键完成裁切操作。

6. 按 Shift+Ctrl+S 组合键，将此文件命名为“重新构图裁切照片.jpg”并保存。

5.1.2　用固定比例裁切照片

照相机及照片冲印机都是按照固定的尺寸来拍摄和冲印的，所以，当对照片进行后期处理时，照片的尺寸也要符合冲印机的尺寸要求，可以在【裁剪】工具的属性栏中按照固定的比例对照片进行裁切。下面，将上一节重新构图后的照片裁剪为 6 寸照片的尺寸，其设置方法如下。

固定比例裁切照片

1. 接上例。

2. 选择工具，再单击属性栏中的 前面的图像 按钮，属性栏中将显示当前图像的【宽度】、【高度】和【分辨率】等参数，如图 5-6 所示。

图 5-6 【裁剪】工具对话框

3. 6 寸照片尺寸为 10.2 厘米 × 15.2 厘米，要按照这个尺寸来设置属性栏中的选项及参数，如图 5-7 所示。

图 5-7 【裁剪】工具对话框

4. 将鼠标指针移动到画面中，按住鼠标左键并拖曳鼠标，即可按照设置的比例绘制裁切框，如图 5-8 所示。

5. 单击属性栏中的✓按钮，确认图片的裁切操作，裁切后的画面如图 5-9 所示。

图 5-8　绘制出的裁切框

图 5-9　裁切后的画面

6. 按 Shift+Ctrl+S 组合键，将此文件命名为“固定比例裁切照片.jpg”并保存。

5.1.3　旋转裁切倾斜的图像

在拍摄或扫描照片时，可能由于某种失误而导致画面中的主体物出现倾斜的现象，此时，可以利用【裁剪】工具来进行旋转裁切修整。

旋转裁切倾斜的图像

1. 打开素材文件中“图库\第 05 章”目录下的“儿童 02.jpg”文件。

2. 选择工具，将鼠标指针移动到画面的左上角，按住鼠标左键并向右下方拖曳鼠标，为整个画面添加裁切框。

3. 将鼠标指针放置到裁切框右上角的控制点上，按住鼠标左键并向左下方拖曳鼠标，将裁切框缩小，然后，将鼠标光标移动到裁切框外，当鼠标光标显示为旋转符号时，按住鼠标左键并拖曳鼠标，将裁切框旋转到与画面中的地平线位置平行的状态，如图 5-10 所示。

4. 单击属性栏中的✓按钮，确认图片的裁切操作，矫正倾斜后的画面效果如图 5-11 所示。

图 5-10　旋转后的裁切框形态

图 5-11　矫正倾斜后的画面效果

5. 按 Shift+Ctrl+S 组合键，将此文件命名为“旋转裁切倾斜的图像.jpg”并保存。

5.1.4　透视裁切倾斜的照片

在拍摄照片时，经常会由于拍摄者所站的位置或角度不合适而拍摄出具有严重透视的照片，此类照片也可以通过【裁切】工具进行透视矫正。

透视裁切倾斜的照片

1. 打开素材文件中“图库\第 05 章”目录下的“建筑物.jpg”文件。

2. 选择工具，根据整个画面绘制裁切框，然后，将属性栏中的☑透视选项勾选，再依次调整裁切框的控制点，使裁切框与建筑物楼体垂直方向的边缘线平行，如图 5-12 所示。

3. 按 Enter 键，确认图片的裁切操作，裁切后的画面效果如图 5-13 所示。

图 5-12　透视调整后的裁切框

图 5-13　裁切后的图片

4. 按 Shift+Ctrl+S 组合键，将此文件命名为“图片的透视裁切.jpg”并保存。

5.2　擦除图像

擦除图像工具主要是用来擦除图像中不需要的区域，共有 3 种工具，分别为【橡皮擦】工具、【背景橡皮擦】工具和【魔术橡皮擦】工具。

擦除图像工具的使用方法非常简单，只需在工具箱中选择相应的擦除工具，然后，在属性栏中设置合适的笔头大小及形状，再在画面中要擦除的图像位置拖曳鼠标指针或单击即可。

5.2.1 【橡皮擦】工具

利用【橡皮擦】工具可擦除图像，当在背景层或被锁定透明的普通层中擦除时，被擦除的部分将被工具箱中的背景色替换；当在普通层擦除时，被擦除的部分将显示为透明色，效果如图 5-14 所示。

图 5-14　不同图层的擦除效果

【橡皮擦】工具的属性栏如图 5-15 所示。

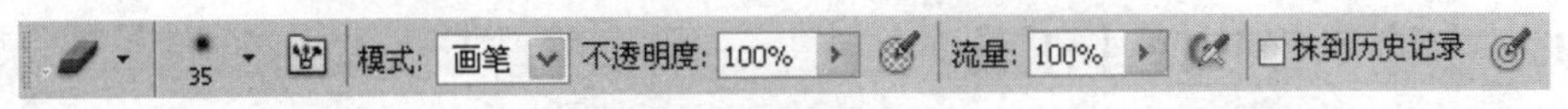

图 5-15 【橡皮擦】工具的属性栏

【模式】：用于设置橡皮擦擦除图像的方式，包括【画笔】、【铅笔】和【块】3 个选项。当选择【画笔】或【铅笔】选项时，工具的选项和使用方法与工具或工具相似，只不过在背景层上使用时所用的颜色为背景色，在普通层上使用时产生的效果为透明。最后一个选项是【块】，当选择【块】选项时，工具在图像窗口中的大小是固定不变的，所以可以将图像放大至一定倍数后，再利用它来对图像中的细节进行修改。当图像放大至 1600%时，工具的大小恰好是一个像素的大小，此时，可以对图像进行精确到一个像素的修改。

【抹到历史记录】：勾选此复选项后，【橡皮擦】工具就具有了【历史记录画笔】工具的功能。

5.2.2 【背景橡皮擦】工具

利用【背景橡皮擦】工具擦除图像时，无论是在背景层还是在普通层上，都可以将图像中的特定颜色擦除为透明色，并且，可将背景层自动转换为普通层，效果如图 5-16 所示。

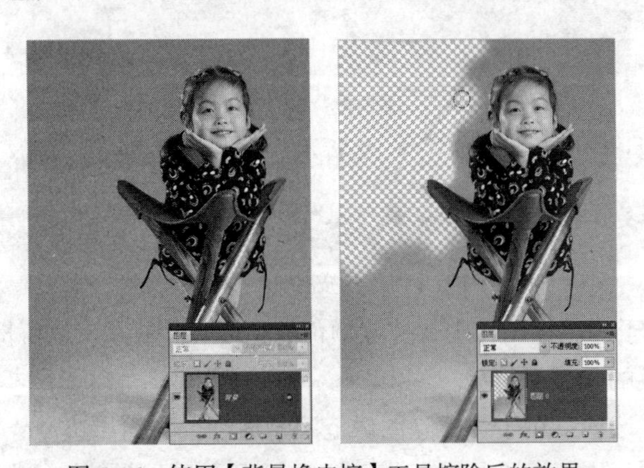

图 5-16　使用【背景橡皮擦】工具擦除后的效果

【背景橡皮擦】工具的属性栏如图 5-17 所示。

图 5-17 【背景橡皮擦】工具的属性栏

- 【取样】按钮：用于控制背景橡皮擦的取样方式。激活【连续】按钮并拖曳鼠标指针擦除图像时，可随着鼠标指针的移动随时取样；激活【一次】按钮，则只替换第一次取样的颜色，在拖曳过程中不再取样；激活【背景色板】按钮，则不在图像中取样，而是由工具箱中的背景色决定擦除的颜色范围。
- 【限制】选项：用于控制背景橡皮擦擦除颜色的范围。选择【不连续】选项，可以擦除图像中所有包含取样的颜色；选择【连续】选项，则只能擦除所有包含取样颜色且与取样点相连的颜色；选择【查找边缘】选项，可在擦除图像时自动查找与取样点相连的颜色边缘，以更好地保持颜色边界。
- 【容差】值：用于确定在图像中选择要擦除颜色的精度。此值越大，可擦除颜色的范围就越大；此值越小，可擦除颜色的范围就越小。
- 【保护前景色】选项：勾选此复选项，将无法擦除图像中与前景色相同的颜色。

5.2.3 【魔术橡皮擦】工具

【魔术橡皮擦】工具具有【魔棒】工具识别取样颜色的特征。当图像中含有大片相同或相近的颜色时，利用【魔术橡皮擦】工具在要擦除的颜色区域内单击，可以一次性擦除所有与取样位置相同或相近的颜色，同样，也会将背景层自动转换为普通层。还可以通过【容差】值控制擦除颜色面积的大小，如图 5-18 所示。

图 5-18　使用【魔术橡皮擦】工具擦除后的效果

【魔术橡皮擦】工具的属性栏如图 5-19 所示。

图 5-19 【魔术橡皮擦】工具的属性栏

- 【容差】值：用于确定在图像中要擦除颜色的精度。此值越大，可擦除颜色的范围就越大；此值越小，可擦除颜色的范围就越小。
- 【消除锯齿】复选项：用于在擦除图像范围的边缘去除锯齿边。
- 【连续】复选项：用于擦除与光标落点颜色相近且相连的像素，若不勾选，则擦除图像中所有与光标落点颜色相近的像素。

- 【对所有图层取样】复选项：勾选后，工具对图像中的所有图层起作用；若不勾选，则只对当前层起作用。
- 【不透明度】选项：用于设置工具擦除效果的不透明度。

5.3 历史记录

历史记录工具包括【历史记录画笔】工具和【历史记录艺术画笔】工具。

5.3.1 【历史记录画笔】工具

【历史记录画笔】工具是一个恢复图像历史记录的工具，可以将编辑后的图像恢复到在【历史记录】面板中设置的历史恢复点位置。当图像文件被编辑后，选择工具，在属性栏中设置好笔尖大小、形状和【历史记录】面板中的历史恢复点，再将鼠标光标移动到图像文件中，按住鼠标左键并拖曳鼠标，即可将图像恢复至历史恢复点所在位置的状态。注意，在使用此工具之前，不能对图像文件进行图像大小的调整。

5.3.2 【历史记录艺术画笔】工具

【历史记录艺术画笔】工具可以给图像添加绘画风格的艺术效果，能表现出一种画笔的笔触质感。选用此工具后，只需在图像上拖曳鼠标指针即可完成非常漂亮的艺术图像的制作。该工具的属性栏如图 5-20 所示。

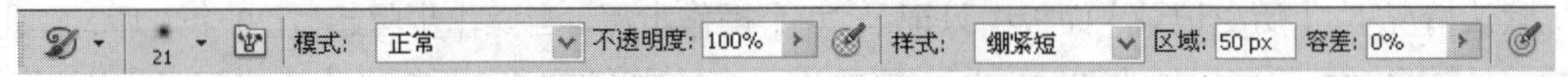

图 5-20 【历史记录艺术画笔】工具的属性栏

- 【样式】：用于设置【历史记录艺术画笔】工具的艺术风格。选择各种艺术风格选项后，所绘制出的图像效果如图 5-21 所示。
- 【区域】：用于确定【历史记录艺术画笔】工具所产生艺术效果的感应区域。数值越大，产生艺术效果的区域越大；反之，区域越小。
- 【容差】：用于限定原图像色彩的保留程度。数值越大，图像与原图像的色彩越接近。

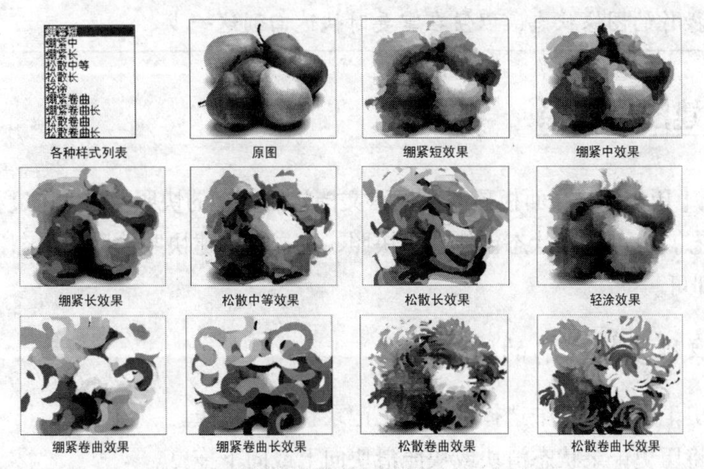

图 5-21　选择不同的样式所产生的不同效果

5.3.3 设置【历史记录】面板

在 Photoshop CS5 中创建或编辑图像时，对图像执行的每一步操作，都会被记录在【历史记录】面板中。注意，此面板并不记录参数设置面板、颜色或保存等操作。在图像处理操作失误或需要取消操作时，可以使用【历史记录】面板快速地恢复到指定的任意编辑步骤，并且，还可以根据一个状态或快照创建新的文档。

新建一个图像文件，利用【画笔】工具绘制一个图形，然后，利用选区工具添加选区，并为其填充颜色，这些操作步骤都会按照顺序单独排列在【历史记录】面板中，如图 5-22 所示。

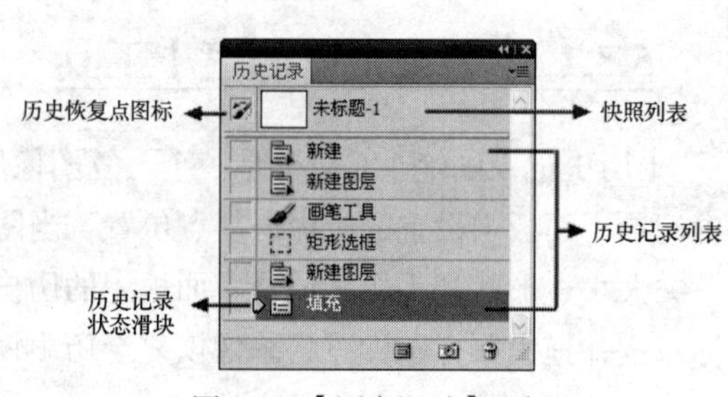

图 5-22 【历史记录】面板

【历史记录】面板是按从上到下的顺序排列每一步操作步骤，也就是说，最早的操作的步骤排列在列表的顶部，最近的操作排列在列表的底部。每一步操作都会与更改图像所使用的工具或命令的名称一起被列出。

如果【历史记录】面板没有在工作区中显示，可执行【窗口】/【历史记录】命令使其显示出来。关闭并重新打开文档后，上次工作过程中的所有操作和快照都将从【历史记录】面板中清除。

默认情况下，【历史记录】面板中只记录 20 个操作步骤。当操作步骤超过 20 个之后，在此之前的记录被自动删除，以便为 Photoshop 释放出更多的内存空间。要想在【历史记录】面板中记录更多的操作步骤，可执行【编辑】/【首选项】/【性能】命令，在弹出的【首选项】对话框中设置【历史记录状态】的值即可，其取值范围为 1 ~ 100。

使用【历史记录】面板可以将图像恢复到任意一个操作步骤的状态，还可以根据一个状态或快照创建新文档。下面分别进行讲解。

对图像执行的每一步操作称为一个历史记录，快照是在【历史记录】面板中保存某一步操作的图像状态，以便在需要时快速回到这一步。

5.3.4 创建图像快照

默认情况下，【历史记录】面板顶部会显示文档初始状态的快照。在工作过程中，如果要保留某一个特定的状态，也可将该状态创建一个快照，选择要创建快照的历史状态，然后，单击面板底部的 按钮即可。

一、将图像恢复到以前的状态

（1）在【历史记录】面板中选择任一历史记录状态或快照。

（2）用鼠标将历史记录状态滑块或快照滑块向上或向下拖曳。

当图像恢复到以前的状态后，其下的操作将不在图像文件中显示，如果此时对图像进行其他操作，则后面的所有状态将被消除。

二、根据图像的所选状态或快照创建新文档

选择任意历史状态或快照，单击面板底部的按钮，或者用鼠标将选择的历史状态或快照拖曳到按钮上。

三、删除图像的历史状态或快照

选择历史状态或快照，单击面板底部的按钮，或者用鼠标将选择的历史状态或快照拖曳至按钮上。

四、设置历史恢复点

在【历史记录】面板中任意快照或历史记录状态左侧的空白图标位置单击，即可将此步操作设置为历史恢复点。当使用【历史记录画笔】工具恢复图像时，即可将图像恢复至这一步的操作状态。

5.4 修复图像

修复图像工具包括【污点修复画笔】工具、【修复画笔】工具、【修补】工具和【红眼】工具，这 4 种工具可用来修复有缺陷的图像。

5.4.1 【污点修复画笔】工具

【污点修复画笔】工具可以快速去除照片中的污点，尤其是对人物面部的疤痕、雀斑等小面积的缺陷修复最为有效。其修复原理是：在所修饰图像位置的周围自动取样，然后，将其与所修复位置的图像融合，得到理想的颜色匹配效果。其使用方法非常简单，选择工具，在属性栏中设置合适的画笔大小和选项后，在图像的污点位置单击即可去除污点。图 5-23 所示为图像去除红痘前后的对比效果。

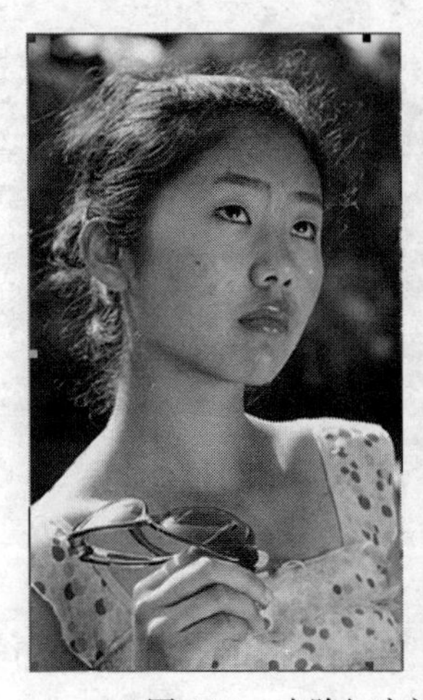

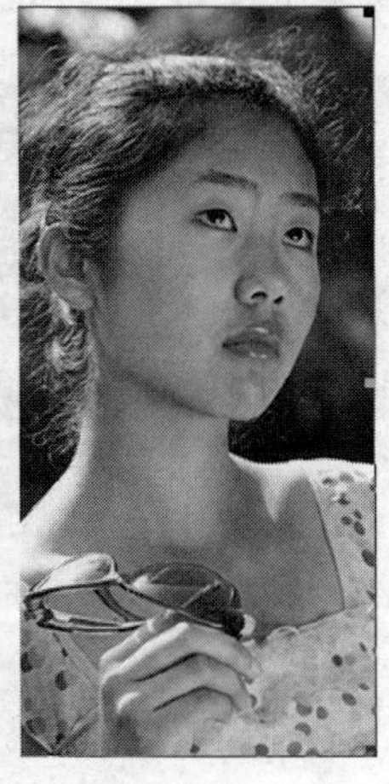

图 5-23　去除红痘前后的对比效果

【污点修复画笔】工具的属性栏如图 5-24 所示。

图 5-24 【污点修复画笔】工具的属性栏

- 单击【画笔】框右侧的按钮，将弹出【笔头】设置面板。此面板主要用于设置工具所使用画笔的大小和形状，其参数与前面所讲的【画笔】面板中的笔尖选项的参数相似，其功能较为明确，这里不再赘述。
- 【模式】：用于选择修补的图像与原图像以何种模式进行混合。
- 【类型】：选择【近似匹配】单选项，系统将自动选择相匹配的颜色来修复图像的缺陷；选择【创建纹理】单选项，在修复图像缺陷后会自动生成一层纹理。选择【内容识别】单选项，系统将自动搜寻附近的图像内容，不留痕迹地填充修复区域，同时保留图像的关键细节。
- 【对所有图层取样】：若勾选此复选项，则可以在所有可见图层中取样；若不勾选此项，则只能在当前层中取样。

5.4.2 【修复画笔】工具

【修复画笔】工具与【污点修复画笔】工具的修复原理相似，都是将没有缺陷的图像部分与被修复位置的有缺陷的图像进行融合，得到理想的匹配效果。使用【修复画笔】工具时需要先设置取样点，即按住 Alt 键，将鼠标指针放在取样点位置并单击鼠标左键（单击处的位置为复制图像的取样点），释放 Alt 键，然后，将鼠标指针放在需要修复的图像位置，按住鼠标左键并拖曳鼠标，即可对图像中的缺陷进行修复，使修复后的图像与取样点位置图像的纹理、光照、阴影和透明度相匹配，从而使修复后的图像不留痕迹地融入图像中。

此工具对较大面积的图像缺陷修复也非常有效，例如，利用工具去除图像上面的日期的前后对比效果如图 5-25 所示。

图 5-25 原图与去除日期后的效果

【修复画笔】工具的属性栏如图 5-26 所示。

图 5-26 【修复画笔】工具的属性栏

- 【源】：单击【取样】单选项，然后，按住Alt键并在适当位置单击，就可以将该位置的图像定义为取样点，以便用定义的样本来修复图像；单击【图案】单选按钮，可以在其右侧打开的图案列表中选择一种图案来与图像混合，得到图案混合的修复效果。
- 【对齐】：勾选此复选项后，将进行规则图像的复制，即多次单击或拖曳鼠标，最终复制出一个完整的图像，若想再复制一个相同的图像，必须重新取样；若不勾选此项，则进行不规则复制，即多次单击或拖曳鼠标时，每次都会在相应位置复制一个新图像。
- 【样本】：用于设置从指定的图层中取样。选择【当前图层】选项时，将在当前图层中取样；选择【当前和下方图层】选项时，将从当前图层及其下方图层中的所有可见图层中取样；选择【所有图层】选项时，将从所有可见图层中取样。如激活右侧的【忽略调整图层】按钮，将从调整图层以外的可见图层中取样。选择【当前图层】选项时，此按钮不可用。

5.4.3 【修补】工具

【修补】工具可以用图像中相似的区域或图案来修复有缺陷的部位或制作合成效果。与【修复画笔】工具一样，【修补】工具会将设定的样本纹理、光照和阴影与被修复图像区域进行混合，从而得到理想的效果。利用此工具去除照片中多余人物的前后对比效果如图 5-27 所示。

图 5-27　原图与去除多余人物后的效果

【修补】工具的属性栏如图 5-28 所示。

图 5-28 【修补】工具属性栏

- 【新选区】按钮、【添加到选区】按钮、【从选区减去】按钮和【与选区交叉】按钮的功能，与选框工具属性栏中相应按钮的功能相同。
- 【修补】：单击【源】单选项，系统将用图像中指定位置的图像来修复选区内的图像，即将鼠标光标放置在选区内，将选区拖曳到用来修复图像的指定区域，释放鼠标左键后，会自动用指定区域的图像来修复选区内的图像。单击【目标】单选按钮，系统将用选区内的图像修复图像中的其他区域，即将鼠标光标放置在选区内，将选区拖曳到需要修补的位置，释放鼠标左键后，会自动用选区内的图像来修补鼠标光标停留处的图像。
- 【透明】：若勾选此复选项，在复制图像时，复制的图像将产生透明效果；若不勾选此选项，复制的图像将覆盖原来的图像。

- 使用图案 按钮：创建选区后，在右侧的图案列表中选择一种图案类型，然后，单击此按钮，即可用指定的图案修补原图像。

5.4.4 【红眼】工具

在夜晚或光线较暗的房间里拍摄人物照片时，由于视网膜的反光作用，往往会出现红眼效果。利用【红眼】工具可以迅速地修复这种红眼效果。其使用方法非常简单，选择工具，在属性栏中设置合适的【瞳孔大小】和【变暗量】参数后，在人物的红眼位置单击即可校正红眼。图 5-29 所示为去除红眼前后的对比效果。

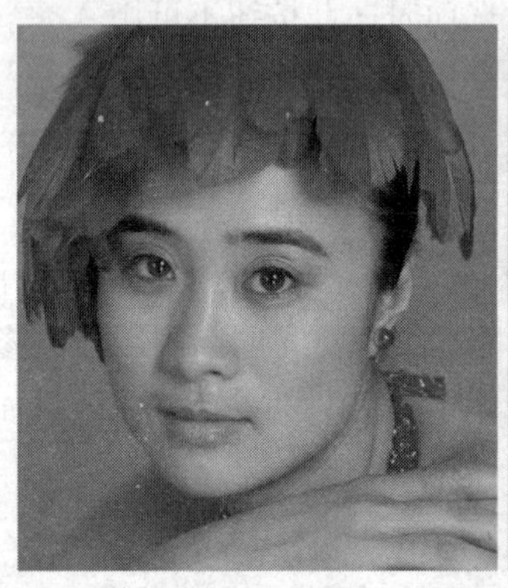
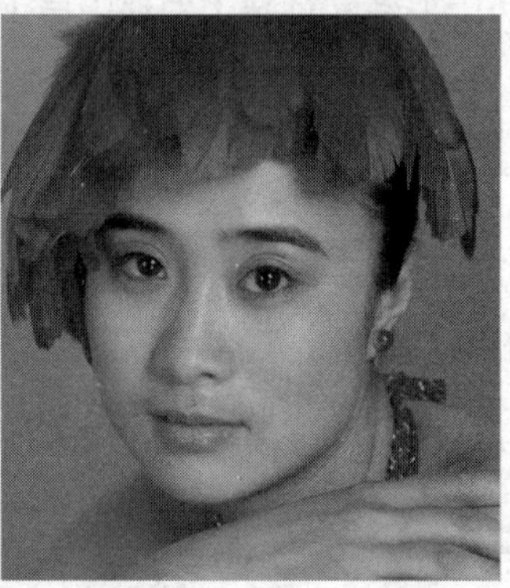

图 5-29　去除红眼前后的对比效果

【红眼】工具的属性栏如图 5-30 所示。

瞳孔大小: 50%　变暗量: 50%

图 5-30 【红眼】工具属性栏

- 【瞳孔大小】: 用于设置增大或减小受【红眼】工具影响的区域。
- 【变暗量】: 用于设置校正的暗度。

5.5 图章工具

图章工具包括【仿制图章】工具和【图案图章】工具，它们主要是通过在图像中选择印制点或设置图案，对图像进行复制。【仿制图章】工具和【图案图章】工具的快捷键为 S 键，反复按 Shift+S 组合键可以在这两种图章工具间切换。

5.5.1 【仿制图章】工具

【仿制图章】工具的功能是复制和修复图像，它可通过在图像中按照设定的取样点来覆盖原图像或应用到其他图像中来完成图像的复制操作。【仿制图章】工具的使用方法为：选择工具后，先按住 Alt 键，在图像中的取样点位置单击（单击处的位置为复制图像的取样点），然后释放 Alt 键，将鼠标指针移动到需要修复的图像位置并拖曳鼠标，即可对图像进行修复。如要在两个文件之间复制图像，两个图像文件的颜色模式必须相同，否则，不能执行复制操作。修复的图像及合成的图像效果分别如图 5-31 所示。

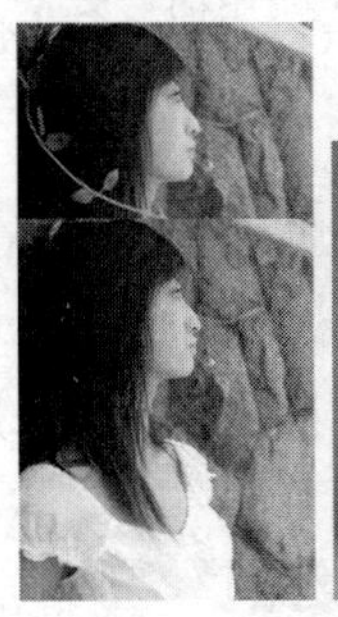

图 5-31　修复的图像及合成的图像效果

【仿制图章】工具的属性栏如图 5-32 所示。

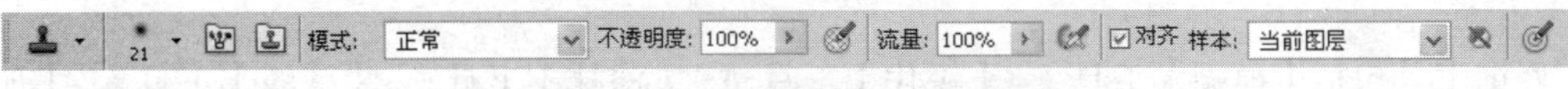

图 5-32 【仿制图章】工具属性栏

- 在【模式】选项窗口中，可设置复制图像与原图像混合的模式。
- 【不透明度】：用于设置复制图像的不透明度。
- 【流量】：用于确定画笔的压力大小。
- 【喷枪】工具：可以使画笔模拟喷绘的效果。
- 【对齐】复选项：用于进行规则复制，即定义要复制的图像后，几次拖曳鼠标可得到一个完整的原图图像；若不勾选【对齐】复选项，则进行不规则复制，即如果多次拖曳鼠标，每次都将从指针落点处开始复制定义的图像，可拖曳鼠标复制与之相对应位置的图像，最后得到的是多个原图图像。
- 【样本】选项：选择【当前图层】选项时，可在当前图层中取样；选择【当前和下方图层】选项时，可从当前图层及其下方图层中的所有可见图层中取样；选择【所有图层】选项时，可从所有可见图层中取样。如激活右侧的【忽略调整图层】按钮，将从调整图层以外的可见图层中取样。选择【当前图层】选项时，此按钮不可用。

5.5.2 【图案图章】工具

【图案图章】工具的功能是快速地复制图案，所使用的图案素材可以从属性栏中的【图案】选项面板中选择，用户也可以将自己喜欢的图像定义为图案后再使用。【图案图章】工具的使用方法为：选择工具后，根据需要在属性栏中设置【画笔】、【模式】、【不透明度】、【流量】、【图案】、【对齐】和【印象派效果】等选项与参数，然后在图像中拖曳鼠标指针即可。图 5-33 所示为使用工具绘制的图案效果。

图 5-33　绘制的图案

【图案图章】工具的属性栏如图 5-34 所示。工具选项与工具选项相似，在此只介绍它们不同的内容。

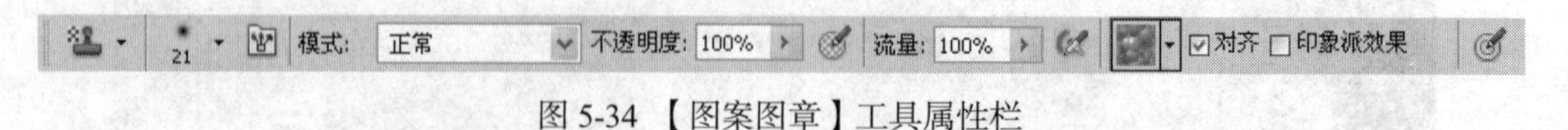

图 5-34 【图案图章】工具属性栏

- 【图案】按钮：单击此按钮后，弹出【图案】选项面板，可在此面板中选择用于复制的图案。
- 【印象派效果】：勾选此复选项后，可以绘制随机产生的印象色块效果。

5.6 修饰工具

修饰工具包括【模糊】工具、【锐化】工具、【涂抹】工具、【减淡】工具、【加深】工具和【海绵】工具。选择相应的工具后，拖曳鼠标，即可对图像进行模糊、锐化、涂抹、减淡、加深，以及增加或减少饱和度。

5.6.1 【模糊】工具、【锐化】工具和【涂抹】工具

【模糊】工具可以通过降低图像色彩反差来对图像进行模糊处理，从而使图像边缘变得模糊；【锐化】工具恰好相反，它是通过增大图像色彩反差来锐化图像，从而使图像色彩对比更强烈；【涂抹】工具主要用于涂抹图像，使图像产生类似于在未干的画面上用手指涂抹的效果。原图像和经过模糊、锐化、涂抹后的效果如图 5-35 所示。

图 5-35 原图像和经过模糊、锐化、涂抹后的效果

这 3 个工具的属性栏基本相同，只是【涂抹】工具的属性栏多了一个【手指绘画】选项，如图 5-36 所示。

图 5-36 【涂抹】工具属性栏

- 【模式】：用于设置色彩的混合方式。
- 【强度】：用于调节对图像进行涂抹的程度。
- 【对所有图层取样】：若不勾选此复选项，则只能对当前图层起作用；若勾选此选项，可以对所有图层起作用。
- 【手指绘画】：若不勾选此复选项，对图像进行涂抹时，则只是使图像中的像素和色彩进行移动；若勾选此选项，则相当于用手指蘸着前景色在图像中进行涂抹。

5.6.2 【减淡】和【加深】工具

【减淡】工具可以用于图像的阴影、中间色和高光部分的提亮和加光处理，从而使图像变亮；【加深】工具则可以对图像的阴影、中间色和高光部分进行遮光、变暗处理。这两个工具的属性栏完全相同，如图 5-37 所示。

图 5-37 【减淡】和【加深】工具属性栏

- 【范围】：包括【阴影】、【中间调】和【高光】3 个选项，用于设置减淡或加深处理的图像范围。
- 【曝光度】：用于设置对图像减淡或加深处理时的曝光强度。

5.6.3 【海绵】工具

【海绵】工具可以对图像进行变灰或提纯处理，从而改变图像的饱和度。该工具的属性栏如图 5-38 所示。

图 5-38 【海绵】工具属性栏

- 【模式】选项：主要用于控制【海绵】工具的作用模式，包括【降低饱和度】和【饱和】两个选项。选择【降低饱和度】选项，可以降低图像的饱和度；选择【饱和】选项，可以增加图像的饱和度。
- 【流量】选项：用于控制去色或加色处理时的强度。数值越大，效果越明显。

原图与增加饱和度后的效果对比如图 5-39 所示。

图 5-39 原图与增加饱和度后的效果对比

5.7 【吸管】工具组

吸管工具组中除第 2.5.1 小节讲解的【吸管】工具和【颜色取样器】工具外，还包括【标尺】工具▬、【注释】工具▤和【计数】工具¹2³。下面分别介绍它们的使用方法。

5.7.1 【标尺】工具的使用方法

【标尺】工具▬是测量图像中两点之间的距离、角度等数据信息的工具。

一、测量长度

在图像中的任意位置拖曳鼠标指针，即可创建出测量线，如图 5-40 所示。将指针移动至测量线、测量起点或测量终点上，当指针显示为▸时，拖曳鼠标可以移动它们的位置。

图 5-40　创建的测量线

此时，属性栏中会显示测量的结果，如图 5-41 所示。

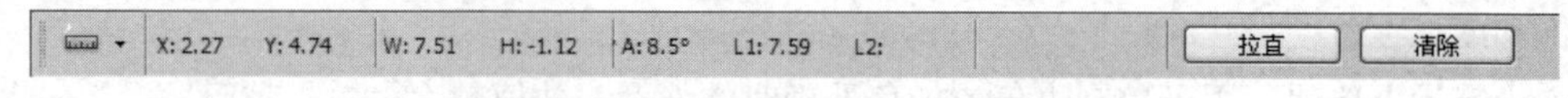

图 5-41　用【标尺】工具测量长度时的属性栏状态

- 【X】值、【Y】值：测量起点的坐标值。
- 【W】值、【H】值：测量起点与终点的水平、垂直距离。
- 【A】值：测量线与水平方向的角度。
- 【L1】值：当前测量线的长度。
- 拉直 按钮：将当前倾斜的测量线拉直，同时，将测量线以外的图像删除。
- 清除 按钮：用于将当前测量的数值和图像中的测量线清除。

按住 Shift 键并在图像中拖曳鼠标，可以建立角度以 45° 为单位的测量线，也就是可以在图像中建立水平测量线、垂直测量线，以及与水平或垂直方向成 45° 角的测量线。

二、测量角度

在图像中的任意位置拖曳鼠标指针，创建一条测量线，然后，按住 Alt 键，将指针移动至刚才创建测量线的端点处，当鼠标指针显示为带加号的角度符号时，拖曳鼠标，创建第二条测量线，如图 5-42 所示。

图 5-42　创建的测量角

此时，属性栏中会显示测量角的结果，如图 5-43 所示。

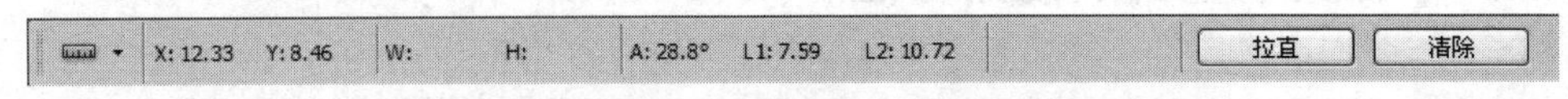

图 5-43　用【标尺】工具测量角度时的属性栏状态

- 【X】值、【Y】值：两条测量线的交点，即测量角的顶点坐标。
- 【A】值：测量角的角度。
- 【L1】值：第一条测量线的长度。
- 【L2】值：第二条测量线的长度。

按住 Shift 键并拖曳鼠标，即可在图像中创建水平、垂直或成 45° 倍数的测量线。按住 Shift+Alt 组合键，可以测量以 45° 为单位的角度。

5.7.2 【注释】工具的使用方法

选择【注释】工具，然后，将鼠标指针移动到图像文件中，鼠标指针将显示为形状，单击或拖曳鼠标以创建一个矩形的注释框，如图 5-44 所示。在属性栏中设置注释的“作者”、注释文字的“大小”及注释框的“颜色”后，即可在注释框中输入要说明的文字，如图 5-45 所示。

图 5-44　创建的注释框

图 5-45　添加的注释文字内容

（1）将鼠标指针放置在注释框的右下角位置，当鼠标指针显示为双向箭头时，拖曳鼠标即可自由设定注释框的大小。

（2）将鼠标指针放置在注释图标或注释框的标题栏上，当鼠标指针变为箭头图标时，拖曳鼠标即可移动注释框的位置。

（3）单击【注释】框右上角的小正方形，可以关闭展开的注释框。双击要打开的注释图标或用鼠标右键单击要打开的注释图标，在弹出的快捷菜单中选择【打开注释】命令，可以将关闭的注释框展开。

确认注释图标处于被选择状态，按 Delete 键可将选择的注释删除。

提示

如果想同时删除图像文件中的多个注释，只要在任一注释图标上单击鼠标右键，在弹出的右键快捷菜单中选择【删除所有注释】命令即可。

5.7.3 【计数】工具的使用方法

【计数】工具是按照顺序给文件标记数字符号的工具，使用方法非常简单，在需要标记的位置单击即可。

计数工具的属性栏如图 5-46 所示。

图 5-46 【计数】工具的属性栏

- 【计数】：用于显示总的计数数目。
- 【计数组】：类似于图层组，可包含计数，每个计数组都可以有自己的名称、标记和标签大小，以及颜色。单击按钮，可以创建计数组；单击按钮，可显示或隐藏计数组；单击按钮，可以删除计数组。
- 清除 按钮：单击该按钮，可将当前计数组中的计数全部清除。
- 【颜色】：单击颜色块，可以打开【拾色器】对话框，设置计数组的颜色。
- 【标记大小】：可输入 1 至 10 之间的值，定义计数标记的大小。
- 【标签大小】：可输入 8 至 72 之间的值，定义计数标签的大小。

5.8 综合案例——修复图像并制作双胞胎效果

本节将通过去除照片中多余人物并复制一个人物的操作，练习所学工具的使用方法。

修复图像并制作双胞胎效果

1. 打开素材文件中“图库\第 05 章”目录下的“儿童 03.jpg”文件，如图 5-47 所示。

我们发现照片中右侧的人物没有拍全，影响了整个画面的美观，下面，我们利用工具将其从画面中去除。

2. 选择工具，将鼠标指针移动到多余人物的下方并拖曳鼠标，绘制出如图 5-48 所示的选区。

3. 确认属性栏中点选的是【源】选项，将鼠标指针移动到选区内，按住鼠标左键并向左拖曳鼠标，寻求能覆盖此处的图像，状态如图 5-49 所示。

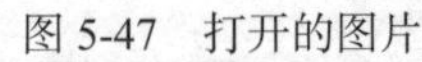

图 5-47 打开的图片

图 5-48 绘制的选区

图 5-49 拖曳鼠标的状态

4. 释放鼠标左键后，修复的图像效果如图 5-50 所示。

5. 继续利用工具，在多余人物的上方绘制选区，并将鼠标指针放置到选区中，按住鼠标左键并拖曳鼠标，状态如图 5-51 所示，释放鼠标左键后，修复的图像效果如图 5-52 所示。

图 5-50 修复后的图像

图 5-51 修复图像状态

图 5-52 修复后的效果

注意，此处一定要分开绘制选区并进行修复，如果一次性将多余的人物选取进行修复，整个画面中将找不到用于覆盖此处的图像，也就达不到修复的目的了。另外，如果剩余的多余人物仍用工具进行修复，图像的边缘将产生大片的蓝色，即人物衣服与修复图像重叠后混合而成的图像，这与整个画面的色调不协调，因此，接下来要利用工具对图像进行修复。

6. 用工具将剩余的图像选取，如图 5-53 所示，按 Shift+F6 组合键，在弹出的【羽化选区】对话框中，将【羽化半径】的参数设置为“10 像素”，单击 确定 按钮。

7. 选择工具，按住 Alt 键，将鼠标光标移动如图 5-54 所示的位置，单击鼠标左键，拾取取样点，然后，将鼠标光标移动到选区内并拖曳鼠标，状态如图 5-55 所示。

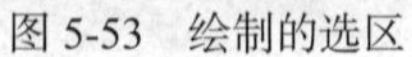

图 5-53　绘制的选区

图 5-54　鼠标光标单击的位置

图 5-55 复制状态

8. 按 Ctrl+D 组合键，复制图像后的效果如图 5-56 所示。

从图中可以看出，复制后的图像颜色与周围的颜色不太统一，感觉有点亮，下面利用工具进行调整。

9. 选择工具，设置合适的笔头大小后，将鼠标指针移动到修复图像的位置并拖曳鼠标，对此处进行加深处理，效果如图 5-57 所示。

图 5-56　修复后的图像

图 5-57　加深处理后的效果

至此，图像修复完成，下面利用工具为画面复制一个人物，制作出双胞胎的效果。

10. 打开素材文件中"图库\第 05 章"目录下的"儿童 04.jpg"文件，如图 5-58 所示。

11. 选择工具，按住 Alt 键，同时，将鼠标指针移动到如图 5-59 所示的位置并单击鼠标，拾取取样点。

12. 将"儿童 03.jpg"文件设置为工作状态，然后，新建"图层 1"。

13. 将鼠标光标移动到画面中的合适位置后，按住鼠标左键并拖曳鼠标，状态如图 5-60 所示。注意，复制的人物要与原图像中的人物平行，且不能离得太近或太远。

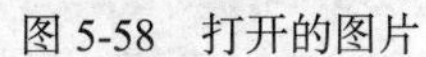

图 5-58　打开的图片

图 5-59　拾取的取样点

图 5-60 复制图像状态

14. 拖曳鼠标，复制另一画面中的图像，效果如图 5-61 所示。

15. 选择工具，设置一个合适的笔头大小，对复制出的人物边缘进行擦除，使其与画面更好地融合，效果如图 5-62 所示。

图 5-61　复制出的图像

图 5-62　制作的双胞胎效果

16. 按 Shift+Ctrl+S 组合键，将此文件命名为“双胞胎效果.psd”并保存。

小　　结

本章主要讲解了各种图像修复工具、橡皮擦工具和图像修饰工具的使用方法，无论是旧照片还是新照片，不小心折了或弄脏了，都可以利用本章所学的修复工具做出完美的效果还原。通过本章的学习，希望读者能够熟练掌握这些工具的应用方法，以便在实际工作过程中灵活运用。

习　　题

1. 打开素材文件中“图库\第 05 章”目录下的“儿童 05.jpg”文件，如图 5-63 所示。灵活运用本章学习的修复工具去除人物面部及右侧的头发，然后，将照片中的日期去除，效果如图 5-64 所示。

图 5-63　打开的图片

图 5-64　修复后的效果效果

2. 打开素材文件中“图库\第 05 章”目录下的“婚纱照 01.jpg”文件，如图 5-65 所示。灵活运用本章学习的橡皮擦工具去除图像的背景，然后，将图像移动到新技术开发区文件中，制作出如图 5-66 所示的合成效果。

图 5-65　打开的图片

图 5-66　合成后的画面

第6章 路径与3D工具的应用

路径工具除了可以用于绘制图形，还可以用于精确地选择背景中的图像。创建和编辑路径的工具包括【钢笔】工具、【自由钢笔】工具、【添加锚点】工具、【删除锚点】工具、【转换点】工具、【路径选择】工具、【直接选择】工具，以及各种矢量形状工具。此外，本章还将学习3D工具的应用，包括更改模型的位置、相机视图、光照方式及渲染模式等。

6.1 绘制路径

路径是Photoshop提供的一种通过矢量绘图的方法绘制的线条，可用于图像区域的选择。前面章节介绍的用于选择图像的选区工具，针对的都是位图，位图是由图像像素组成的。而矢量图是由图形的基本元素组成的，例如，一条直线在矢量图中是由直线一端的顶点、中间的线段、另一端的顶点组成的，因此，要在矢量图中，改变图形的形状，只需调整它的组成元素就可以了，例如，分别调整直线两边的顶点，就可将直线修改成其他长度的直线或曲线。

6.1.1 路径的构成

Photoshop中的路径是根据"贝塞尔曲线"理论进行设计的。贝塞尔曲线上的每个点（锚点）都有两条控制柄，控制柄的方向和长度决定了与它所连接的曲线的形状。移动锚点的位置同样也可以修改曲线的形状。图6-1所示为路径构成说明图，其中角点和平滑点都属于路径的锚点，角点可调整为平滑点，平滑点也可调整为角点，选中的锚点显示为实心方形，而未选中的锚点显示为空心方形。

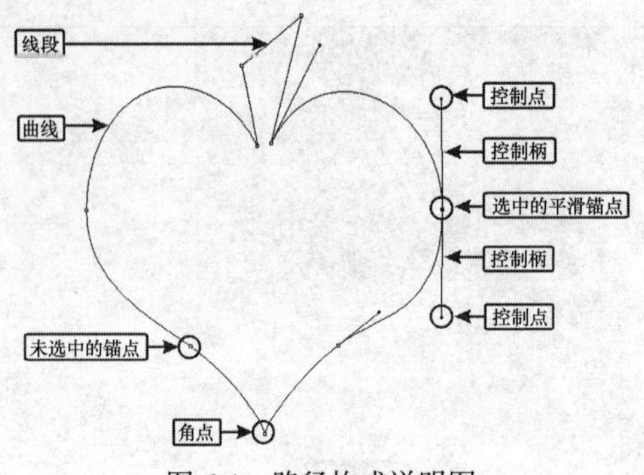

图 6-1　路径构成说明图

6.1.2　使用路径工具

下面讲解工具箱中各路径工具的使用方法。

一、【钢笔】工具的使用方法

选择【钢笔】工具，在图像文件中依次单击，可以创建直线形态的路径；拖曳鼠标，可以创建平滑流畅的曲线路径。将鼠标指针移动到第一个锚点上，当笔尖旁出现小圆圈时单击即可创建闭合路径。在未闭合路径之前，按住 Ctrl 键并在路径外单击，可创建开放路径。绘制的直线路径和曲线路径如图 6-2 所示。

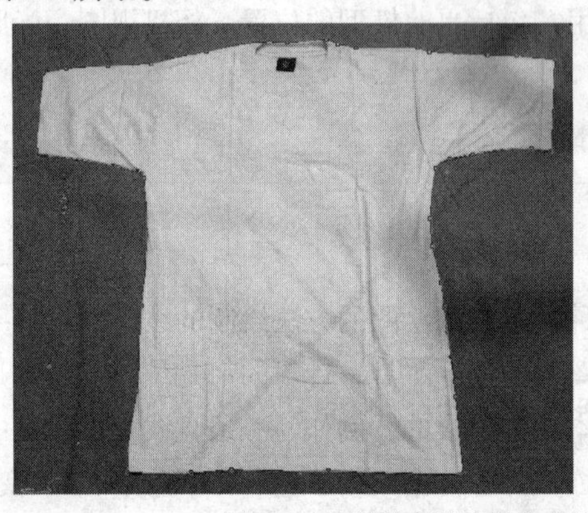
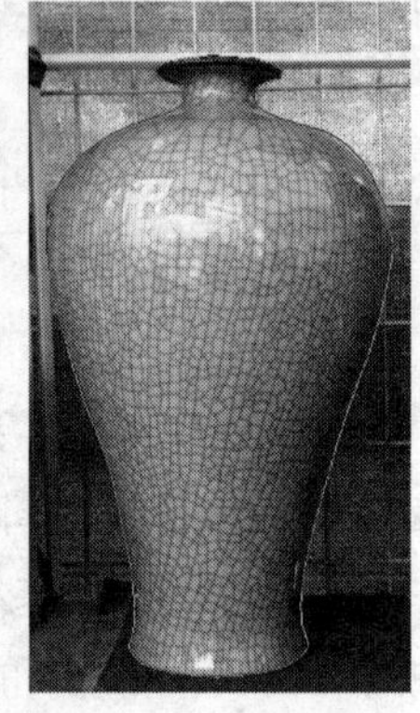

图 6-2　绘制的直线路径和曲线路径

在绘制直线路径时，按住 Shift 键，可以限制在 45° 的倍数方向绘制。在绘制曲线路径时，按住 Alt 键并拖曳鼠标，可以调整控制点的方向，释放 Alt 键和鼠标左键后，重新移动鼠标光标至合适的位置并拖曳鼠标，可创建具有锐角的曲线路径，如图 6-3 所示。

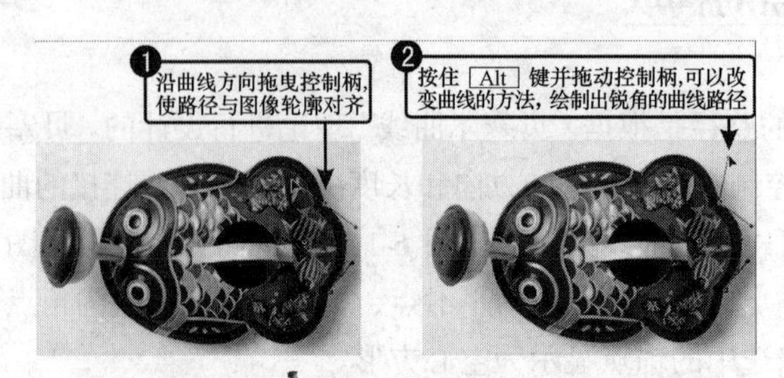

图 6-3　绘制具有锐角的曲线路径

二、【自由钢笔】工具的使用方法

选择【自由钢笔】工具，按住鼠标左键并拖曳鼠标，可沿着鼠标指针的移动轨迹自动添加锚点并生成路径。当鼠标指针回到起始位置时，其右下角会出现一个小圆圈，此时，释放鼠标左键即可创建闭合的钢笔路径。

在鼠标指针回到起始位置之前，在任意位置释放鼠标左键可以绘制出一条开放的路径；按住 Ctrl 键并释放鼠标左键，可以在当前位置和起点之间生成一段线段闭合路径。另外，在绘制路径的过程中按住 Alt 键并单击鼠标，可以绘制直线路径；拖曳鼠标可以绘制自由路径。

三、【添加锚点】工具的使用方法

选择【添加锚点】工具，将鼠标光标移动到要添加锚点的路径上，当鼠标指针显示为添加锚点符号时，单击鼠标左键即可在路径的单击处添加锚点，并且，不会更改路径的形状。如果在单击的同时拖曳鼠标，可在路径的单击处添加锚点并更改路径的形状。添加锚点的操作示意图如图 6-4 所示。

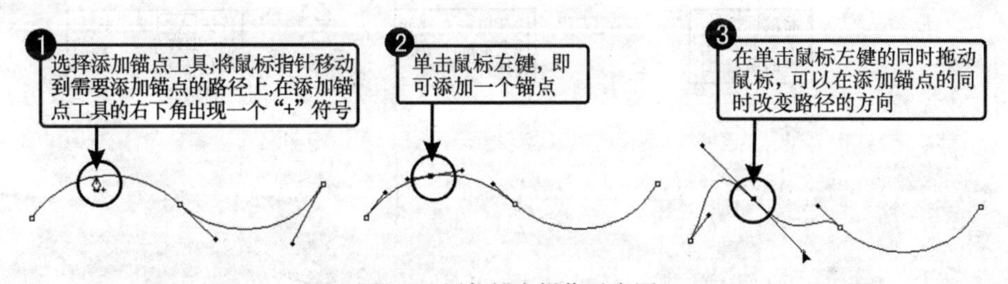

图 6-4　添加锚点操作示意图

四、【删除锚点】工具的使用方法

选择【删除锚点】工具，将鼠标指针移动到要删除的锚点上，当鼠标指针显示为删除锚点符号时，单击鼠标左键即可将路径上单击处的锚点删除，此时，路径的形状将重新调整以适合其余的锚点。在路径的锚点上单击后，按住鼠标左键并拖曳鼠标，可重新调整路径的形状。删除锚点操作示意图如图 6-5 所示。

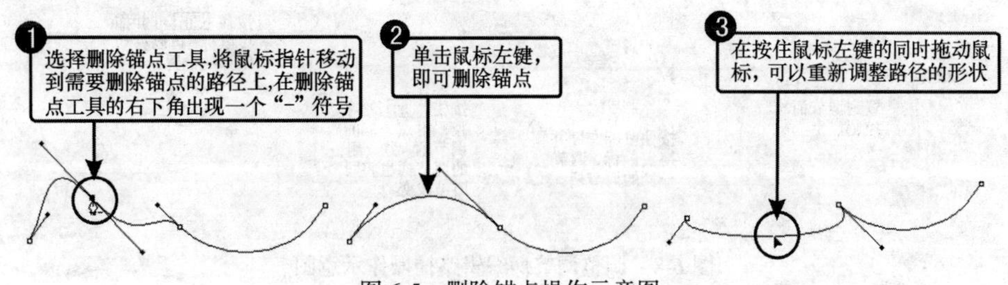

图 6-5　删除锚点操作示意图

五、【转换点】工具的使用方法

【转换点】工具可以使锚点在角点和平滑点之间进行转换，并可以调整调节柄的长度和方向，以确定路径的形状。

（1）将平滑点转换为角点

选择【转换点】工具 并在平滑点上单击，可以将平滑点转换为没有调节柄的角点；当平滑点两侧显示调节柄时，拖曳鼠标即可调整调节柄的方向，若将调节柄断开，可以将平滑点转换为带有调节柄的角点，如图 6-6 所示。

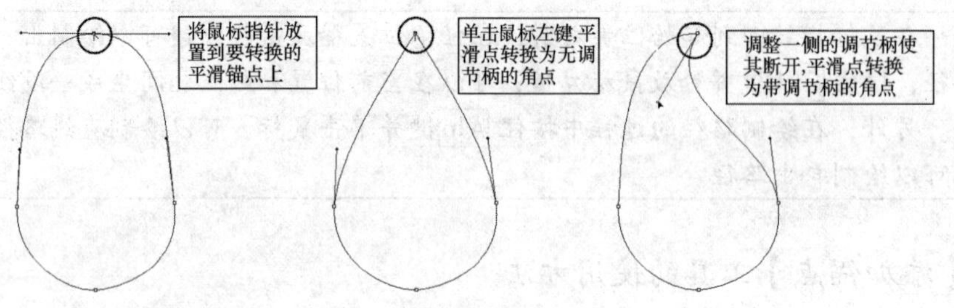

图 6-6　将平滑点转换为角点的操作示意图

（2）将角点转换为平滑点

用鼠标向外拖曳路径上的角点，锚点两侧将出现两条调节柄，可将角点转换为平滑点。按住 Alt 键的同时用鼠标拖曳角点，可以调整角点一侧的路径形状，如图 6-7 所示。

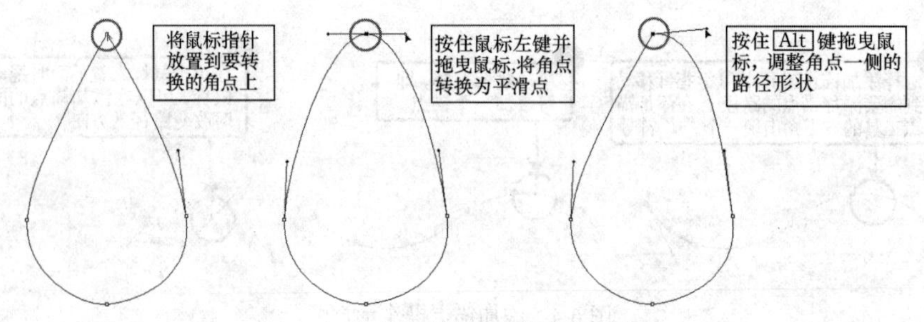

图 6-7　角点转换为平滑点操作示意图

（3）调整调节柄编辑路径

可利用【转换点】工具 调整带调节柄的角点或平滑点一侧的控制点，还可以调整锚点一侧的曲线路径的形状；按住 Ctrl 键并调整平滑锚点一侧的控制点，可以同时调整平滑点两侧的路径形态。按住 Ctrl 键并用鼠标拖曳锚点，可以移动该锚点的位置，如图 6-8 所示。

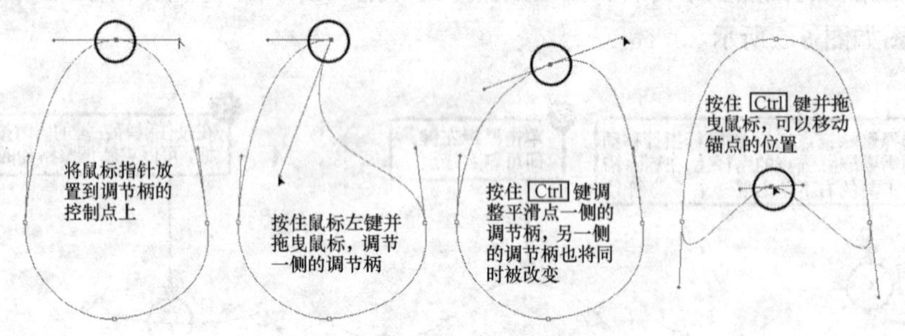

图 6-8　调整调节柄编辑路径操作示意图

六、【路径选择】工具的使用方法

【路径选择】工具 主要用于编辑整个路径，包括选择、移动、复制、变换、组合、对齐和分布等操作。

（1）选择路径

选择工具，单击路径，路径上的锚点将全部显示为黑色，表示该路径被选择。若要选择多条路径，可以按住 Shift 键并依次单击路径。另外，按住鼠标左键并拖曳鼠标，可以将路径选择虚线框所接触的路径全部选择。

（2）移动路径

用工具选择路径，然后，按住鼠标左键并拖曳鼠标，路径将随鼠标指针而移动，释放鼠标左键后即可将其移动到新位置。

在移动路径时，如果按住 Shift 键，则可限制路径在水平、垂直或 45° 的倍数方向移动；如果路径的一部分被移动到画布边界之外，移出画布边界的路径仍然可以使用。

（3）复制路径

与复制图像相同，可以在同一个图像文件中复制路径，也可以将路径移动复制到其他图像文件中。使用工具移动路径时，先要按住 Alt 键，鼠标指针右下角会出现一个“+”符号，此时拖曳鼠标指针，即可复制路径。另外，也可利用工具将路径拖曳到另一个图像文件中，待鼠标指针形状显示为时，释放鼠标左键，即可将该路径复制到其他文件中。

七、【直接选择】工具的使用方法

【直接选择】工具主要用于选择路径上的锚点、移动锚点位置和调整路径形状。

（1）选择锚点

选择工具并在路径中的锚点上单击，即可将其选择，锚点被选择后将显示为黑色，按住 Shift 键，依次单击其他锚点，可以同时选择多个锚点。另外，在要选择的锚点周围拖曳鼠标指针，可以将虚线选择框包含的锚点全部选择。

（2）移动锚点位置和调整路径形状

用工具选择锚点，然后，按住鼠标左键并拖曳鼠标，即可将锚点移动到新位置，如图 6-9 所示。选择工具后，拖曳两个锚点之间的路径，可改变路径的形态，如图 6-10 所示。

图 6-9　移动锚点位置

图 6-10　调整路径形态

用【直接选择】工具选择锚点时，按住 Alt 键并在路径上单击，可以选择整条路径。另外，在使用其他路径工具时，按住 Ctrl 键并将鼠标指针移动到路径上，可暂时切换为【直接选择】工具。

6.1.3 设置路径属性

下面来讲解【路径】工具、【自由钢笔】工具和【路径选择】工具属性栏的设置。

一、【路径】工具属性栏

【路径】工具的属性栏如图 6-11 所示。

图 6-11 【路径】工具的属性栏

【路径】工具的属性栏主要由绘制类型、路径和矢量形状工具组、【自动添加/删除】复选项，以及各种运算方式组成。在属性栏中选择不同的绘制类型时，其属性栏状态也各不相同。

（1）绘制类型

- 【形状图层】按钮：激活此按钮，可以创建用前景色填充的图形，同时在【图层】面板中自动生成包括图层缩览图和矢量蒙版缩览图的形状层，并在【路径】面板中生成矢量蒙版，如图 6-12 所示。双击图层缩览图可以修改形状的填充颜色。当路径的形状被调整后，填充的颜色及添加的效果会随之发生变化。

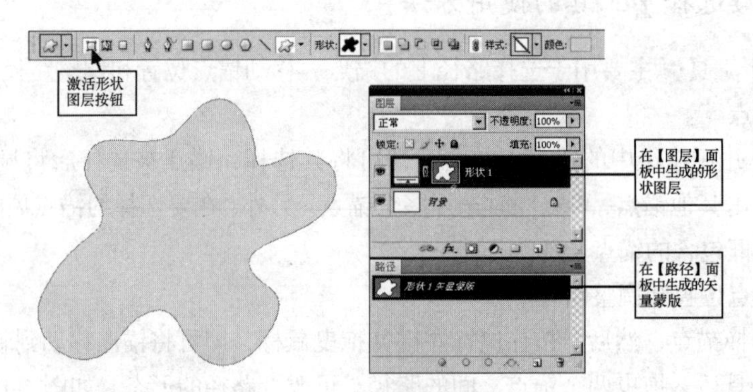

图 6-12 绘制的形状图形

- 【路径】按钮：激活此按钮，可以创建普通的工作路径，此时，【图层】面板中不会生成新图层，仅在【路径】面板中生成工作路径，如图 6-13 所示。

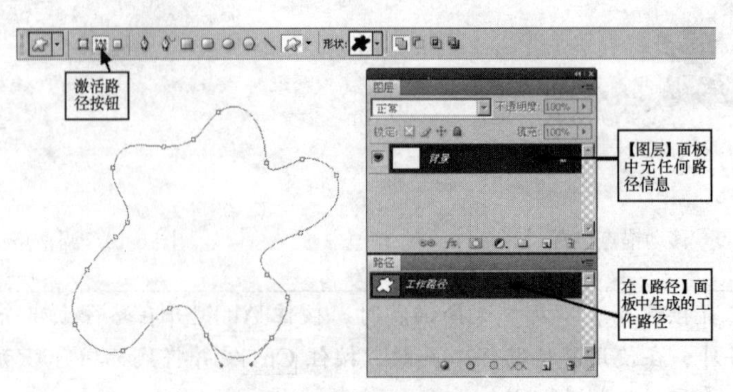

图 6-13 绘制的路径

- 【填充像素】按钮：使用【钢笔】工具时，此按钮不可用，只有使用【矢量形状】工具时，此按钮才可用。激活此按钮，可以绘制用前景色填充的图形，但不会在【图层】面板中生成新图层，也不会在【路径】面板中生成工作路径，如图 6-14 所示。

图 6-14　绘制的填充像素图形

（2）路径和矢量形状工具组

是路径工具和矢量形状工具的集合。单击相应的按钮，即可快捷地完成各工具之间的相互转换，不必到工具箱中去选择。单击右侧的按钮，会弹出相应工具的选项面板。激活不同的路径工具按钮，弹出的面板也各不相同。

（3）【自动添加/删除】复选项

在使用【钢笔】工具绘制图形或路径时，若勾选此复选项，【钢笔】工具将具有【添加锚点】工具和【删除锚点】工具的功能。

（4）运算方式

属性栏中的按钮、按钮、按钮、按钮和按钮，主要用于对同一形状图形进行相加、相减、相交或反交运算，其具体操作方法和选区运算相同，请参见第 3.1.1 小节绘制矩形和椭圆形选区的内容。

二、【自由钢笔】工具的属性栏

选择【自由钢笔】工具，单击属性栏中的按钮，弹出【自由钢笔选项】面板，如图 6-15 所示。可以在该面板中定义路径对齐图像边缘的范围和灵敏度，以及所绘路径的复杂程度。

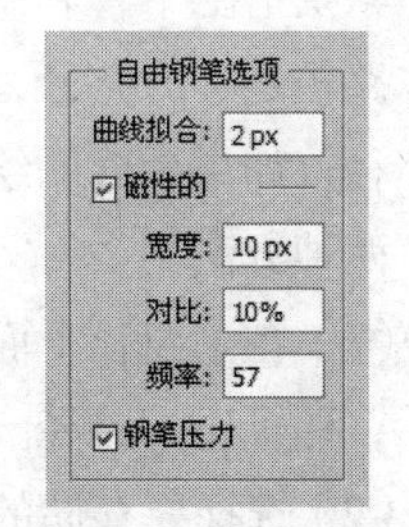

图 6-15 【自由钢笔选项】面板

- 【曲线拟合】：用于控制生成的路径与鼠标指针的移动轨迹的相似程度。数值越小，路径上产生的锚点越多，路径形状越接近于鼠标指针的移动轨迹。
- 【磁性的】：若勾选此复选项，【自由钢笔】工具将具有磁性功能，可以像【磁性套索】工具一样自动查找不同颜色的边缘。其下的【宽度】、【对比】和【频率】分别用于控制产生磁性的宽度范围、查找颜色边缘的灵敏度和路径上产生锚点的密度。
- 【钢笔压力】：如果计算机外接了绘图板绘画工具，勾选此复选项，将应用绘图板的压力更改钢笔的宽度，从而确定自由钢笔绘制路径的精确程度。

三、【路径选择】工具的属性栏

【路径选择】工具的属性栏如图 6-16 所示。

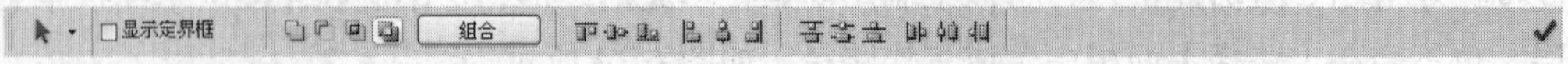

图 6-16 【路径选择】工具的属性栏

- 变换路径：若勾选【显示定界框】复选项，在选择的路径周围将显示定界框，可以利用定界框对路径进行缩放、旋转、斜切和扭曲等变换操作。
- 组合路径：属性栏中的按钮、按钮、按钮和按钮用于对选择的多个路径进行相加、相减、相交或反交运算。选择要组合的路径，激活相应的组合按钮，然后，单击 组合 按钮即可。
- 对齐路径：当选择两条或两条以上的工作路径时，利用对齐工具可以设置选择的路径在水平方向上进行顶对齐、垂直居中对齐、底对齐，或者在垂直方向上按左对齐、水平居中对齐、右对齐。
- 分布路径：当选择 3 条或 3 条以上的工作路径时，可以利用分布工具将选择的路径在垂直方向上进行按顶分布、居中分布、按底分布，或者在水平方向上按左分布、居中分布、按右分布。

6.1.4 【路径】面板

【路径】面板主要用于显示绘图过程中存储的路径、工作路径和当前矢量蒙版的名称及缩略图，可以快速地在路径和选区之间进行转换，还可以用设置的颜色为路径描边或在路径中填充前景色。本节来介绍【路径】面板的一些相关功能。【路径】面板如图 6-17 所示。

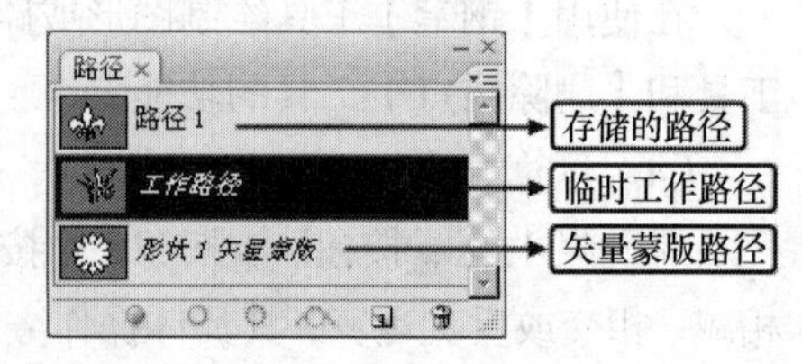

图 6-17 【路径】面板

一、存储工作路径

默认情况下，利用【钢笔】工具或矢量形状工具绘制的路径是以“工作路径”形式存在的。工作路径是临时路径，如果取消其被选择状态，当再次绘制路径时，新路径将自动取代原来的工作路径。如果后面的绘图过程中还要用到工作路径，应该保存路径，以免丢失。存储工作路径有以下两种方法。

（1）在【路径】面板中，用鼠标将“工作路径”拖曳到面板底部的按钮上，释放鼠标左键后，即可以“路径 1”或“路径 2”等名称自动为其命名，命名后的路径就已经被保存了。

（2）选择要存储的工作路径，然后，单击【路径】面板右上角的按钮，在弹出的菜单中选择【存储路径】命令，弹出【存储路径】对话框，将工作路径按指定的名称存储。

在绘制路径之前，单击【路径】面板底部的按钮，或者，按住 Alt 键并单击按钮，创建一个新路径，然后，利用【钢笔】或矢量形状工具绘制，系统将自动保存路径。

二、将路径转换为选区

将路径转换为选区主要有以下几种方法。

（1）在【路径】面板中选择要转换为选区的路径，然后，单击面板底部的【将路径作为选区载入】按钮。

（2）选择要转换为选区的路径，然后，按Ctrl+Enter组合键。

（3）按住Ctrl键，单击要转换的路径名称或缩略图。

（4）选择要转换的路径，单击【路径】面板右上角的按钮，在弹出的菜单中选择【建立选区】命令。

三、将选区转换为路径

将选区转换为路径主要有以下两种方法。

（1）绘制选区，然后，单击面板底部的【从选区生成工作路径】按钮，即可将选区转换为临时工作路径。

（2）单击【路径】面板右上角的按钮，在弹出的菜单中选择【建立工作路径】命令。

四、路径的显示和隐藏

显示和隐藏路径的方法分别如下。

（1）单击【路径】面板中相应的路径名称，可将该路径显示。

（2）单击【路径】面板中的灰色区域或在路径未被选择的情况下按Esc键，可将路径隐藏。

五、复制路径

复制路径主要有以下两种方法。

（1）将【路径】面板中的路径向下拖曳至按钮处，释放鼠标左键即可。

（2）如果要在复制的同时为路径重命名，则可按住Alt键并用鼠标将路径拖曳到面板底部的按钮上，或者选择要复制的路径，在【路径】面板中选择【复制路径】命令，在弹出的【复制路径】对话框中为路径输入新名称，单击确定按钮即可复制路径。

六、填充路径

（1）在【图层】面板中设置图层，然后，设置前景色，再在【路径】面板中选择要填充的路径，单击面板底部的按钮即可。

（2）按住Alt键并单击按钮或在【路径】面板中选择【填充路径】命令，弹出【填充路径】对话框，设置填充内容、混合模式及不透明度等选项，单击确定按钮。

七、描边路径

（1）在【图层】面板中设置图层，然后，设置前景色，选择要用于描边路径的绘画工具并设置工具选项，如选择合适的笔尖、设置混合模式和不透明度等，再在【路径】面板中选择要描绘的路径，单击面板底部的按钮即可。

（2）按住Alt键并单击按钮或在【路径】面板菜单中选择【描边路径】命令，弹出【描边路径】对话框，选择要用于描边路径的绘画工具后单击确定按钮即可。

八、删除路径

（1）将要删除的路径拖曳至下方的 按钮上，释放鼠标左键，或者按住 Alt 键并单击 按钮，即可将当前路径删除。

（2）单击 按钮或在【路径】面板中选择【删除路径】命令，弹出【删除路径】对话框，单击 是(Y) 按钮，也可将当前路径删除。

6.1.5 绘制形状图形

在 Photoshop CS5 中，图形工具组中的每个工具都提供了特定的选项，例如，【矩形】工具可以通过设置选项来绘制尺寸固定的矩形，【直线】工具可以绘制带箭头的直线等。本节将讲解有关图形绘制工具的使用方法。

一、【矩形】工具

选择【矩形】工具，单击属性栏中的按钮，弹出如图 6-18 所示的【矩形选项】面板。

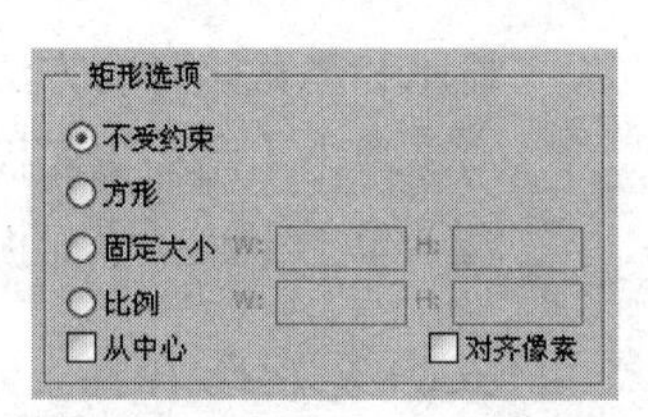

图 6-18 【矩形选项】面板

- 【不受约束】：选择此选项后，可通过拖曳鼠标在图像文件中绘制任意大小和任意长宽比例的矩形。
- 【方形】：选择此选项后，可通过拖曳鼠标在图像文件中绘制正方形。
- 【固定大小】：选择此选项并在后面的窗口中设置固定的长宽值后，再拖曳鼠标，只能在图像文件中绘制出固定大小的矩形。
- 【比例】：选择此选项并在后面的窗口中设置矩形的长宽比例，再拖曳鼠标，只能在图像文件中绘制出设置的长宽比例的矩形。
- 【从中心】：勾选此复选项后，在图像文件中以任何方式创建矩形时，鼠标光标的起点都是矩形的中心。
- 【对齐像素】：勾选此复选项后，矩形的边缘将与像素的边缘对齐，使图形边缘不出现锯齿。

二、【圆角矩形】工具

【圆角矩形】工具的用法和属性栏都与【矩形】工具相似，只是属性栏中多了一个【半径】选项，此选项主要用于设置圆角矩形的平滑度，数值越大，边角越平滑。

三、【椭圆】工具

【椭圆】工具的用法及属性栏与【矩形】工具相同，在此不再赘述。

四、【多边形】工具

【多边形】工具是绘制正多边形或星形的工具。默认情况下，激活此按钮后，拖曳鼠标即可在图像文件中绘制出正多边形。当在属性栏的【多边形选项】面板中勾选【星形】复选项后，即可用鼠标绘制出星形。

【多边形】工具的属性栏也与【矩形】工具相似，只是多了一个用于设置多边形或星形边数的【边】选项。单击属性栏中的按钮，将弹出如图 6-19 所示的【多边形选项】面板。

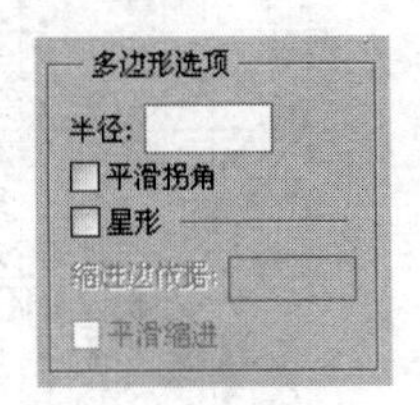

图 6-19 【多边形选项】面板

- 【半径】：用于设置多边形或星形的半径长度。设置相应的参数后，只能绘制固定大小的正多边形或星形。
- 【平滑拐角】：勾选此复选项后，拖曳鼠标即可绘制出圆角效果的正多边形或星形。
- 【星形】：勾选此复选项后，拖曳鼠标即可绘制出边向中心位置缩进的星形。
- 【缩进边依据】：可在右边的数值框中设置相应的参数，以限定边缩进的程度，取值范围为1%～99%，数值越大，缩进量越大。只有勾选【星形】复选项后，此选项才可用。
- 【平滑缩进】：可以使多边形的边平滑地向中心缩进。

五、【直线】工具

【直线】工具的属性栏也与【矩形】工具相似，只是多了一个设置线段或箭头粗细的【粗细】选项。单击属性栏中的按钮，将弹出如图 6-20 所示的【箭头】面板。

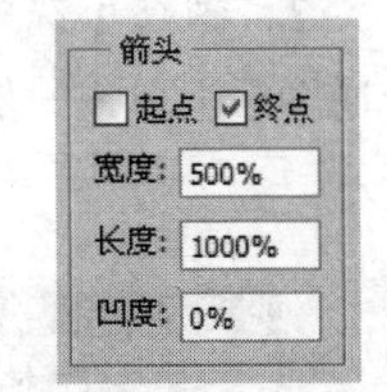

图 6-20 【箭头】面板

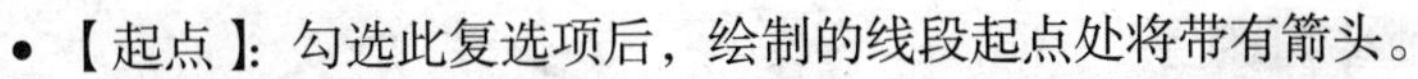

- 【起点】：勾选此复选项后，绘制的线段起点处将带有箭头。

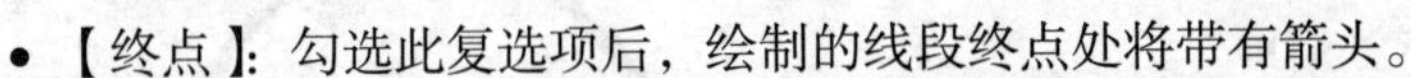

- 【终点】：勾选此复选项后，绘制的线段终点处将带有箭头。

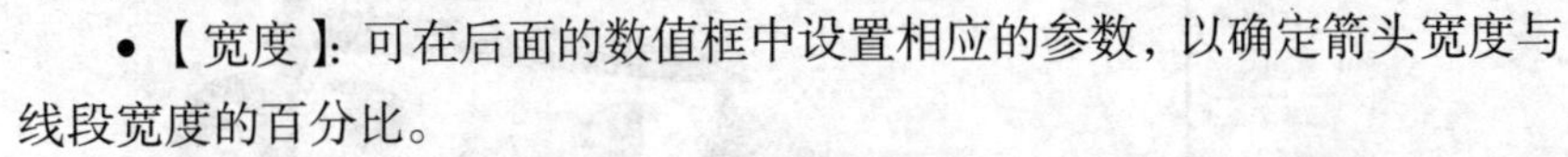

- 【宽度】：可在后面的数值框中设置相应的参数，以确定箭头宽度与线段宽度的百分比。
- 【长度】：可在后面的数值框中设置相应的参数，以确定箭头长度与线段长度的百分比。
- 【凹度】：可在后面的数值框中设置相应的参数，以确定箭头中央凹陷的程度。其值为正时，箭头尾部向内凹陷；其值为负时，箭头尾部向外凸出；其值为“0”时，箭头尾部平齐，如图 6-21 所示。

图 6-21　当数值设置为“50”、“-50”和“0”时，绘制的箭头图形

六、【自定形状】工具

【自定形状】工具的属性栏多了一个【形状】选项，单击此选项右侧的按钮，会弹出如图 6-22 所示的【自定形状选项】面板。

在面板中选择所需要的图形，然后，在图像文件中拖曳鼠标指针，即可绘制相应的图形。

单击【自定形状选项】面板右上角的按钮，在弹出的下拉菜单中选择【全部】选项，然后，在弹出的询问面板中单击 确定 按钮，即可显示系统中存储的全部图形，如图 6-23 所示。

图 6-22 【自定形状选项】面板

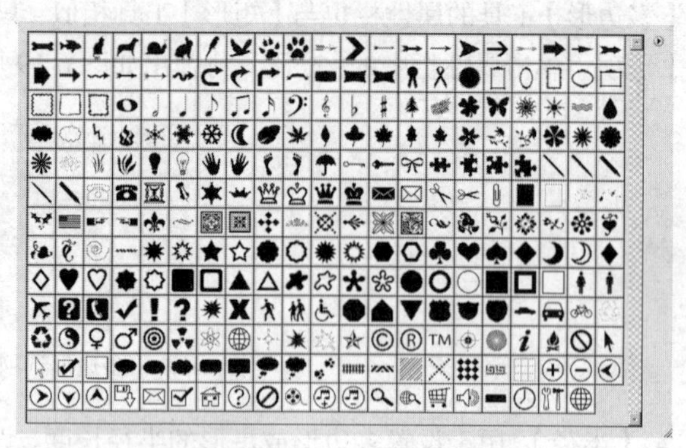
图 6-23 全部显示的图形

6.1.6 定义形状图形

在应用矢量图形工具的过程中，除了可以使用系统自带的形状图形外，还可以通过采集图像中的形状图形来自定义形状。下面通过范例来讲解形状图形的定义方法。

定义形状图形

1．打开素材文件中“图库\第 06 章”目录下的“卡通.jpg”文件。

2．执行【选择】/【色彩范围】命令，弹出【色彩范围】对话框，单击用按钮并在黑色的卡通图形上单击，然后，设置参数，如图 6-24 所示。单击 确定 按钮，添加的选区如图 6-25 所示。

图 6-24 【色彩范围】对话框

图 6-25 添加的选区

3．单击【路径】面板右上角的按钮，在弹出的菜单中选择【建立工作路径】命令，弹出【建立工作路径】对话框，参数设置如图 6-26 所示，单击 确定 按钮，将选区转换为路径。

4. 执行【编辑】/【定义自定形状】命令，弹出如图 6-27 所示的【形状名称】对话框。

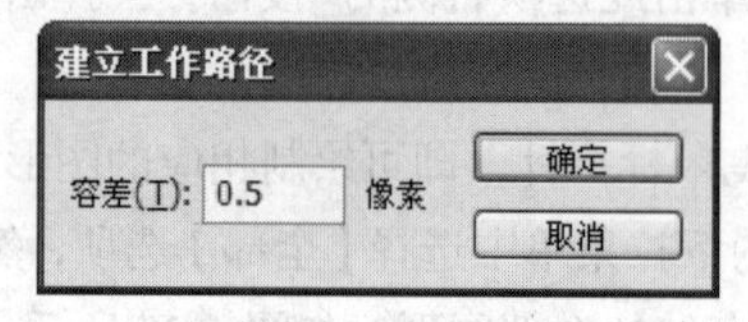

图 6-26 【建立工作路径】对话框

图 6-27 【形状名称】对话框

5. 单击 确定 按钮，即可将当前路径图形定义为形状。

6. 建立一个新文件，选择工具，激活属性栏中的按钮，再单击按钮，在弹出的【自定形状】样式面板中选择如图 6-28 所示的刚刚定义的图形样式。

7. 设置不同的前景色，在新建文件中绘制出不同大小及颜色的图形，效果如图 6-29 所示。

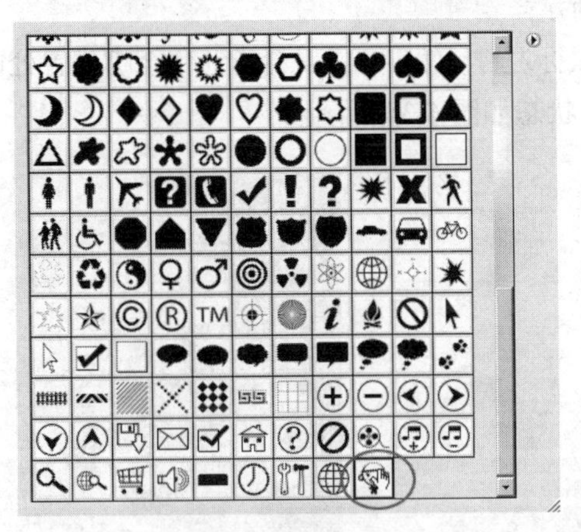

图 6-28 【自定形状】样式面板

图 6-29　绘制的图形

8. 按 Ctrl+S 组合键，将此文件命名为"定义形状练习.jpg"并保存。

6.1.7　绘制小绵羊

本节将通过绘制一个小绵羊图形，来学习各种路径工具的应用，包括绘制路径、编辑路径及填充路径等操作。

绘制小绵羊

1. 打开素材文件中"图库\第 06 章"目录下的"素材.jpg"文件，如图 6-30 所示。

在还没有熟练掌握路径工具之前，我们可以先找一个素材图片来照着绘制。图 6-30 所示的图片即为素材图片，这个图片很小，需要重新绘制一个较大的图形。

2. 新建一个【宽度】为"30 厘米"、【高度】为"18 厘米"、【分辨率】为"150 像素/英寸"、【颜色模式】为"RGB 颜色"的白色文件，然后，为背景层填充黑色。

3. 将"素材"图片移动复制到新建文件中，并调整至如图 6-31 所示的大小。

图 6-30　打开的素材图片

图 6-31　调整后的大小

下面我们根据素材图片来绘制小绵羊。

4. 利用工具将羊头位置放大显示，然后，选择工具，激活属性栏中的按钮，再用鼠标依次在羊头位置的关键处单击，绘制出如图 6-32 所示钢笔路径。

5. 选择工具，将鼠标指针移动到左侧锚点位置，按住鼠标左键并向下拖曳鼠标，此时，锚点的两端将显示控制柄和控制点，状态如图 6-33 所示。

6. 将路径调整至与下方图像相似的形态时释放鼠标左键，然后，将鼠标指针移至嘴位置处的锚点上，按住鼠标左键并拖曳鼠标，对其进行调整，状态如图 6-34 所示。

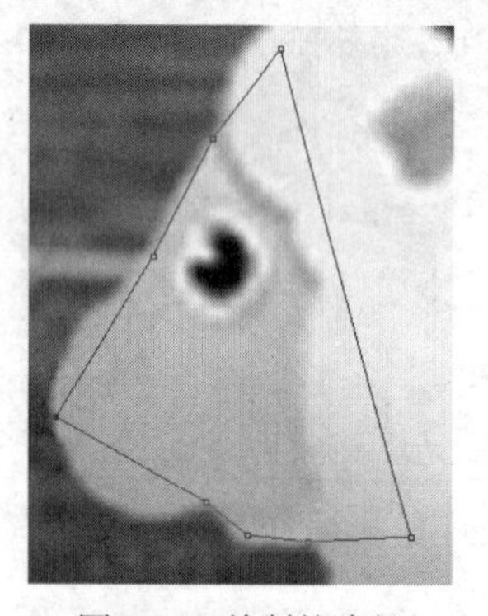

图 6-32 绘制的路径

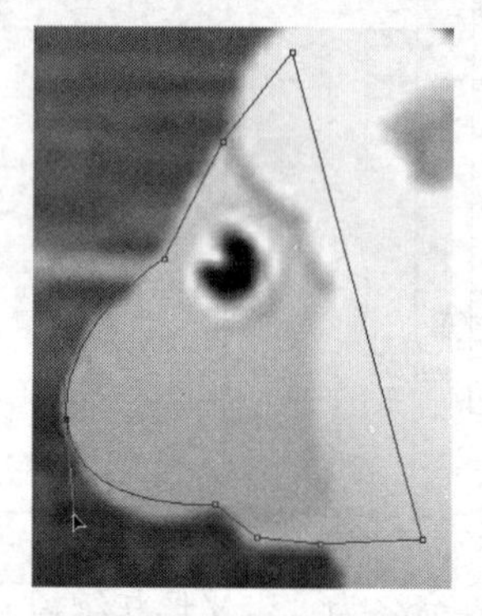

图 6-33 调整锚点状态

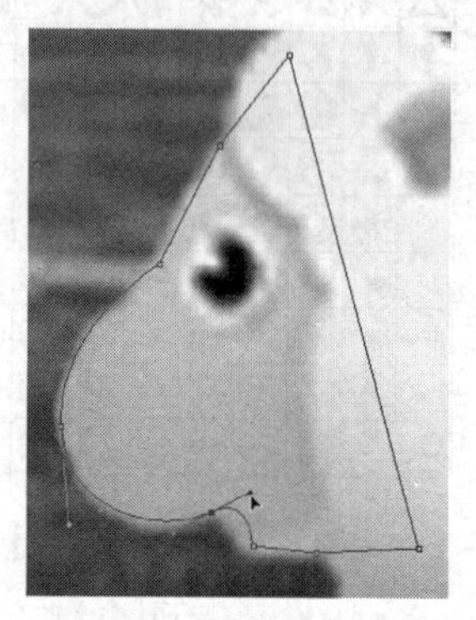

图 6-34 调整锚点状态

7. 用与步骤 5～6 相同的方法，依次对各锚点进行调整，调整后的形态如图 6-35 所示。

8. 单击【路径】面板右上方的按钮，在弹出的菜单中选择【存储路径】命令，然后，在弹出的【存储路径】对话框中将路径【名称】设置为“羊头 1”，单击 确定 按钮，将路径保存，如图 6-36 所示。

9. 将【图层】面板中的“图层 1”隐藏，然后，新建“图层 2”，并按 Ctrl+Enter 组合键，将路径转换为选区，如图 6-37 所示。

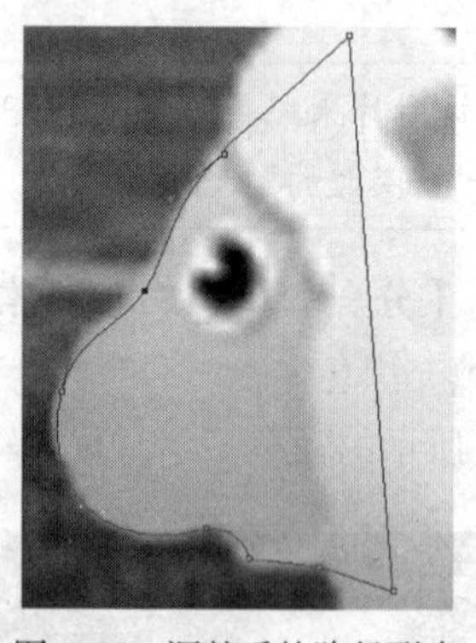

图 6-35 调整后的路径形态

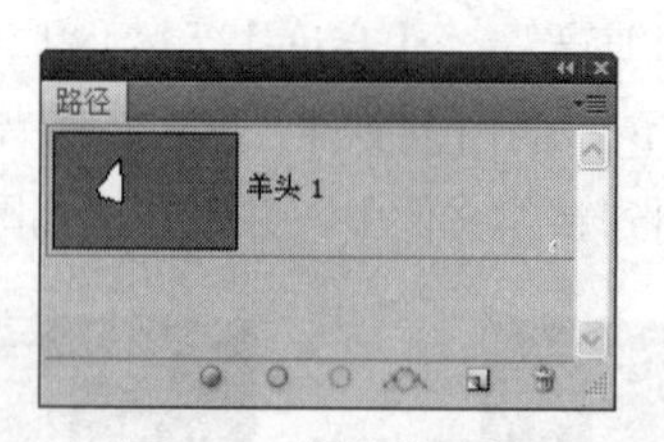

图 6-36 保存的路径

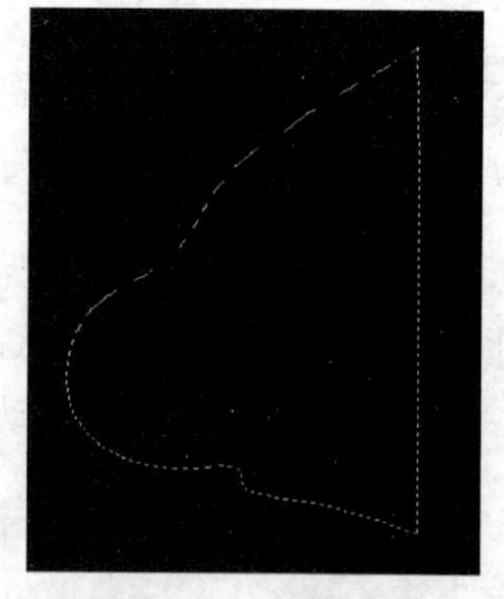

图 6-37 生成的选区

10. 选择工具，将前景色设置为粉色（R:245,G:215,B:195），背景色设置为灰粉色（R:220,G:170,B:135），然后，激活属性栏中的按钮，再将鼠标光标移动到画面中并拖曳鼠标，为选区填充由前景色到背景色的渐变色，状态如图 6-38 所示。

11. 按 Ctrl+D 组合键，去除选区，填充的渐变色如图 6-39 所示。

12. 单击“图层 1”前面的，使其在画面中显示，然后，选择工具，根据羊的身体绘制出如图 6-40 所示的圆形路径。

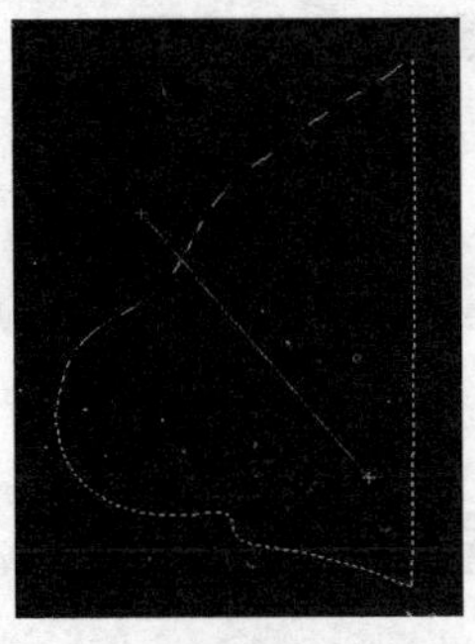
图 6-38　拖曳鼠标的状态

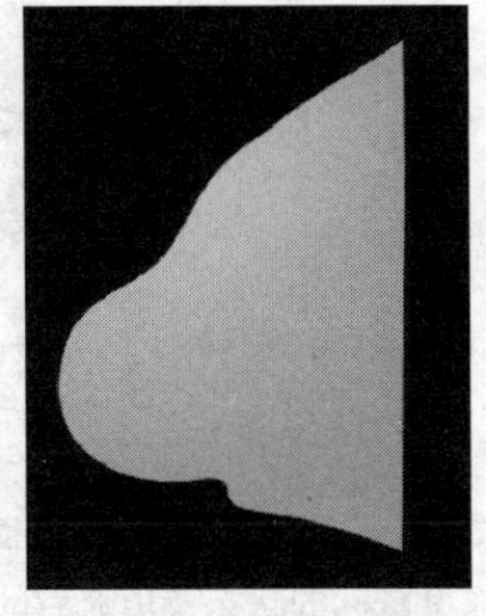
图 6-39　填充的渐变色

图 6-40　绘制的圆形路径

13. 激活属性栏中的按钮，然后，继续利用工具，根据羊身体绘制圆形路径，隐藏“图层 1”和“图层 2”的画面效果如图 6-41 所示。

14. 选择工具，将绘制的圆形路径全部选择，然后，单击属性栏中的 组合 按钮，对选择的路径进行加运算，效果如图 6-42 所示。

图 6-41　绘制的圆形路径

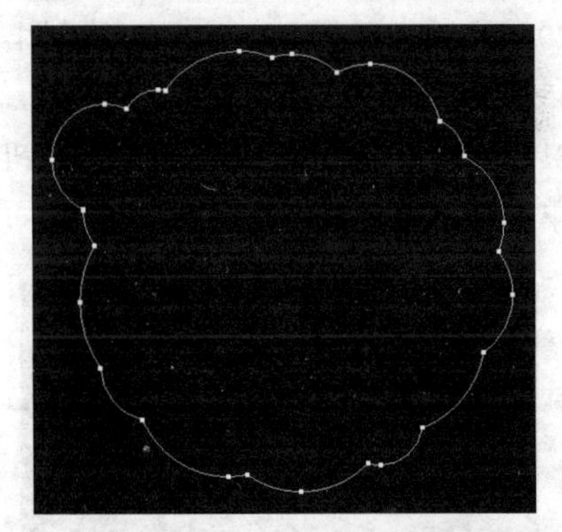
图 6-42　组合后的效果

15. 用与步骤 8 相同的方法，将该路径命名为“羊身 2”并保存。

16. 将“图层 2”显示出来，然后，在“图层 2”的上方新建“图层 3”，按 Ctrl+Enter 组合键，将路径转换为选区，如图 6-43 所示。

17. 选择工具，然后，在【渐变编辑器】对话框中设置渐变颜色，如图 6-44 所示。

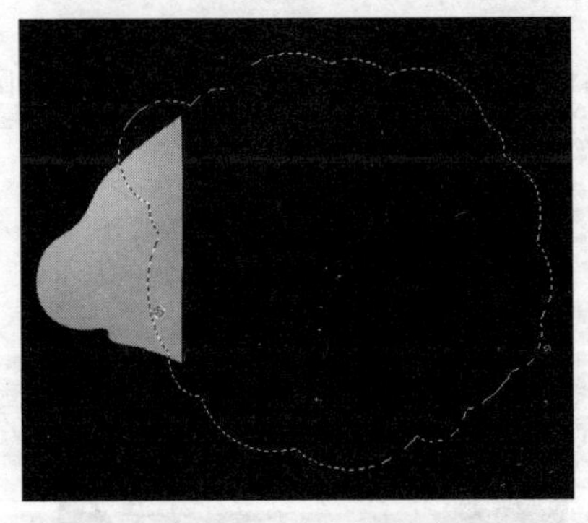
图 6-43　生成的选区

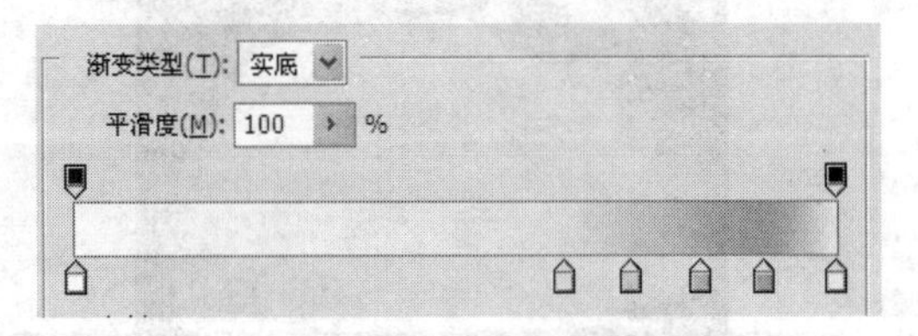

图 6-44　设置的渐变颜色

18. 激活属性栏中的按钮，然后，拖曳鼠标为选区填充渐变色，状态及去除选区后的效果如图 6-45 所示。

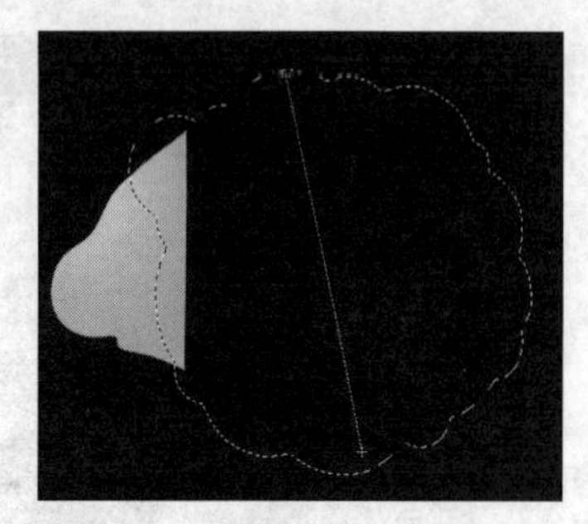

图 6-45　拖曳鼠标的状态及填充后的效果

在下面绘制图形的过程中，将不再叙述显示或隐藏“图层 1”操作，读者可根据需要随时将其显示或隐藏。另外，保存路径操作也不再提示，读者绘制完路径后，直接将其保存即可。

19. 新建“图层 4”，然后，按 Ctrl+[组合键将其调整至“图层 3”的下方。

20. 灵活运用和工具，绘制出如图 6-46 所示的路径，然后，将前景色设置为粉色（R:245,G:195,B:160）。

21. 单击【路径】面板中的按钮，用前景色填充路径，然后，在【路径】面板的灰色区域中单击，隐藏路径，效果如图 6-47 所示。

图 6-46　绘制的路径

图 6-47　填充颜色后的效果

22. 新建“图层 5”，利用工具和工具绘制出如图 6-48 所示的路径，然后，按 Ctrl+Enter 组合键，将路径转换为选区。

23. 利用工具，为选区自右上方向左下方填充由白色到灰色的径向渐变色，去除选区后的效果如图 6-49 所示。

图 6-48　绘制的路径

图 6-49　填充渐变色后的效果

绘制完小绵羊的大体图形后，下面来绘制眼睛、羊角及耳朵图形。

24. 新建“图层 6”，用工具在羊头上绘制椭圆形选区，然后，为其填充红灰色（R:208,G:150,B:125），效果如图 6-50 所示。

25. 将“图层 6”复制为“图层 6 副本”，然后，将复制出的图形稍向右下方拖曳，再利用工具为其填充由白色到灰色的径向渐变色，如图 6-51 所示。

26. 新建“图层 7”，用工具和工具绘制出如图 6-52 所示的路径，然后，为其填充黑色。

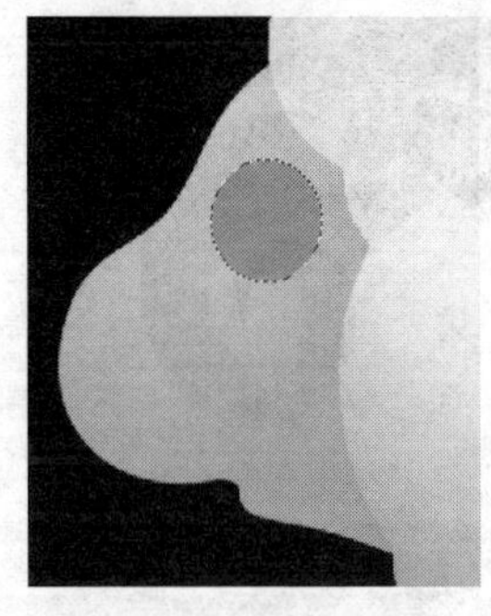

图 6-50　绘制的图形

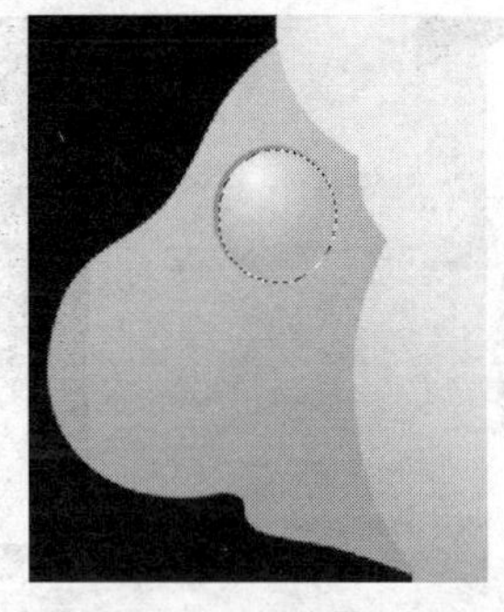

图 6-51　填充的渐变色

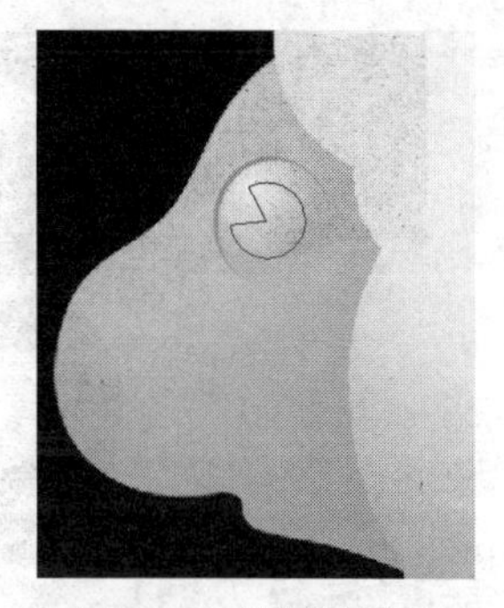

图 6-52　绘制的路径

27. 新建“图层 8”，用工具依次绘制出如图 6-53 所示的圆形路径，然后，用工具将其全部选择并进行加运算，效果如图 6-54 所示。

图 6-53　绘制的圆形路径

图 6-54　组合后的效果

28. 按 Ctrl+Enter 组合键，将路径转换为选区，然后，为其填充红灰色（R:208,G:150,B:125），制作出身体与头部之间的阴影效果，如图 6-55 所示。

29. 继续利用工具和工具绘制出如图 6-56 所示的羊角路径。

图 6-55　制作的阴影效果

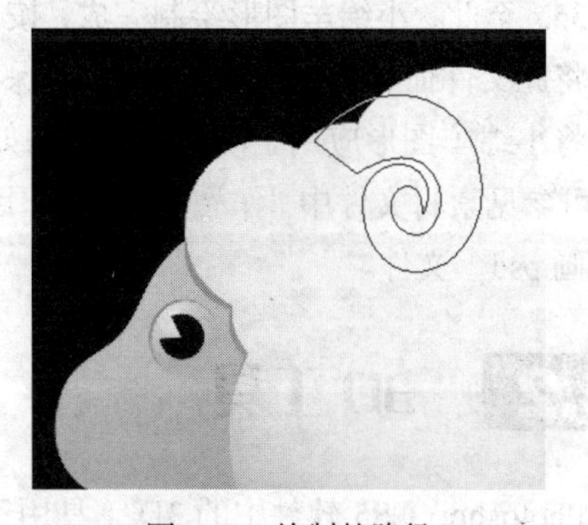

图 6-56　绘制的路径

30．在所有图层的上方新建“图层 9”，然后，按 Ctrl+Enter 组合键，将路径转换为选区，再为其填充褐色（R:135,G:60.B:40）。

31．选择工具，设置合适的笔头大小后，将鼠标光标移动到选区的边缘并拖曳鼠标，制作出有立体感的图形效果，如图 6-57 所示。

32．按 Ctrl+D 组合键，去除选区，然后，继续利用工具和工具，在羊角的左侧绘制出如图 6-58 所示的耳朵形路径。

图 6-57　加深处理后的效果

图 6-58　绘制的路径

33．新建“图层 10”，将路径转换为选区并为其填充土黄色（R:240,G:195.B:145），再利用工具对其上边缘进行加深处理，效果如图 6-59 所示。

34．用与上面相同的方法，在新建的“图层 11”中继续绘制路径，将其转换为选区并填充粉色，再对边缘进行加深处理，去除选区后的效果如图 6-60 所示。

图 6-59　加深处理后的效果

图 6-60　制作的耳朵图形

35．至此，小绵羊图形绘制完成，按 Ctrl+S 组合键，将此文件命名为“小绵羊.psd”并保存。

将小绵羊图形应用于场景中的效果如图 6-61 所示，可参见素材文件中“作品\第 06 章”目录下的“儿童插画.psd”文件。

图 6-61　小绵羊图形的应用效果

6.2　3D 工具

Photoshop CS5 软件中的 3D 工具用于对 3D 模型进行编辑和处理，本节就来讲解有关 3D 的内容。

6.2.1　打开 3D 文件

首先，执行【文件】/【打开】命令，将附盘中“图库\第 06 章”目录下名为“古典沙发.3DS”的 3D 文件打开，如图 6-62 所示。

图 6-62　打开的 3D 文件

在利用【打开】命令打开较为复杂的 3D 文件时，系统将弹出类似如图 6-63 所示的提示面板，提示用户对系统选项进行设置。

图 6-63　提示面板

- 继续(C) 按钮：单击后，可在不设置首选项的情况下，将 3D 文件打开。
- 取消 按钮：单击后，将取消打开 3D 文件操作。
- 3D 首选项(P)... 按钮：单击后，将弹出如图 6-64 所示的【首选项】对话框。

3D 文件载入栏用于指定 3D 文件载入时的行为。

- 【现用光源限制】：用于设置现用光源的初始限制。如果载入的 3D 文件中的光源数量超过该限制数，则某些光源在一开始就会被关闭，但用户仍可以使用【场景】视图中光源对象旁边的眼睛图标在 3D 面板中打开这些光源。
- 【默认漫射纹理限制】：用于设置漫射纹理不存在时，Photoshop 将在材质上自动生成的漫射纹理的最大数量。如果 3D 文件具有的材质数超过此数量，那么，Photoshop 将不会自动生成纹理。漫射纹理是在 3D 文件上进行绘画所必需的，如在没有漫射纹理的材质上绘画，Photoshop 将提示创建纹理。

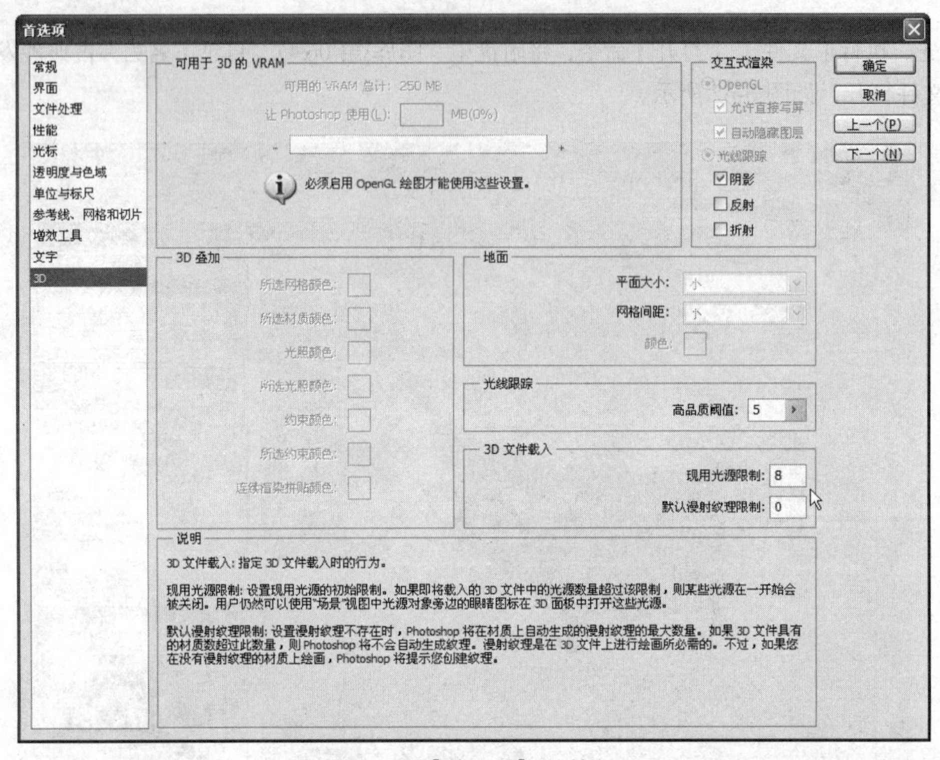

图 6-64 【首选项】对话框

分别将【现用光源限制】选项和【默认漫射纹理限制】选项的参数调大，以满足 3D 文件的需要。

【首选项】对话框中的其他选项，只有在启用 OpenGL 绘图时才可用。启用 OpenGL 绘图选项的方法为：单击【首选项】对话框左侧的【性能】选项，然后，勾选右侧参数设置区中的【启用 OpenGL 绘图】选项即可。启用 OpenGL 后，在处理大型或复杂图像时可以加速视频处理过程。

再次单击【首选项】对话框左侧的【3D】选项后，右侧参数区中的选项参数即变得可用。

- 【可用于 3D 的 VRAM】：用于设置 3D 引擎可以使用的显存量。该选项不会影响操作系统和普通 Photoshop VRAM 分配，仅用于设置 3D 允许使用的最大 VRAM。使用较大的 VRAM 有助于进行快速的 3D 交互，尤其是处理高分辨率的网格和纹理时。
- 【交互式渲染】：用于指定进行 3D 对象交互时，Photoshop 渲染选项的设置。设置为"OpenGL"选项，将在与 3D 对象进行交互时，始终使用硬件加速。对于某些品质设置，依赖于光线跟踪（如阴影、光源折射等）的高级渲染功能在交互时将不可见；设置为"光线跟踪"选项，将在与 3D 对象进行交互时，使用 Adobe Ray Tracer。如果要在交互期间查看阴影、反射或折射，则应启用下面的相应选项。需要注意的是，启用这些选项将会降低系统性能。
- 【3D 叠加】：用于指定各种参考线的颜色。
- 【地面】：进行 3D 操作时，用于设置显示地面的大小、网格大小及颜色。
- 【光线跟踪】：将【3D 场景】面板中的【品质】选项设置为"光线跟踪最终效果"时，此选项用于定义光线跟踪渲染的图像品质。如果设置的数值小，那么，在某些区域（如柔和阴影、景深模糊）中的图像品质降低时，系统将自动停止光线跟踪。另外，在渲染时，可以通过单击鼠标左键或按键盘上的按键，手动停止光线跟踪。

6.2.2　3D 工具的基本应用

3D 工具主要包括 3D 对象工具和 3D 相机工具。3D 对象工具用于修改 3D 模型的位置或大小；3D 相机工具用于修改场景视图。

一、3D 对象工具组

3D 对象工具组中包括【3D 旋转】工具、【3D 滚动】工具、【3D 平移】工具、【3D 滑动】工具和【3D 比例】工具。利用这些工具对模型进行编辑时，是对对象进行操作。

（1）移动、旋转和缩放模型

- 旋转：使用【3D 旋转】工具时，可通过上下拖动鼠标，使模型围绕其 *x* 轴旋转，如图 6-65 所示；左右拖动鼠标，可围绕其 *y* 轴旋转，如图 6-66 所示；按住 Alt 键的同时拖动鼠标则可以滚动模型。
- 滚动：使用【3D 滚动】工具时，可通过左右拖曳鼠标，使模型围绕其 *z* 轴旋转，如图 6-67 所示。

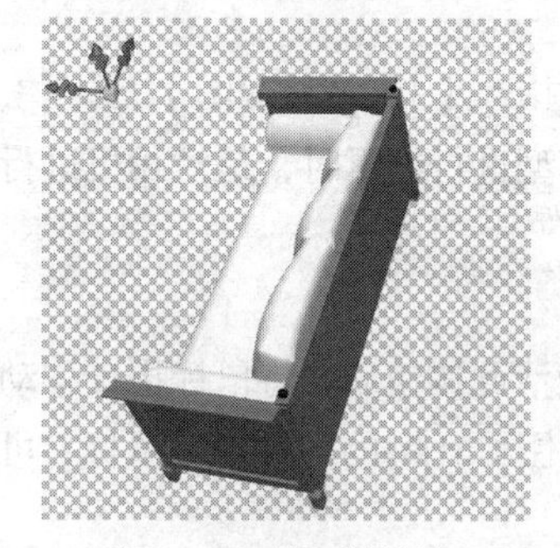

图 6-65　绕 *x* 轴旋转

图 6-66　绕 *y* 轴旋转

图 6-67　绕 *z* 轴旋转

- 拖动：使用【3D 平移】工具时，可通过左右拖曳鼠标，沿水平方向移动模型；上下拖曳鼠标，将沿垂直方向移动模型；按住 Alt 键的同时拖曳鼠标，可沿 *x*/*z* 方向移动模型。
- 滑动：使用【3D 滑动】工具时，可通过左右拖曳鼠标，沿水平方向移动模型；上下拖曳鼠标，可将模型移近或移远；按住 Alt 键的同时拖动鼠标可沿 *x*/*y* 方向移动模型。
- 缩放：使用【3D 比例】工具时，可通过上下拖动鼠标来放大或缩小模型；按住 Alt 键的同时拖动模型可沿 *z* 方向缩放模型。

（2）3D 对象工具属性栏

3D 对象工具的属性栏如图 6-68 所示。

图 6-68 【3D 对象】工具的属性栏

- 【返回到初始对象位置】按钮：单击此按钮，可以将视图恢复为文档打开时的状态。
- 【使用预设位置】选项：可在其下拉列表中选择一个预设的视图对模型进行观察。包括“左视图”、“右视图”、“俯视图”、“仰视图”、“前视图”和“后视图”，选择不同视图的效果如图 6-69 所示。

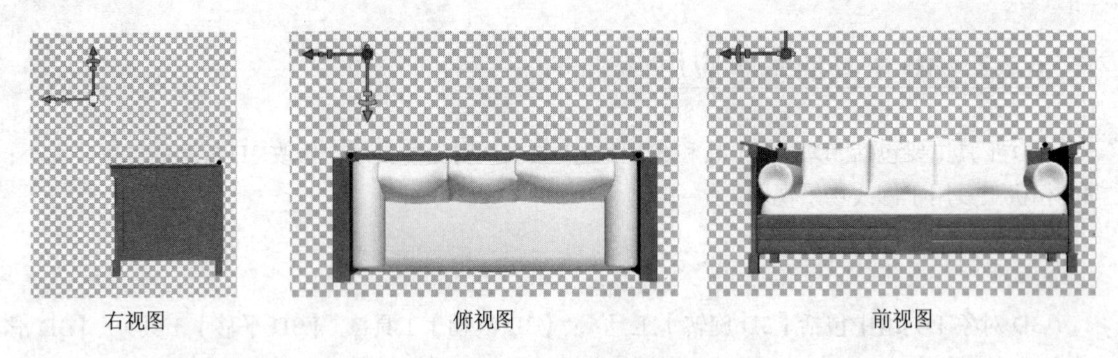

图 6-69 选择不同视图的效果

- 【存储当前视图】按钮：可以将模型的当前位置保存为预设的视图，保存后可在【位置】选项的下拉列表中选择该视图。
- 【删除当前所选视图】按钮：当选择自定义的视图选项时，单击此按钮，可将自定义的视图在【位置】选项栏中删除，模型将恢复初始时的状态。
- 如果要根据数字精确定义模型的位置、旋转和缩放，可在【方向】选项的文本框中输入数值。

二、3D 相机工具组

3D 相机工具组中包括【3D 环绕】工具、【3D 滚动视图】工具、【3D 平移视图】工具、【3D 移动视图】工具和【3D 缩放】工具。利用这些工具对模型进行编辑时，是对相机进行操作，模型的位置不会发生变化。

（1）移动、旋转和缩放相机

- 【3D 环绕】工具：可使相机沿 *x* 或 *y* 方向环绕移动。激活此按钮后，将鼠标指针移动到画面中并拖动鼠标，即可使相机在水平或垂直方向环绕移动。按住 Ctrl 键的同时拖动鼠标，可以滚动相机。
- 【3D 滚动视图】工具：可围绕 *z* 轴旋转相机。
- 【3D 平移视图】工具：可沿 *x* 或 *y* 方向平移相机。左右拖动鼠标，可使相机在水平方向上移动位置；上下拖动鼠标，可使相机在垂直方向上移动位置。按住 Ctrl 键的同时拖动鼠标，可使相机沿 *x* 轴和 *z* 轴移动位置。
- 【3D 移动视图】工具：可移动相机。拖动鼠标可使相机在 *z* 轴平移、*y* 轴旋转；按住 Ctrl 键的同时拖动鼠标，可使相机沿 *z* 轴平移、*x* 轴旋转。
- 【3D 缩放】工具：可拉近或推远相机的视角。

（2）3D 相机工具的属性栏

选择【3D 缩放】工具，其属性栏如图 6-70 所示。

图 6-70 【3D 缩放】工具的属性栏

- 【透视相机——使用视角】按钮：可显示汇聚成消失点的平行线。
- 【正交相机——使用缩放】按钮：保持平行线不相交。能在精确的缩放视图中显示模型，而不会出现任何透视扭曲。

- 【标准视角】选项：可显示当前 3D 相机的视角，右侧的选项窗口中包括“垂直角度”、“水平角度”和“毫米镜头”。当选择“垂直角度”和“水平角度”选项时，标准视角的最大值为 180。
- 【景深】选项：用于设置景深效果。“模糊”可以使图像的其余部分模糊化。“距离”用于确定聚焦位置到相机的距离。

6.2.3　为花瓶贴图

下面以实例的形式来详细讲解【3D】面板的运用。

为花瓶贴图

1. 打开素材文件中“图库\第 06 章”目录下的“花瓶.3DS”文件，如图 6-71 所示。
2. 执行【窗口】/【3D】命令，打开【3D】面板，再单击【3D】面板上方的按钮，切换到【3D{材质}】面板，然后，单击如图 6-72 所示的按钮。
3. 在弹出的下拉菜单中选择【载入纹理】命令，然后，在弹出的【打开】对话框中选择素材文件中“图库\第 06 章”目录下的“天然底纹.jpg”文件，单击 打开(O) 按钮，赋予贴图后的模型效果如图 6-73 所示。

图 6-71　打开的图片

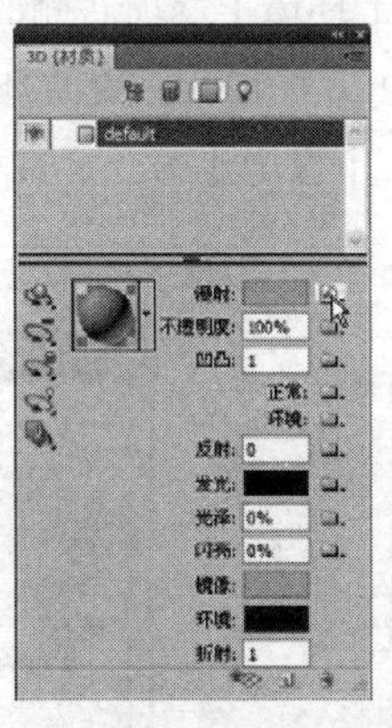

图 6-72 【3D{材质}】面板

图 6-73　赋予贴图后的模型效果

4. 单击【漫射】选项右侧的按钮，在弹出的下拉菜单中选择【编辑属性】命令，然后，在弹出的【纹理属性】对话框中设置参数，如图 6-74 所示。
5. 单击 确定 按钮，编辑纹理属性后的效果如图 6-75 所示。

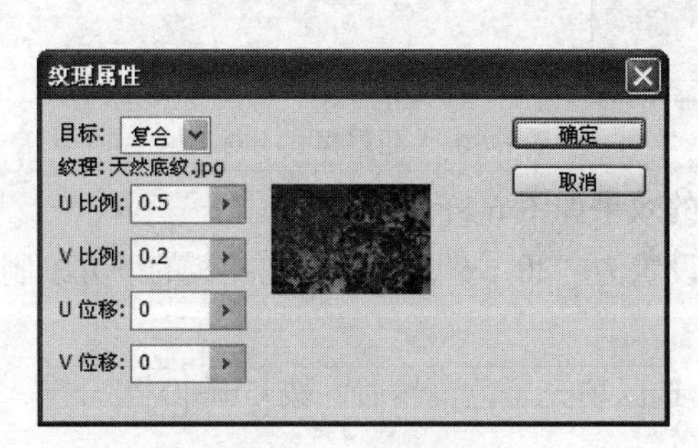

图 6-74 【纹理属性】对话框

图 6-75　编辑纹理属性后的效果

6. 在【3D{材质}】面板中设置其他参数，如图 6-76 所示，设置参数后的效果如图 6-77 所示。

7. 打开素材文件中“图库\第 06 章”目录下的“生活空间.jpg”文件，然后，将前面赋予了材质的花瓶移动复制到打开的文件中，效果如图 6-78 所示。

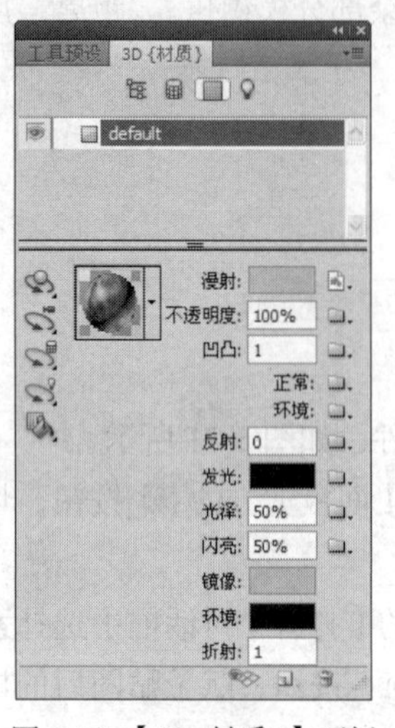

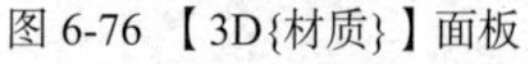

图 6-76 【3D{材质}】面板　　图 6-77 设置参数后的效果　　图 6-78 移动复制入的花瓶

8. 在【3D{材质}】面板中单击【环境】选项右侧的■色块，在弹出的【选择环境色】对话框中设置颜色为浅褐色（R:150,G:120,B:120），更改环境颜色后的效果如图 6-79 所示。

9. 执行【图层】/【图层样式】/【投影】命令，在弹出的【图层样式】对话框中设置参数，如图 6-80 所示。

图 6-79 更改环境色后的效果

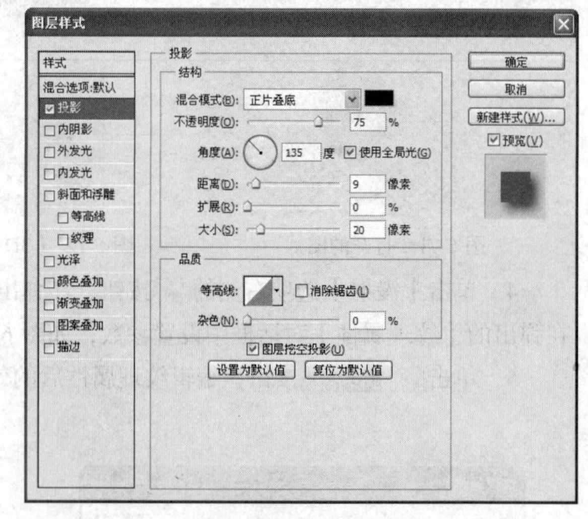

图 6-80 【图层样式】对话框

10. 单击 确定 按钮，添加投影样式后的效果如图 6-81 所示。

11. 选择◯工具，将属性栏中的【羽化】参数设置为“20 px”，然后，在花瓶的下方绘制出如图 6-82 所示的椭圆形选区。

12. 在“图层 1”的下方新建“图层 2”，再为选区填充黑色，然后，按Ctrl+D组合键，将选区去除，填充颜色后的效果如图 6-83 所示。

图 6-81　添加投影样式后的效果

图 6-82　绘制的选区

图 6-83　填充颜色后的效果

13. 按 Shift+Ctrl+S 组合键，将文件命名为“为花瓶贴图.psd”并保存。

6.3 综合案例——设计房地产宣传单

本节来设计房地产宣传单，在设计过程中，将主要用到路径的描绘功能。

6.3.1 绘制丝巾

下面利用路径的描绘功能来绘制丝巾效果。

绘制丝巾

1. 新建一个【宽度】为“13厘米”、【高度】为“13厘米”、【分辨率】为“150像素/英寸”、【颜色模式】为“RGB 颜色”的白色文件。

2. 利用工具和工具，绘制并调整出如图 6-84 所示的路径。

3. 将鼠标指针移至【路径】面板中的“工作路径”上，按住鼠标左键并向下拖曳鼠标，至按钮处释放鼠标左键，将工作路径存储为“路径 1”。

4. 在【图层】面板中新建“图层 1”，然后，选择工具，设置画笔笔头参数，如图 6-85 所示。

5. 单击【路径】面板底部的按钮，用设置的笔尖为路径描绘前景色，效果如图 6-86 所示。

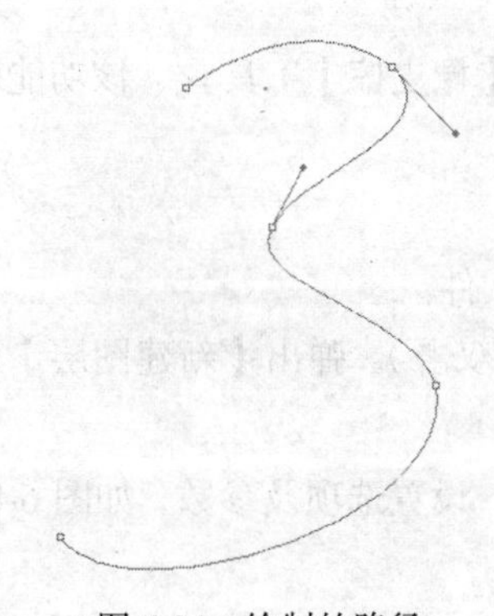

图 6-84　绘制的路径

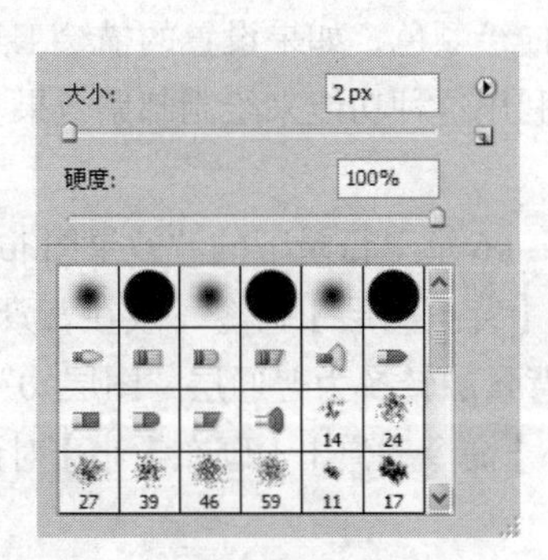

图 6-85　设置画笔笔头

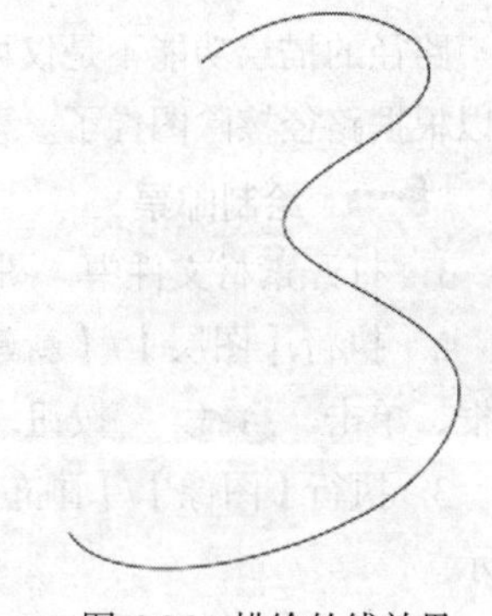

图 6-86　描绘的线效果

6. 在【路径】面板中的灰色区域单击，隐藏路径，然后，执行【编辑】/【定义画笔预设】命令，在弹出的【图笔名称】对话框中单击 确定 按钮，将线形定义为画笔笔尖。

7. 按 Ctrl+A 组合键，将线全部选择，然后，按 Delete 键，将选区中的线形删除，再按 Ctrl+D 组合键去除选区。

8. 单击【路径】面板中的“路径 1”，将路径显示，然后，选择工具，再单击属性栏中的按钮，在弹出的【画笔】面板中设置选项及参数，如图 6-87 所示，选用的画笔笔尖为刚才定义的线。

9. 将前景色设置为红色（R:230,B:18），然后，单击【路径】面板底部的按钮，用设置的笔尖为路径描绘前景色，效果如图 6-88 所示。

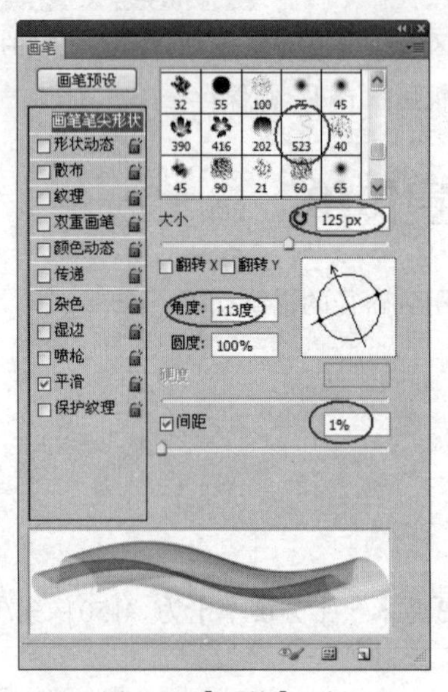

图 6-87 【画笔】面板

图 6-88 描绘后的效果

10. 在【路径】面板中的灰色区域单击，隐藏路径，然后，将【图层】面板中的“背景”层设置为工作层，将其背景色填充为深绿色（G:80,B:62）。

11. 至此，丝巾效果制作完成，按 Ctrl+S 组合键，将此文件命名为“丝巾.psd”并保存。

6.3.2 绘制邮票

路径的描绘功能不是仅可以描绘颜色，如果设置的描绘工具为【橡皮擦】工具，该功能就可以根据路径擦除图像了。下面利用这种功能来绘制邮票效果。

绘制邮票

1. 打开素材文件中“图库\第 06 章”目录下的“效果图.jpg”文件。

2. 执行【图层】/【新建】/【背景图层】命令（或在背景层上双击），弹出【新建图层】对话框，单击 确定 按钮，将背景层转换为普通层“图层 0”。

3. 执行【图像】/【画布大小】命令，弹出【画布大小】对话框，设置选项及参数，如图 6-89 所示。

4. 单击 确定 按钮，调整尺寸后的画布效果如图 6-90 所示。

图 6-89 【画布大小】对话框

图 6-90　增加画布

5. 按住 Ctrl 键并单击“图层 0”的图层缩览图，加载效果图的选区，然后，单击【路径】面板中的按钮，将选区转换为路径。

6. 选择工具，单击属性栏中的按钮，在弹出的【画笔】面板中设置选项及参数，如图 6-91 所示。

7. 单击【路径】面板中的按钮，用设置的画笔笔尖对图像进行擦除，制作出如图 6-92 所示的邮票锯齿效果。

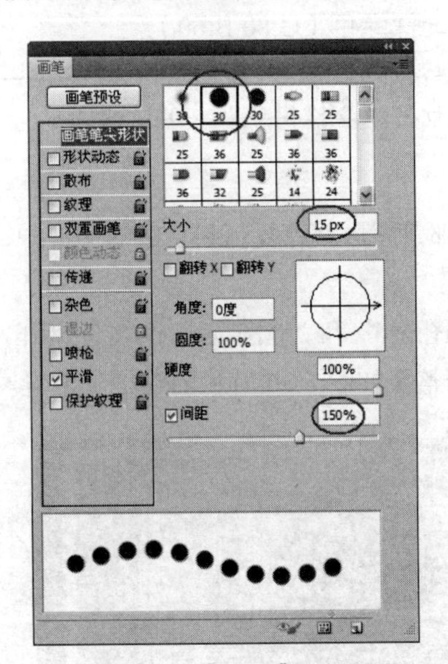

图 6-91 【画笔】面板

图 6-92　擦除后得到的锯齿效果

8. 按 Ctrl+T 组合键，为路径添加自由变换框，然后，设置属性栏中 W: 95% H: 90% 的参数分别为“95%”和“90%”，缩小后的路径形态如图 6-93 所示。

9. 按 Enter 键，确认路径的缩小调整，然后，按 Ctrl+Enter 组合键，将路径转换为选区，再按 Shift+Ctrl+I 组合键，将选区反选。

10. 单击【图层】面板左上角的按钮，锁定“图层 0”的透明像素，然后，为选区中的图像填充白色，再按 Ctrl+D 组合键，去除选区。

11. 新建“图层 1”，将其调整至“图层 0”的下方，然后，为其填充黑色，效果如图 6-94 所示。

图 6-93　缩小路径

图 6-94　制作的邮票效果

12. 至此，邮票效果制作完成，按 Shift+Ctrl+S 组合键，将此文件命名为“邮票效果.psd”并保存。

6.3.3　设计房地产宣传单

下面将前两节绘制的丝巾与邮票进行组合，设计出房地产的宣传单页。

设计宣传单

1. 新建一个【宽度】为“21.6 厘米”、【高度】为“29.1 厘米”、【分辨率】为“100像素/英寸”、【颜色模式】为“RGB 颜色”的白色文件，然后，为背景层填充深绿色（G:80,B:60）。

16K 宣传单的成品尺寸为 210 毫米×285 毫米，再加上各边出血的 3mm，因此，本例新建的文件尺寸为 21.6 厘米×29.1 厘米。

2. 依次将第 6.3.1 小节绘制的丝巾和第 6.3.2 小节绘制的邮票图形移动复制到新建的文件中，再分别调整至如图 6-95 所示的大小及位置。

3. 将素材文件中“图库\第 06 章”目录下名为“平面布置图.psd”和“地图.jpg”的文件打开，然后，将各平面图及地图移动复制到新建的文件中，再分别调整至如图 6-96 所示的大小及位置。

图 6-95　调整后的丝巾和邮票图形的大小及位置

图 6-96　调整后的布置图及地图图形的大小及位置

4. 新建图层，利用工具绘制矩形选区并为其填充白色，如图 6-97 所示，然后，按 Ctrl+D

组合键，去除选区。

5. 打开素材文件中“图库\第 06 章”目录下的“标志.psd”文件，然后，利用工具分别将标志图形及文字选择并移动到新建的文件中，调整至如图 6-98 所示的形态。

图 6-97　绘制的矩形图形

图 6-98　调整后的标志

6. 选择T工具，在丝巾的右侧输入如图 6-99 所示的文字，然后，继续利用T工具，在文字的下方输入如图 6-100 所示的文字。

图 6-99　输入的文字

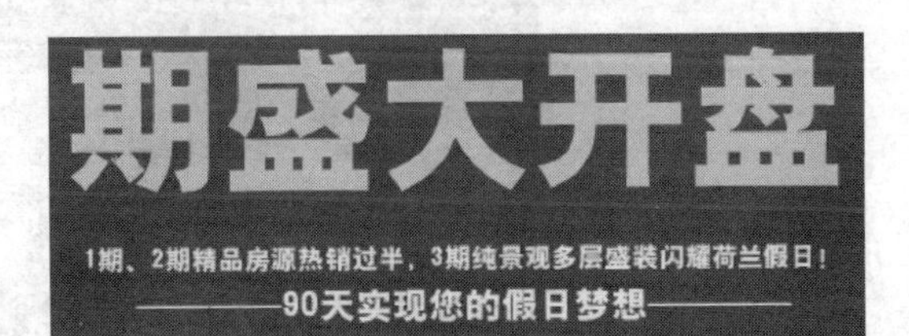

图 6-100　输入的文字

7. 灵活运用工具、工具及移动复制操作，依次绘制并复制出如图 6-101 所示的线形和圆角矩形。

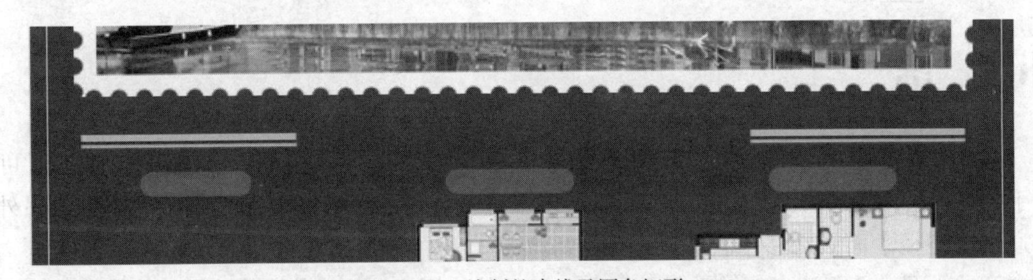

图 6-101　绘制的直线及圆角矩形

8. 选择T工具，依次输入如图 6-102 所示的文字。

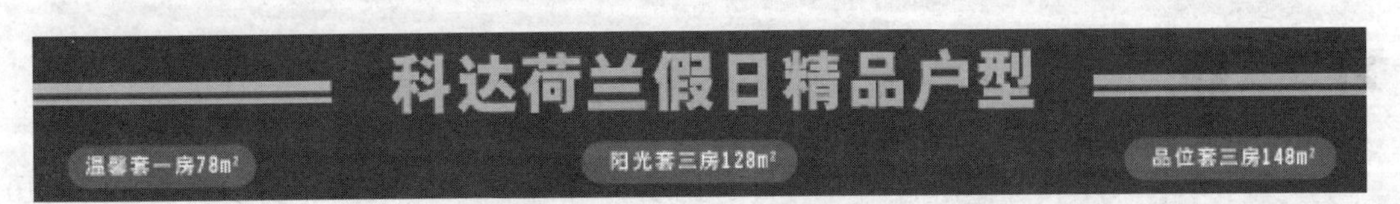

图 6-102　输入的文字

9. 继续利用T工具，在画面的下方输入如图 6-103 所示的文字，即可完成宣传单页的设计。

图 6-103 设计的宣传单页

10. 按Ctrl+S组合键，将此文件命名为“宣传单.psd”并保存。

小　结

本章主要讲解了各种路径工具、形状工具及 3D 工具的功能和使用方法，路径工具除了可以用于绘制一些其他选框工具无法绘制的复杂图形外，还可用于选择复杂背景中的图像。另外，可通过【路径】面板在路径和选区之间进行转换，还可以对路径进行填充或描边等操作。通过本章的学习，希望读者能够熟练掌握这些工具的使用方法，为将来在实际工作中绘制图形打下基础。

习　题

1. 打开素材文件中“图库\第 06 章”目录下的“人物.jpg”和“花园.jpg”文件，如图 6-104 所示，然后，利用路径工具将人物从背景中选择出来，移动复制到“花园.jpg”文件中，最后，利用【橡皮擦】工具修饰婚纱的透明质感，制作出如图 6-105 所示的画面效果。

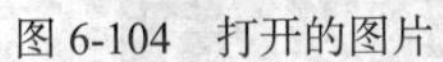

图 6-104　打开的图片

图 6-105　更换背景后的效果

2. 打开素材文件中"图库\第 06 章"目录下的"艺术照.jpg"文件，利用路径的描绘功能制作出如图 6-106 所示的炫光效果。

图 6-106　制作的炫光效果

第7章 文字工具与切片的应用

本章将讲解文字工具与切片的应用。文字的运用是平面设计中非常重要的一部分之一。在实际工作中，几乎每为一幅作品的设计都需要用文字内容来说明主题，将文字以更加丰富多彩的形式加以表现，是设计领域非常重要的一个创作主题。切片的运用是网络工作中不可缺少的一部分。本章将从文字的基本输入、字符及段落的基本设置到文字的转换、变形、跟随路径等编辑方法，详细介绍文字的编辑功能，另外，将通过创建切片、编辑切片，以及存储网页图片等内容来讲解切片工具的应用。

7.1 输入文字

利用 Photoshop 中的【文字】工具，可以在作品中输入文字，其使用方法与其他一些应用程序中的文字工具基本相同，Photoshop 强大的编辑功能，还可以对文字进行多姿多彩的特效制作和样式编辑，使设计的作品更加生动有趣。本节将讲解有关输入文字的方法及文字控制面板的设置。

7.1.1 将字体设置为中文显示

若安装 Photoshop 软件后，初次使用【文字】工具时，其属性栏中的字体名称都显示为英文字体，如图 7-1 所示。为了在选择中文字体时更加方便，可以对字体的显示进行设置。执行【编辑】/【首选项】/【文字】命令，在弹出的【首选项】对话框中将【以英文显示字体名称】复选项的勾选取消，如图 7-2 所示，然后，单击 确定 按钮，即可显示为中文字体名称，如图 7-3 所示。

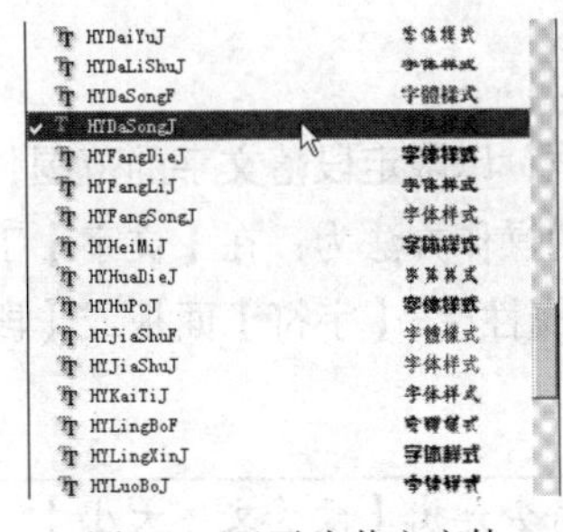

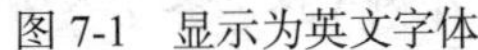

图 7-1　显示为英文字体

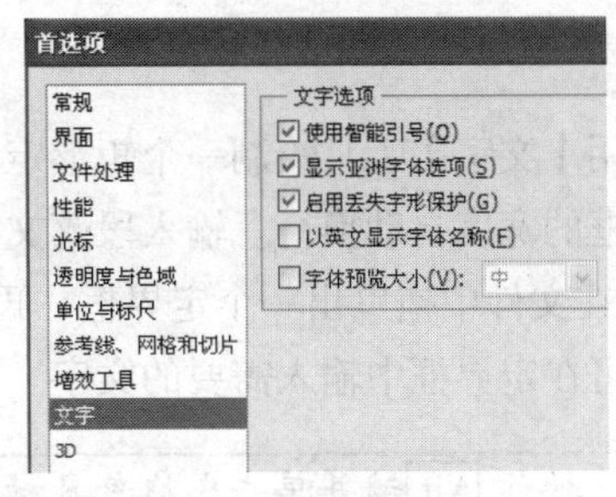

图 7-2　设置【首选项】

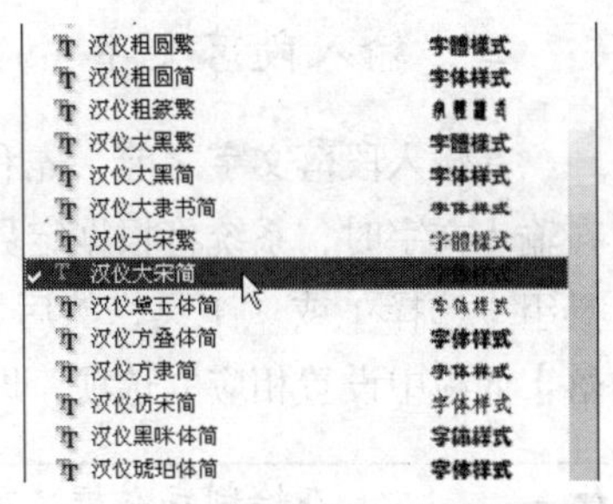

图 7-3　显示为中文字体

7.1.2　输入文字

【文字】工具组中有 4 种文字工具，即【横排文字】工具、【直排文字】工具、【横排文字蒙版】工具和【直排文字蒙版】工具。

可以利用文字工具在作品中输入点文字或段落文字。点文字适合在文字内容较少的画面中使用，例如，标题或需要制作特殊效果的文字；当作品中需要输入大量的说明性文字内容时，利用段落文字输入比较适合。以点文字输入的标题和以段落文字输入的文本内容如图 7-4 所示。

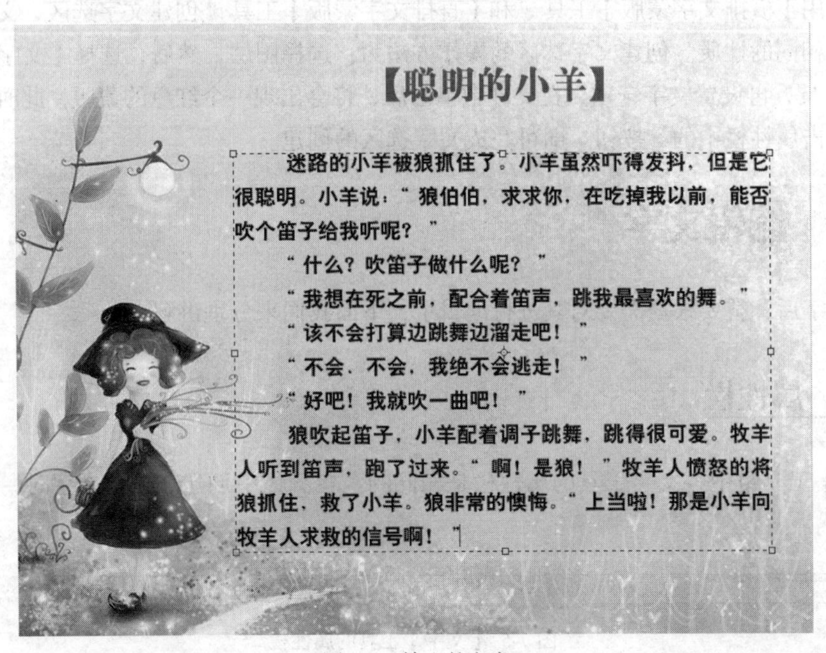

图 7-4　输入的文字

一、输入点文字

利用文字工具输入点文字时，每行文字都是独立的，行的长度随着文字的输入而不断增加，无论输入多少文字都是显示在一行内，只有按 Enter 键后才能切换到下一行输入文字。输入点文字的操作方法为：选择或工具，鼠标指针显示为文字输入，指针呈或形状，在文件中单击，指定输入文字的起点，然后，在属性栏或【字符】面板中设置相应的文字选项，再输入需要的文字即可。按 Enter 键可使文字切换到一下行，单击属性栏中的按钮，即可完成点文字的输入。

二、输入段落文字

在输入段落文字之前，先利用【文字】工具绘制一个矩形定界框，以限定段落文字的范围，在输入文字时，系统将根据定界框的宽度自动换行。输入段落文字的操作方法为：在【文字】工具组中选择T或IT工具，然后，在文件中拖曳出一个定界框，再在属性栏、【字符】面板或【段落】面板中设置相应的选项，即可在定界框中输入需要的文字。

在绘制定界框之前，按住 Alt 键并单击或拖曳鼠标，将会弹出【段落文字大小】对话框，在对话框中设置定界框的宽度和高度后，单击 确定 按钮，可以按照指定的大小绘制定界框。

文字输入到定界框的右侧时将自动切换到下一行。输入一段文字后，按 Enter 键可以切换到下一段输入文字。如果输入的文字太多，定界框中无法全部容纳时，定界框右下角将出现溢出标记符号⊞，此时，可以通过拖曳定界框四周的控制点来调整定界框的大小，以显示全部的文字内容。文字输入完成后，单击属性栏中的✔按钮，即可完成段落文字的输入。

三、创建文字选区

可以使用【横排文字蒙版】工具和【直排文字蒙版】工具创建文字选区，文字选区具有与其他选区相同的性质。创建文字选区的操作方法为：选择图层，然后，选择【文字】工具组中的或工具，再设置文字选项，在文件中单击后，将会出现一个红色的蒙版，此时，输入需要的文字，单击属性栏中的✔按钮，即可完成文字选区的创建。

7.2 编辑文字

输入文字后，就要根据需要对其进行编辑了，下面我们来分别讲解。

7.2.1 属性栏

【文字】工具组中各文字工具的属性栏是相同的。在图像中创建和编辑文字时，属性栏如图 7-5 所示。

图 7-5 【文字】工具的属性栏

- 【更改文本方向】按钮：单击此按钮，可以将水平方向的文本更改为垂直方向，或者将垂直方向的文本更改为水平方向。
- 【设置字体系列】Arial：此下拉列表中的字体用于设置输入文字的字体；也可以将输入的文字选择后，再在字体列表中重新设置字体。
- 【设置字体样式】Regular：可以在此下拉列表中设置文字的字体样式，包括 Regular（规则）、Italic（斜体）、Bold（粗体）和 Bold Italic（粗斜体）4 种字型。注意，当在字体列表中选择英文字体时，此列表中的选项才可用。

- 【设置字体大小】：用于设置文字的大小。
- 【设置消除锯齿的方法】：用于确定文字边缘消除锯齿的方式，包括【无】、【锐利】、【犀利】、【浑厚】和【平滑】5 种方式。
- 对齐方式按钮：在使用【横排文字】工具输入水平文字时，对齐方式按钮显示为，分别为“左对齐”、“水平居中对齐”和“右对齐”；当使用【直排文字】工具输入垂直文字时，对齐方式按钮显示为，分别为“顶对齐”、“垂直居中对齐”和“底对齐”。
- 【设置文本颜色】色块：单击此色块后，可以在弹出的【拾色器】对话框中设置文字的颜色。
- 【创建文字变形】按钮：单击此按钮，将弹出【变形文字】对话框，用于设置文字的变形效果。
- 【取消所有当前编辑】按钮：单击此按钮，可取消文本的输入或编辑操作。
- 【提交所有当前编辑】按钮：单击此按钮，可确认文本的输入或编辑操作。

7.2.2 【字符】面板

执行【窗口】/【字符】命令，或者单击【文字】工具属性栏中的按钮，或者单击工作区面板中的【字符】面板图标，都将弹出【字符】面板，如图 7-6 所示。

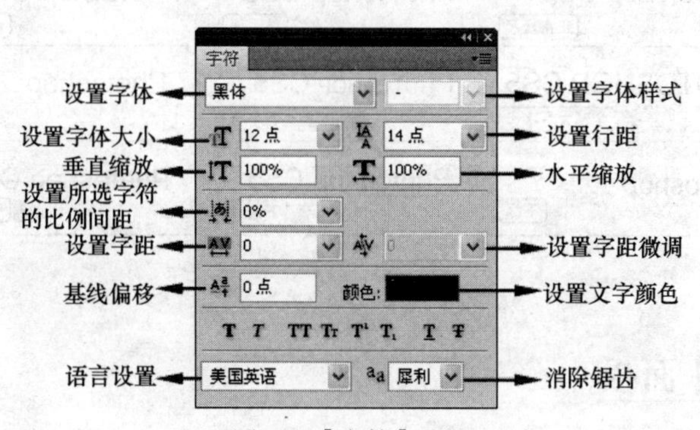

图 7-6 【字符】面板

在【字符】面板中设置字体、字号、字型和颜色的方法与属性栏相同，在此不再赘述。下面介绍设置字间距、行间距和基线偏移等选项的功能。

- 【设置行距】：用于设置文本中每行文字之间的距离。
- 【垂直缩放】和【水平缩放】：用于设置文字在垂直方向和水平方向的缩放比例。
- 【设置所选字符的比例间距】：用于设置所选字符的间距缩放比例。可以在此下拉列表中选择 0%～100%的缩放数值。
- 【设置字距】：用于设置文本中相邻两个文字之间的距离。
- 【设置字距微调】：用于设置相邻两个字符之间的距离。设置此选项时不需要选择字符，只需在字符之间单击以指定插入点，然后，设置相应的参数即可。
- 【基线偏移】：用于设置文字由基线位置向上或向下偏移的高度。在文本框中输入正值，可使横排文字向上偏移，直排文字向右偏移；输入负值，可使横排文字向下偏移，直排文字向左偏移，效果如图 7-7 所示。

- 【语言设置】：可在此下拉列表中选择不同国家的语言，主要包括美国、英国、法国及德国等。

0点　　20点　　-20点

Photoshop CS5　Photoshop CS5　Photoshop CS5

图 7-7　文字偏移效果

【字符】面板中各按钮的含义分述如下。

- 【仿粗体】按钮：可以将当前选择的文字加粗显示。
- 【仿斜体】按钮：可以将当前选择的文字倾斜显示。
- 【全部大写字母】按钮：可以将当前选择的小写字母变为大写字母显示。
- 【小型大写字母】按钮：可以将当前选择的字母变为小型大写字母显示。
- 【上标】按钮：可以将当前选择的文字变为上标显示。
- 【下标】按钮：可以将当前选择的文字变为下标显示。
- 【下划线】按钮：可以在当前选择的文字下方添加下划线。
- 【删除线】按钮：可以在当前选择的文字中间添加删除线。

激活不同按钮时的字母效果如图 7-8 所示。

Photoshop CS5 正常显示	**Photoshop CS5** 仿粗体	*Photoshop CS5* 仿斜体
PHOTOSHOP CS5 全部大写字母	PHOTOSHOP CS5 小型大写字母	Photoshop CS5 上标
Photoshop CS5 下标	Photoshop CS5 下划线	~~Photoshop CS5~~ 删除线

图 7-8　文字效果

7.2.3 【段落】面板

【段落】面板的主要功能是设置文字对齐方式及缩进量。

当选择横向的文本时，【段落】面板如图 7-9 所示，最上一行各按钮的功能分述如下。

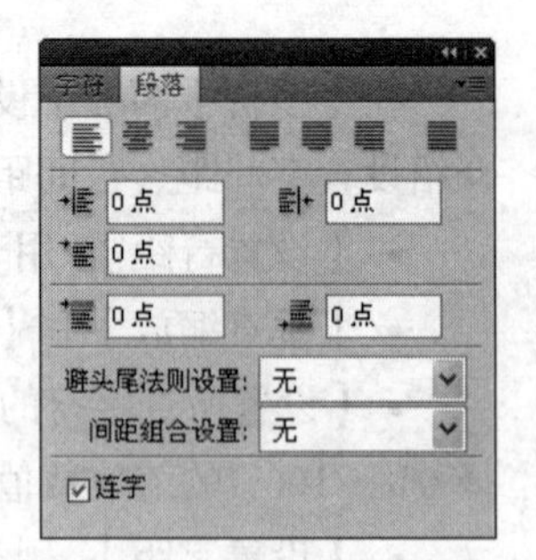

图 7-9 【段落】面板

- 按钮：这 3 个按钮用于设置横向文本的对齐方式，分别为左对齐、居中对齐和右对齐。
- 按钮：只有在图像文件中选择段落文本时，这 4 个按钮才可用。它们用于调整段落中最后一行的对齐方式，分别为左对齐、居中对齐、右对齐和两端对齐。

当选择竖向的文本时，【段落】面板最上一行各按钮的功能分述如下。

- 按钮：这 3 个按钮用于设置竖向文本的对齐方式，分别为顶对齐、居中对齐和底对齐。
- 按钮：只有在图像文件中选择段落文本时，这 4 个按钮才可用。它们用于调整段落中最后一列的对齐方式，分别为顶对齐、居中对齐、底对齐和两端对齐。

- 【左缩进】：用于设置段落左侧的缩进量。
- 【右缩进】：用于设置段落右侧的缩进量。
- 【首行缩进】：用于设置段落第一行的缩进量。
- 【段前添加空格】：用于设置每段文本与前一段之间的距离。
- 【段后添加空格】：用于设置每段文本与后一段之间的距离。
- 【避头尾法则设置】和【间距组合设置】：用于编排日语字符。
- 【连字】：勾选此复选项后，将允许使用连字符连接单词。

7.2.4　文字的输入与编辑

下面以实例的形式来学习文字的基本输入方法，以及利用【字符】面板和【段落】面板设置文字属性的操作方法。

输入文字并编辑

1. 打开素材文件中"图库\第 07 章"目录下的"背景.jpg"文件。

2. 选择T工具，将鼠标光标移动到画面的上方，单击鼠标左键，单击的位置将出现文本输入光标，如图 7-10 所示。

3. 选取适合自己的输入法，比如，使用"智能 ABC"输入法。

图 7-10　显示的文本输入光标

提示

按 Ctrl+Shift 组合键，可在 Windows 系统安装的输入法之间进行切换；按 Ctrl+Enter 组合键，可以在当前使用的输入法与英文输入法之间进行切换；当选择英文输入法时，反复按 Caps Lock 键，可以在输入英文字母的大小写之间进行切换。

4. 在输入法右侧的图标上单击鼠标右键，在弹出的菜单中选择【标点符号】选项，即可弹出软键盘，用于输入特殊的符号。

5. 在软键盘中分别单击如图 7-11 所示的方括号键，在画面中输入方括号，如图 7-12 所示。

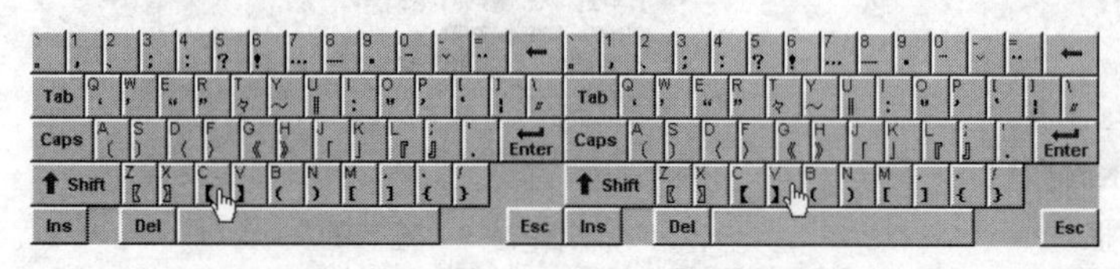

图 7-11　单击的符号

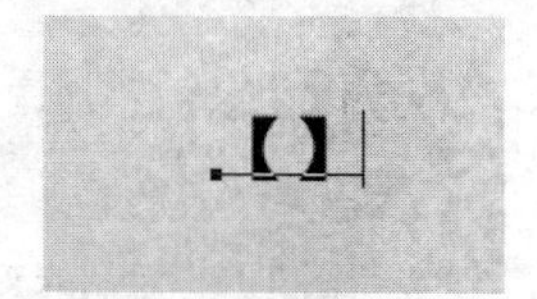

图 7-12　输入的方括号

6. 单击图标关闭软键盘，然后，按键盘中向左的方向键，将画面中的文字输入指针移动到方括号之内，如图 7-13 所示。

7. 在方括号之内输入如图 7-14 所示的文字。

【|】

图 7-13　文字输入光标移动的位置

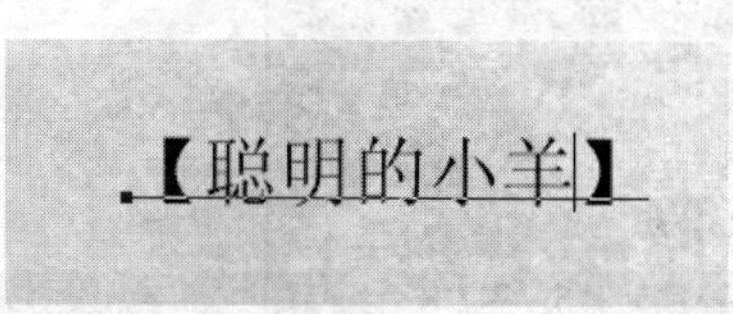

【聪明的小羊】

图 7-14　输入的文字

8. 按键盘中向右的方向键，将文字输入光标移动到所有文字的最右侧，然后，按住 Shift 键并反复按向左的方向键，将输入的文字全部选择。

9. 单击文字工具属性栏中的按钮，在弹出的【字符】面板中设置各项参数，如图 7-15 所示，其中文本的颜色为深绿色（R:50,G:100）。

10. 单击属性栏中的按钮，确定文字的字体、字号及颜色编辑，效果如图 7-16 所示。

“汉仪粗宋简”字体是 Windows 系统外的字体，需要读者购买或到相应网站下载该字体后，进行安装才可以使用，具体安装方法为：复制下载的字体，将其粘贴到计算机的默认安装路径“C:\WINDOWS\Fonts”下即可。

11. 再次选择工具，单击属性栏中的按钮，在弹出的【字符】面板中设置各项参数，如图 7-17 所示。

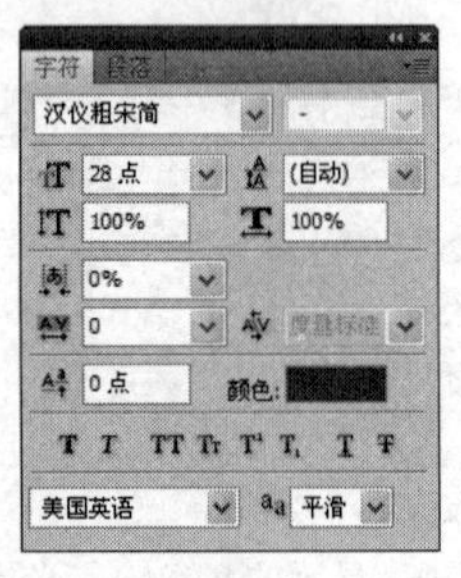

图 7-15　设置的字体、字号及颜色

图 7-16　编辑后的文字效果

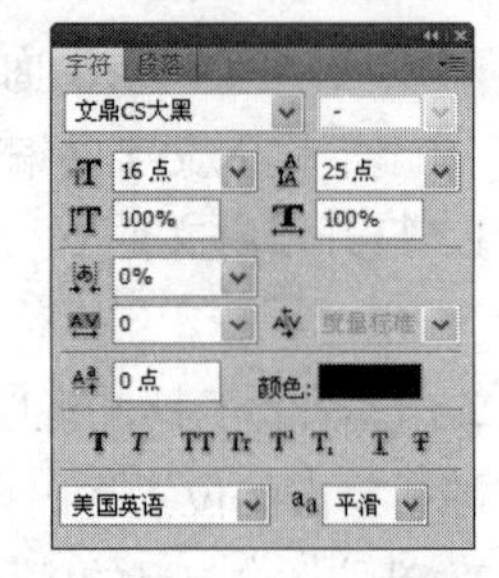

图 7-17　设置的参数

12. 将鼠标指针移动到输入文字的下方位置并拖曳鼠标，绘制出如图 7-18 所示的文本定界框，然后，依次输入如图 7-19 所示的文字，最后，单击按钮确认。

图 7-18　绘制的文本定界框

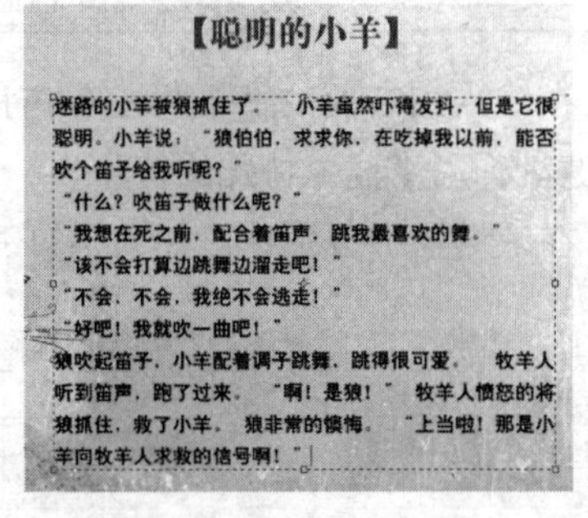

图 7-19　输入的文字

13. 单击【段落】选项卡，然后，设置参数，如图 7-20 所示。设置文字首行缩进和段落前间距后的效果如图 7-21 所示。

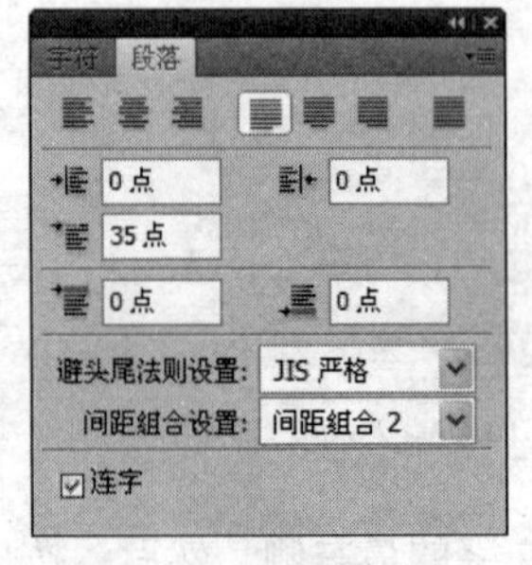

图 7-20　设置的参数

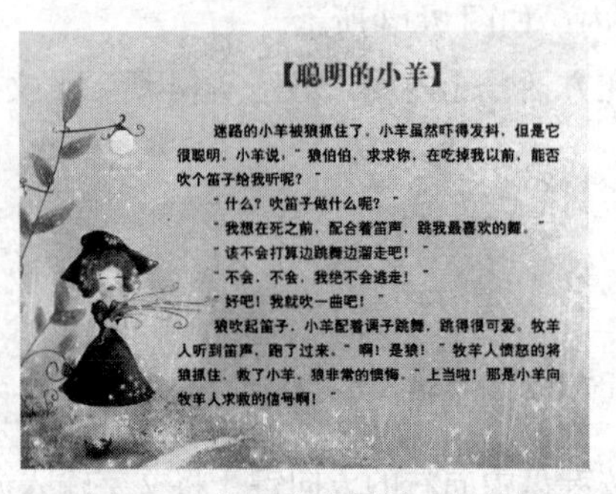

图 7-21　设置段落属性后的效果

14. 按Shift+Ctrl+S组合键，将此文件命名为“文字输入练习.psd”并保存。

7.3 转换文字

利用 Photoshop 中的文字工具在作品中输入文字后，还可以通过 Photoshop 强大的编辑功能，对文字进行多姿多彩的特效制作和样式编辑，使设计出的作品更加生动有趣。文字转换的具体操作分别如下。

7.3.1 将文字转换为路径

执行【图层】/【文字】/【创建工作路径】命令，可以将文字转换为路径，转换后，文字将以临时路径“工作路径”出现在【路径】面板中。在文字图层中创建的工作路径可以像其他路径一样存储和编辑，但不能将此路径形态的文字再作为文本进行编辑。将文字转换为工作路径后，原文字图层保持不变并可继续进行编辑。

7.3.2 将文字转换为形状

执行【图层】/【文字】/【转换为形状】命令，可以将文字图层转换为具有矢量蒙版的形状图层，此时，可以通过编辑矢量蒙版来改变文字的形状，或者为其应用图层样式，但是，无法在图层中将字符再作为文本进行编辑了。

7.3.3 将文字层转换为工作层

许多编辑命令和编辑工具都无法在文字层中使用，必须先将文字层转换为普通层后才可使用相应命令，其转换方法有以下 3 种。

（1）将要转换的文字层设置为工作层，然后，执行【图层】/【栅格化】/【文字】命令，即可将其转换为普通层。

（2）在【图层】面板中要转换的文字层上单击鼠标右键，在弹出的右键菜单中选择【栅格化文字】命令。

（3）在文字层中使用编辑工具或命令（如【画笔】工具、【橡皮擦】工具和各种【滤镜】命令等）时，将会弹出【Adobe Photoshop】询问面板，直接单击 确定 按钮，也可以将文字栅格化。

7.3.4 转换点文本与段落文本

在实际操作中，经常需要将点文字转换为段落文字，以便在定界框中重新排列字符，或者将段落文字转换为点文字，使各行文字独立地排列。

转换方法非常简单。在【图层】面板中选择要转换的文字层，确保文字没有处于被编辑状态，然后，执行【图层】/【文字】/【转换为点文本】或【转换为段落文本】命令，即可完成点文字与段落文字之间的相互转换。

7.4 变形文字

利用文字的变形命令，可以扭曲文字以生成扇形、弧形、拱形和波浪形等各种不同形态的特殊文字效果。对文字应用变形后，还可随时更改文字的变形样式以改变文字的变形效果。

单击属性栏中的按钮，弹出【变形文字】对话框，可以在此对话框中设置输入文字的变形效果。注意，此对话框中的选项默认状态都显示为灰色，只有在【样式】下拉列表中选择除【无】以外的其他选项后才可调整，如图 7-22 所示。

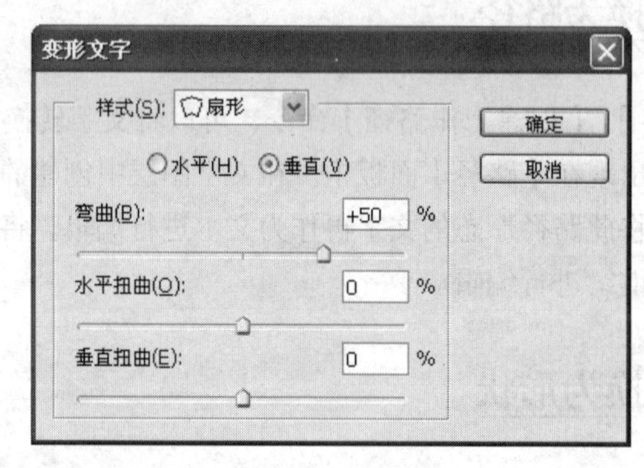

图 7-22 【变形文字】对话框

- 【样式】：此下拉列表中包含 15 种变形样式，选择不同样式产生的文字变形效果如图 7-23 所示。
- 【水平】和【垂直】：用于设置文本是在水平方向还是在垂直方向上进行变形。
- 【弯曲】：用于设置文本扭曲的程度。
- 【水平扭曲】和【垂直扭曲】：用于设置文本在水平或垂直方向上的扭曲程度。

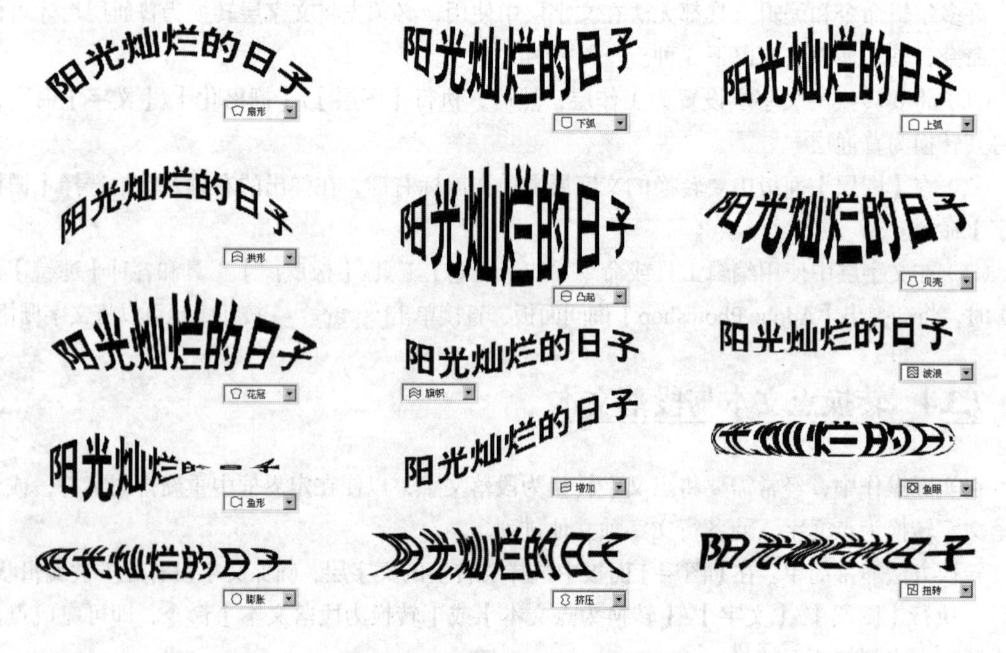

图 7-23 各种文字变形效果

7.5 路径文字

在 Photoshop CS5 中，可以利用文字工具沿着路径输入文字，路径可以是用【钢笔】工具或【矢量形状】工具创建的任意形状路径，在路径边缘或内部输入文字后，还可以移动路径或更改路径的形状，文字也会顺应新的路径位置或形状而改变。沿路径输入文字的效果如图 7-24 所示。

图 7-24　沿路径输入文字的效果

一、编辑路径上的文字

可以利用 或 工具移动路径上文字的位置，其操作方法为：选择这两个工具中的一个，将鼠标指针移动到路径上文字的起点位置，此时，鼠标指针会变为 形状，在路径的外侧沿着路径拖曳鼠标指针，即可移动文字在路径上的位置，如图 7-25 所示。

当鼠标指针显示 形状时，在圆形路径内侧单击或拖曳鼠标光标，文字将会跨越到路径的另一侧，如图 7-26 所示。通过设置【字符】面板中的“设置基线偏移”，可以调整文字与路径之间的距离。

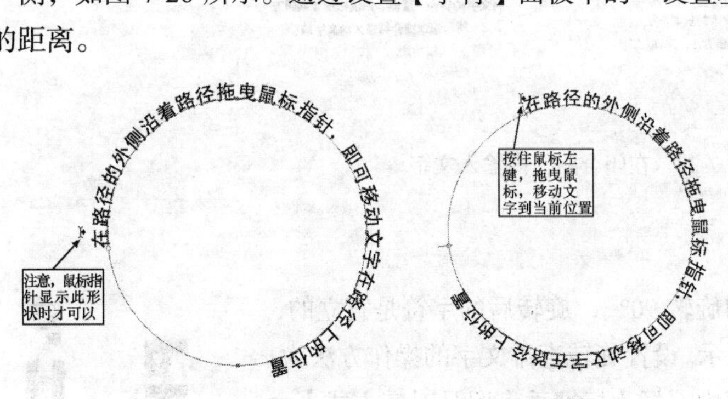

图 7-25　移动文字在路径上的位置

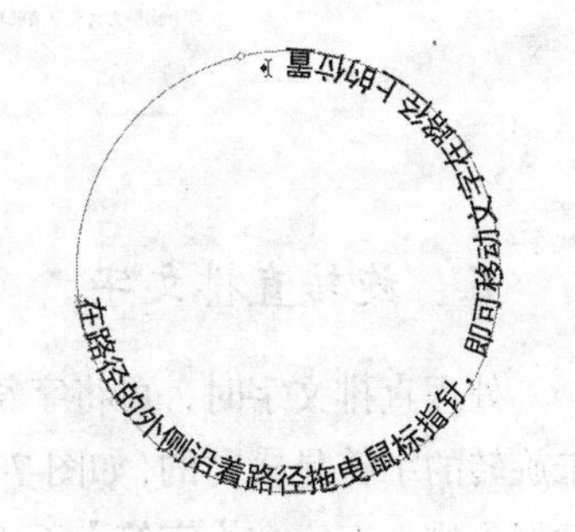

图 7-26　文字跨越到路径的另一侧

二、隐藏和显示路径上的文字

选择 工具或 工具，将鼠标指针移动到路径文字的起点或终点位置，当鼠标指针显示为 形状时，顺时针或逆时针方向拖曳鼠标光标，可以在路径上隐藏部分文字，此时，文字终点的鼠标图标显示为⊕形状，当拖曳至文字的起点位置时，文字将全部被隐藏，若再拖曳鼠标指针，文字又会在路径上显示。

三、改变路径的形状

当路径的形状发生变化后，跟随路径的文字将继续跟随路径一起发生变化。利用 工具、工具、工具或工具都可以调整路径的形状，如图 7-27 所示。

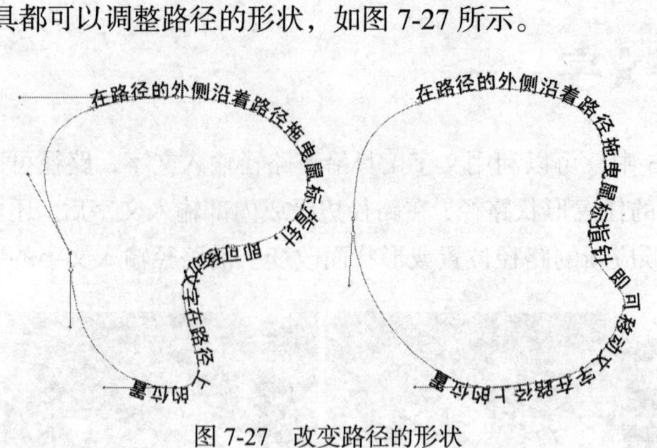

图 7-27　改变路径的形状

四、在闭合路径内输入文字

在闭合路径内输入文字相当于创建段落文字，输入方法为：选择工具或工具，将鼠标指针移动到闭合路径内，当鼠标指针显示为形状时，单击指定插入点，路径内会出现闪烁的指针，且路径外出现文字定界框，此时，即可输入文字，如图 7-28 所示。

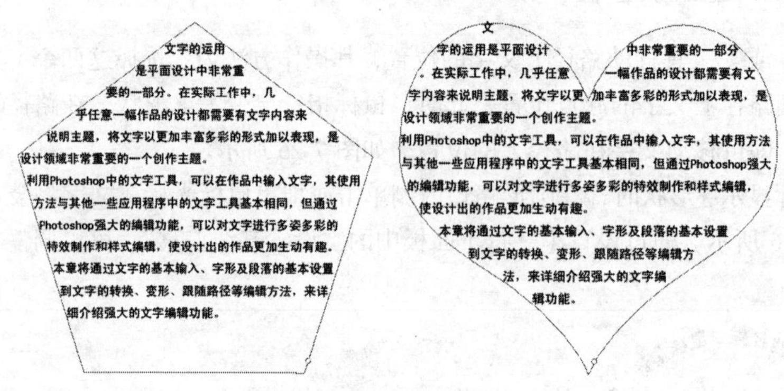

图 7-28　在闭合路径内输入文字

五、旋转直排文字

处理直排文字时，可将字符方向旋转 90°，旋转后的字符是直立的，未旋转的字符是横向的，如图 7-29 所示。设置旋转直排文字的操作方法为：选择直排文字，在【字符】面板菜单中选择【标准垂直罗马对齐方式】命令（复选标记表示已选中该选项），执行此命令即可旋转直排文字或取消旋转。

PHOTO　PHOTO

图 7-29　旋转直排文字

图 7-30 所示为选择和不选择【标准垂直罗马对齐方式】命令时，文字在路径上的旋转效果。注意，【标准垂直罗马对齐方式】命令不能用来旋转双字节字符，如中文文字。

六、使用【直排内横排】命令旋转字符

在【字符】面板菜单中选择【直排内横排】命令，可以将直排文字行中的部分英文字符或数字字符设置为横排，如图 7-31 所示。

图 7-30　文字在路径上的旋转效果

图 7-31　旋转的字符

7.6　切片的应用

用于网页的图片与普通图片不同，网页图片要求在保证图片质量的前提下，尽量减小图像文件的大小，从而减少图片在网页中的显示时间。

利用 Photoshop 提供的图像切片功能，可以把设计好的网页版面按照不同的功能划分为大小不同的矩形区域，当优化保存网页图片时，各个切片将作为独立的文件将图片保存，优化过的图片在网页上显示时，显示速度会提高。本节将介绍有关切片的知识。

7.6.1　切片的类型

图像的切片分为以下 3 种类型。

- 用户切片：利用【切片】工具创建的切片为用户切片，切片四周以实线表示。
- 基于图层的切片：执行【图层】/【新建基于图层的切片】命令创建的切片为基于图层的切片。
- 自动切片：在创建用户切片和基于图层的切片时，图像中剩余的区域将自动添加切片，称为自动切片，其四周以虚线表示。

7.6.2　创建切片

为图像创建切片的方法有以下 3 种。

一、用切片工具创建切片

将素材文件中“图库\第 07 章”目录下的“摄影网站.psd”文件打开，在工具箱中选择【切片】工具，按下鼠标左键并拖曳鼠标，释放鼠标左键后，即可在画面中绘制出如图 7-32 所示的切片。

二、基于参考线创建切片

如果在图像文件中按照切片的位置需要添加了参考线，在工具箱中选择工具后，单击属性栏中的 基于参考线的切片 按钮，即可根据参考线添加切片，如图 7-33 所示。

图 7-32　创建的切片

图 7-33　创建的基于参考线的切片

三、基于图层创建切片

对于 PSD 格式分层的图像来说，可以根据图层来创建切片，创建的切片会包含图层中所有的图像内容，如果移动该图层或编辑其内容时，切片将自动跟随图层中的内容一起进行调整。在【图层】面板中选择需要创建切片的图层，如图 7-34 所示。执行【图层】/【新建基于图层的切片】命令，即可完成切片的创建，如图 7-35 所示。

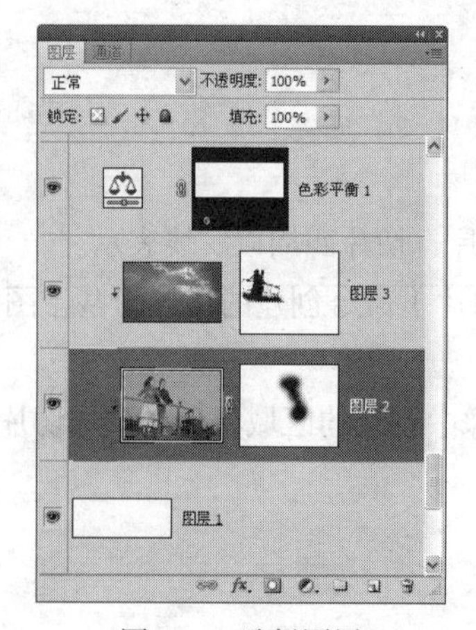

图 7-34　选择图层

图 7-35　创建的基于图层的切片

7.6.3　编辑切片

下面介绍切片的各种编辑操作。

一、选择切片

选择【切片选择】工具，直接在自动切片区域单击，即可将切片选择。

二、调整切片

被选择的切片四周会显示控制点，直接拖动控制点即可改变切片区域大小。

三、删除切片

直接按 Delete 键，即可把选择的切片删除，执行【视图】/【清除切片】命令，可以删除图像中的所有切片。

四、划分切片

先用【切片选择】工具选择需要划分的切片，如图7-36所示。

图7-36 选择切片

单击属性栏中的 划分... 按钮，在弹出的【划分切片】面板中设置划分切片的方式及个数，如图7-37所示。单击 确定 按钮即可得到如图7-38所示的划分切片。

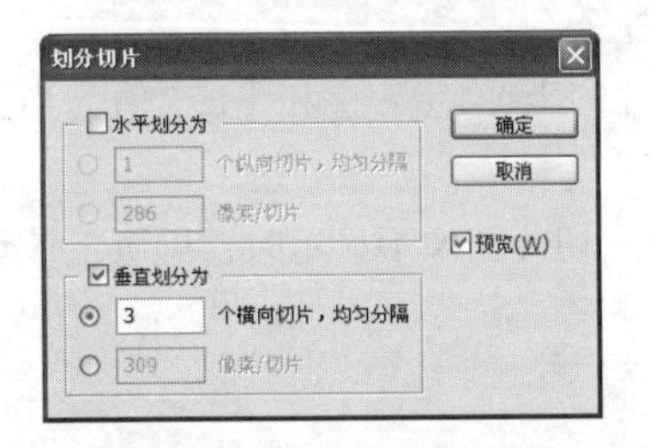

图7-37 【划分切片】面板

图7-38 划分的切片

五、显示/隐藏切片

在图像文件中创建了切片后，执行【视图】/【显示】/【切片】命令，即可将切片隐藏，再次执行该命令可以将切片显示。

六、转换切片

因为自动切片和基于图层的切片会随内容的变换而发生变换或自动更新，所以，有时需要将自动切片和基于图层的切片转换为用户切片。转换方法为：选择工具，在切片区域内单击鼠标右键，在弹出的菜单中执行【提升到用户切片】命令即可。

7.6.4 设置切片选项

切片的功能不仅仅是将图像分成较小的部分以便于在网页上显示，适当地设置切片的选项，还可以实现一些链接及信息提示等功能。

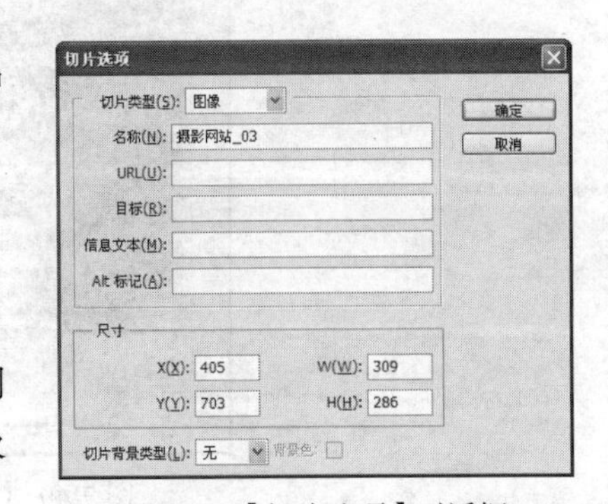

图7-39 【切片选项】对话框

选择工具，在图像窗口中选择一个切片，单击属性栏中的【为当前切片设置选项】按钮，或者直接在切片内双击，即可弹出如图 7-39 所示的【切片选项】对话框。

- 【切片类型】选项：选择【图像】选项，表示当前切片在网页中显示为图像。选择【无图像】选项，表明当前切片的图像不在网页中显示，但可以设置为显示一些文字信息。有关【无图像】选项的内容，后面会具体介绍。选择【表】选项，可以在切片中加入嵌套表，这涉及 Image-Ready 的内容，本书不进行介绍。
- 【名称】选项：用于显示当前切片的名称，也可自行设置，如“果盘-01”，表示当前打开的图像文件名称为“果盘”，当前切片的编号为“01”。
- 【URL】选项：用于设置在网页中单击当前切片可链接的网络地址。
- 【目标】选项：用于确定在网页中单击当前切片时，是在网络浏览器中弹出一个新窗口来打开链接网页，还是在当前窗口中直接打开链接网页。输入“-self”表示在当前窗口中打开链接网页，输入“-Blank”表示在新窗口打开链接网页，如果不在【目标】框中输入内容，默认为在新窗口打开链接网页。
- 【信息文本】选项：用于设置当鼠标指针移动到当前切片上时，网络浏览器下方信息行中显示的内容。
- 【Alt 标记】选项：用于设置当鼠标指针移动到当前切片上时，弹出的提示信息。当网络上不显示图片时，图片位置将显示为【Alt 标记】框中的内容。
- 【尺寸】选项：其下的【X】和【Y】值为当前切片的坐标，【W】和【H】值为当前切片的宽度和高度。
- 【切片背景类型】选项：用于设置切片背景的颜色。切片图像不显示时，网页上该切片相应的位置上将显示背景颜色。

7.6.5 优化存储网页图片

在 Photoshop 中处理图像切片的最终目的是将其发布到网上，所以，要把它们保存为网页的格式。

将一副图像的切片设置完成后，执行【文件】/【存储为 Web 和设备所用格式】命令，弹出【存储为 Web 和设备所用格式】对话框，如图 7-40 所示。

图 7-40 【存储为 Web 和设备所用格式】对话框

（1）查看优化效果：对话框左上角为查看优化图片的 4 个选项卡。单击【原稿】选项卡，则显示图片未进行优化的原始效果；单击【优化】选项卡，则显示图片优化后的效果；单击【双联】选项卡，则可以同时显示图片的原稿和优化后的效果；单击【四联】选项卡，则可以同时显示图片的原稿和 3 个版本的优化效果。

（2）查看图像的工具：在对话框左侧有 6 个工具按钮，分别用于查看图像的不同部分、放大或缩小视图、选择切片、设置颜色、隐藏和显示切片标记。

（3）优化设置：对话框的右侧为进行优化设置的区域。可以在【预设】列表中根据对图片质量的要求设置不同的优化格式，不同优化格式下的优化设置选项也不同，图 7-41 所示为分别设置“GIF”、“JPEG”和“PNG”格式后，所显示的不同优化设置选项。

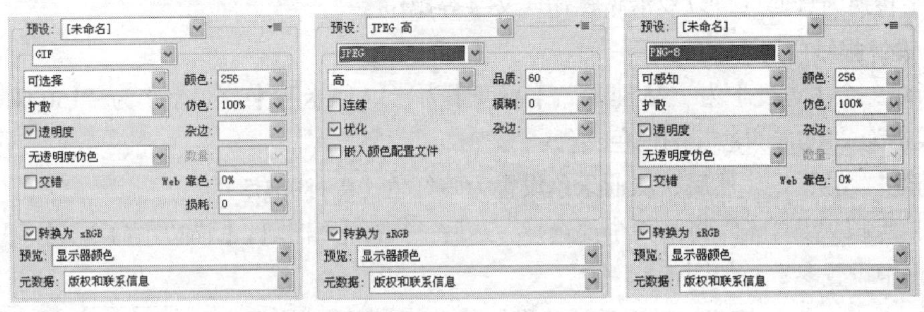

图 7-41　优化设置选项

对于“GIF”和“PNG”格式的图片，可以适当设置【损耗】和减小【颜色】数值以得到较小的文件，一般设置不超过“10”的损耗值即可；对于“JPEG”格式的图片，可以适当降低图像的【品质】来得到较小的文件，一般设置为“40”左右即可。如果图像文件是删除了“背景”层而包含透明区域的图层，可以在【杂边】右侧设置用于填充图像透明图层区域的背景色。

（4）【图像大小】选项卡：单击该选项，可以根据需要自定义图像的大小。

所有选项设置完成后，可以通过浏览器查看效果。单击【存储为 Web 和设备所用格式】对话框左下角的 按钮，即可在浏览器中浏览该图像效果，如图 7-42 所示。向下拖动滑块，可显示图像输出的一些数据信息，如图 7-43 所示。

图 7-42　在浏览器中浏览图像效果

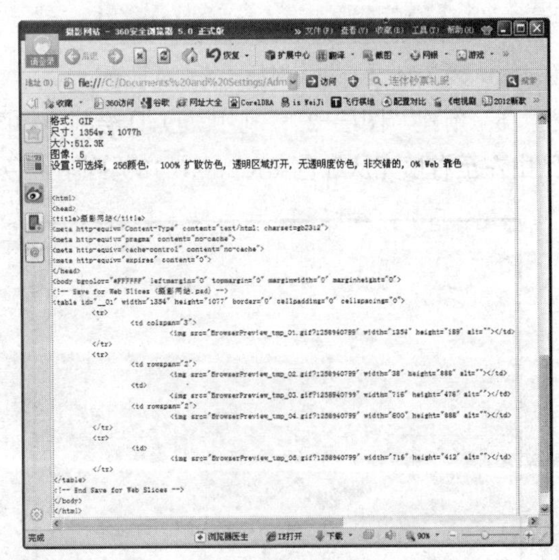

图 7-43　显示的数据信息

关闭该浏览器，单击 存储 按钮，将弹出【将优化结果存储为】对话框，如果在【保存类型】下拉列表中选择“HTML 和图像”选项，那么，文件存储后会把所有的切片图像文件保存并生成一个“*.html”格式的网页文件；如果设置“仅限图像”选项，则只会把所有的切片图像文件保存，而不生成“*.html”格式的网页文件；如果设置“仅限 HTML”选项，则保存一个“*.html”格式的网页文件，而不保存切片图像。

7.7 综合案例——设计报纸广告

本节将运用文字工具来设计“景山花园”的报纸广告。在设计过程中，将涉及输入与编辑文字、将文字转换为普通层，以及沿路径输入文字等操作。

设计报纸广告

1. 新建一个【宽度】为“25 厘米”、【高度】为“17 厘米”、【分辨率】为“150 像素/英寸”、【颜色模式】为“RGB 颜色”的白色文件。

2. 新建“图层 1”，然后，将前景色设置为暗红色（R:180,B:5）。

3. 按 Ctrl+A 组合键，将画面全部选择，然后，执行【编辑】/【描边】命令，在弹出的【描边】对话框中设置参数，如图 7-44 所示。

4. 单击 确定 按钮，描边后的效果如图 7-45 所示，然后，按 Ctrl+D 组合键，将选区删除。

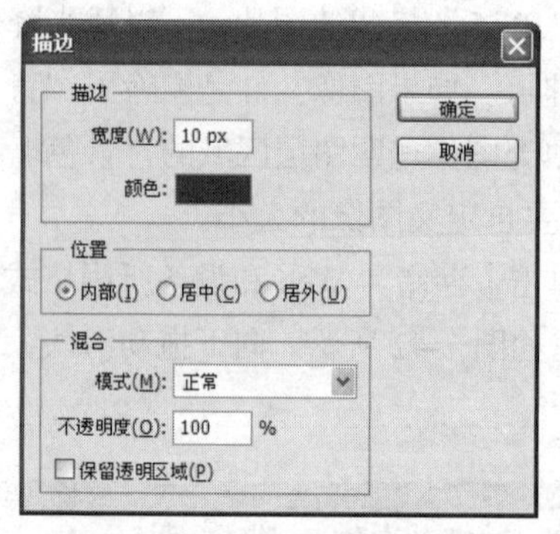

图 7-44 【描边】对话框的参数设置

图 7-45 描边后的效果

5. 新建“图层 2”，利用工具绘制出如图 7-46 所示的矩形选区，然后，利用工具为选区由左至右填充从红色（R:230,B:18）到暗红色（R:165）的线性渐变色，效果如图 7-47 所示。

图 7-46 绘制的选区

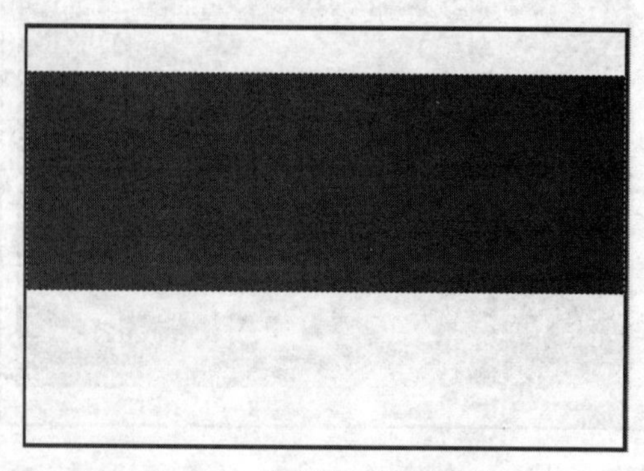

图 7-47 填充渐变色后的效果

6. 按 Ctrl+D 组合键，去除选区，然后，将素材文件中"图库\第 07 章"目录下的"花纹.psd"文件打开，再利用工具将"图层 1"中的花纹移动复制到新建文件中，生成"图层 3"。

7. 按 Ctrl+T 组合键，为"图层 3"中的花纹图形添加自由变换框，将其调整至如图 7-48 所示的形状，然后，按 Enter 键，确认图像的变换操作。

8. 将"图层 3"的图层混合模式设置为"点光"，更改混合模式后的图像效果如图 7-49 所示。

图 7-48　调整后的图像形状

图 7-49　更改混合模式后的图像效果

9. 将"花纹.psd"文件中"图层 2"的花纹移动复制到新建文件中，生成"图层 4"。

10. 按 Ctrl+T 组合键，为"图层 4"中的花纹图形添加自由变换框，将其调整至如图 7-50 所示的形状，然后，按 Enter 键，确认图像的变换操作。

11. 将"图层 4"的图层混合模式设置为"柔光"，更改混合模式后的图像效果如图 7-51 所示。

图 7-50　调整后的图像形状

图 7-51　更改混合模式后的图像效果

12. 选择工具，单击属性栏中的按钮，在弹出的【字符】面板中设置参数，如图 7-52 所示，然后，将鼠标光标移动到画面中并单击鼠标左键，输入如图 7-53 所示的白色文字。

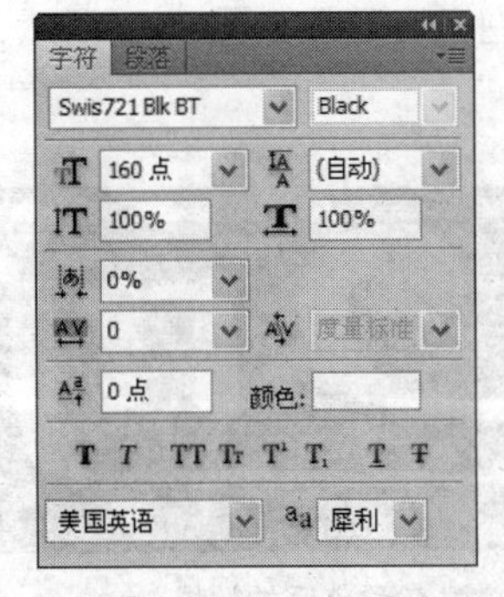

图 7-52 【字符】面板的参数设置

图 7-53　输入的文字

13. 执行【图层】/【栅格化】/【文字】命令，将文字层转换为普通层，转换前后的【图层】面板如图 7-54 所示。

14. 用工具绘制矩形选区，将“月”字选中，如图 7-55 所示。

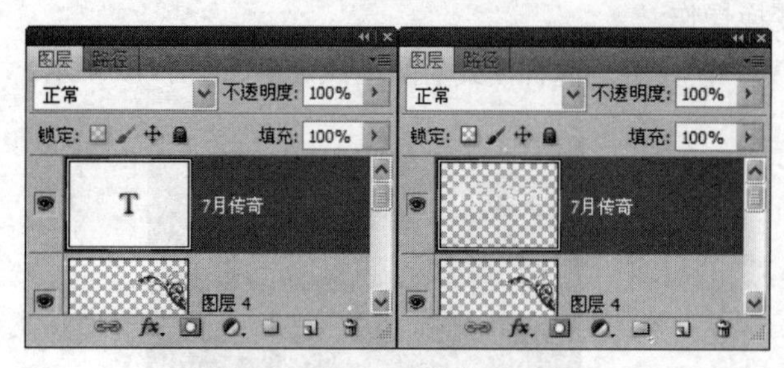

图 7-54　将文字层转换为普通层

图 7-55　绘制的选区

15. 按 Ctrl+T 组合键，为选择的文字添加自由变换框，将其调整至如图 7-56 所示的形状，然后，按 Enter 键，确认文字的变换操作。

16. 用与步骤 14～步骤 15 相同的方法依次将文字调整至如图 7-57 所示的形状。

图 7-56　调整后的文字形状

图 7-57　调整后的文字形状

17. 选择工具，按住 Shift 键并依次绘制出如图 7-58 所示的选区。

18. 按 Delete 键，将选择的内容删除，效果如图 7-59 所示，然后，将选区去除。

图 7-58　绘制的选区

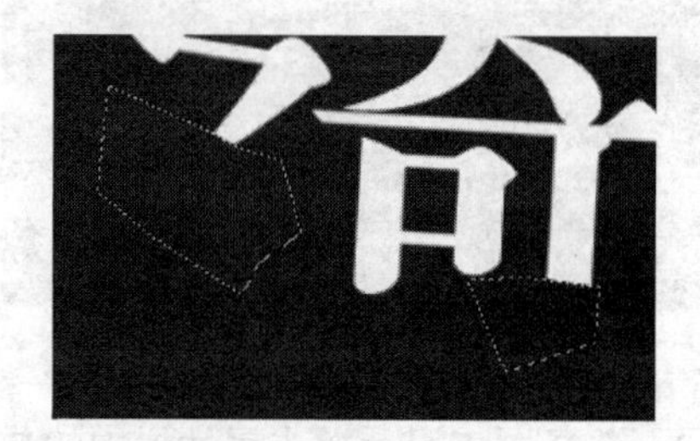

图 7-59　删除内容后的效果

19. 利用工具和工具绘制并调整出如图 7-60 所示的路径。

20. 按 Ctrl+Enter 组合键，将路径转换为选区，再为选区填充白色，效果如图 7-61 所示，然后，将选区去除。

图 7-60　绘制的路径

图 7-61　填充颜色后的效果

21. 执行【图层】/【图层样式】/【混合选项】命令，在弹出的【图层样式】对话框中设置参数，如图 7-62 所示。

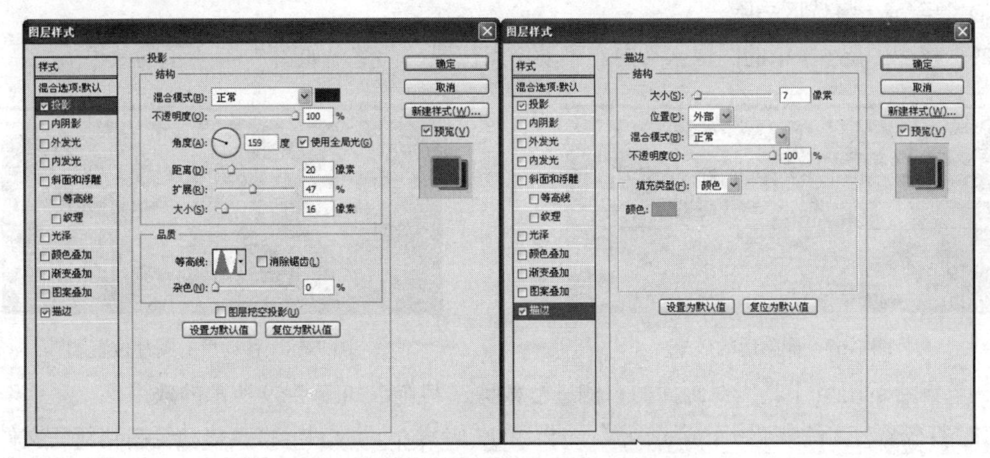

图 7-62 【图层样式】对话框的参数设置

22. 单击 确定 按钮，添加图层样式后的文字效果如图 7-63 所示。

23. 打开素材文件中“图库\第 07 章”目录下的“客厅.jpg”文件，将其移动复制到新建文件中，生成“图层 5”。

24. 按 Ctrl+T 组合键，为“图层 5”中的图像添加自由变换框，将其调整至如图 7-64 所示的形状，然后，按 Enter 键，确认图像的变换操作。

图 7-63　添加图层样式后的文字效果

图 7-64　调整后的图片形状

25. 用工具绘制出如图 7-5 所示的选区，然后，按 Delete 键，将选择的内容删除，再按 Ctrl+D 组合键，将选区去除。

26. 打开素材文件中“图库\第 07 章”目录下的“卧室.jpg”文件，将其移动复制到新建文件中，生成“图层 6”，调整其大小后再将其放置到如图 7-66 所示的位置。

图 7-65　绘制的选区

图 7-66　图片放置的位置

27．按住 Ctrl 键，单击“图层 5”左侧的图层缩览图，载入图像的选区。

28．确认“图层 6”为当前层，按 Delete 键，删除选择的内容，效果如图 7-67 所示，再按 Ctrl+D 组合键，将选区去除。

29．将“图层 6”中的图像水平向右移动一点位置，调整出如图 7-68 所示的效果。

图 7-67　删除后的效果

图 7-68　移动后的图片位置

30．灵活运用工具，对画面的右侧进行裁剪，制作出如图 7-69 所示的效果。

31．打开素材文件中“图库\第 07 章”目录下的“厨房.jpg”文件，将其移动复制到新建文件中，生成“图层 7”。

32．将“厨房”图像的高度调整至与“卧室”图像的高度相同，然后，用工具进行裁剪，制作出如图 7-70 所示的图像效果。

图 7-69　裁剪后的效果

图 7-70　制作出的图像效果

33．打开素材文件中“图库\第 07 章”目录下的“景山标志.psd”文件，将其移动复制到新建文件中，生成“图层 8”，调整其大小后，将其放置到画面的左上角位置，如图 7-71 所示。

34．新建“图层 9”，用工具在标志图形的右侧绘制出如图 7-72 所示的暗红色（R:165）矩形。

图 7-71　标志图形放置的位置

图 7-72　绘制的矩形

35．选择工具，在画面上方的白色区域中按住鼠标左键并拖曳鼠标，绘制文字定界框，然后，在定界框中输入如图 7-73 所示的文字。

图 7-73　绘制的文字定界框

36. 利用 工具和 工具绘制并调整出如图 7-74 所示的路径。

37. 选择 工具，将鼠标指针移动到绘制路径的起点位置，当鼠标指针显示为如图 7-75 所示的形状时单击鼠标左键，确定文字的输入点。

图 7-74　绘制的路径

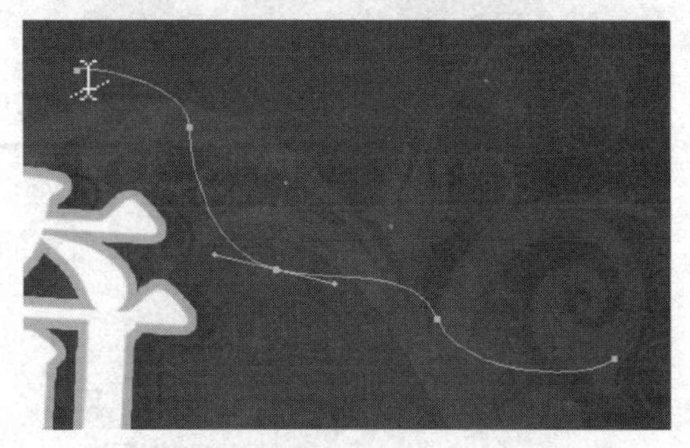

图 7-75　鼠标指针显示的形状

38. 在属性栏中设置合适的字体及字号大小，然后，依次输入如图 7-76 所示的白色文字。

39. 继续利用 工具依次输入如图 7-77 所示的白色文字。

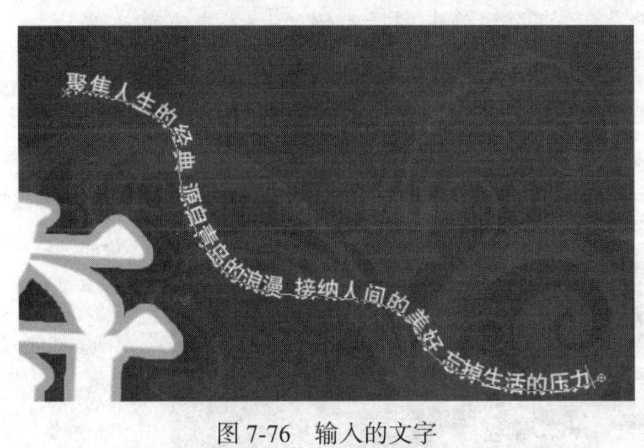

图 7-76　输入的文字

图 7-77　输入的文字

40. 将鼠标指针放置到“景”字的左侧，按住鼠标左键并向右拖曳鼠标，将“景山花园”文字选中，如图 7-78 所示。

41. 单击属性栏中的 色块，在弹出的【选择文本颜色】对话框中设置颜色参数为深黄色（R:255,G:185,B:85）。

42. 单击 确定 按钮，再单击属性栏中的 按钮，确认文字的输入，如图 7-79 所示。

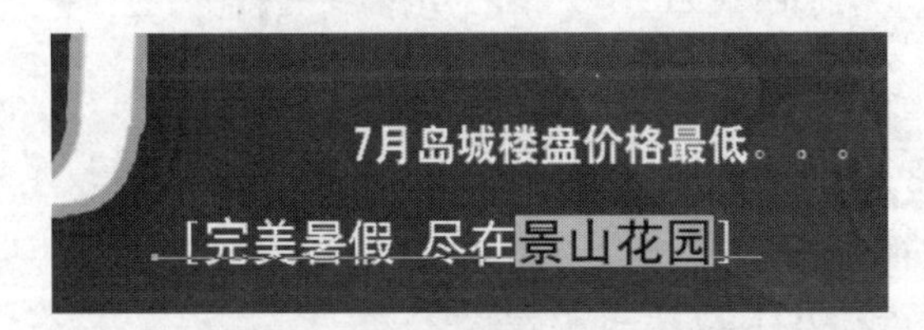

图 7-78　选择后的文字形状

图 7-79　修改颜色后的文字效果

43. 利用 工具依次输入如图 7-80 所示的文字。

44. 将鼠标指针移动至“绝”字的左侧并单击鼠标左键，插入文本输入光标。

45. 将输入法设置为“智能 ABC 输入法” ，单击输入法右侧的 按钮，将软键盘调出，然后，在 按钮上单击鼠标右键，在弹出的列表中选择【特殊符号】命令。

图 7-80　输入的文字

46. 在弹出的键盘中单击如图 7-81 所示的符号，输入的符号如图 7-82 所示。

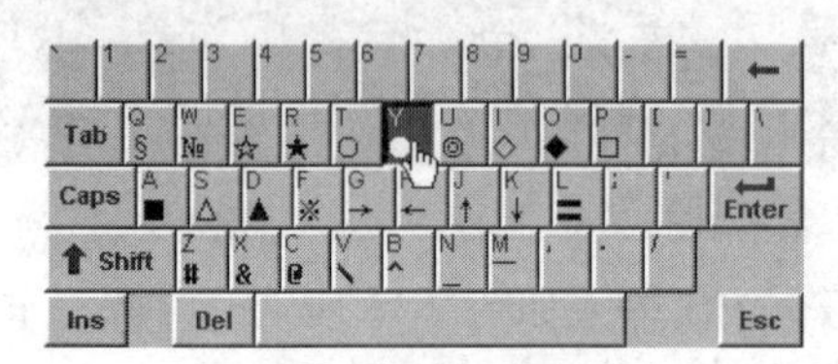

图 7-81　选择的特殊符号

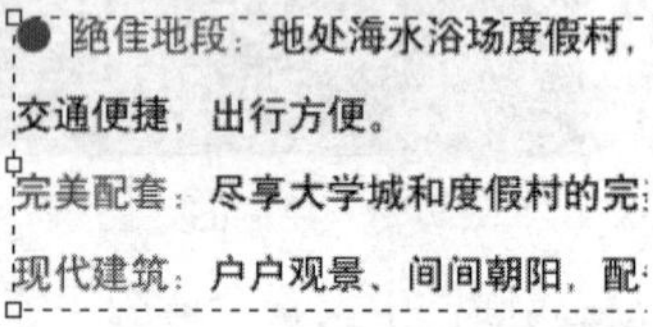

● 绝佳地段：地处海水浴场度假村，
交通便捷，出行方便。
完美配套：尽享大学城和度假村的完
现代建筑：户户观景、间间朝阳，配

图 7-82　输入的符号

47. 依次将鼠标指针放置到“完”字和“现”字前面并单击鼠标左键，插入文本输入光标，然后，为其添加特殊符号。

48. 新建“图层 10”，用▭工具在“厨房”图的右侧绘制灰色（R:202,G:202,B:202）的矩形图形，即可完成报纸广告的设计，整体效果如图 7-83 所示。

图 7-83　设计的报纸广告

49. 按 Ctrl+S 组合键，将文件命名为“报纸广告设计.psd”并保存。

小　　结

本章主要讲述了文字和切片工具的使用方法，包括字体的显示设置、文字的输入与编辑、文字的转换、变形和跟随路径、切片的类型、创建和编辑切片，以及存储网页图片的方法等操作。

其中文字的转换、变形和跟随路径排列对今后的排版、字体创意设计及制作特效字等工作是非常有用的，希望读者能熟练掌握。

习　　题

1. 灵活运用T工具和↓T工具输入文字，制作出如图 7-84 所示的印章效果。
2. 利用文字的沿路径输入功能，制作出如图 7-85 所示的标贴图形。

图 7-84　制作的印章效果

图 7-85　制作的标贴效果

3. 灵活运用文字工具及【自由变换】命令，制作出如图 7-86 所示的候车亭广告。

图 7-86　制作的候车亭广告

4. 灵活运用文字工具，制作出如图 7-87 所示的杂志广告。

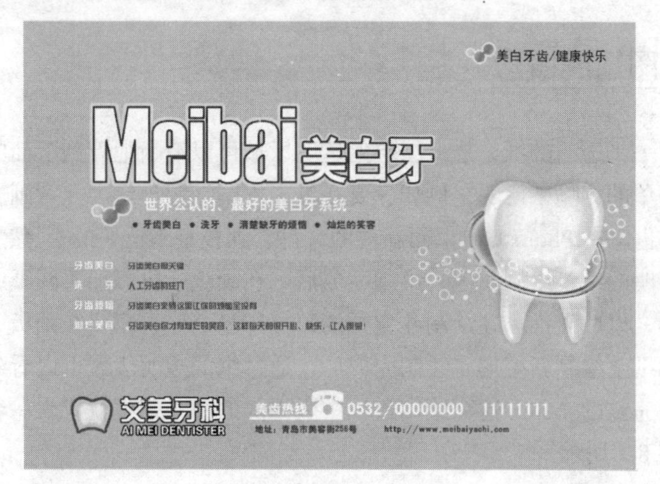

图 7-87　设计的杂志广告

第8章 图层、蒙版与通道

图层、蒙版和通道是利用 Photoshop 绘图、处理图像及合成图像的 3 大利器，也是这个软件最基础、最重要的命令之一。可以说，每一幅图像的处理都离不开图层和蒙版的应用，灵活地运用蒙版可以制作出很多梦幻般的图像合成效果。通道在图像处理与合成中占有非常重要的地位，特别是高难度图像的合成几乎都离不开通道的应用。通道的原理是单色存储颜色信息，在创建和保存特殊选区及制作特殊效果时，更能体现出其独特的灵活性和操作性。本章将通过概念解析及实例操作的形式来详细介绍有关图层、蒙版和通道的知识。

8.1 图层

本节要讲解的图层知识，包括图层的概念、图层面板、图层类型、图层的基本操作和应用技巧等。

8.1.1 图层的概念

图层就像一张透明的纸，透过图层的透明区域可以清晰地看到下面图层中的图像。下面以一个简单的比喻来说明，例如，要在纸上绘制一幅小蜗牛儿童画，首先，要有画板（这个画板也就是 Photoshop 里面新建的文件，画板是不透明的），然后，在画板上添加一张完全透明的纸，绘制草地，绘制完成后，在画板上再添加透明纸，绘制河水、蜗牛等其他图形，以此类推。在绘制儿童画的每一部分之前，都要在画板上添加透明纸，然后，在透明纸上绘制新图形。绘制完成后，通过纸的透明区域可以看到下面的图形，从而得到一幅完整的作品。这个绘制过程中所添加的每一张纸就代表一个图层。图层原理说明图如图 8-1 所示。

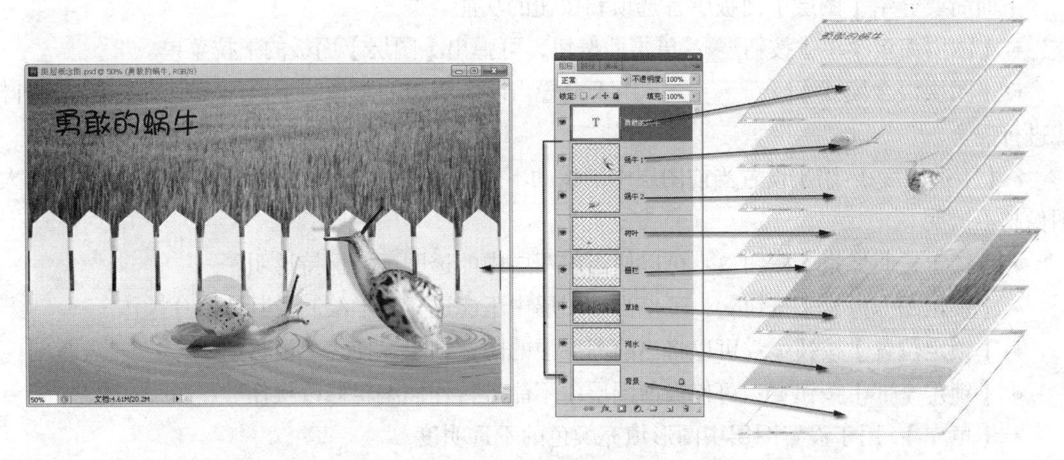

图 8-1　图层原理说明图

前面介绍了图层的概念，那么，绘制图形时为什么要建立图层呢？仍以上面的例子来说明。如果在一张纸上绘制儿童画，当全部绘制完成后，突然发现草地的颜色不好，这时候只能选择重新绘制这幅作品了，因为对在一张纸上绘制的画面进行修改非常麻烦。而如果是分层绘制的，遇到这种情况就不必重新绘制了，只需找到绘制草地的透明纸（图层），将其撤出，然后，重新添加一张新纸（图层），绘制合适的草地并放到刚才撤出的纸（图层）的位置即可，这样可以大大节省绘图时间。分层绘制除了易修改外，在一个图层中随意拖动、复制和粘贴图形也很方便，还能给图层中的图形制作各种特效，而这些操作都不会影响其他图层中的图形。

8.1.2　图层的面板

【图层】面板主要用于管理图像文件中的图层、图层组和图层效果，方便图像处理操作，以及显示或隐藏当前文件中的图像，还可以进行图像不透明度、模式设置，以及创建、锁定、复制和删除图层等操作。灵活掌握【图层】面板的使用方法可以使设计者非常容易地编辑和修改图像。

打开素材文件中“图库\第 08 章”目录下名为“图层面板说明图.psd”的文件，画面效果及【图层】面板形态如图 8-2 所示。

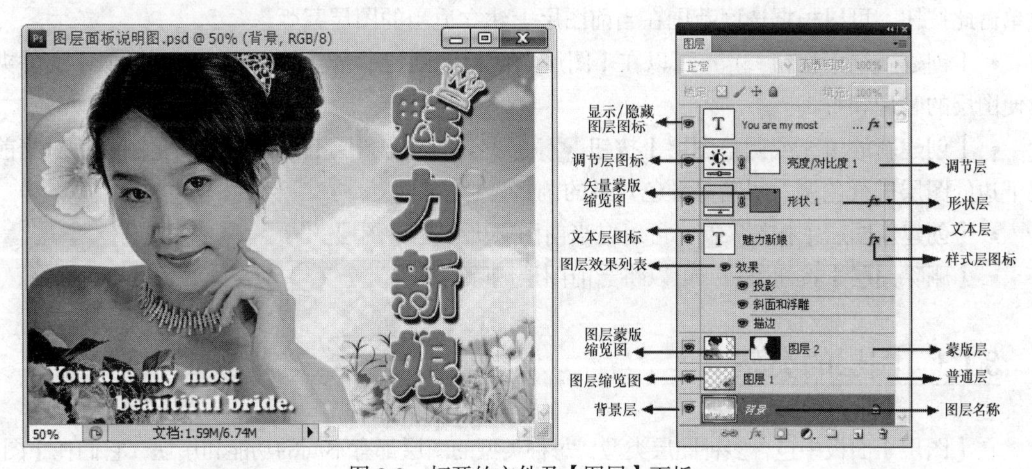

图 8-2　打开的文件及【图层】面板

下面简要介绍【图层】面板中各选项和按钮的功能。

- 【图层面板菜单】按钮：单击此按钮，可弹出【图层】面板的下拉菜单。
- 【图层混合模式】正常：用于设置当前图层中的图像与下面图层中的图像以何种模式进行混合。
- 【不透明度】：用于设置当前图层中图像的不透明程度。数值越小，图像越透明；数值越大，图像越不透明。
- 【锁定透明像素】按钮：可以使当前图层中的透明区域保持透明。
- 【锁定图像像素】按钮：可使当前图层中不能进行图形绘制及其他命令操作。
- 【锁定位置】按钮：可以将当前图层中的图像锁定，使之不被移动。
- 【锁定全部】按钮：可使当前图层中不能进行任何编辑修改操作。
- 【填充】：用于设置图层中图形填充颜色的不透明度。
- 【显示/隐藏图层】图标：表示此图层处于可见状态。单击此图标后，图标中的眼睛将被隐藏，表示此图层处于不可见状态。
- 图层缩览图：用于显示本图层的缩略图，它会随该图层中图像变化而随时更新，以供用户在进行图像处理时参考。
- 图层名称：可显示各图层的名称。
- 图层组：图层组是图层的组合，它的作用相当于 Windows 系统资源管理器中的文件夹，主要用于组织和管理图层。移动或复制图层时，图层组里面的内容可同时被移动或复制。单击面板底部的按钮或执行【图层】/【新建】/【图层组】命令，即可在【图层】面板中创建序列图层组。
- 【剪贴蒙版】图标：用于执行【图层】/【创建剪贴蒙版】命令，当前图层将与下面的图层相结合并建立剪贴蒙版，当前图层的前面出现剪贴蒙版图标，其下面的图层即为剪贴蒙版图层。

在【图层】面板底部有 7 个按钮，各按钮功能分别介绍如下。

- 【链接图层】按钮：用于链接两个或多个图层，链接后即可一起移动链接图层中的内容，还可以对链接图层执行对齐、分布及合并等操作。
- 【添加图层样式】按钮 fx：可以给当前图层中的图像添加各种样式效果。
- 【添加图层蒙版】按钮：可以给当前图层添加蒙版。如果先在图像中创建适当的选区，再单击此按钮，可以根据选区范围在当前图层上建立适当的图层蒙版。
- 【创建新组】按钮：可以在【图层】面板中创建一个新的序列。序列类似于文件夹，方便图层的管理和查询。
- 【创建新的填充或调整图层】按钮：可以在当前图层上添加一个调整图层，对当前图层下边的图层进行色调、明暗等颜色效果的调整。
- 【创建新图层】按钮：可以在当前图层上创建新图层。
- 【删除图层】按钮：可以将当前图层删除。

8.1.3 图层的类型

在【图层】面板中包含多种图层类型，每种类型的图层都有不同的功能和用途，它们在【图层】面板中的显示状态也不同，可以利用不同的类型创建不同的效果。下面介绍常用图层类型的功能。

- 背景图层：背景图层相当于绘画中最下方不透明的纸。在 Photoshop 中，一个图像文件只有一个背景图层，它可以与普通图层进行相互转换，但无法交换堆叠次序。如果当前图层为背景图层，执行【图层】/【新建】/【背景图层】命令，或者在【图层】面板的背景图层上双击，即可将背景图层转换为普通图层。
- 普通图层：普通图层相当于一张完全透明的纸，是 Photoshop 中最基本的图层类型。单击【图层】面板底部的按钮或执行【图层】/【新建】/【图层】命令，即可在【图层】面板中新建一个普通图层。
- 填充图层和调整图层：用于控制图像颜色、色调、亮度和饱和度等的辅助图层。单击【图层】面板底部的按钮，在弹出的下拉列表中选择任一选项，即可创建填充图层或调整图层。
- 效果图层：给【图层】面板中的图层添加图层效果（如阴影、投影、发光、斜面和浮雕以及描边等）后，右侧会出现一个效果层图标，此时，这一图层就是效果图层。注意，背景图层不能转换为效果图层。单击【图层】面板底部的按钮，在弹出的下拉列表中选择任一选项，即可创建效果图层。
- 形状图层：使用工具箱中的矢量图形工具在文件中创建图形后，【图层】面板会自动生成形状图层。当执行【图层】/【栅格化】/【形状】命令后，形状图层将被转换为普通图层。
- 蒙版图层：图层蒙版中颜色的变化可使其所在图层相应位置的图像产生透明效果。该图层中与蒙版的白色部分相对应的图像不产生透明效果，与蒙版的黑色部分相对应的图像完全透明，与蒙版的灰色部分相对应的图像可根据其灰度产生相应程度的透明效果。
- 文本图层：在文件中创建文字后，【图层】面板中会自动生成文本图层，其缩览图显示为图标。当对输入的文字进行变形后，文本图层将显示为变形文本图层，其缩览图显示为图标。

8.1.4 新建图层、图层组

执行【图层】/【新建】命令后，将弹出如图 8-3 所示的【新建】子菜单。

- 【图层】命令：选择此命令后，系统将弹出如图 8-4 所示的【新建图层】对话框。在此对话框中，可以对新建图层的颜色、模式和不透明度进行设置。

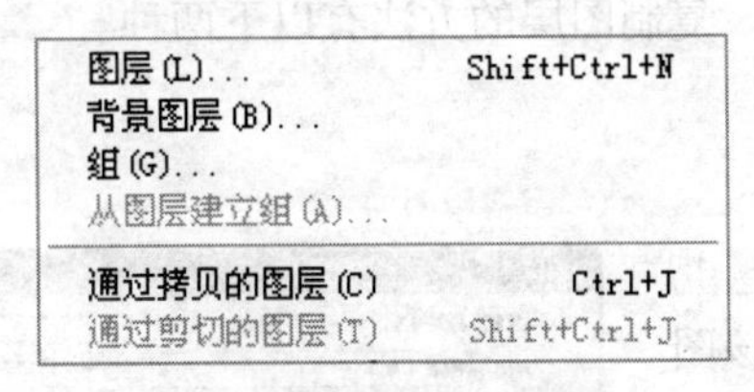

图 8-3 【新建】子菜单

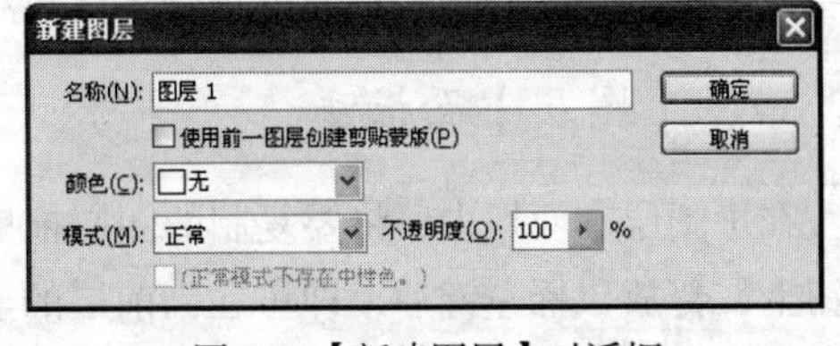

图 8-4 【新建图层】对话框

- 【背景图层】命令：可以将背景图层转变为一个普通图层，此时，【背景图层】命令会变为【图层背景】命令；选择【图层背景】命令，可以将当前图层更改为背景图层。
- 【组】命令：选择此命令后，将弹出【新建组】对话框。可以在此对话框中创建图层组（相当于图层文件夹）。
- 【从图层建立组】命令：当【图层】面板中有链接图层时，此命令才可用，此命令用于新建一个图层组，并将当前链接的图层、除背景图层之外的其余图层放置在新建的图层组中。
- 【通过复制的图层】命令：可以将当前画面选区中的图像通过复制生成一个新的图层，且原画面不会被破坏。

- 【通过剪切的图层】命令：可以将当前画面选区中的图像通过剪切生成一个新的图层，原画面将被破坏。

8.1.5 隐藏、显示和激活图层

在【图层】面板中，每个图层的最左侧都有一个【显示】图标，此图标表示该层处于可见状态，单击此图标后，“眼睛”将消失，同时，图像文件中该图层中的内容将被隐藏，这表示该层处于不可见状态。反复单击【显示】图标，可以将图层显示或隐藏。

当图像文件中有多个图层时，所做的操作只在被激活的工作图层中起作用。激活图层的方法有以下 3 种。

一、【图层】面板法

在【图层】面板中单击所需要的图层、图层组，即可将其激活。

二、移动工具属性栏法

选择【移动】工具，在属性栏中勾选☑自动选择:复选项，然后，在右侧的下拉列表中设置【组】或【图层】选项，再在图像文件中单击，此时，系统会将鼠标单击位置的图像所属的最顶层图层激活。

三、鼠标右键法

选择【移动】工具，然后，在图像上单击鼠标右键，此时，会弹出与鼠标单击处图像相关的图层选项菜单，选择其中的某一图层后，该图层即被激活。

8.1.6 复制图层

对图层进行复制是图像处理过程中经常用到的操作。复制图层的方法有以下两种。

一、【图层】面板法

在【图层】面板中，将要复制的图层拖曳至下方的按钮上，释放鼠标左键后，即可在当前层的上方复制出该图层，使之成为该图层的副本层。如果在复制过程中按住 Alt 键，会弹出如图 8-5 所示的【复制图层】对话框。

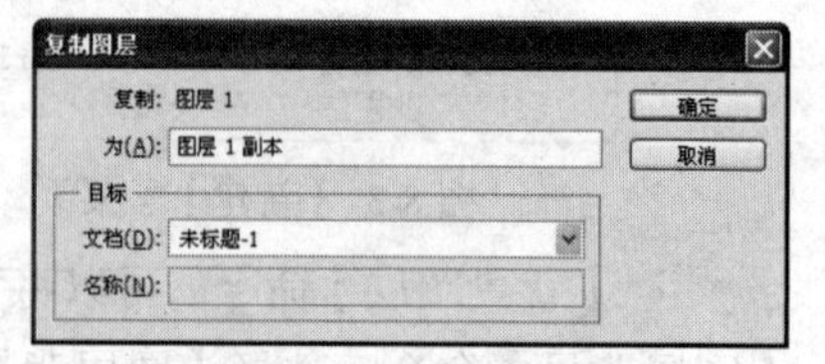

图 8-5 【复制图层】对话框

- 【为】：可以在该文本框中设置所复制新图层的名称。
- 【文档】：可以选择复制图层的文件。若选择原文件名称，则在原图像文件中复制新图层；若选择【新建】选项，则将复制的图层生成新文件。
- 【名称】：只有在【文档】中选择【新建】选项时，此选项才可用，可在此文本框中设置新建图像文件的名称。

二、菜单命令法

复制图层可以在当前的图像文件中完成，也可以将当前图像文件的图层复制到其他打开的图像文件或新建的文件中。利用菜单命令复制图层的操作方法有以下 3 种。

（1）执行【图层】/【复制图层】命令。

（2）在【图层】面板中要复制的图层上单击鼠标右键，在弹出的右键菜单中选择【复制图层】命令。

（3）单击【图层】面板右上角的按钮，在弹出的下拉菜单中选择【复制图层】命令。

执行以上任一操作，都会弹出【复制图层】对话框，设置选项后单击 确定 按钮，即可完成图层的复制。

8.1.7　删除图层

常用的删除图层的方法有以下 3 种。

一、利用【图层】面板中的工具按钮删除

在【图层】面板中选择要删除的图层，单击【图层】面板下方的按钮，在弹出的如图 8-6 所示的询问面板中单击 是(Y) 按钮，即可将该图层删除。当在询问面板中勾选【不再显示】选项后，单击按钮时将不再弹出提示框。

图 8-6　询问面板

二、利用【图层】面板中的工具按钮删除

在【图层】面板中，拖曳要删除的图层至【删除图层】按钮上，释放鼠标左键后，即可删除该图层。

三、菜单命令删除

在【图层】面板中选择要删除的图层后，执行【图层】/【删除】命令，在弹出的次菜单中有以下两个命令。

- 【图层】命令：可将当前被选择的图层删除。
- 【隐藏图层】命令：可将当前图像文件中的所有隐藏图层全部删除，此命令一般用于图像制作完毕后，将一些不需要的图层进行删除。

8.1.8　排列图层

图层的上下排列顺序对作品的效果有着直接的影响，因此，在绘制的过程中，必须准确调整各图层在画面中的排列顺序。调整图层的排列顺序有以下两种方法。

一、菜单法

执行【图层】/【排列】命令后，将弹出【排列】子菜单。执行其中相应的命令，可以调整图层的位置，各种排列命令的功能如下。

- 【置为顶层】命令：可以将工作层移动至【图层】面板的最顶层，快捷键为 Ctrl+Shift+] 组合键。
- 【前移一层】命令：可以将工作层向前移动一层，快捷键为 Ctrl+] 组合键。
- 【置为底层】命令：可以将工作层移动至【图层】面板的最底层，即背景层的上方，快捷键为 Ctrl+Shift+[组合键。
- 【后移一层】命令：可以将工作层向后移动一层，快捷键为 Ctrl+[组合键。
- 【反向】命令：当在【图层】面板中选择多个图层时，选择此命令，可以将当前选择的图层反向排列。

二、手动法

将鼠标指针移至【图层】面板中要调整排列顺序的图层上，按住鼠标左键，然后，向上或向下拖曳鼠标，此时，【图层】面板中会有一线框随之移动，将线框调整至要移动的位置后，释放鼠标左键，当前图层即会调整至释放鼠标左键的图层位置。

8.1.9 链接图层

在【图层】面板中选择要链接的多个图层后，执行【图层】/【链接图层】命令，或者单击面板底部的按钮，可以将选择的图层创建为链接图层，每个链接图层右侧都显示一个图标。此时，若用【移动】工具移动或变换图像，就可以一起调整所有链接图层中的图像了。

在【图层】面板中选择一个链接图层，再执行【图层】/【选择链接图层】命令，可以将所有与之链接的图层全部选择；再执行【图层】/【取消图层链接】命令或单击【图层】面板底部的按钮，可以解除它们的链接关系。

8.1.10 合并图层

在存储图像文件时，若图层太多，将会增加图像文件所占的磁盘空间，所以，当图形绘制完成后，可以将一些不必单独存在的图层合并，以减少图像文件的大小。合并图层的常用命令有【向下合并】、【合并可见图层】和【拼合图像】等。各命令的功能介绍如下。

- 【图层】/【向下合并】命令：可以将当前工作图层与其下面的图层合并。在【图层】面板中，如果有与当前图层链接的图层，此命令将显示为【合并链接图层】，执行此命令可以将所有链接的图层合并到当前工作图层中。如果当前图层是序列图层，执行此命令可以将当前序列中的所有图层合并。
- 【图层】/【合并可见图层】命令：可以将【图层】面板中所有的可见图层合并，并生成背景图层。
- 【图层】/【拼合图像】命令：可以将【图层】面板中的所有图层拼合，拼合后的图层生成为背景图层。

8.1.11　栅格化图层

对于包含矢量数据和生成的数据图层，如文字图层、形状图层、矢量蒙版和填充图层等，不能使用绘画工具或滤镜命令等直接在这种类型的图层中进行编辑操作，只有将其栅格化后才能使用。栅格化命令的操作方法有以下两种。

（1）在【图层】面板中选择要栅格化的图层，然后执行【图层】/【栅格化】命令中的任一命令或在此图层上单击鼠标右键，在弹出的右键菜单中选择相应的【栅格化】命令，即可将选择的图层栅格化，转换为普通图层。

（2）执行【图层】/【栅格化】/【所有图层】命令，可将【图层】面板中所有包含矢量数据或生成数据的图层栅格化。

8.1.12　对齐与分布图层

对齐和分布命令在绘图过程中经常被用到，它可以将指定的内容在水平或垂直方向上按设置的方式对齐和分布。【图层】菜单栏中的【对齐】和【分布】命令与工具箱中【移动】工具属性栏中的“对齐”与“分布”按钮的作用相同。

一、对齐图层

当【图层】面板中至少有两个同时被选择的图层时，图层的对齐命令才可用。执行【图层】/【对齐】命令，将弹出如图 8-7 所示的【对齐】子菜单。执行其中的相应命令，可以将选择的图像分别进行顶对齐、垂直居中对齐、底对齐、左对齐、水平居中对齐和右对齐。

二、分布图层

在【图层】面板中至少有 3 个同时被选择的图层，且背景图层不处于被选择状态时，图层的分布命令才可用。执行【图层】/【分布】命令，将弹出如图 8-8 所示的【分布】子菜单。执行相应命令，可以将选择的图像按顶部、垂直居中、按底部、按左侧、水平居中或按右侧进行分布。

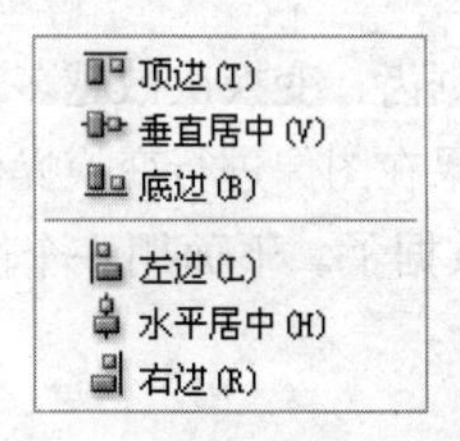

图 8-7 【对齐】子菜单

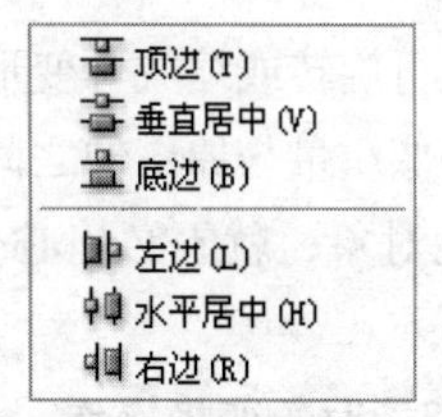

图 8-8 【分布】子菜单

8.1.13　智能对象图层

智能对象类似一种具有矢量性质的容器，可以在其中嵌入栅格或矢量图像数据。无论对智能对象进行怎样的编辑，其仍然可以保留原图像的所有数据，保护原图像不会受到破坏。

一、新建智能对象图层

创建智能对象的方法有以下 4 种。

（1）在【图层】面板中选择图层，执行【图层】/【智能对象】/【转换为智能对象】命令后，【图层】面板中智能对象图层的缩览图上会显示图标，如图 8-9 所示。如果同时选择了多个图层，如图 8-10 所示，执行【转换为智能对象】命令，这些图层即被打包到一个智能图层中，如图 8-11 所示。

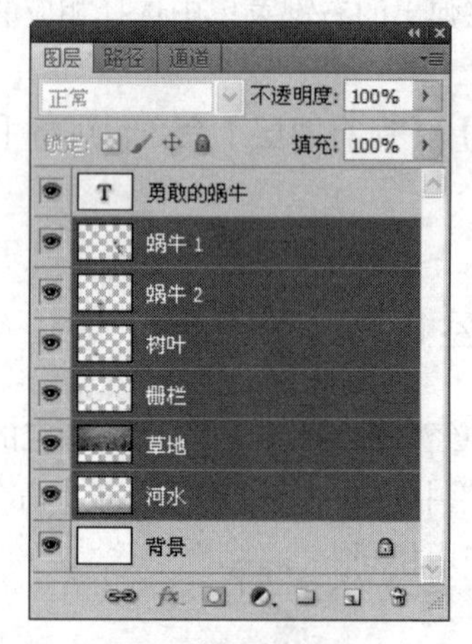

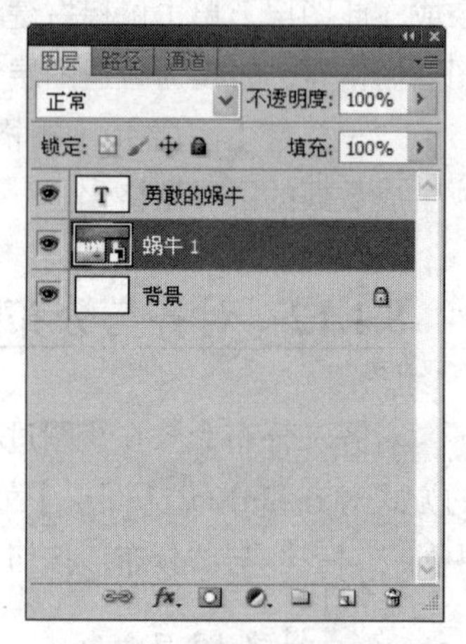

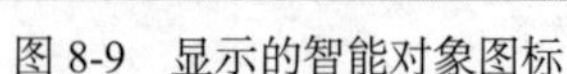

图 8-9　显示的智能对象图标　　图 8-10　选择图层　　图 8-11　创建的智能图层

（2）执行【文件】/【置入】命令，可以将选择的图片文件作为智能对象置入当前文件中。

（3）从 Adobe Illustrator 复制图片并将其粘贴到 Photoshop 文件中。

使用此方法时应注意，要勾选 Adobe Illustrator 中【编辑】/【参数预置】/【文件和剪贴板】对话框中的【PDF】和【AICB】两个复选项，否则，将图片粘贴到 Photoshop 中时，会将其自动栅格化。

（4）将图片从 Adobe Illustrator 中直接拖到 Photoshop 文件中。

二、变换智能对象

对图像进行旋转或缩放等变形操作后，图像边缘将会产生锯齿，变换次数越多，产生的锯齿越明显，其图像质量与原图像之间的颜色数据差别就越大。如果在图像进行变换操作之前先将图像转换为智能对象，就不必担心变换后的图像会丢失原有的数据了。下面用一个简单的范例来说明。

智能对象变换操作

1. 打开素材文件中“图库\第 08 章”目录下的“菜椒.psd”文件，如图 8-12 所示。

2. 按 Ctrl+T 组合键为其添加自由变换框，然后，将属性栏中的缩放比例设置为“120%”，如图 8-13 所示。

3. 按 Enter 键，确认图像放大的操作，按 Ctrl+T 组合键，再次添加自由变换框，可以在属性栏中看到图像的当前比例显示为“100%”，这说明将图像再次放大时，将以当前的大小为基准产生缩放效果，所以，操作的次数越多，图像最终的质量也就越差。

图 8-12　打开的文件

图 8-13　调整图片大小

下面来看一下将其转换为智能对象后，属性栏中的参数是否会发生变化。

4. 执行【文件】/【恢复】命令，将文件恢复到刚打开时的状态。

5. 执行【图层】/【智能对象】/【转换为智能对象】命令，将其创建为智能对象图层。【图层】面板中智能对象图层的缩览图上会显示图标。

6. 按 Ctrl+T 组合键，添加自由变换框，然后，在属性栏中将缩放比例设置为“120%”，再按 Enter 键，确认放大操作。

7. 按 Ctrl+T 组合键，再次添加自由变换框，观察属性栏，可以看到图像的当前比例依然显示为“120%”，如图 8-14 所示。这说明将图像再次放大时，图像还是以原始的大小为基准产生缩放效果，且属性栏中始终记录当前的缩放比例。只要将缩放比例设置为“100%”，即可将图像恢复到原始大小，且图像的质量不会发生任何变化。

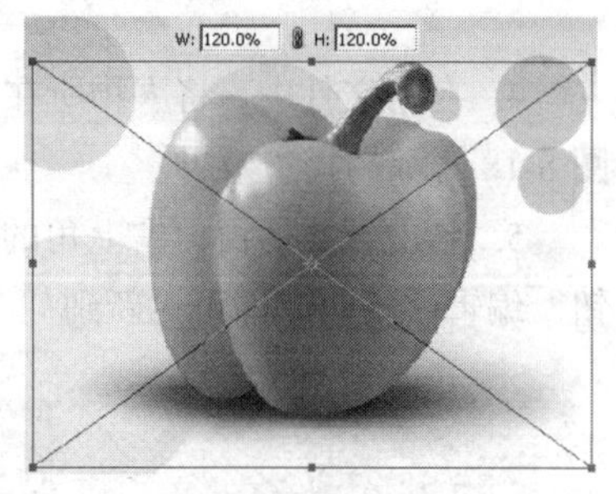

图 8-14　显示的比例

三、自动更新智能对象

可以对智能对象应用变换、图层样式、滤镜、不透明度和混合模式等任一操作，当编辑了智能对象的源数据后，可以将这些编辑操作更新到智能对象图层中。如果当前智能对象是一个包含多个图层的复合智能对象，这些编辑可以更新到智能对象的每一个图层中。

自动更新智能对象

1. 打开素材文件中“图库\第 08 章”目录下的“美食.psd”文件，如图 8-15 所示。

2. 将“图层 1”、“图层 2”和“图层 3”同时选择，如图 8-16 所示，然后，执行【图层】/【智能对象】/【转换为智能对象】命令，将这 3 个图层创建为复合智能图层。

图 8-15　打开的图片

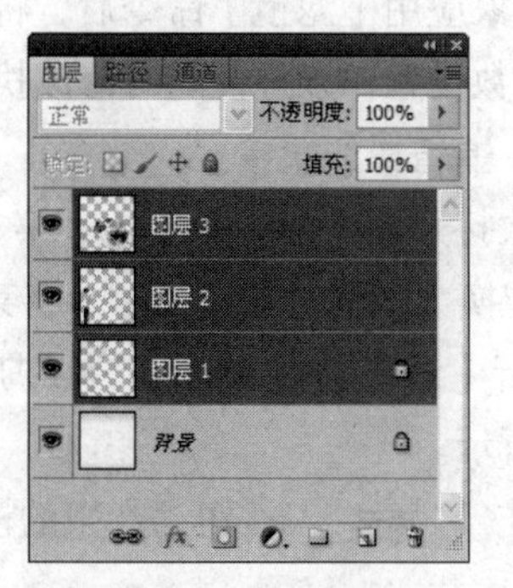

图 8-16　选择图层

3. 执行【图层】/【智能对象】/【编辑内容】命令，或者直接在【图层】面板中双击智能图层的缩览图，在弹出的对话框中单击 确定 按钮，此时，会弹出一个包含智能对象所有图层的新文件，如图 8-17 所示。

图 8-17　编辑智能图层

4. 在新文件中，将人物所在的“图层 2”删除，然后，将“图层 3”中的图像放大并添加如图 8-18 所示的描边效果。

5. 单击新文件窗口右上角的 x 按钮，关闭新文件，在弹出的询问面板中单击 是(Y) 按钮，编辑后的效果即可更新到“美食.psd”文件中，如图 8-19 所示。

图 8-18　编辑智能图层后的效果

图 8-19　更新后的文件

四、编辑智能滤镜

对普通图层中的图像执行【滤镜】命令后，此效果将直接应用在图像上，源图像将被破坏，而对智能对象应用【滤镜】命令后，将会产生智能滤镜。智能滤镜中保留了对图像执行的任何滤镜命令和参数设置，以方便随时修改执行的滤镜参数，且源图像仍保留原有的数据。

编辑智能滤镜

1. 再次打开素材文件中“图库\第 08 章”目录下的“菜椒.psd”文件，执行【图层】/【智能对象】/【转换为智能对象】命令，将菜椒图形转换为智能对象。

2. 执行【滤镜】/【模糊】/【高斯模糊】命令，在弹出的【高斯模糊】对话框中设置参数，如图 8-20 所示。

3. 单击 确定 按钮，产生的模糊效果及智能滤镜如图 8-21 所示。

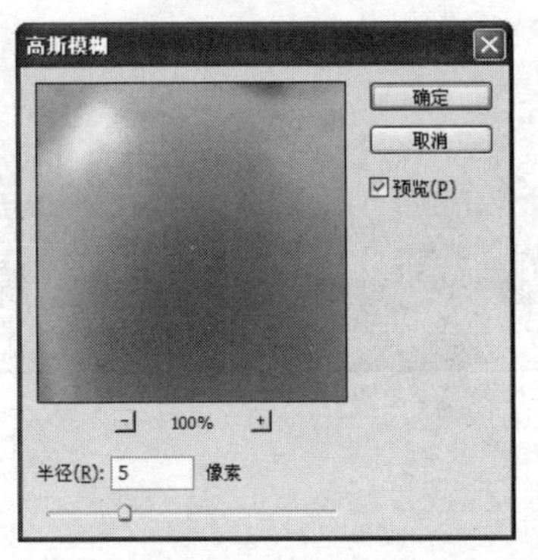

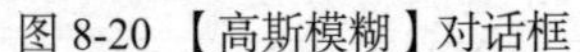

图 8-20 【高斯模糊】对话框

图 8-21　产生的模糊效果及智能滤镜

4. 双击【图层】面板中的 高斯模糊 位置，即可弹出【高斯模糊】对话框，此时，可以重新设置高斯模糊的参数，且保留源图像的数据。

五、导出智能对象内容

执行【图层】/【智能对象】/【导出内容】命令，可以将智能对象的内容完全按照源图片所具有的属性进行存储，其存储的格式有“PSB”、“PDF”和“JPG”等。

六、替换智能对象内容

执行【图层】/【智能对象】/【替换内容】命令，在弹出的【置入】对话框中，选择素材文件中“图库\第 08 章”目录下的“土豆.psd”文件，用“土豆”替换当前文件中的“菜椒”，单击 置入(P) 按钮，即可将当前选择的智能对象替换成新的内容，如图 8-22 所示。

图 8-22　替换智能对象内容

8.1.14　填充层与调整层

填充层和调整层是在图层的上方新建的作用于下方所有图层颜色和效果的图层，通过新建的填充层可以填充纯色、渐变色和图案；通过新建的调整层，可以用不同的颜色调整方式来调整下方图层中图像的颜色。如果对填充的颜色或调整的颜色效果不满意，可随时重新调整或删除填充层和调整层，原图像并不会被破坏。使用填充层和调整层调整的图像颜色效果如图 8-23 所示。

图 8-23　使用填充层和调整层调整的图像效果

创建填充层或调整层的方法如下。

（1）在【图层】面板中选择图层。

（2）单击 按钮，在弹出的菜单中选择要创建的图层类型，或者执行【图层】/【新建填充图层】、【新建调整图层】命令，在子菜单中选择要创建的图层命令，在弹出的相应对话框中单击 确定 按钮，即可创建填充层或调整层。

填充层和调整层与其下方图层有着相同的【不透明度】和【混合模式】选项，并且，可以像普通层那样进行重排、删除、隐藏、复制和合并。需要注意的是，将填充层或调整层与其下面的图层合并后，该调整效果将被栅格化并永久应用于合并的图层内。

创建了填充层或调整层后，还可以方便地编辑这些图层，以及运用各种方式控制图层的应用范围。下面来介绍填充层和调整层的应用技巧。

一、编辑填充层或调整层的内容

在【图层】面板中选择要进行编辑的填充层或调整层，再执行【图层】/【图层内容选项】命令，或者在【图层】面板中填充层或调整层的图层缩览图上双击，在弹出的【调整】面板中重新设置选项参数，即可对填充层或调整层进行编辑。

二、利用选区或路径控制调整层的应用范围

如果当前画面中有选区或闭合的路径存在，那么，创建的调整效果将只应用在被选区或路径控制的范围内，同时，在【图层】面板中调整层的右侧添加图层蒙版，如图 8-24 所示。

图 8-24　利用路径控制调整层的应用范围

三、利用剪贴蒙版控制调整层的应用范围

在当前层的上方创建调整层后，执行【图层】/【创建剪贴蒙版】命令，即可将调整层的效果

应用在创建了剪贴蒙版的图层中，如图 8-25 所示。

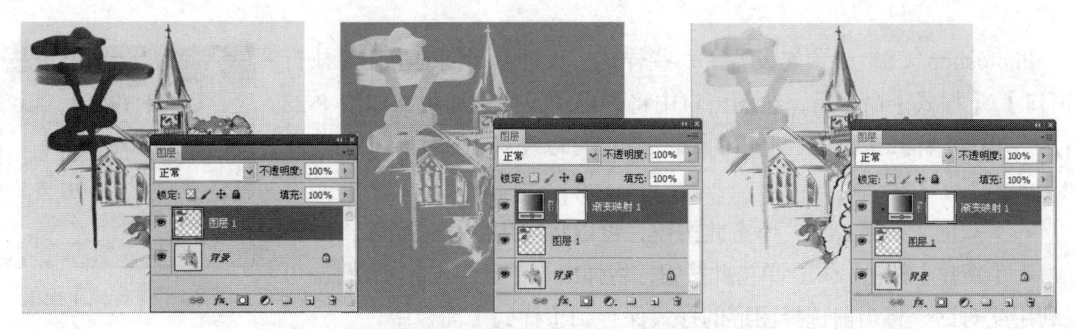

图 8-25　利用剪贴蒙版控制调整层的应用范围

四、利用图层组控制调整层的应用范围

利用图层组可以控制调整层的作用范围，这样可以有目的地给多个图层中的部分图层添加调整层效果。操作方法为：将需要应用调整层效果的图层创建在一个组内，在组内图层的上方添加调整层（此处添加的是【色相/饱和度】调整层），即可将效果应用到组下面的图层中，如图 8-26 所示。

图 8-26　调整层只影响组内的图层

8.1.15　图层样式

【图层样式】命令用于制作各种特效，可以利用图层样式对图层中的图像快速添加效果。还可以通过【图层】面板快速地查看和修改各种预设的样式效果，为图像添加阴影、发光、浮雕、颜色叠加、图案和描边等。图 8-27 所示为利用该命令制作的各种星形效果。

图 8-27　制作的星形效果

一、预设样式

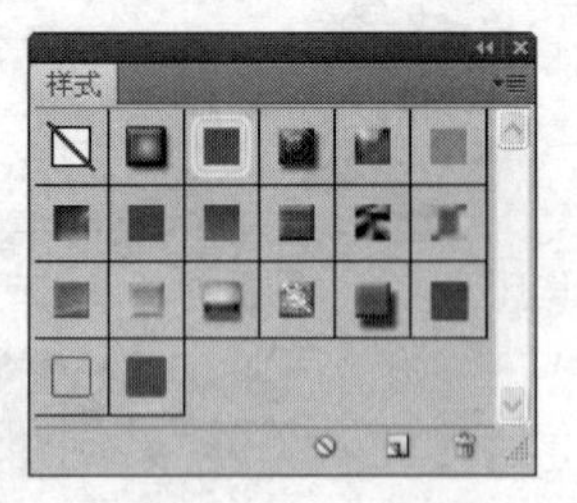

图 8-28 【样式】面板

Photoshop CS5 中预先设置了一些样式，设计者可随时应用。执行【窗口】/【样式】命令后，绘图窗口中将弹出预设样式面板，如图 8-28 所示。单击【样式】面板右上角的按钮，可以在弹出的菜单中加载其他样式。

- 【取消】按钮：单击此按钮，可以将应用的样式删除。
- 【新建】按钮：单击此按钮，将弹出【新建样式】对话框，可以利用此对话框将当前选择图形的样式保存到【样式】面板中。
- 【删除】按钮：将样式拖曳到此按钮上，可删除选择的样式。

在【图层】面板中，将添加图层样式的图层设置为工作层，然后，在【样式】面板中的空白位置单击，即可将图层中应用的样式快速添加到【样式】面板中，以便随时调用。

二、为图层添加图层样式

执行【图层】/【图层样式】下的任一子命令或单击【图层】面板下方的按钮，再在弹出的菜单中选择任一命令或在【样式】面板中单击预设的样式，即可为当前层添加图层样式，该图层名称右侧会出现效果图标，如图 8-29 所示。

图 8-29　为文字添加样式后的效果

为图层添加图层样式后，生成的效果层会自动与图层内容链接，移动或编辑图层内容，图层效果也将随之变化。

三、显示/隐藏图层样式

在【图层】面板中，反复单击图层名称下方“效果”左侧的图标，可将当前层的图层效果隐藏或显示。反复单击下方各效果名称左侧的图标，可将某一个效果隐藏或显示。执行【图层】/

【图层样式】/【隐藏所有效果】命令，可将所有的图层效果隐藏，此时，【隐藏所有图层效果】命令将变为【显示所有效果】命令。

四、在当前样式的基础上修改样式

在应用图层样式时，将【样式】面板中预设的样式添加到图形中，如果效果达不到设计的需要，可以在预设样式的基础上修改样式，如感觉文字的颜色不好，可以通过双击效果层中的“颜色叠加”样式，再在打开的【图层样式】对话框中修改颜色和参数，即可得到调整后的效果，如图 8-30 所示。

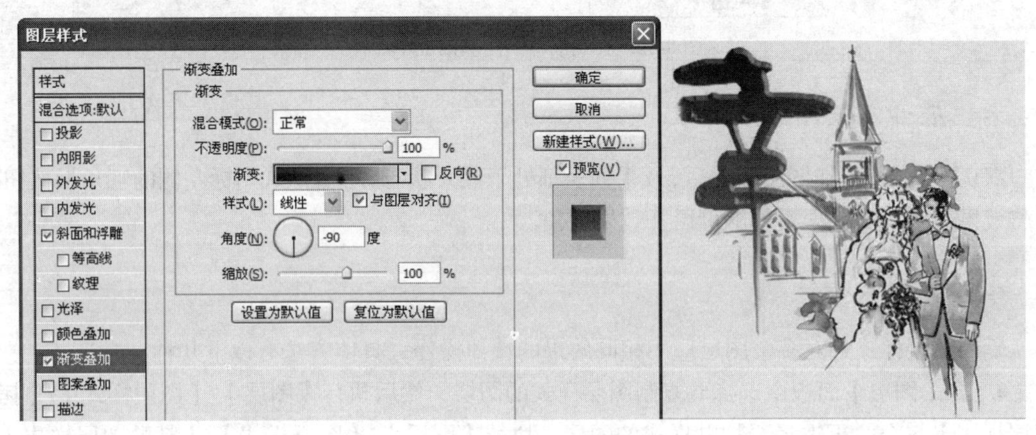

图 8-30　修改样式颜色

五、在当前样式的基础上增加样式

如果需要在当前样式的基础上再增加样式，可在【图层样式】面板中选择需要增加的样式，如图 8-31 所示。

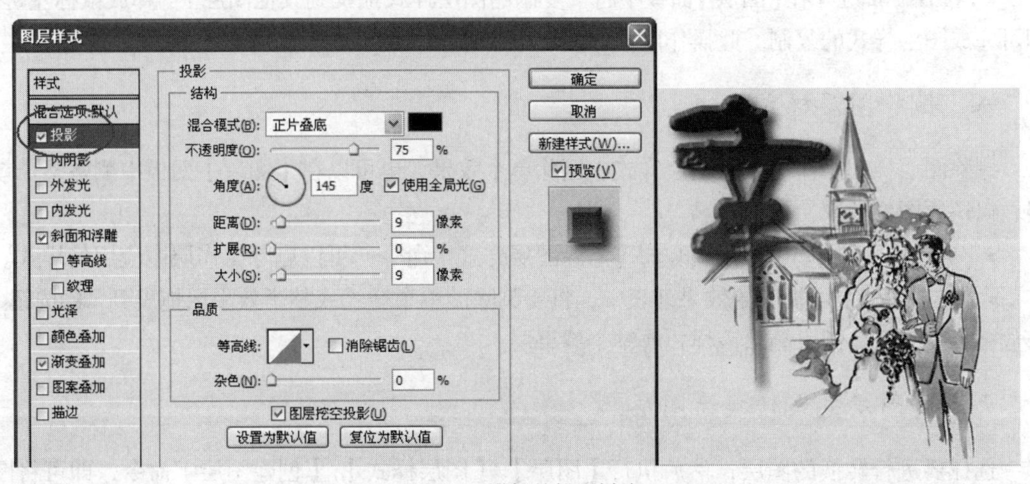

图 8-31　增加的投影样式

如果需要同时增加多个样式，且在【样式】面板中保存，可以按住 Shift 键并单击样式或拖曳预设样式到【图层】面板已经添加了样式的图层上，即可将样式添加到现有的效果中，而不会替换原有的样式，如图 8-32 所示。

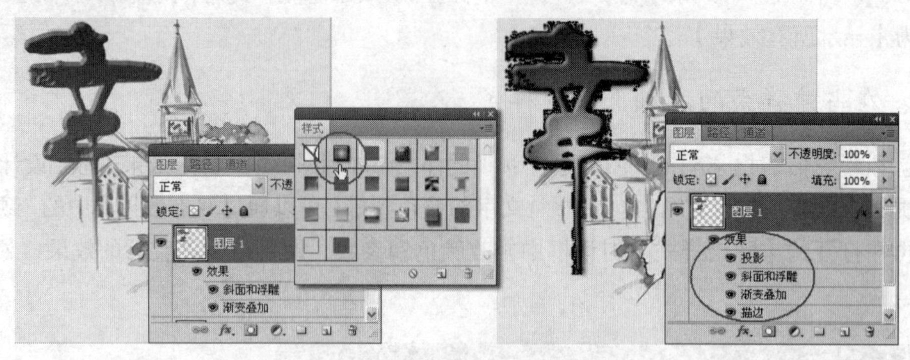

图 8-32　在当前样式的基础上增加样式

六、展开或关闭效果列表

默认状态下，添加图层样式后，效果列表都处于展开状态，单击样式图标左侧的三角形按钮▲，可将效果列表关闭，再次单击可展开效果列表。

七、复制图层样式

复制图层样式是对多个图层应用相同效果的快捷操作，具体方法有以下几种。

- 在【图层】面板中选择要复制图层样式的图层，然后执行【图层】/【图层样式】/【拷贝图层样式】命令，再选择要粘贴样式的图层，执行【图层】/【图层样式】/【粘贴图层样式】命令，即可完成图层样式的复制。
- 在【图层】面板中要复制样式的图层上单击鼠标右键，在弹出的右键菜单中选择【拷贝图层样式】命令，然后，在要粘贴样式的图层上单击鼠标右键，并在弹出的右键菜单中选择【粘贴图层样式】命令，也可在图层间复制图层样式。
- 按住 Alt 键并在【图层】面板中将要复制的图层样式拖曳到其他图层上，释放鼠标左键后，即可完成图层样式的复制。此操作既可以复制单个效果，也可以复制所有效果。

八、删除图层样式

删除图层样式操作可以在图层样式中删除单个效果，也可以在【图层】面板中删除整个效果层，以还原图像的原始效果。

- 执行【图层】/【图层样式】/【清除图层样式】命令，可以删除工作层中应用的样式。
- 在【图层】面板中的效果列表中，将要删除的单个样式或整个效果层拖曳到 按钮上，释放鼠标左键后，即可删除该样式或整个效果层。

九、将图层样式转换为图层

选择要进行转换的图层，然后执行【图层】/【图层样式】/【创建图层】命令，即可将图层样式分离出来，分别以普通图层的形式独立存在。

十、缩放图层样式

改变应用了图层样式的图像文件的大小后，其图层样式中设置的参数值不会因为图像大小的变化而改变，这样就会使制作好的图形样式失去理想的效果，而利用【缩放效果】命令就可以来对设置的参数值进行修改了。选择要缩放的图层，然后，执行【图层】/【图层样式】/【缩放效果】命令，在弹出的【缩放图层效果】对话框中设置缩放数值，即可将图层样式中包含的效果按照比例缩放。

8.1.16　制作按钮效果

下面运用【图层样式】命令来制作一个按钮效果。

制作按钮

1. 新建一个【宽度】为“12 厘米”、【高度】为“6 厘米”、【分辨率】为“120 像素/英寸”、【颜色模式】为“RGB 颜色”的白色文件。

2. 将前景色设置为灰色（R:102,G:102,B:102），然后，将其填充至背景层中。

3. 选择工具，激活属性栏中的按钮，将【半径】选项的参数设置为“50 px”。

4. 将前景色设置为黑色，然后，拖曳鼠标，在画面中绘制出如图 8-33 所示的圆角矩形。

5. 执行【图层】/【图层样式】/【投影】命令，弹出【图层样式】对话框，设置选项及参数，如图 8-34 所示。

图 8-33　绘制的圆角矩形图形

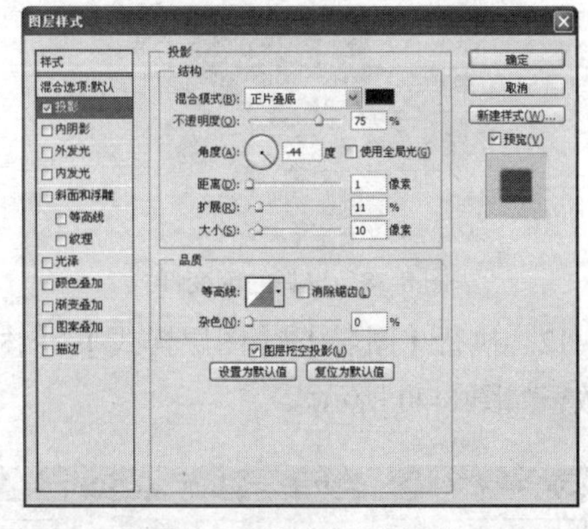

图 8-34　设置的投影参数

6. 在【图层样式】对话框中，再依次单击【内发光】、【斜面和浮雕】及【渐变叠加】选项，并分别设置各选项的参数，如图 8-35 所示。

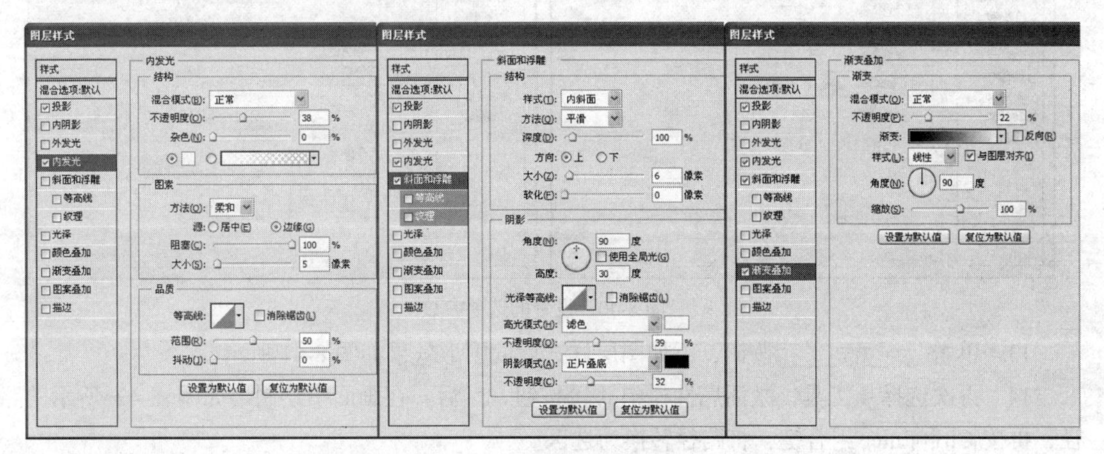

图 8-35　设置的选项及参数

7. 单击 确定 按钮，添加图层样式后的图形效果如图 8-36 所示。

8. 利用工具在图形上绘制出如图 8-37 所示的长条矩形选区。

图 8-36　添加图层样式后的效果

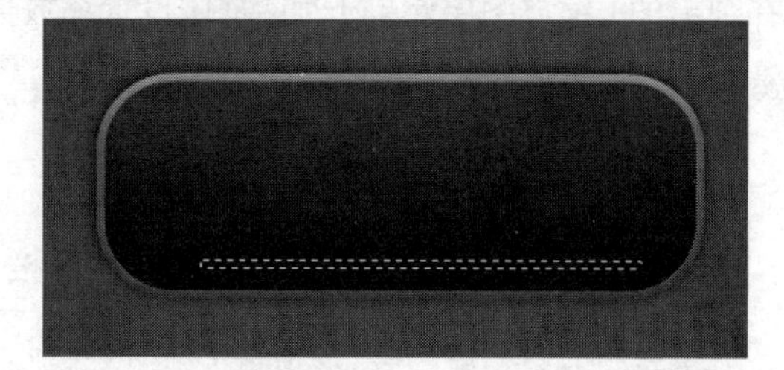

图 8-37　绘制的选区

9. 将前景色设置为粉色（R:255,G:205,B:205），然后，新建“图层 1”。

10. 选择工具并激活属性栏中的按钮，然后，在【渐变样式】面板中选择如图 8-38 所示的“前景到透明”渐变样式。

11. 将鼠标光标移动到选区的中心位置，按住鼠标左键并向右拖曳鼠标，至选区的右侧时，释放鼠标左键，为选区填充渐变色，去除选区后的效果如图 8-39 所示。

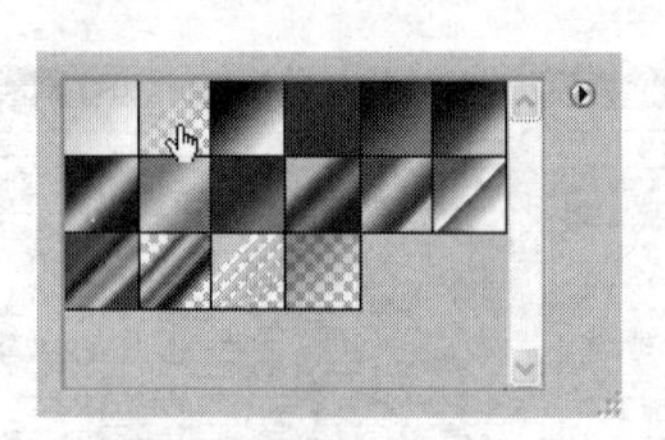

图 8-38　选择的渐变样式

图 8-39　填充渐变后的效果

12. 执行【图层】/【图层样式】/【内阴影】命令，弹出【图层样式】对话框，设置各选项参数，如图 8-40 所示。

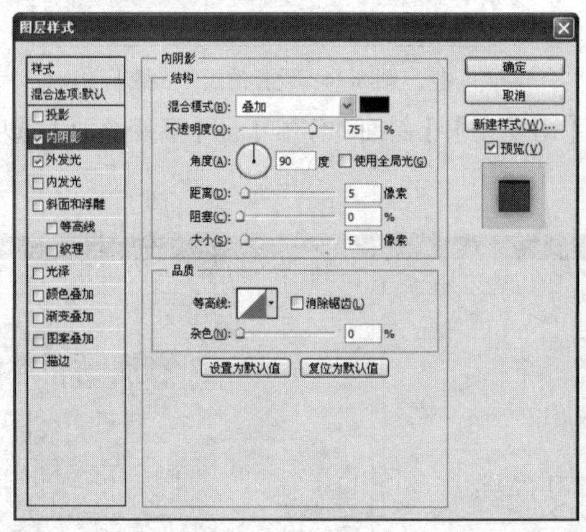

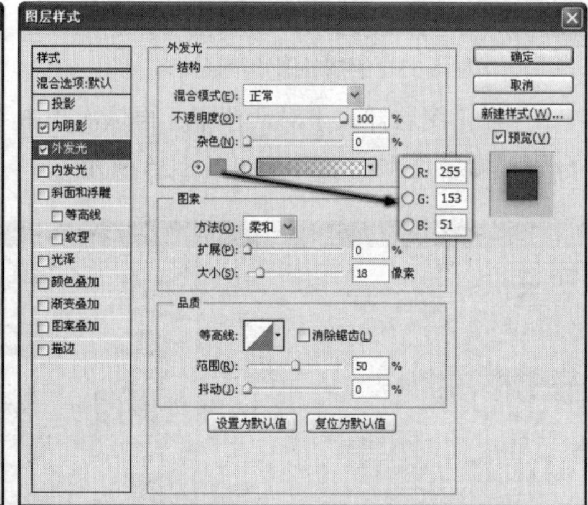

图 8-40　设置的选项参数

13. 单击 确定 按钮，添加图层样式后的图形效果如图 8-41 所示。

14. 再次选择工具，激活属性栏中的按钮，然后，在画面中绘制出如图 8-42 所示的路径，再按 Ctrl+Enter 组合键，将路径转换为选区。

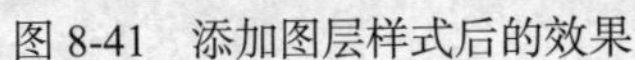

图 8-41　添加图层样式后的效果　　　　图 8-42　绘制的路径

15. 将前景色设置为白色，然后，新建“图层 2”，利用工具为选区自上向下填充由前景到透明的线性渐变色，效果如图 8-43 所示，再按 Ctrl+D 组合键，去除选区。

16. 将前景色设置为黑色，选择工具，激活属性栏中的按钮，然后，在画面的左侧位置依次单击，绘制出如图 8-44 所示的黑色图形。

图 8-43　填充渐变色后的效果　　　　图 8-44 绘制的图形

17. 执行【滤镜】/【模糊】/【高斯模糊】命令，系统将弹出如图 8-45 所示的询问面板，单击 确定 按钮后，形状层将转换为普通图层。

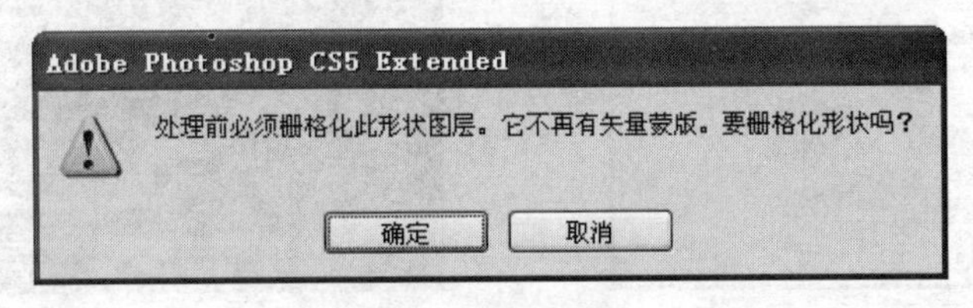

图 8-45　询问面板

18. 在再次弹出的【高斯模糊】对话框中，将【半径】的参数设置为“5”像素，单击 确定 按钮，模糊后的图形效果如图 8-46 所示。

19. 按住 Ctrl 键并单击“图层 1”层的图层缩览图，加载如图 8-47 所示的选区，然后按 Shift+Ctrl+I 组合键，将选区反选。

图 8-46　图形模糊后的效果　　　　图 8-47 加载的选区

20. 按 Delete 键，将选区内的图像删除，然后，按 Ctrl+D 组合键，去除选区。

21. 执行【图层】/【复制图层】命令，在弹出的【复制图层】面板中单击 确定 按钮，将“形状 2”层复制为“形状 2 副本”层，如图 8-48 所示。

22. 执行【编辑】/【变换】/【水平翻转】命令，将复制出的图像在水平方向上翻转，然后，按住 Shift 键，将其水平向右移动到图形的右侧位置，如图 8-49 所示。

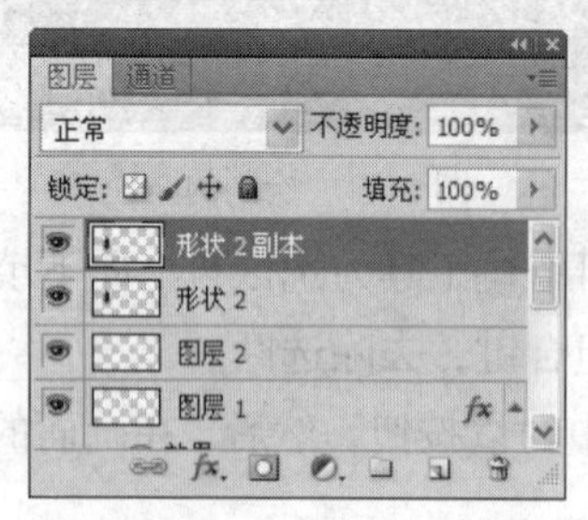

图 8-48　复制出的图层

图 8-49　复制图像移动后的位置

23. 再次按住 Ctrl 键并单击“图层 1”层的图层缩览图，加载选区，然后，新建“图层 3”，再将前景色设置为白色。

24. 执行【编辑】/【描边】命令，在弹出的【描边】对话框中设置选项及参数，如图 8-50 所示，单击 确定 按钮，描边后的效果如图 8-51 所示。

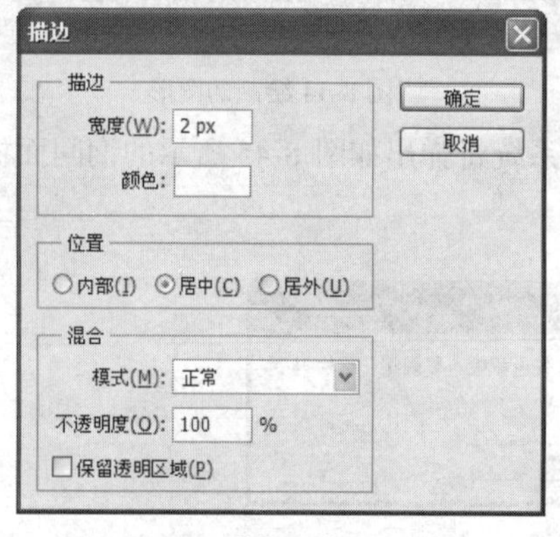

图 8-50 【描边】对话框

图 8-51　描边后的效果

25. 单击【图层】面板下方的 按钮，为“图层 3”添加图层蒙版，然后，选择 工具，再激活属性栏中的 按钮。

26. 将前景色设置为白色，背景色设置为黑色，然后，将渐变样式设置为“从前景到背景”，再将鼠标光标移动到描边图形上，自下向上拖曳鼠标，状态如图 8-52 所示。

27. 释放鼠标左键后，即可编辑蒙版，生成的画面效果及图层蒙版缩览图如图 8-53 所示。

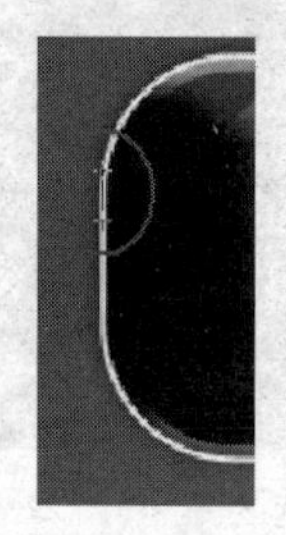

图 8-52　拖曳鼠标

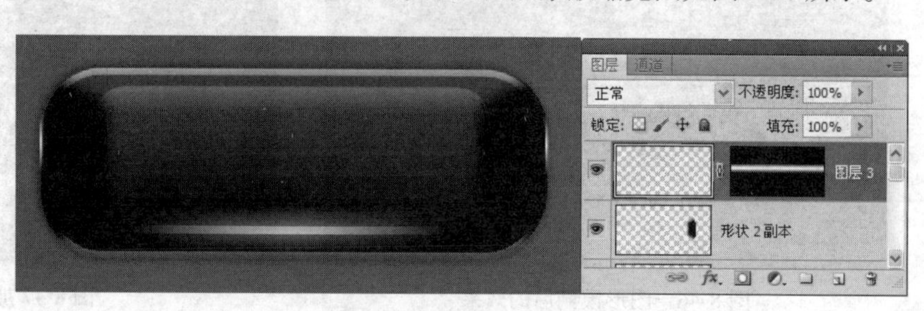

图 8-53　生成的画面效果及图层蒙版缩览图

28. 选择T工具，输入如图 8-54 所示的白色字母，然后，执行【图层】/【图层样式】/【渐变叠加】命令，在弹出的【图层样式】对话框中，依次设置渐变颜色及参数，如图 8-55 所示。

图 8-54　输入的字母

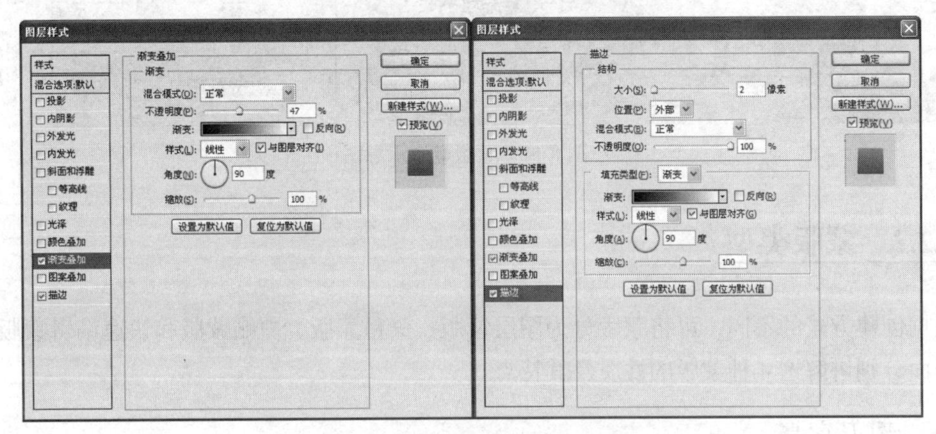

图 8-55　设置的渐变颜色及参数

29. 单击 确定 按钮，即可完成按钮的制作，效果如图 8-56 所示。

图 8-56　制作的按钮效果

30. 按 Ctrl+S 组合键，将此文件命名为“制作按钮.psd”并保存。

8.2 蒙版

本节来讲解蒙版的相关知识，包括蒙版的概念、蒙版类型、蒙版与选区的关系和蒙版的编辑等。

8.2.1 蒙版的概念

蒙版是将不同灰度色值转化为不同的透明度，并作用到它所在的图层中，使图层不同部位的透明度产生相应的变化。黑色为完全透明，白色为完全不透明。蒙版还具有保护和隐藏图像的功能，当对图像的某一部分进行特殊处理时，蒙版可以隔离并保护图像的其余部分不被修改和破坏。蒙版概念示意图如图 8-57 所示。

图 8-57　蒙版概念示意图

8.2.2　蒙版类型

根据创建方式的不同，可将蒙版分为图层蒙版、矢量蒙版、剪贴蒙版和快速编辑蒙版 4 种类型。下面分别讲解这 4 种蒙版的性质及其特点。

一、图层蒙版

图层蒙版是位图图像，与分辨率有关，它是由绘图或选框工具创建的，用来显示或隐藏图层中某一部分的图像。图层蒙版也可以保护图层透明区域不被编辑，它是图像特效处理及编辑过程中使用频率最高的蒙版。还可以利用图层蒙版生成梦幻般的羽化图像的合成效果，且图层中的图像不会被破坏，仍保留原有的效果，如图 8-58 所示。

图 8-58　图层蒙版

二、矢量蒙版

矢量蒙版与分辨率无关，是由【钢笔】路径或形状工具绘制闭合的路径形状后创建的，路径内的区域可显示出图层中的内容，路径之外的区域是被屏蔽的区域，如图 8-59 所示。

图 8-59　矢量蒙版

当路径的形状被修改后，蒙版被屏蔽的区域也会随之发生变化，如图 8-60 所示。

图 8-60　编辑后的矢量蒙版

三、剪贴蒙版

剪贴蒙版是由基底图层和内容图层创建的，给两个或两个以上的图层创建剪贴蒙版后，可用剪贴蒙版中最下方的图层（基底图层）形状来覆盖上面的图层（内容图层）内容，例如，一个图像的剪贴蒙版中的下方图层为某个形状，上面的图层为图像或文字，如果给上面的图层都创建剪贴蒙版，则上面图层的图像只能通过下面图层的形状来显示其内容，如图 8-61 所示。

图 8-61　剪贴蒙版

四、快速编辑蒙版

快速编辑蒙版是用来创建、编辑和修改选区的。单击工具箱中的▣按钮就可创建快速蒙版，此时，【通道】面板中会增加一个临时的快速蒙版通道。在快速蒙版状态下，被选择的区域显示原图像，而被屏蔽的没被选择的区域显示默认的半透明红色，如图 8-62 所示。操作结束后，单击按钮，即可恢复到系统默认的编辑模式，【通道】面板中不会保存该蒙版，而是直接生成选区，如图 8-63 所示。

图 8-62　在快速蒙版状态下涂抹没被选择的图像

图 8-63　快速蒙版创建的选区

8.2.3　创建和编辑蒙版

本节来讲解有关创建和编辑各类蒙版的操作。

一、创建和编辑图层蒙版

选择要添加图层蒙版的图层或图层组，执行下列任一操作即可创建蒙版。

（1）执行【图层】/【图层蒙版】/【显示全部】命令，即可创建出显示整个图层的蒙版。如图像中有选区，执行【图层】/【图层蒙版】/【显示选区】命令后，即可根据选区创建显示选区内图像的蒙版。

（2）执行【图层】/【图层蒙版】/【隐藏全部】命令，即可创建出隐藏整个图层的蒙版。如图像中有选区，执行【图层】/【图层蒙版】/【隐藏选区】命令后，即可根据选区创建隐藏选区内图像的蒙版。

单击【图层】面板中的蒙版缩览图，使之处于工作状态，然后，在工具箱中选择任一绘图工具，执行下列操作之一即可编辑蒙版。

（1）在蒙版图像中绘制黑色，可增加蒙版被屏蔽的区域，并显示更多的图像。

（2）在蒙版图像中绘制白色，可减少蒙版被屏蔽的区域，并显示更少的图像。

（3）在蒙版图像中绘制灰色，可创建半透明效果的屏蔽区域。

二、创建和编辑矢量蒙版

执行下列任一操作即可创建矢量蒙版。

（1）执行【图层】/【矢量蒙版】/【显示全部】命令，可创建显示整个图层的矢量蒙版。

（2）执行【图层】/【矢量蒙版】/【隐藏全部】命令，可创建隐藏整个图层的矢量蒙版。

（3）当图像中有路径存在且处于显示状态时，执行【图层】/【矢量蒙版】/【当前路径】命令，可创建显示形状内容的矢量蒙版。

单击【图层】或【路径】面板中的矢量蒙版缩览图，将其设置为当前状态，然后，利用【钢笔】工具或路径编辑工具更改路径的形状，即可编辑矢量蒙版。

在【图层】面板中选择要编辑的矢量蒙版层，执行【图层】/【栅格化】/【矢量蒙版】命令，可将矢量蒙版转换为图层蒙版。

三、停用和启用蒙版

添加蒙版后，执行【图层】/【图层蒙版】/【停用】或【图层】/【矢量蒙版】/【停用】命令，可将蒙版停用，此时，【图层】面板中的蒙版缩览图上会出现一个红色的交叉符号，且图像文件中会显示不带蒙版效果的图层内容。按住 Shift 键并反复单击【图层】面板中的蒙版缩览图，可在停用和启用蒙版之间切换。

四、应用或删除图层蒙版

创建图层蒙版后，既可以应用蒙版使效果永久化，也可以删除蒙版而不应用效果。

（1）应用图层蒙版

执行【图层】/【图层蒙版】/【应用】命令或单击【图层】面板下方的 按钮，在弹出的询问面板中单击 应用 按钮，即可在当前层中应用编辑后的蒙版。

（2）删除图层蒙版

执行【图层】/【图层蒙版】/【删除】命令或单击【图层】面板下方的 按钮，在弹出的询问面板中单击 删除 按钮，即可在当前层中删除编辑后的蒙版。

五、取消图层与蒙版的链接

默认情况下，图层和蒙版处于链接状态，使用 工具移动图层或蒙版时，该图层及其蒙版会一起被移动，取消它们的链接后，就可以单独移动了。

（1）执行【图层】/【图层蒙版】/【取消链接】或【图层】/【矢量蒙版】/【取消链接】命令，即可将图层与蒙版之间的链接取消。

执行【图层】/【图层蒙版】/【取消链接】或【图层】/【矢量蒙版】/【取消链接】命令后，【取消链接】命令将显示为【链接】命令，选择此命令后，图层与蒙版之间将重建链接。

（2）单击【图层】面板中的图层缩览图与蒙版缩览图之间的【链接】图标 后，链接图标将消失，表明图层与蒙版之间已取消链接；在此处再次单击后，链接图标将出现，表明图层与蒙版之间又重建链接。

六、创建剪贴蒙版

（1）选择【图层】面板中最下方图层上面的一个图层，然后执行【图层】/【创建剪贴蒙版】命令，即可为该图层与其下方的图层创建剪贴蒙版。注意，背景图层无法创建剪贴蒙版。

（2）按住 Alt 键并将鼠标指针放置在【图层】面板中要创建剪贴蒙版的两个图层中间的线上，

当鼠标指针显示为图标时，单击即可创建剪贴蒙版。

七、释放剪贴蒙版

（1）在【图层】面板中，选择剪贴蒙版中的任一图层，然后，执行【图层】/【释放剪贴蒙版】命令，即可释放剪贴蒙版，还原图层相互独立的状态。

（2）按住 Alt 键并将鼠标指针放置在分隔两组图层的线上，当鼠标指针显示为图标时，单击即可释放剪贴蒙版。

8.2.4 空间穿越

下面运用图层的蒙版功能来制作空间穿越特效。

制作空间穿越特效

1. 打开素材文件中“图库\第 08 章”目录下的“背景.jpg”和“马.jpg”文件，如图 8-64 所示。

图 8-64 打开的图片

2. 将“马”图像移动复制到“背景”文件中，再将其调整至如图 8-65 所示的大小及位置。

提示

在调整“马”图像的大小及位置时，可先将生成的“图层 1”的【不透明度】参数设置为“50%”，降低图像的透明度，这样就能很直观地观察“马”图像在整个画面中的情况了，调整后，再将【不透明度】的参数设置为“100%”即可。

3. 使用工具和工具，根据马图像绘制并调整出如图 8-66 所示的路径，然后，按 Ctrl+Enter 组合键，将路径转换为选区。

图 8-65 调整后的马图片的大小及位置

图 8-66 绘制的路径

4. 单击【图层】面板下方的 按钮，为“图层 1”添加图层蒙版，隐藏选区以外的图像，效果及【图层】面板如图 8-67 所示。

图 8-67　添加图层蒙版后的效果及【图层】面板

这样，一个空间穿越的特效就制作出来了，但通过图示发现，马蹄位置与原图像融合得不是很好，下面再来细化处理一下，使其更加真实。

5. 选择 工具，设置一个虚化的笔头，然后，将前景色设置为黑色，再将鼠标指针移动到画面中的马蹄和尾巴的部位，按住鼠标左键并拖曳鼠标，将这些区域不同程度地隐藏，效果如图 8-68 所示。

6. 选择 工具，绘制出如图 8-69 所示的选区。

图 8-68　编辑蒙版后的效果

图 8-69　绘制的选区

7. 新建“图层 2”，然后，按 Ctrl+[组合键，将其调整至“图层 1”的下方，再为选区填充黑色，按 Ctrl+D 组合键，将选区去除。

8. 执行【滤镜】/【模糊】/【高斯模糊】命令，在弹出的【高斯模糊】对话框中将【半径】的参数设置为“8”像素。

9. 单击 确定 按钮，执行【高斯模糊】命令后的画面效果如图 8-70 所示。

10. 打开素材文件中“图库\第 08 章”目录下的“铜镜.psd”文件，然后，将其移动复制到新建文件中，生成“图层 3”。

11. 按 Ctrl+T 组合键，为铜镜图片添加自由变换框，然后，将其调整至如图 8-71 所示的大小及位置，再按 Enter 键，确认图像的变换操作。

图 8-70　执行【高斯模糊】命令后的效果

图 8-71　调整后的图像形态

12. 按 Ctrl+U 组合键，在弹出的【色相/饱和度】对话框中设置参数，如图 8-72 所示，然后，单击 确定 按钮，调整后的图像效果如图 8-73 所示。

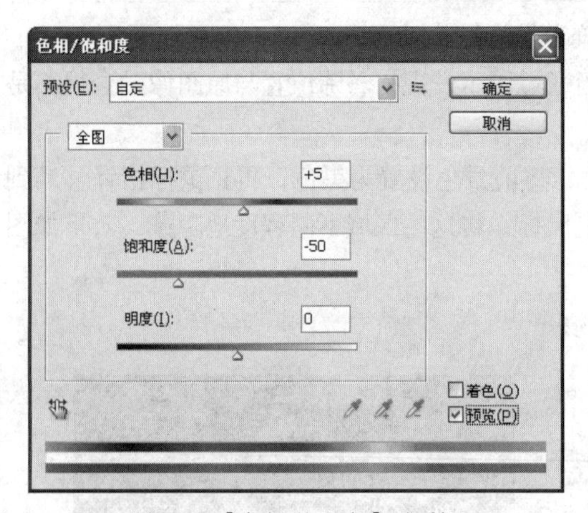

图 8-72 【色相/饱和度】对话框

图 8-73　调整后的图像效果

13. 执行【图层】/【图层样式】/【混合选项】命令，在弹出的【图层样式】对话框中设置参数，如图 8-74 所示。

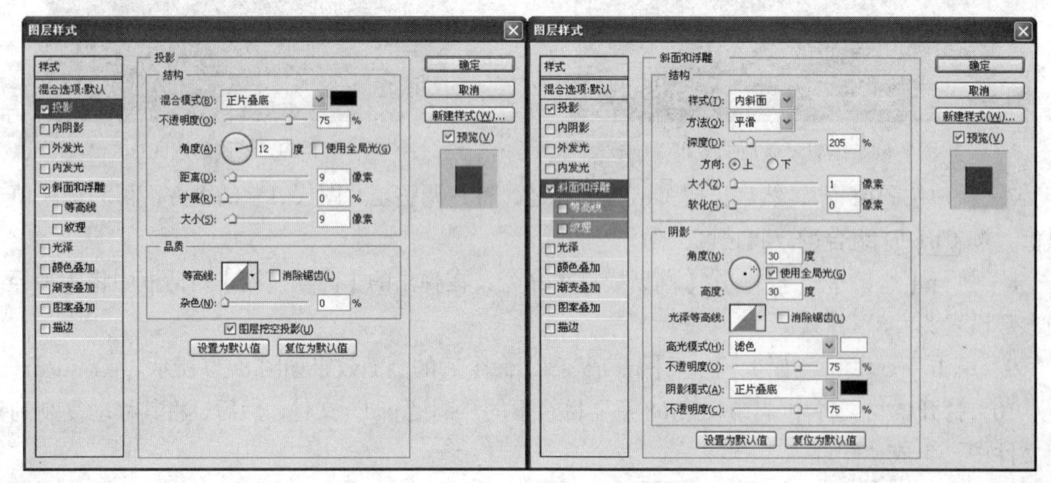

图 8-74 【图层样式】对话框

14. 单击 确定 按钮，添加图层样式后的图像效果如图 8-75 所示。

15. 在“背景”层中单击，将其设置为工作层，然后，按住 Shift 键并依次单击“图层 1”和“图层 2”，将 3 个图层同时选择。

16. 按 Ctrl+Alt+E 组合键，将选择的图层复制后合并，生成为“图层 1（合并）”层，然后将图层的名称修改为“图层 4”。

17. 按 Ctrl+A 组合键，将“图层 4”中的内容全部选择，然后，按 Ctrl+C 组合键，将选择的内容复制到剪贴板中。

18. 将“图层 3”设置为工作层，然后，执行【图层】/【排列】/【置为顶层】命令，将其调整至所有层的上方，再利用 工具，在铜镜内部绘制出如图 8-76 所示的椭圆形选区。

19. 执行【编辑】/【选择性粘贴】/【贴入】命令，将剪贴板中的内容贴入当前的选区中，此时，会在【图层】面板中生成“图层 5”，且生成蒙版层，如图 8-77 所示。

图 8-75　添加图层样式后的效果

图 8-76　绘制的选区

图 8-77　生成的蒙版层

20. 按 Ctrl+T 组合键，为贴入的图片添加自由变换框，然后，将其调整至如图 8-78 所示的形态，再按 Enter 键，确认图像的变换操作。

至此，空间穿越效果已制作完成，整体效果如图 8-79 所示。

图 8-78　调整后的图像形态

图 8-79　制作完成的空间穿越效果

21. 按 Shift+Ctrl+S 组合键，将文件命名为“空间穿越.psd”并保存。

8.3 通道

通道是保存不同颜色信息的灰度图像，可以存储图像中的颜色数据、蒙版或选区。每一幅图像都有一个或多个通道，可以通过编辑通道中存储的各种信息对图像进行编辑。本节将讲解有关通道的知识。

8.3.1 通道的类型

根据存储内容的不同，可以将通道分为复合通道、单色通道、专色通道和 Alpha 通道。

- 复合通道：不同模式的图像的通道数量也不一样，默认情况下，位图、灰度和索引模式的图像只有 1 个通道，RGB 和 Lab 模式的图像有 3 个通道，CMYK 模式的图像有 4 个通道。在上图中，【通道】面板的最上面一个通道（复合通道）代表每个通道叠加后的图像颜色，下面的通道是拆分后的单色通道。
- 单色通道：在【通道】面板中，单色通道都显示为灰色，它通过 0~256 级亮度的灰度表示颜色。在通道中控制图像的颜色效果是很难的，所以，一般不采取直接修改颜色通道的方法改变图像的颜色。
- 专色通道：在处理颜色种类较多的图像时，为了让印刷作品与众不同，往往要做一些特殊通道的处理。除了系统默认的颜色通道外，还可以创建专色通道，如增加印刷品的荧光油墨或夜光油墨，套版印制无色系（如烫金、烫银）等，这些特殊颜色的油墨被称为“专色”，这些专色都无法用三原色油墨混合出来，需要用专色通道与专色印刷。
- Alpha 通道：单击【通道】面板底部的 按钮，可创建一个 Alpha 通道。Alpha 通道是为保存选区而专门设计的，主要用于保存图像中的选区和蒙版。在生成一个图像文件时，并不一定产生 Alpha 通道，通常，它是在图像处理过程中为了制作特殊的选区或蒙版而人为生成的，并从中提取选区信息，因此，在输出制版时，Alpha 通道会因为与最终生成的图像无关而被删除。但有时也要保留 Alpha 通道，比如，三维软件最终渲染输出作品时，应附带生成一张 Alpha 通道，用于在平面处理软件中做后期合成。

8.3.2 通道的面板

执行【窗口】/【通道】命令，即可在工作区中显示【通道】面板，如图 8-80 所示。下面介绍【通道】面板中各按钮的功能和作用。

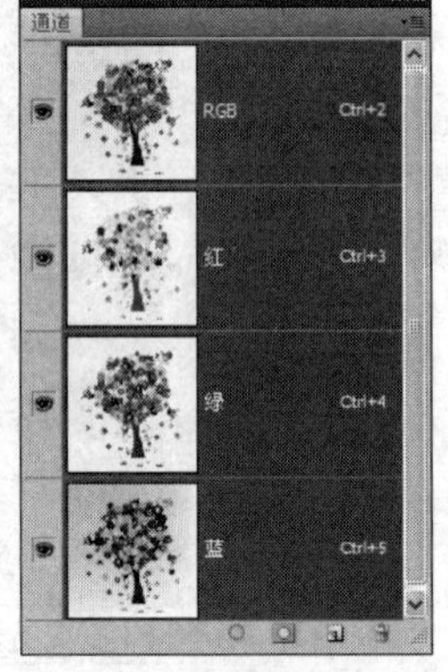

图 8-80 【通道】面板

- 【指示通道可见性】图标：此图标与【图层】面板中的图标是相同的，多次单击可以使通道在显示或隐藏之间切换。注意，当【通道】面板中某一单色通道被隐藏后，复合通道会自动隐藏；当选择或显示复合通道后，所有的单色通道也会自动显示。
- 通道缩览图：图标右侧为通道缩览图，其作用是显示通道的颜色信息。
- 通道名称：通道缩览图的右侧为通道名称，它能使用户快速识别各种通道。通道名称的右侧为切换该通道的快捷键。
- 【将通道作为选区载入】按钮：单击此按钮，或按住 Ctrl 键并单击某通道，可以将该通道中颜色较淡的区域载入为选区。
- 【将选区存储为通道】按钮：当图像中有选区时，单击此按钮，可以将图像中的选区存储为 Alpha 通道。

- 【创建新通道】按钮：可以创建一个新的通道。
- 【删除当前通道】按钮：可以将当前选择或编辑的通道删除。

8.3.3 通道的用途

通道是 Photoshop 图像处理的重要功能之一，它的用途非常广泛。下面介绍通道在图像处理中的各种用途。

一、在选区中的应用

通道不仅可以存储选区和创建选区，还可以对已有的选区进行各种编辑操作，从而得到符合图像处理和效果制作的精确选区。

二、在图像色彩调整中的应用

利用【图像】/【调整】菜单下的命令可以对图像的单个颜色通道进行调整，从而改变图像颜色，得到特性的颜色效果。

三、在滤镜中的应用

可以应用通道中的各种滤镜，改变图像的质量并制作出多种特效。

四、在印刷中的应用

可以通过添加专色通道，得到印刷的专色印版，以及印刷品中的特殊颜色。

8.3.4 创建新通道

新建通道主要有两种，分别为 Alpha 通道和专色通道。

一、创建 Alpha 通道

单击【通道】面板底部的按钮或按住 Alt 键并单击该按钮，在弹出的【新建通道】对话框中设置相应的参数及选项后，单击 确定 按钮，即可创建新的 Alpha 通道。单击【通道】面板右上角的按钮，在弹出的通道菜单中执行【新建通道】命令，同样可以弹出【新建通道】对话框以新建通道，如果在图像中创建了选区，单击【通道】面板底部的按钮后，可将选区保存为 Alpha 通道。

二、创建专色通道

在【通道】菜单中执行【新建专色通道】命令，或者按住 Ctrl 键并单击【通道】面板底部的按钮，在弹出的【新建专色通道】对话框中设置相应的参数及选项后，单击 确定 按钮，便可在【通道】面板中创建新的专色通道。

8.3.5 复制和删除通道

复制和删除通道的方法各有 3 种，下面分别介绍。

一、复制通道

（1）在【通道】面板中，将需要复制的通道拖曳到面板底部的按钮上即可。
（2）选择需要复制的通道，在【通道】菜单中执行【复制通道】命令即可。
（3）在需要复制的通道上单击鼠标右键，在弹出的右键菜单中执行【复制通道】命令即可。

二、删除通道

（1）在【通道】面板中，将需要删除的通道拖动到面板底部的按钮上即可。
（2）选择需要删除的通道，在【通道】菜单中执行【删除通道】命令即可。
（3）在通道上单击鼠标右键，在弹出的右键菜单中执行【删除通道】命令即可。

8.3.6 将颜色通道设置为以原色显示

默认状态下，单色通道以灰色图像显示，但可以将其设置为以原色显示。执行【编辑】/【首选项】/【界面】命令，在弹出的【首选项】对话框中勾选【用彩色显示通道】复选项，单击 确定 按钮，【通道】面板中的单色通道即以原色显示，如图 8-81 所示。

图 8-81 显示原色通道

8.3.7 分离与合并通道

在图像处理过程中，有时需要将通道分离为多个单独的灰度图像，对其进行编辑处理，然后进行合并，从而制作出各种特殊的图像效果。

对于只有背景层的图像文件，在【通道】面板菜单中执行【分离通道】命令后，可以将图像中的颜色通道、Alpha 通道和专色通道分离为多个单独的灰度图像。此时，原图像将被关闭，生成的灰度图像以原文件名和通道缩写形式重新被命名，它们被分别置于不同的图像窗口中，相互独立，如图 8-82 所示。

图 8-82　分离出的图像

分离图像后，即可对各灰色图像进行颜色调整，并可以将调整颜色后的图像重新合并为一幅彩色图像。图 8-83 所示为将“B”通道的灰色图像提高明度后，又重新以 RGB 颜色模式合并通道后的效果。

图 8-83　调整通道图像后重新合并的效果

8.3.8　制作墙壁剥落的旧画效果

本节将介绍利用图片素材合成制作墙壁上剥落的旧画效果。制作方法比较简单，主要是利用图层的混合模式及通道功能。

制作墙壁上剥落的旧画效果

1. 打开素材文件中“图库\第 08 章”目录下的“墙皮.jpg”和“人物 01.jpg”文件，如图 8-84 所示。

图 8-84　打开的图片

2. 利用工具将“人物”图像移动复制到“墙皮.jpg”文件中，生成“图层 1”，然后，将其调整至与画面相同的大小。

3. 双击“图层 1”的图层缩览图，弹出【图层样式】对话框，按住 Alt 键并拖曳“下一层”右下方的三角形按钮，使人物与“背景”层中的墙皮合成，如图 8-85 所示。

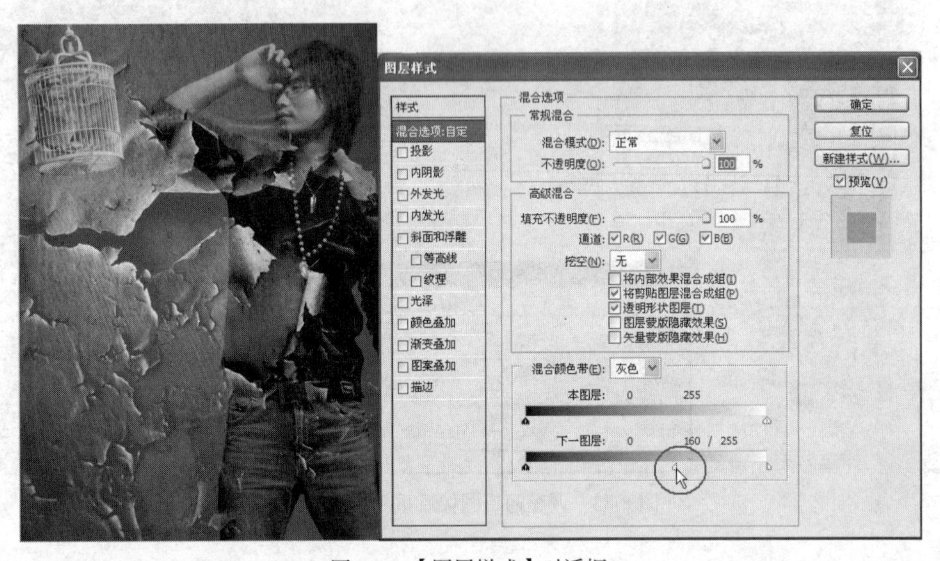

图 8-85 【图层样式】对话框

4. 单击 确定 按钮，然后，设置“图层 1”的图层混合模式为“正片叠底”，效果如图 8-86 所示。

5. 单击“图层 1”前面的图标，将该图层暂时隐藏。

6. 打开【通道】面板，复制“绿”通道，生成“绿 副本”通道。

7. 选择工具，激活属性栏中的按钮，在“绿 副本”通道中绘制出如图 8-87 所示的选区。

8. 在选区内填充黑色，然后，按住 Ctrl 键的同时单击“绿 副本”通道的缩览图，载入选区，如图 8-88 所示。

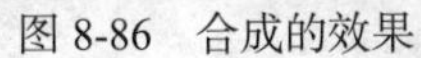
图 8-86　合成的效果

图 8-87　绘制选区

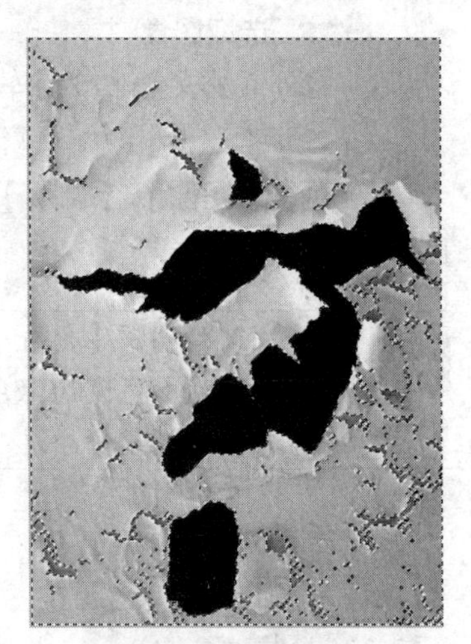

图 8-88　载入选区

9. 单击“RGB”复合通道，打开【图层】面板，将“图层 1”显示，然后，单击底部的 按钮，添加图层蒙版，画面效果如图 8-89 所示。

10. 复制“图层 1”，生成“图层 1 副本”层，设置图层混合模式为“点光”，设置【不透明度】参数为“40%”，制作完成的墙壁上剥落的旧画效果如图 8-90 所示。

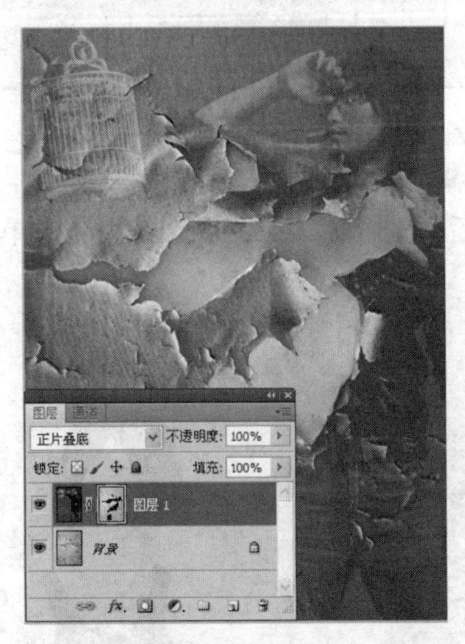

图 8-89　添加蒙版后的效果

图 8-90　合成后的效果

11. 按 Shift+Ctrl+S 组合键，将此文件命名为“旧画效果.psd”并保存。

8.4　综合案例——设计电影海报

下面综合运用本章学习的图层、蒙版及通道的知识来设计电影海报。

8.4.1　利用通道选取图像

首先，灵活运用通道将灰色背景中的人物选取。

选取图像

1. 打开素材文件中“图库\第 08 章”目录下的“人物 02.jpg”文件，如图 8-91 所示。

2. 打开【通道】面板，复制“红”通道，得到“红 副本”通道，如图 8-92 所示。

3. 执行【图像】/【调整】/【色阶】命令，在弹出的【色阶】对话框中设置选项及参数，如图 8-93 所示。

提示

此处利用【色阶】命令调整图像，目的是要将图像头发周围的背景颜色调整为白色，头发颜色变为黑色，这样有利于头发的选取。读者也可以使用如【亮度/对比度】等其他的调整命令进行调整。

图 8-91 打开的图像

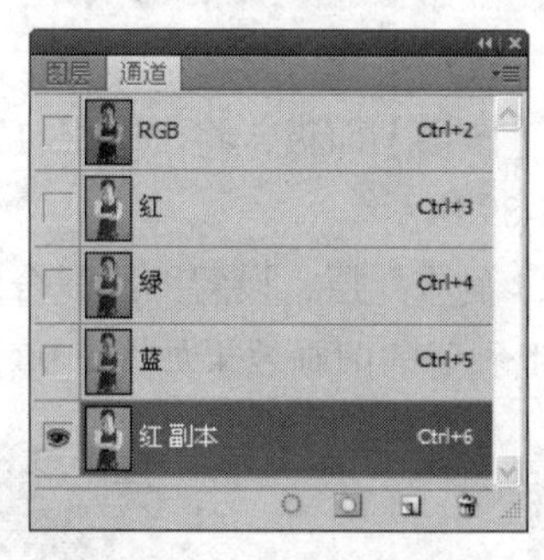

图 8-92 复制出的通道

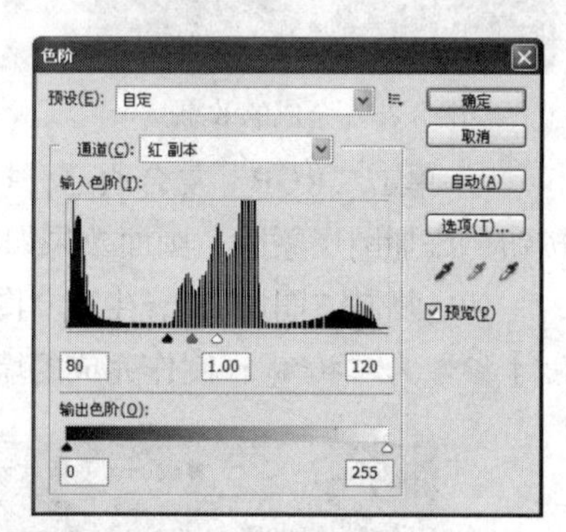

图 8-93 【色阶】对话框

4. 单击 确定 按钮，调整后的图像效果如图 8-94 所示。

5. 单击“RGB”颜色通道，还原图像的显示，然后，选择工具并在灰色背景中单击，将灰色背景选取，如图 8-95 所示。

6. 单击“红 副本”通道，然后，为选区填充白色，效果如图 8-96 所示。

图 8-94 调整对比度后的效果

图 8-95 创建的选区

图 8-96 填充白色后的效果

7. 按 Shift+Ctrl+I 组合键，将选区反选，然后，选择工具，再设置一个合适的画笔笔头，在选区内绘制黑色，状态如图 8-97 所示。

8. 利用工具将头部区域放大显示，然后，选择工具并在人物面部拖曳鼠标指针，注意，尽量不要对头发的边缘进行涂抹，这样选取出来的头发才不会带有底色。

9. 按 Ctrl+D 组合键，去除选区，涂抹后的画面效果如图 8-98 所示。

10. 按住 Ctrl 键并单击“红 副本”通道，创建选区，然后，按 Shift+Ctrl+I 组合键，将选区反选，即选取黑色图像。

11. 单击“RGB”颜色通道，还原图像的显示，然后，转换到【图层】面板，执行【图层】/【新建】/【通过拷贝的图层】命令，将选区内的图像通过复制生成“图层 1”。

12. 新建“图层 2”，为其填充白色，然后，将其调整至“图层 1”的下方，画面效果及【图层】面板如图 8-99 所示。

图 8-97　涂抹黑色时的状态

图 8-98　涂抹后的效果

图 8-99　选取出的图像

13. 按 Shift+Ctrl+S 组合键，将此文件命名为“选取图像.psd”并保存。

8.4.2　设计电影海报

下面综合运用图层及图层蒙版来设计电影海报。

设计电影海报

1. 新建一个【宽度】为“21 厘米”、【高度】为“30 厘米”、【分辨率】为“120 像素/英寸”、【颜色模式】为“RGB 颜色”的白色文件，然后，为背景填充黑色。

2. 打开素材文件中“图库\第 08 章”目录下的“城市.jpg”文件，然后，将其移动复制到新建的文件中，并调整至如图 8-100 所示的大小及位置。

3. 单击按钮，为“图层 1”添加图层蒙版，然后，选择工具并设置一个虚化的笔头。

4. 将前景色设置为黑色，然后，在城市图像的上方和下方的中间位置拖曳鼠标指针，编辑蒙版，制作出如图 8-101 所示的效果。在通过拖曳鼠标来编辑蒙版的过程中，可随时调整画笔工具属性栏中的【不透明度】参数，以取得较为理想的效果。

5. 单击【图层】面板下方的按钮，在弹出的命令菜单中选择【渐变映射】命令，然后，在弹出的【调整】面板中单击渐变颜色条，再在弹出的【渐变编辑器】对话框中设置渐变颜色，如图 8-102 所示。

图 8-100　调整后的图像大小及位置

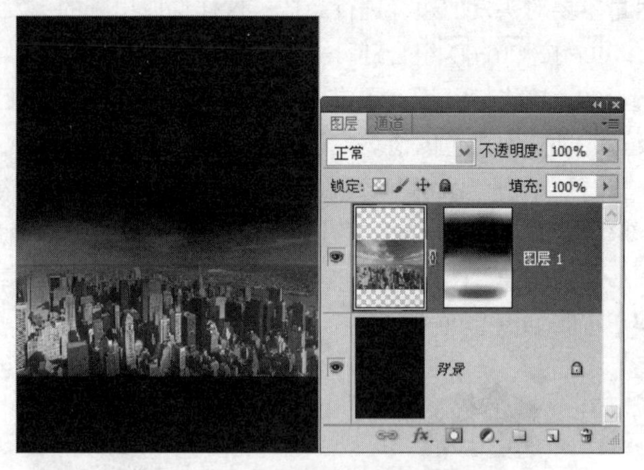

图 8-101　编辑蒙版后的效果

6. 单击 确定 按钮，渐变映射后的效果如图 8-103 所示。

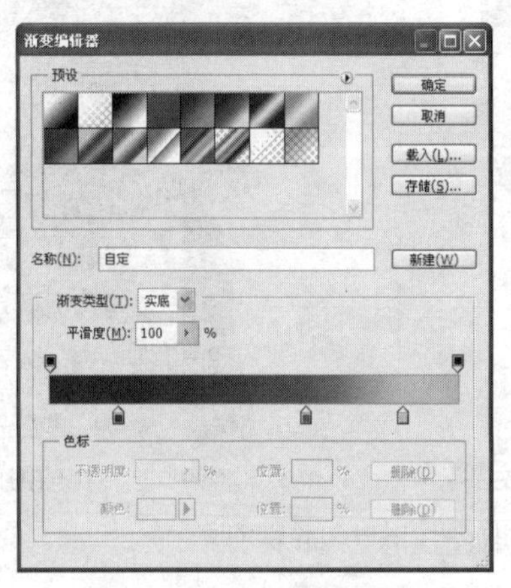

图 8-102　设置的渐变颜色

图 8-103　渐变映射后的效果

7. 再次单击 按钮，在弹出的命令菜单中选择【色阶】命令，然后，在弹出的【调整】面板中设置参数，如图 8-104 所示，调整色阶后的图像效果如图 8-105 所示。

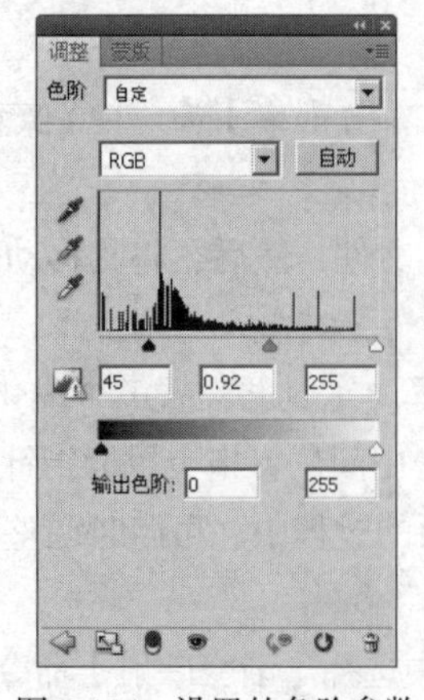

图 8-104　设置的色阶参数

图 8-105　调整色阶后的效果

8. 打开素材文件中“图库\第 08 章”目录下的“夕阳 01.jpg”文件，然后，将其移动复制到新建的文件中，并调整至如图 8-106 所示的大小及位置，再按Enter键确认。

9. 单击按钮，为“图层 2”添加图层蒙版，然后，使用工具对蒙版进行编辑，效果及【图层】面板如图 8-107 所示。

图 8-106　图像调整后的大小及位置

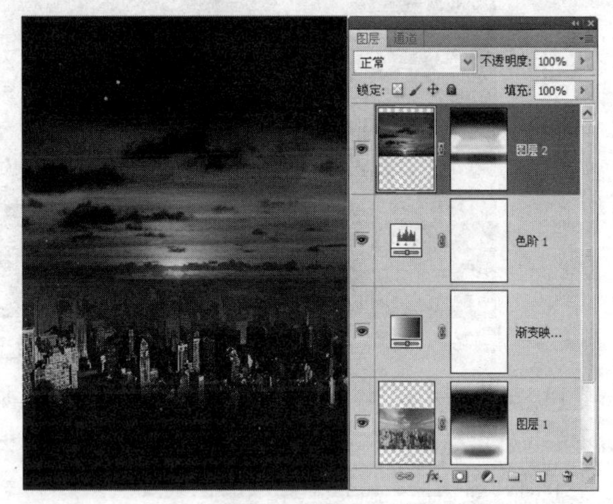

图 8-107　编辑蒙版后的效果及【图层】面板

10. 打开素材文件中“图库\第 08 章”目录下的“夕阳 02.jpg”文件，然后，将其移动复制到新建的文件中，调整大小后利用工具对其进行编辑，效果及【图层】面板如图 8-108 所示。

11. 将“图层 3”的图层混合模式设置为“滤色”，效果如图 8-109 所示。

图 8-108　调整后的图像效果及【图层】面板

图 8-109　更改混合模式后的效果

12. 用与步骤 10 相同的方法，依次将素材文件中“图库\第 08 章”目录下的“地球.jpg”和“灰色天空.jpg”文件打开，然后，将其移动复制到新建的文件中，再为其添加蒙版，效果及【图层】面板如图 8-110 所示。

13. 将【图层】面板中的“图层 5”调整至“图层 2”的下方，然后，将第 8.4.1 小节选取的人物移动复制到新建文件中，生成“图层 6”。

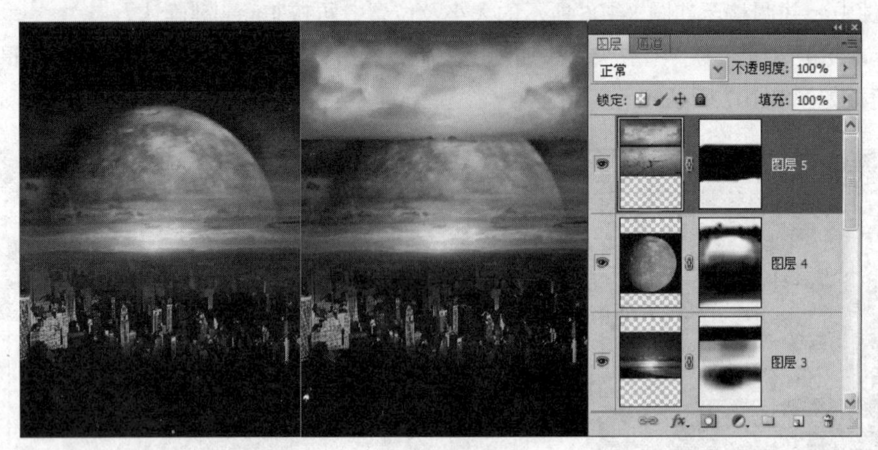

图 8-110　图像效果及【图层】面板

14. 将“图层 6”调整至所有图层的上方，然后，调整人物图像的大小并将其放置到如图 8-111 所示的位置。

下面利用调整层将整个画面的色调统一。

15. 单击【图层】面板下方的 按钮，在弹出的命令菜单中选择【色阶】命令，然后，在弹出的【调整】面板中设置参数，如图 8-112 所示。

16. 再次单击 按钮，在弹出的命令菜单中选择【亮度/对比度】命令，然后，在弹出的【调整】面板中，将【对比度】的参数设置为“100”，调整后的图像效果如图 8-113 所示。

图 8-111　调整后的人物图像放置的位置

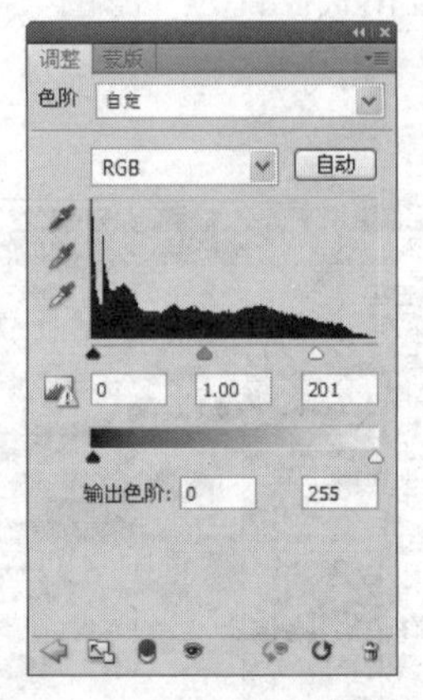

图 8-112　设置的参数

图 8-113　调整后的效果

17. 选择 T 工具，在画面的上方输入如图 8-114 所示文字。

图 8-114　输入的文字

18. 单击【图层】面板下方的 fx. 按钮，在弹出的菜单命令中选择【斜面和浮雕】命令，再在弹出的【图层样式】对话框中依次设置各选项及参数，如图 8-115 所示。

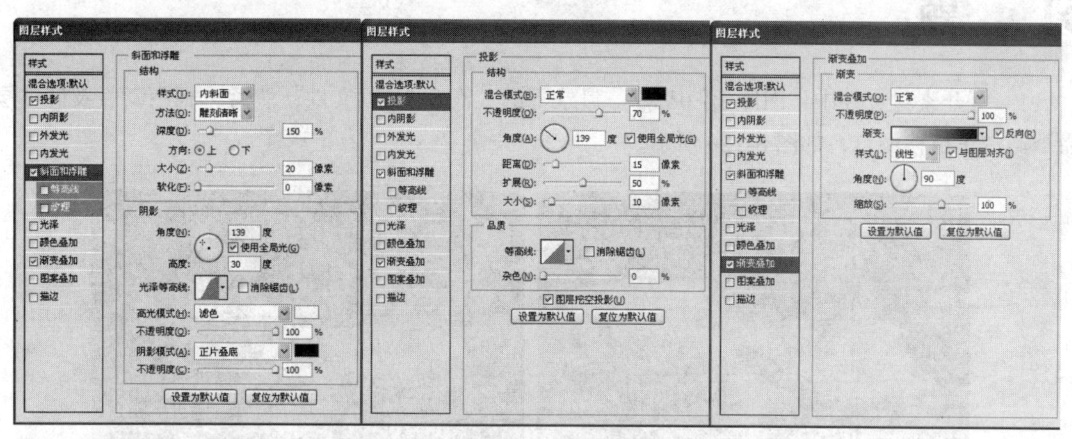

图 8-115　设置的图层样式参数

19. 单击 确定 按钮，添加图层样式后的文字效果如图 8-116 所示。

20. 继续使用 T. 工具，在文字的下方输入字母及数字，然后，为其添加“斜面和浮雕”样式，效果如图 8-117 所示。

图 8-116　添加图层样式后的效果

图 8-117　输入的字母及数字

21. 继续利用 T. 工具，在画面的下方依次输入如图 8-118 所示的文字。

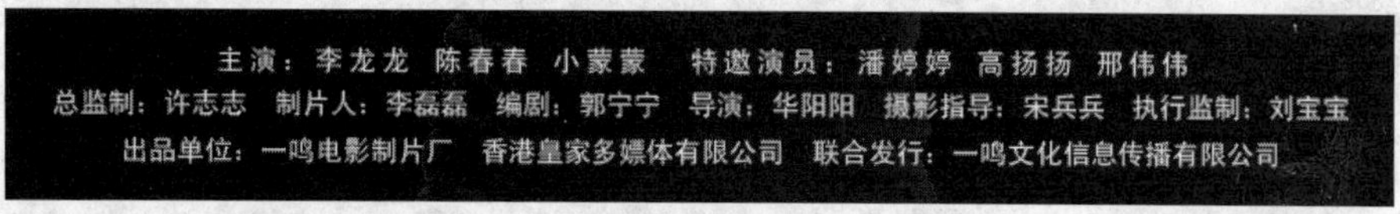

主演：李龙龙　陈春春　小蒙蒙　特邀演员：潘婷婷　高扬扬　邢伟伟
总监制：许志志　制片人：李磊磊　编剧：郭宁宁　导演：华阳阳　摄影指导：宋兵兵　执行监制：刘宝宝
出品单位：一鸣电影制片厂　香港皇家多媒体有限公司　联合发行：一鸣文化信息传播有限公司

图 8-118　输入的文字

至此，电影海报设计完成，整体效果如图 8-119 所示。

22. 按 Ctrl+S 组合键，将此文件命名为“电影海报设计.psd”并保存。

图 8-119　设计完成的电影海报

小　　结

本章详细讲解了图层、蒙版和通道的概念，以及基本操作方法和使用技巧，尤其是对图层和蒙版的概念作了深入的讲解并用插图说明了各自的特性和作用。掌握这 3 个命令是成为 Photoshop 图像处理高手的先决条件。希望读者能够在深入理解的基础上，完全掌握这些内容，以便灵活地运用图层、蒙版和通道，为图像处理及合成工作带来方便。

习　题

1. 打开素材文件中“图库\第 08 章”目录下的“汽车.jpg”文件，然后，利用蒙版及调整层命令给汽车更换颜色，如图 8-120 所示。

图 8-120　给汽车换颜色

2. 打开素材文件中“图库\第 08 章”目录下的“婚纱照.jpg”和“艺术照背景.jpg”文件。利用通道和路径来选择灰色背景中的婚纱人物，然后，替换新背景，如图 8-121 所示。

图 8-121　选择婚纱并合成图像

第9章 色彩校正

平面设计人员在处理图像时，遇到的一个最大的问题就是如何使扫描的图像或利用数码设备输入的图像的色彩与计算机屏幕上显示的图像色彩和打印输出来的图像色彩一致。使不同设备上显示的颜色一致，在理论上是根本不可能的，但如果通过对不同的设备进行有效的色彩补偿，或者利用软件对图像色彩进行校正处理，是可以使它们的色彩尽可能相似的。

Photoshop CS5 中提供了很多类型的图像色彩校正命令，这些命令可以将彩色图像调整成黑白或单色效果，也可以给黑白图像上色，使其焕然一新。无论图像曝光过度或曝光不足，都可以利用不同的校正命令进行弥补，从而达到令人满意的、可用于打印输出的图像文件。

9.1 色彩管理设置

Photoshop 的色彩管理系统可以将创建颜色的色彩空间与输出该颜色的色彩空间进行比较并做必要的调整，使不同设备所表现的颜色尽可能一致，以解决由于不同的设备和软件使用不同的色彩空间所引起的颜色匹配问题。

可以使用 Photoshop 预定的色彩管理设置，也可以在这些预定设置的基础上更改为自定的色彩管理设置。在缺乏色彩管理经验的情况下，应尽量使用预定的色彩管理设置选项。

在 Photoshop 中执行【编辑】/【颜色设置】命令后，将打开如图 9-1 所示的【颜色设置】对话框。

一、【设置】下拉列表

在【设置】下拉列表中列出了 Photoshop 提供的预定义色彩管理设置，每一种设置中都包括一套【工作空间】和【色彩管理方案】。如果图像处理的最终目的是用于 Web

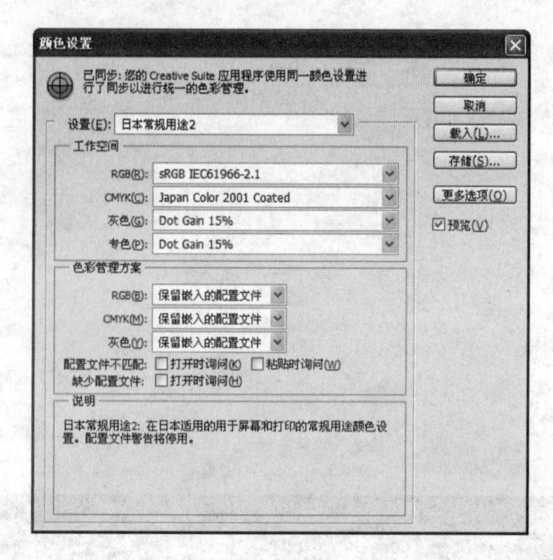

图 9-1 【颜色设置】对话框

设计，则应该选择【日本 Web/Internet】选项；如果图像处理的最终目的是用于在美国出版印刷，则应该选择【北美印前 2】选项；如果图像处理的最终目的是用于视频输出或作为屏幕展示的内容，则应将【色彩管理方案】下面的 3 个选项都设置为“关闭”。

二、【工作空间】栏

工作空间设置的是与 RGB、CMYK 和灰度颜色模式相关的颜色配置文件。颜色配置文件系统地描述了颜色如何映射到某个设备上，如扫描仪、打印机或显示器的色彩空间。通过用颜色配置文件标记文档，可在文档中显示对实际颜色外观的定义。也可以通过执行【编辑】/【指定配置文件】命令为图像设置一个配置文件，如图 9-2 所示。

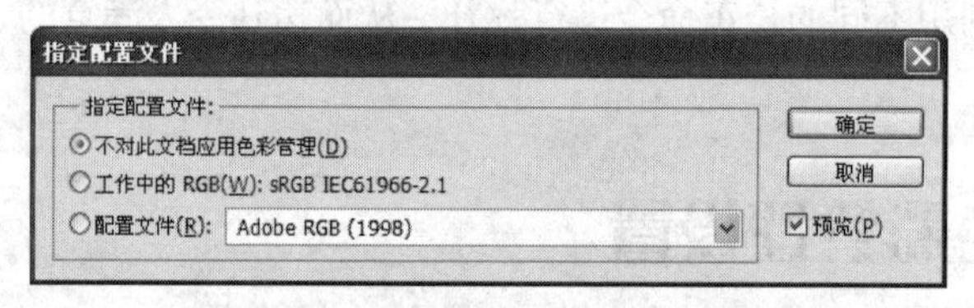

图 9-2 【指定配置文件】对话框

指定了配置文件后，当存储该文件时，应在【存储为】对话框中勾选下方的【ICC 配置文件】选项。

三、【色彩管理方案】栏

打开未使用颜色配置文件标记的图像文件时，或者其颜色配置文件与当前的系统设置不同时，可以选用不同的方式进行处理。

9.2 检查图像色彩质量

对于使用扫描仪或其他数码设备输入计算机中的图像，在处理或打印输出之前，先检查一下图像的色彩质量是非常有必要的，这样可以有的放矢地校正图像颜色，确保图像以高质量的色彩打印输出。

9.2.1　直方图

直方图是用于评估、分析图像信息的工具，它实际上是图像中的像素按亮度变化的分布图，直方图中的横坐标代表亮度，亮度值取值范围为 0～255，纵坐标代表像素数。

执行【窗口】/【直方图】命令，即可打开【直方图】面板。当绘图窗口中没有图像文件时，【直方图】面板的显示如图 9-3 所示。

图 9-3　无打开图像时的【直方图】面板

打开素材文件中“图库\第 09 章”目录下的“雪景.jpg”文件，如图 9-4 所示，此时的【直方图】面板将显示该图像的颜色信息。单击面板右上角的按钮，在弹出的面板菜单中选择如图 9-5 所示的【扩展视图】和【显示统计数据】命令，再将【通道】选项设置为“RGB”，此时的【直方图】面板如图 9-6 所示。

图 9-4　打开的图像

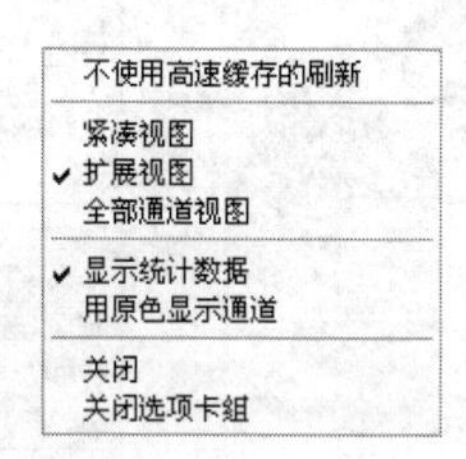

图 9-5　选择的选项

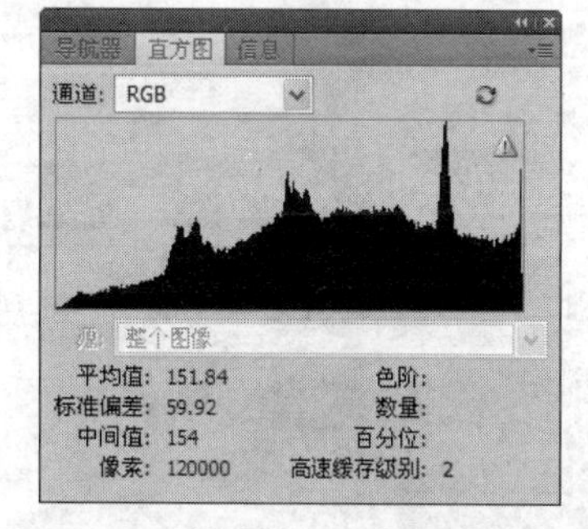

图 9-6　显示统计数据的【直方图】面板

在【通道】列表中，可以设置按照不同的类型来显示直方图。在直方图的下方是一些关于图像的统计数据。

- 【平均值】：表示平均亮度值。
- 【标准偏差】：表示数值变化的幅度。
- 【中间值】：表示颜色数值范围内的中间值。
- 【像素】：表示图像中所选区域内的全部像素数。

提示

将鼠标光标移至直方图中，移动鼠标或按下鼠标左键并拖曳鼠标，可以在面板右下角的参数区中得到鼠标指针处的色阶、该亮度下的像素数量，以及低于该色阶值的像素数量所占的百分比。

直方图的左侧代表图像中较暗的像素，右侧代表图像中较亮的像素，中间代表图像中的灰度像素。从图 9-6 中可以看到，由于直方图图形沿横坐标没有空隙，所以，该图像在每一亮度中都分布着像素；直方图左侧的像素点较少，中间和右侧的像素点较多，所以，整幅图像偏亮。大量细节集中在暗区的图像称为低调图；反之，大量细节集中在亮区图像被称作高调图。了解图像色调的分布，将有助于对图像色调校正的操作。

9.2.2　查看图像的色彩质量

一般情况下，输入到计算机中的图像，可以从直方图中分析出图像的色彩质量。图 9-7 所示为正常的直方图，虽然它们形状不同，分布不同，但它们几乎是在全部的亮度范围内分布了像素。

图 9-7　正常的直方图

图 9-8 所示为不正常的直方图，其右侧亮区像素点过多，而左侧暗区像素点较少，这反映出图像整体偏亮，在校正时，应重点增加暗区。

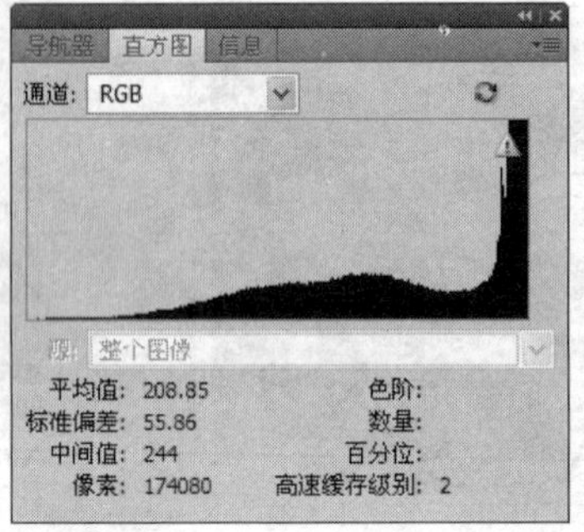

图 9-8　不正常的直方图

图 9-9 所示为缺少蓝色的直方图，在查看“蓝”通道时，其左侧像素点过多，而右侧像素点较少，这反映出图像整体偏红，在校正时，应重点增加蓝通道的亮区。

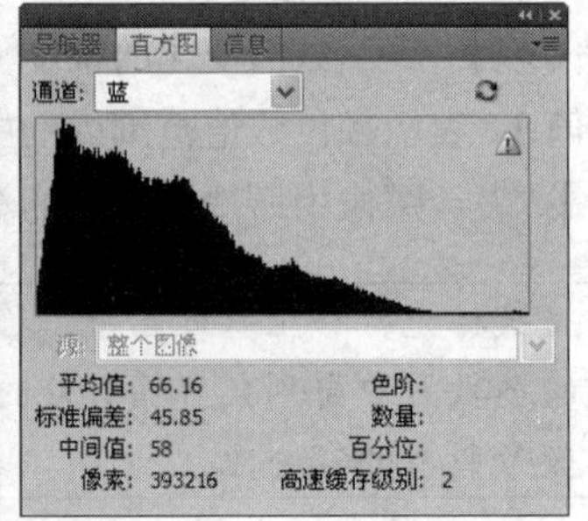

图 9-9　显示缺少蓝色的直方图

9.3　图像校正命令

CMYK 和 RGB 两种颜色模式的图像，都可以利用校正命令进行颜色校正，但是，应尽量避免模式的多次转换，因为每次转换之后，颜色值都会因取舍而丢失。如果图像只用于在屏幕上浏览，则不要将其转换成 CMYK；同样，如果图像最终要分色并印刷，就不要在 RGB 模式下进行颜色校正。如果必须将图像从一种颜色模式转换成另一种颜色模式，则应在 RGB 模式中进行最大的色调和颜色的校正，最后，使用 CMYK 模式进行微调。

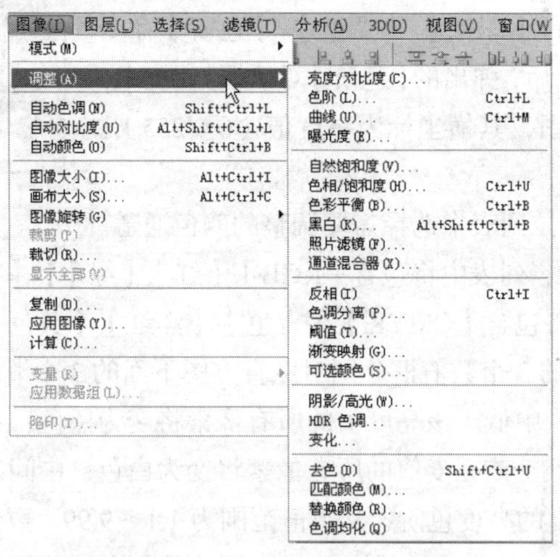

图 9-10　色彩校正命令

Photoshop 的【图像】/【调整】菜单中包含 22 种调整图像颜色的命令，如图 9-10 所示。本节将分别介绍这些命令的功能及选项设置。

9.3.1 【亮度/对比度】命令

使用【亮度/对比度】命令可对图像的整体亮度和对比度进行简单调整。执行【图像】/【调整】/【亮度/对比度】命令后，弹出的【亮度/对比度】对话框如图 9-11 所示。

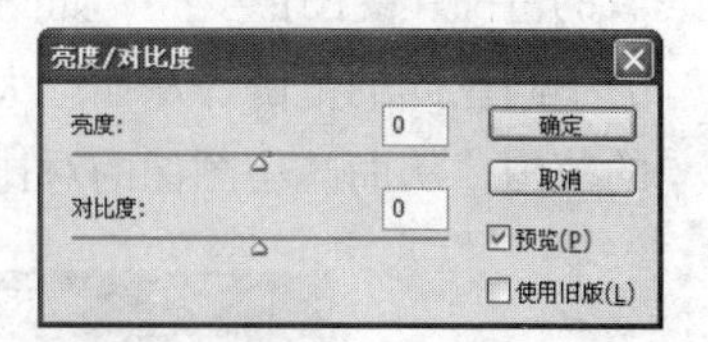

图 9-11 【亮度/对比度】对话框

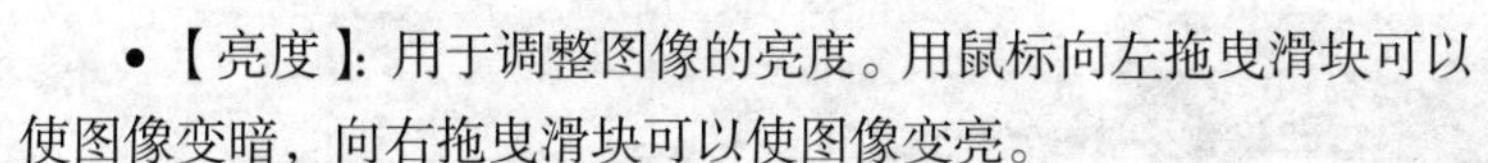

• 【亮度】: 用于调整图像的亮度。用鼠标向左拖曳滑块可以使图像变暗，向右拖曳滑块可以使图像变亮。

• 【对比度】: 用于调整图像的对比度。用鼠标向左拖曳滑块可以减小对比度，向右拖曳滑块可以增大对比度。

原图像与调整【亮度/对比度】后的效果如图 9-12 所示。

图 9-12　原图像与调整【亮度/对比度】后的效果

9.3.2 【色阶】命令

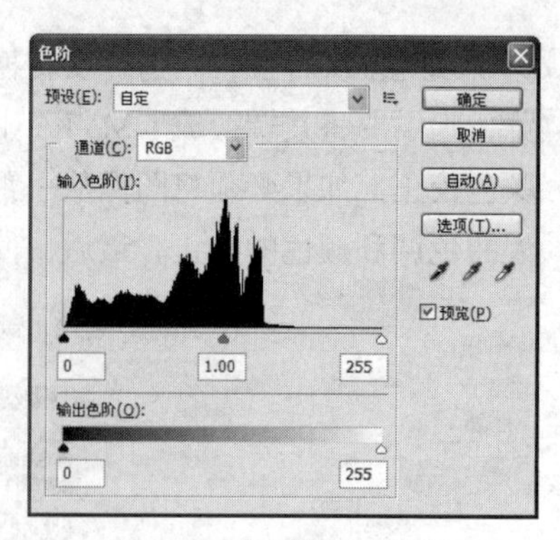

图 9-13 【色阶】对话框

【色阶】命令是处理图像时常用的调整颜色亮度的命令。它可通过调整图像中的暗调、中间调和高光区域的色阶分布来增强图像的色阶对比。执行【图像】/【调整】/【色阶】命令（快捷键为 Ctrl+L 组合键）后，弹出的【色阶】对话框如图 9-13 所示。对话框中间为直方图，其横坐标为亮度值（0～255），纵坐标为像素数。

- 【通道】：可在其下拉列表中选择需要调整的颜色通道。对于 RGB 颜色模式的图像，列表中将包含【RGB】、【红】、【绿】和【蓝】4 个选项；对于 CMYK 颜色模式的图像，列表中将包含【CMYK】、【青色】、【洋红】、【黄色】和【黑色】5 个选项。
- 【输入色阶】：其下的 3 个数值框分别对应直方图下面的 3 个滑块。左边的数值框对应直方图下的黑色滑块，表示图像中低于该亮度值的所有像素将变为黑色；右边的数值框对应直方图下的白色滑块，表示图像中低于该亮度值的所有像素将变为白色；中间的数值框对应直方图下的灰色滑块，表示图像中间灰度的亮度色阶，其数值范围为 1.1～9.99，数值 1 代表中性灰，数值小于 1 时，将提高图像的中间亮度，数值大于 1 时，将降低图像的中间亮度。
- 【输出色阶】：下面的两个数值框分别对应亮度条下的两个滑块，可通过提高图像中最暗的像素和降低最亮的像素来缩减图像亮度色阶的范围。左边的数值框表示图像中最暗像素的亮度；右边的数值框表示图像中最亮像素的亮度。设置两个数值框中的数值，都会降低图像的对比度。

对于高亮度的图像，可用鼠标将左侧的黑色滑块向右拖曳，以增大图像中暗调区域的范围，使图像变暗。对于光线较暗的图像，可用鼠标将右侧的白色滑块向左拖曳，以增大图像中高光区域的范围，使图像变亮，如图 9-14 所示。可用鼠标将中间的灰色滑块向右拖曳，可以减少图像中的中间色调的范围，从而增大图像的对比度；同理，若用鼠标向左拖曳滑块，则可增加中间色调的范围，从而减小图像的对比度。

图 9-14 增强图像亮度

9.3.3 【曲线】命令

【曲线】命令是功能最强的图像颜色校正命令，它可以将图像中的任一亮度值精确地调整为另一亮度值。执行【图像】/【调整】/【曲线】命令（快捷键为 Ctrl+M 组合键）后，弹出的【曲线】对话框如图 9-15 所示。

【曲线】对话框中的水平轴（即输入色阶）代表原图像的亮度值，垂直轴（即输出色阶）代表调整后的图像的颜色值。对于 RGB 颜色模式的图像，曲线将显示 0～255 的强度值，暗调（0）位于左边。对于 CMYK 颜色模式的图像，曲线将显示 0～100 的百分数，高光（0）位于左边。

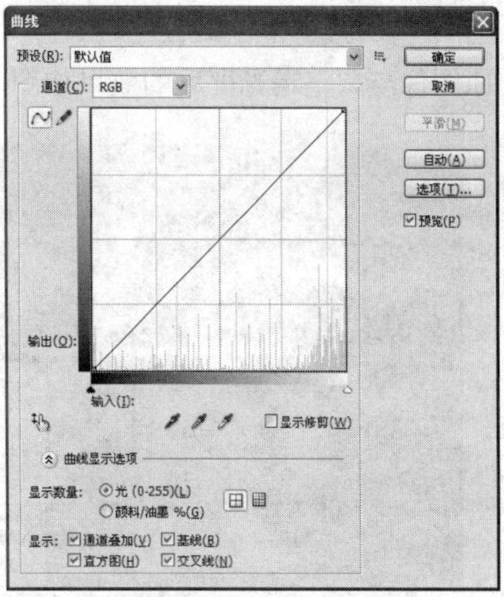

- 【预设】：可在其下拉列表中选择存储的色彩调整方式。
- 【显示数量】：对于 RGB 颜色的图像，单击【光】单选按钮后，曲线显示 0～255 的强度值，暗调（0）位于左边；对于 CMYK 颜色的图像，单击【颜料/油墨】单选按钮后，曲线显示 0～100 的百分数，高光（0）位于左边。
- 【显示】：用于设置预览窗口中是否显示通道叠加、基线、直方图或交叉线。
- 田和▦按钮：用于设置预览窗口中显示的网格数。

图 9-15 【曲线】对话框

对于因曝光不足而色调偏暗的 RGB 颜色图像，可以将曲线调整至上凸的形态，使图像变亮，如图 9-16 所示。

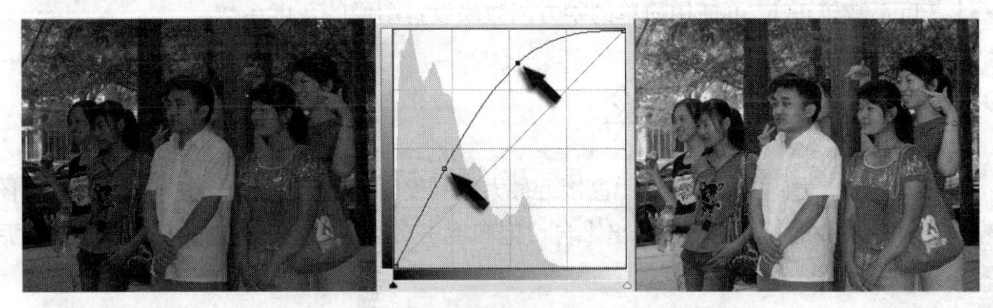

图 9-16　将图像调亮

对于因曝光过度而色调高亮的 RGB 颜色图像，可以将曲线调整至向下凹的形态，使图像的各色调区按比例减暗，从而使图像的色调变得更加饱和，如图 9-17 所示。

图 9-17　增强图像对比度

9.3.4 【曝光度】命令

【曝光度】命令可以在线性空间中调整图像的曝光数量、位移和灰度系数，进而改变当前颜色空间中图像的亮度和明度。执行【图像】/【调整】/【曝光度】命令，将弹出【曝光度】对话框，原图像与调整曝光度后的效果如图 9-18 所示。

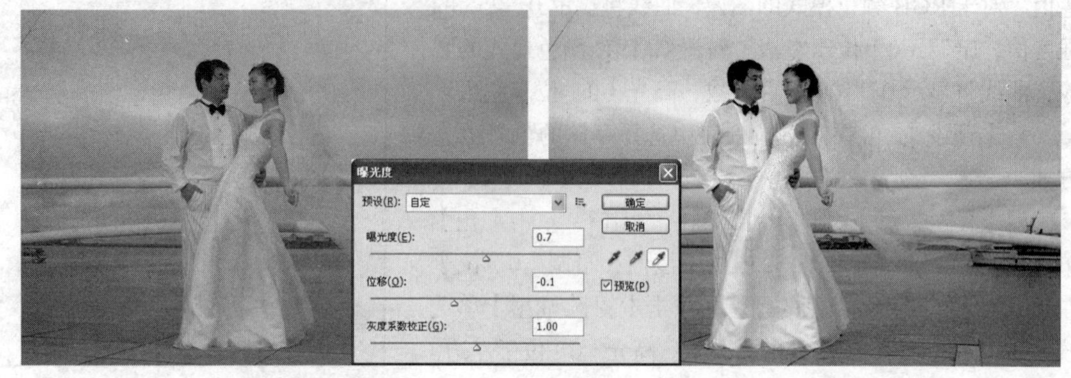

图 9-18　原图像与调整曝光度后的效果

- 【曝光度】：用于设置图像的曝光度，可通过增强或减弱光照强度使图像变亮或变暗。设置正值或用鼠标向右拖曳滑块可使图像变亮；设置负值或向左拖曳滑块可使图像变暗。
- 【位移】：用于设置阴影和中间调的亮度，取值范围为“-0.5～0.5”。设置正值或用鼠标向右拖曳滑块，可以使阴影和中间调变亮，此选项对高光区域的影响相对轻微。
- 【灰度系数校正】：可使用简单的乘方函数来设置图像的灰度系数。

9.3.5 【自然饱和度】命令

【自然饱和度】命令可以在图像颜色接近最大饱和度时，最大限度地减少修剪。执行【图像】/【调整】/【自然饱和度】命令，将弹出【自然饱和度】对话框，原图像与调整自然饱和度后的效果如图 9-19 所示。

图 9-19　原图像与调整自然饱和度后的效果

- 【自然饱和度】：可以将更多的调整应用于不饱和的颜色，并在颜色接近饱和时进行修减。该选项可防止人物肤色过度饱和。
- 【饱和度】：可以将相同的饱和度调整量用于所有颜色。

9.3.6 【色相/饱和度】命令

【色相/饱和度】命令用于调整图像的色相、饱和度和亮度，它既可以作用于整个图像，也可以单独调整指定的颜色。执行【图像】/【调整】/【色相/饱和度】命令（快捷键为 Ctrl+U 组合键）后，弹出的【色相/饱和度】对话框如图 9-20 所示。

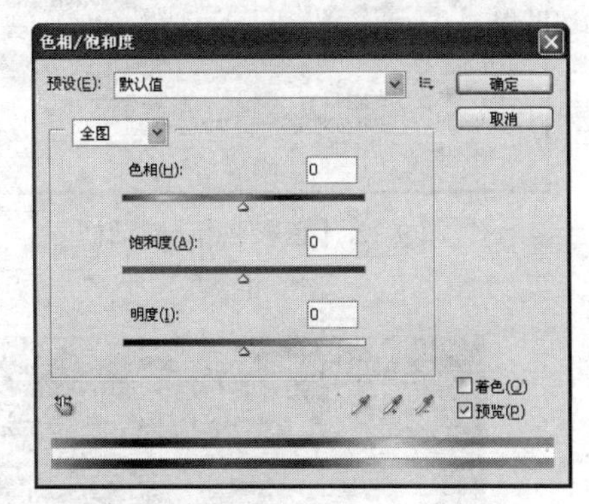

图 9-20 【色相/饱和度】对话框

- 【编辑】: 用于确定要调整颜色的色彩范围。选择【全图】选项，可以调整整幅图像的色彩；选择其他选项，可以对图像中的红色、黄色、绿色、青色、蓝色或洋红色分别进行调整。
- 【色相】: 色相就是指颜色，如红色、黄色、绿色、青色和蓝色等。在数值框中输入数值或用鼠标拖曳下方的滑块，即可修改图像的色相。
- 【饱和度】: 饱和度就是指某种颜色的纯度。饱和度越大，颜色越纯。在数值框中输入负值或用鼠标向左拖曳滑块，可以减小饱和度；输入正值或向右拖曳滑块，可以增大饱和度。
- 【明度】: 用于调整图像的明暗度。它是在整个图像范围内调整亮度，所以，不建议使用该方法直接调整图像亮度，而应该使用【色阶】或【曲线】命令来调整。
- 【着色】: 勾选此复选项，可以将彩色图像变为单色调效果，可用于为灰度图像着色，效果如图 9-21 所示。

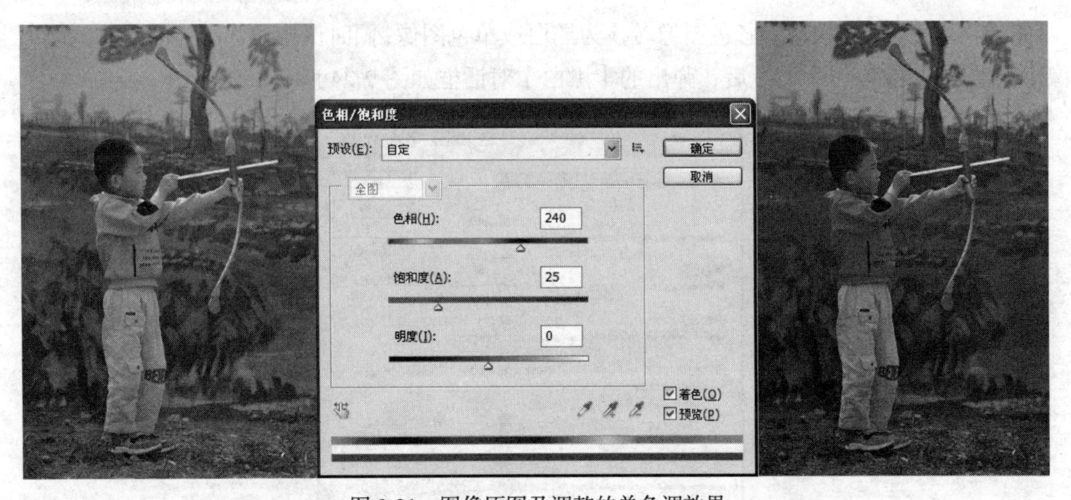

图 9-21　图像原图及调整的单色调效果

9.3.7 【色彩平衡】命令

【色彩平衡】命令可通过调整各种颜色的混合量来调整图像的整体色彩。执行【图像】/【调整】/【色彩平衡】命令（快捷键为 Ctrl+B 组合键）后，弹出的【色彩平衡】对话框如图 9-22 所示。

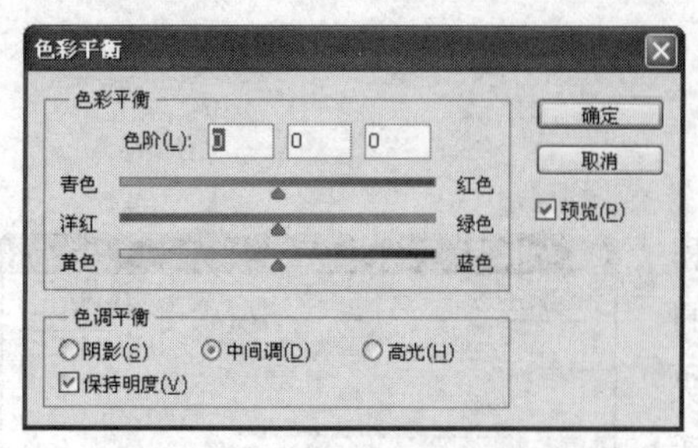

图 9-22 【色彩平衡】对话框

- 【色彩平衡】：通过调整其下面的【色阶】值或拖曳下方的选项滑块，可以控制图像中 3 种互补颜色的混合量，从而改变图像的色彩。
- 【色调平衡】：用于选择需要调整的色调范围，包括【阴影】、【中间调】和【高光】3 个选项。
- 【保持明度】：勾选此复选项后，调整图像色彩时，可以保持画面亮度不变。

原图像与调整色彩平衡后的效果如图 9-23 所示。

图 9-23　原图像与调整色彩平衡后的效果

9.3.8 【黑白】命令

【黑白】命令可以快速将彩色图像转换为黑白或单色图像，同时保持对各颜色的控制。执行【图像】/【调整】/【黑白】命令后，弹出的【黑白】对话框如图 9-24 所示。

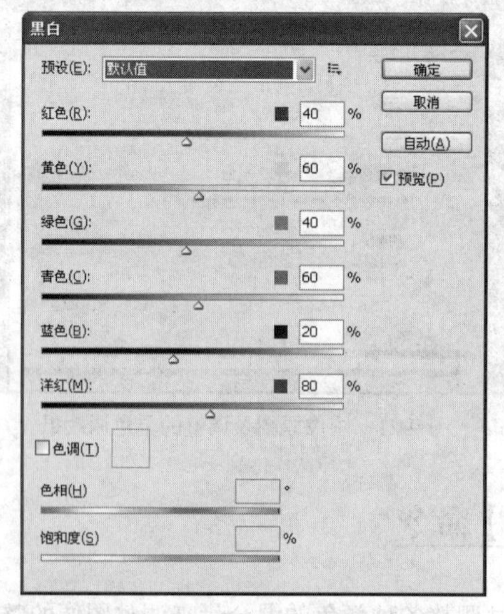

图 9-24 【黑白】对话框

- 【预设】：用于选择系统预设的混合效果。
- 颜色：用于调整图像中特定颜色的色调，用鼠标拖曳相应颜色下方的滑块，可使图像所调整的颜色变暗或变亮。

- 自动(A) 按钮：单击此按钮，图像将自动产生极佳的黑白效果。
- 【色调】：勾选此复选项后，可将彩色图像转换为单色图像。用鼠标调整下方的色相滑块，可更改色调的颜色；调整下方的饱和度滑块，可提高或降低颜色的饱和度。单击右侧的色块，可在弹出的【拾色器】对话框中进一步调整色调的颜色。

9.3.9 【照片滤镜】命令

【照片滤镜】命令的作用类似于摄像机或照相机的滤色镜片，它可以对图像颜色进行过滤，使图像产生不同的滤色效果。执行【图像】/【调整】/【照片滤镜】命令后，弹出的【照片滤镜】对话框如图 9-25 所示。

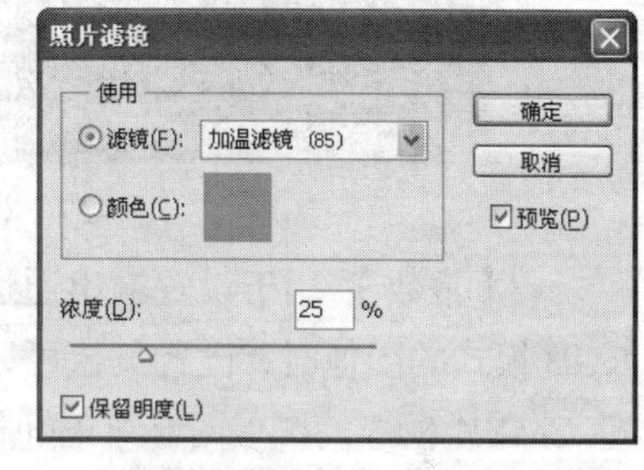

图 9-25 【照片滤镜】对话框

- 【滤镜】：选择此单选按钮后，可以在右侧的下拉列表中选择用于滤色的滤镜。
- 【颜色】：选择此单选按钮并单击右侧的色块，可在弹出的【拾色器】对话框中任意设置一种颜色作为滤镜颜色。
- 【浓度】：用于控制滤镜颜色应用于图像的数量。数值越大，产生的效果越明显。
- 【保留亮度】：勾选此复选项后，添加滤镜后的图像仍可保持原来的亮度。

原图像与添加颜色滤镜后的效果如图 9-26 所示。

图 9-26　原图像与添加颜色滤镜后的效果

9.3.10 【通道混合器】命令

【通道混合器】命令可以通过混合指定的颜色通道来改变某一通道的颜色。此命令只能调整 RGB 颜色模式和 CMYK 颜色模式的图像，调整不同颜色模式的图像时，【通道混合器】对话框中的选项也不相同。图 9-27 所示为图像原图及调整 RGB 颜色模式后的效果。

- 【输出通道】：用于选择要混合的颜色通道。下拉列表中的选项取决于图像的颜色模式，对于 RGB 模式的图像，列表中将包括“红”、“绿”和“蓝”3 个通道；对于 CMYK 模式的图像，列表中将包括“青色”、“洋红”、“黄色”和“黑色”4 个通道。
- 【源通道】：用于控制各输出通道中所含颜色的数量。

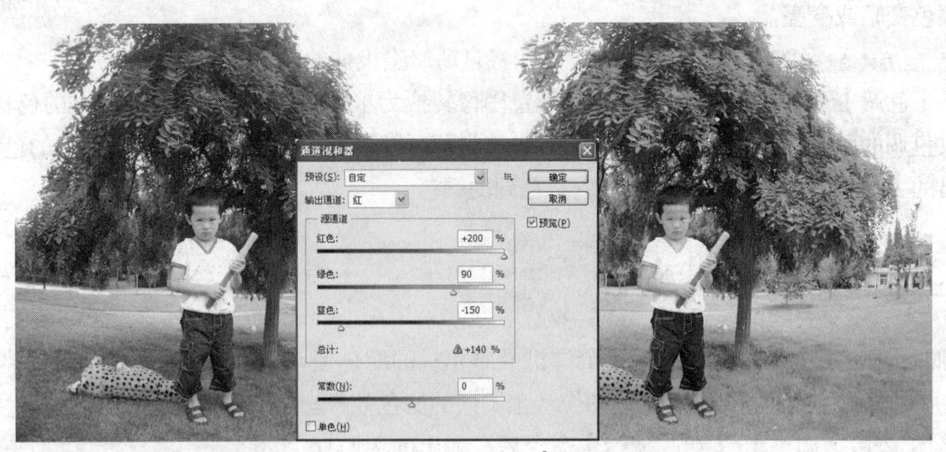

图 9-27　利用【通道混合器】命令调整颜色的效果对比

•【常数】: 用于设置输出通道的灰度值，它相当于在输出通道上添加一个灰色通道。当调整RGB 模式的图像时，设置负值可以在通道中增加更多的黑色，设置正值可以增加更多的白色。调整 CMYK 模式的图像时，则正好相反，即设置负值可以增加更多的白色，设置正值可以增加更多的黑色。

•【单色】: 勾选此复选项后，可以将设置的参数应用于所有的输出通道，但调整后的图像是只包含灰度值的彩色模式图像。

9.3.11 【反相】命令

执行【图像】/【调整】/【反相】命令，可以使图像中的颜色和亮度反转成补色，生成一种照片的负片效果，如图 9-28 所示。反复执行此命令，可以使图像在正片与负片之间相互转换。

图 9-28　图像反相前后的对比效果

9.3.12 【色调分离】命令

执行【图像】/【调整】/【色调分离】命令，将弹出如图 9-29 所示的【色调分离】对话框。在【色阶】数值框中设置一个适当的数值，可以指定图像中每个颜色通道的色调级或亮度值数目，并将像素映射为与之最接近的一种色调，从而使图像产生各种特殊的色彩效果。原图像与色调分离后的效果如图 9-30 所示。

图 9-29 【色调分离】对话框

图 9-30　原图像与色调分离后的效果

9.3.13 【阈值】命令

【阈值】命令可以将彩色图像转换为高对比度的黑白图像。执行【图像】/【调整】/【阈值】命令，将弹出【阈值】对话框，如图 9-31 所示。

在该对话框中设置一个适当的【阈值色阶】值，即可把图像中所有比阈值色阶亮的像素转换为白色，所有比阈值色阶暗的像素转换为黑色。原图像与生成的效果如图 9-32 所示。

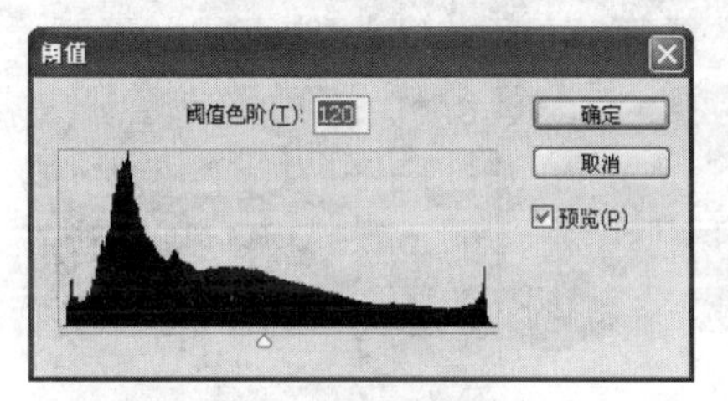

图 9-31 【阈值】对话框

图 9-32　原图像与生成的效果

9.3.14 【渐变映射】命令

【渐变映射】命令可以将选定的渐变色映射到图像中以取代原来的颜色。在渐变映射时，渐变色最左侧的颜色映射为阴影色，右侧的颜色映射为高光色，中间的过渡色则根据图像的灰度级映射到图像的中间调区域。执行【图像】/【调整】/【渐变映射】命令后，弹出的【渐变映射】对话框如图 9-33 所示。

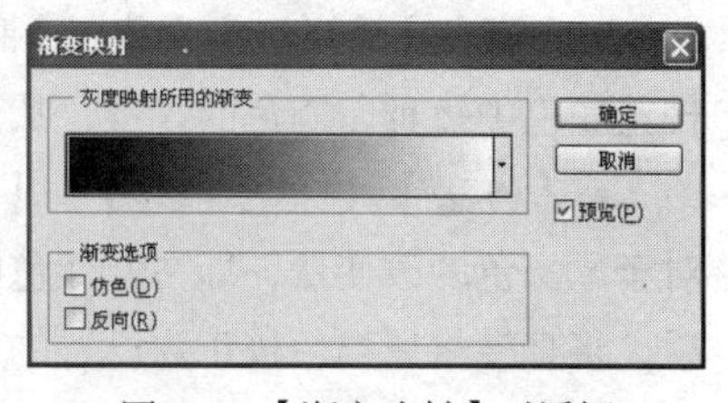

图 9-33 【渐变映射】对话框

- 【灰度映射所用的渐变】：单击下方的渐变颜色条，可在弹出的【渐变编辑器】对话框中选择或编辑渐变色。
- 【仿色】：勾选此复选项，系统将随机加入杂色，从而产生更平滑的渐变映射效果。
- 【反向】：可以颠倒渐变填充的方向，产生反向的渐变映射效果。

原图像与产生的渐变映射效果如图 9-34 所示。

9.3.15 【可选颜色】命令

【可选颜色】命令可以调整图像中的某一种颜色，从而影响图像的整体色彩。执行【图像】/

图 9-34　原图像与产生的渐变映射效果

【调整】/【可选颜色】命令，将弹出【可选颜色】对话框，原图像与调整可选颜色后的效果如图 9-35 所示。

图 9-35　原图像与调整可选颜色后的效果

- 【颜色】：可在其下拉列表中选择需要校正的颜色。
- 【青色】、【洋红】、【黄色】和【黑色】：用鼠标拖曳各选项下方的滑块，可以增加或减少要校正颜色中每种印刷色的含量，从而改变图像的主色调。
- 【方法】：包括【相对】和【绝对】两个单选项。选中【相对】单选项后，设置的颜色将相对于原颜色的改变量，即在原颜色的基础上增加或减少每种印刷色的含量；选择【绝对】单选项后，将直接将原颜色校正为设置的颜色。

9.3.16 【阴影/高光】命令

【阴影/高光】命令用于校正由于光线不足或强逆光而形成的阴暗效果的照片，也可用于校正由于曝光过度而形成的发白照片。执行【图像】/【调整】/【阴影/高光】命令，将弹出【阴影/高光】对话框，在对话框中，阴影和高光都有各自的控制选项，通过调整阴影或高光参数即可使图像变亮或变暗。原图像与校正后的效果如图 9-36 所示。

- 【数量】：用于设置图像亮度的校正量。数值越大，图像变亮或变暗的效果越明显。

在加亮图像中的阴影区域时，如果中间调或较亮区域的变化太多，可以减少阴影的【色调宽度】，从而仅使图像的阴影区域变亮；若要使中间调和阴影区域同时变亮，

可以适当增加暗调的【色调宽度】值。同理，在调整高亮度的图像时，设置较小的【色调宽度】值可以仅使高光区域变暗；设置较大的【色调宽度】值，可以使高光和中间调区域同时变暗。

图 9-36　原图像与校正后的效果

- 【半径】：用于控制每个像素周围的相邻像素的大小，该大小决定了像素是在暗调还是在高光中。
- 【颜色校正】：用于对图像中已更改区域的颜色进行细微调整。此选项仅适用于调整彩色图像，数值越大，调整后的颜色越饱和。
- 【中间调对比度】：用于调整图像中间调的对比度。增大此数值，可以增加中间调的对比度，使图像的阴影区域更暗，高光区域更亮。
- 【修剪黑色】、【修剪白色】：用于确定图像中将有多少阴影或高光被剪切为新的暗调（色阶为 0）和高光（色阶为 255）。

【修剪黑色】和【修剪白色】的数值越大，生成图像的对比度越大。当修剪值过大时，图像中较多的阴影或高光区域将被剪切为纯黑或纯白，从而减少图像中阴影或高光区域的细节。

9.3.17 【HDR 色调】命令

【HDR 色调】命令可以将全范围的 HDR 对比度和曝光度设置应用于各个图像。执行【图像】/【调整】/【HDR 色调】命令，将弹出如图 9-37 所示的【HDR 色调】对话框。

- 【预设】：可以选择一种预设，对图像进行调整。
- 【方法】：用于设置调整色调的方法。选择“局部适应”选项，将通过调整图像中的局部亮度区域来调整 HDR 色调；选择“曝光度和灰度系数”选项，将允许手动调整 HDR 图像的亮度和对比度，移动【灰度系数】滑块可以调整对比度，移动【曝光度】滑块可以调整曝光度；选择“高光压缩”选项，将压缩 HDR 图像中的高光值，使其位于 8 位/通道或 16 位/通道的图像文件的亮度值范围内，无需进一步调整，此方法会自动进行调整；选择“色调均化直方图”选项，将在压

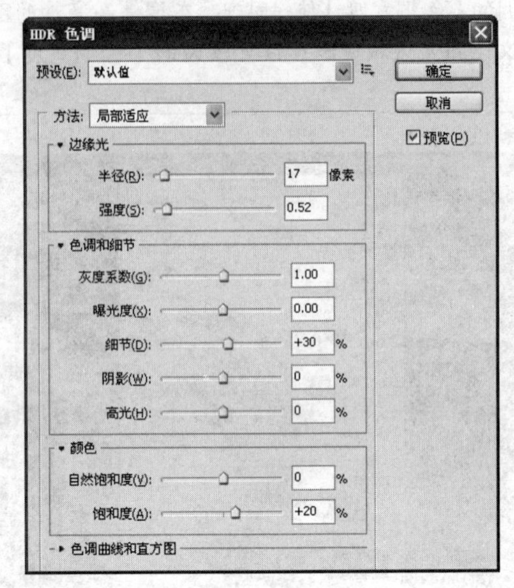

图 9-37 【HDR 色调】对话框

缩 HDR 图像动态范围的同时，尝试保留一部分对比度。

- 边缘光:【半径】选项用于指定局部亮度区域的大小。【强度】选项用于指定两个像素的色调值相差多大时，它们将属于不同的亮度区域。
- 色调和细节：将【灰度系数】设置为 1 时，动态范围最大；较低的设置会加重中间调，而较高的设置会加重高光和阴影。【曝光度】值可反映光圈大小。拖动【细节】滑块可以调整锐化程度，拖动【阴影】和【高光】滑块可以使这些区域变亮或变暗。
- 颜色:【自然饱和度】可调整细微的颜色强度，同时，尽量不剪切高度饱和的颜色。【饱和度】可调整从-100（单色）到+100（双饱和度）的所有颜色的强度。
- 色调曲线和直方图：单击该选项前面的▸图标，可将直方图显示出来。直方图上会显示一条可调整的曲线，以显示原始的 32 位 HDR 图像中的明亮度值。

原图像与利用【HDR 色调】命令调整对比度后的效果如图 9-38 所示。

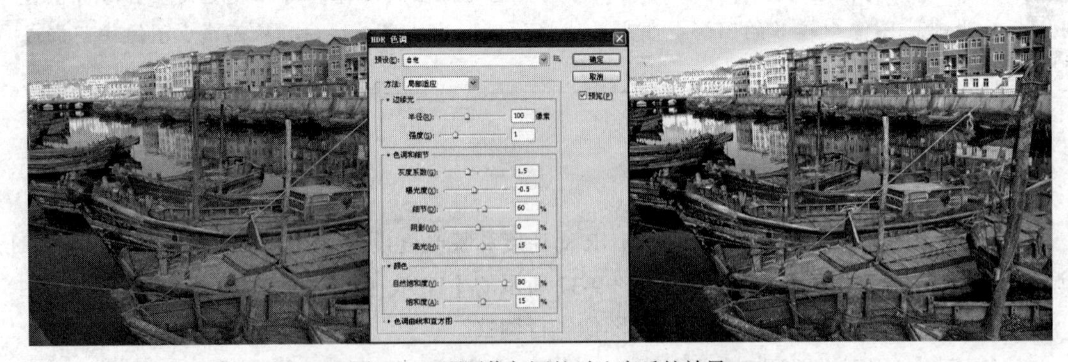

图 9-38　原图像与调整对比度后的效果

9.3.18 【变化】命令

【变化】命令用于直观地调整图像的色彩、亮度或饱和度。此命令常用于调整一些不需要精确调整的色调平均的图像，与其他色彩调整命令相比，【变化】命令更直观，只是无法调整索引颜色模式的图像。执行【图像】/【调整】/【变化】命令，将弹出【变化】对话框，可通过在对话框中单击各个缩略图来加深某一种颜色，从而调整图像的整体色彩。原图像与颜色变化后的效果如图 9-39 所示。

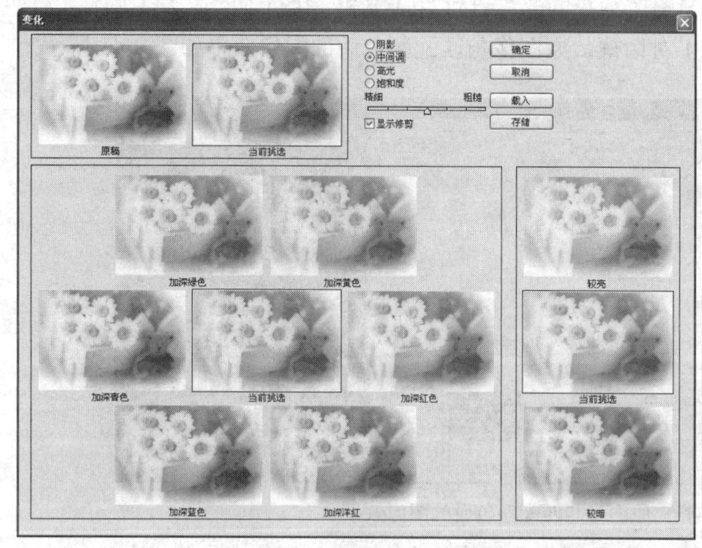

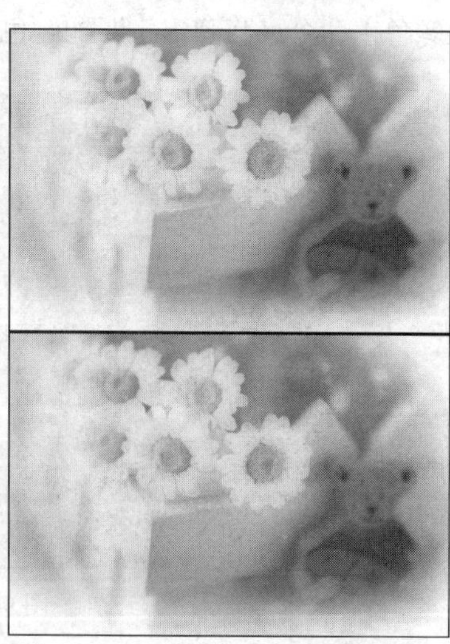

图 9-39　原图像与颜色变化后的效果

- 【阴影】、【中间色调】和【高光】：用于确定图像中要调整的色调范围。
- 【饱和度】：单击此单选项，【变化】命令将用于调整图像的饱和度，并且，对话框中只显示与饱和度相关的缩略图。中间的缩略图用于显示图像调整后的效果；单击左侧的缩略图，可以降低图像的饱和度；单击右侧的缩略图，可以增加图像的饱和度。
- 【原稿】和【当前挑选】缩略图：位于对话框左上角，【原稿】缩略图用于显示图像的原始效果；【当前挑选】缩略图用于预览图像调整后的效果。

9.3.19 【去色】命令

该命令用于将图像中的颜色去掉，并将图像变为黑白颜色的图像，即在不改变色彩模式的前提下将图像变为灰度图像，如图 9-40 所示。

图 9-40　图像去色前后的对比效果

9.3.20 【匹配颜色】命令

【匹配颜色】命令可以将一个图像的颜色与另一个图像的颜色相互融合，也可以将同一图像不同图层中的颜色相互融合，或者按照图像本身的颜色进行自动中和。执行【图像】/【调整】/【匹配颜色】命令，将弹出【匹配颜色】对话框，原图像与匹配颜色后的图像效果如图 9-41 所示。

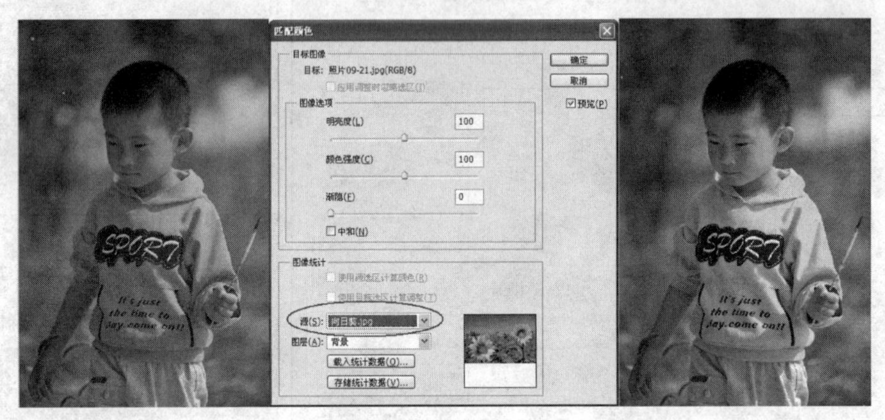

图 9-41　原图像与匹配颜色后的图像效果

- 【目标图像】：用于显示要匹配颜色的图像文件的名称、格式和颜色模式等。注意，CMYK 模式的图像，无法执行【匹配颜色】命令。
- 【应用调整时忽略选区】：当目标图像中有选区时，用于确定是仅在选区内应用匹配颜色，还是在整个图像内应用匹配颜色。
- 【图像选项】：其下的选项分别用于控制调整后的图像的亮度、颜色饱和度及颜色的渐隐量。
- 【中和】：勾选此复选项后，将自动移动目标图像中的色痕。
- 【使用源选区计算颜色】：当源图像中有选区时，勾选此复选项，将使用选区内的图像颜色来调整目标图像。
- 【使用目标选区计算调整】：当目标图像中有选区时，勾选此复选项，将使用源图像的颜色对选区内的图像进行调整。
- 【源】：可以在其下拉列表中选择源图像，即要将颜色与目标图像相匹配的图像文件。

若不想参考另一个图像来计算目标图像的颜色，可选择【无】选项；只有选择【无】选项之外的其他选项时，【使用源选区计算颜色】和【使用目标选区计算调整】选项才可使用，它们的主要功能是将一个图像的特定区域与另一个图像特定区域的颜色相匹配。

- 【图层】：用于选择源图像中与目标图像颜色匹配的图层。如果要与源图像中所有图层的颜色相匹配，可以选择【合并的】选项。

9.3.21 【替换颜色】命令

【替换颜色】命令可以用设置的颜色样本来替换图像中指定的颜色范围，其工作原理是先用

【色彩范围】命令选择要替换的颜色范围，再用【色相/饱和度】命令调整选择图像的色彩。执行【图像】/【调整】/【替换颜色】命令，将弹出【替换颜色】对话框，原图像与替换图像中特定颜色后的效果如图 9-42 所示。

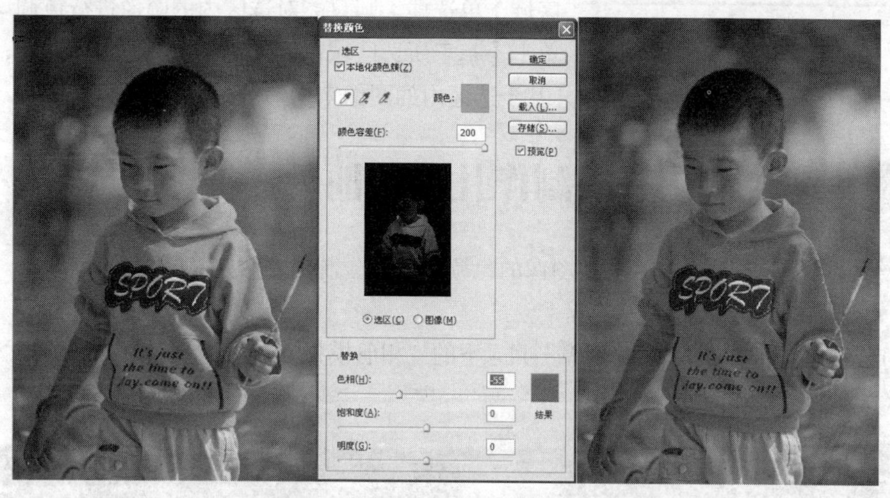

图 9-42　原图像与替换图像中特定颜色后的效果

- 【选区】：该区域中的按钮及选项主要用于指定图像中要替换的颜色范围。其中，【吸管】按钮用于吸取要替换的颜色；【添加到取样】按钮可以在要替换的颜色中增加新颜色；【从取样中减去】按钮可以在要替换的颜色中减少新颜色；【颜色容差】用于控制要替换的颜色区域的范围；【选区】和【图像】选项用于确定预览图中是显示要替换的颜色范围还是显示原图像。另外，也可以单击【颜色】色块，直接选择要替换的颜色。
- 【替换】：可以通过调整色相、饱和度和明度来替换颜色，也可以单击【结果】色块，直接选择一种颜色来替换原颜色。

9.3.22 【色调均化】命令

执行【图像】/【调整】/【色调均化】命令后，系统将会自动查找图像中的最亮像素和最暗像素，并将它们分别映射为白色和黑色，然后，将中间的像素按比例重新分配到图像中，从而增加图像的对比度，使图像明暗分布更均匀。原图像与执行【色调均化】命令后的效果如图 9-43 所示。

图 9-43　原图像与执行【色调均化】命令后的效果

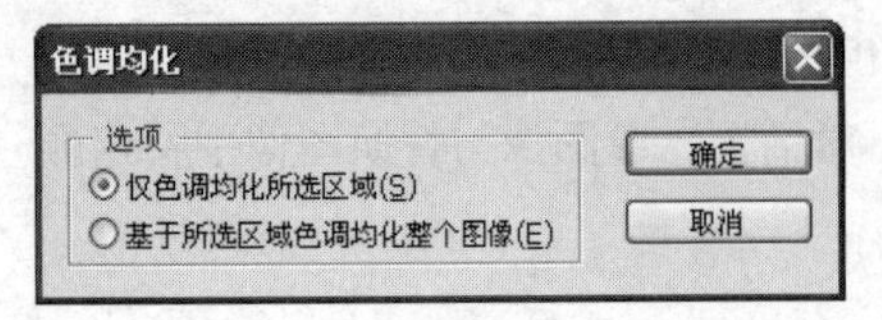

图 9-44 【色调均化】对话框

如果图像中存在选区，执行【色调均化】命令后将弹出如图 9-44 所示的【色调均化】对话框。该对话框中的选项用于设置要均化的图像范围。若单击【仅色调均化所选区域】单选项，则只能对选区内的图像进行色调均化；若单击【基于所选区域色调均化整个图像】单选项，则可以在选区内查找最亮区域和最暗区域，并基于选区内的图像来均匀分布整个图像。

9.4 综合案例——制作儿童相册

下面综合运用各校正命令来调整图像的色调，然后，制作一个儿童相册。

制作儿童相册

1. 打开素材文件中“图库\第 09 章”目录下的“相册模板.psd”和“儿童 01.jpg”文件，如图 9-45 所示。

图 9-45 打开的图片

2. 将“儿童 01.jpg”文件设置为工作状态，按 Ctrl+A 组合键，将画面全部选择，然后按 Ctrl+C 组合键，将选择的画面复制到剪贴板中。

3. 将“相册模板.psd”文件设置为工作状态，然后，用工具绘制出如图 9-46 所示的矩形选区。

4. 执行【编辑】/【选择性粘贴】/【贴入】命令，将剪贴板中的内容贴入当前选区中，此时，会在【图层】面板中生成“图层 7”，且生成蒙版层。

5. 按 Ctrl+T 组合键，为贴入的图片添加自由变换框，并将其调整至如图 9-47 所示的形态，然后，按 Enter 键，确认图像的变换操作。

图 9-46 绘制的选区

图 9-47 调整后的图像形态

6. 按住 Ctrl 键并单击“图层 7”的蒙版缩览图，添加选区，然后，单击【图层】面板下方的 按钮，在弹出的菜单中选择【色彩平衡】命令，再在弹出的【调整】面板中设置参数，如图 9-48 所示，调整后的图像效果如图 9-49 所示。

调整	调整	调整
色彩平衡	色彩平衡	色彩平衡
色调：⊙阴影 ○中间调 ○高光	色调：○阴影 ⊙中间调 ○高光	色调：○阴影 ○中间调 ⊙高光
青色—红色 +20	青色—红色 -29	青色—红色 -12
洋红—绿色 -12	洋红—绿色 +27	洋红—绿色 +10
黄色—蓝色 +19	黄色—蓝色 +30	黄色—蓝色 -23
☑保留明度	☑保留明度	☑保留明度

图 9-48 【调整】面板

7. 将素材文件中“图库\第 09 章”目录下名为“儿童 02.jpg”的图片打开，然后，用与步骤 2～步骤 5 相同的方法，将其贴入“相册模板.psd”文件中，生成“图层 8”，效果如图 9-50 所示。

图 9-49 调整后的图像效果

图 9-50 贴入的图片

8. 按住 Ctrl 键并单击“图层 8”的蒙版缩览图，添加选区，然后单击【图层】面板下方的 按钮，在弹出的菜单中选择【曲线】命令，再在弹出的【调整】面板中调整曲线形态，如图 9-51 所示，调整后的图像效果如图 9-52 所示。

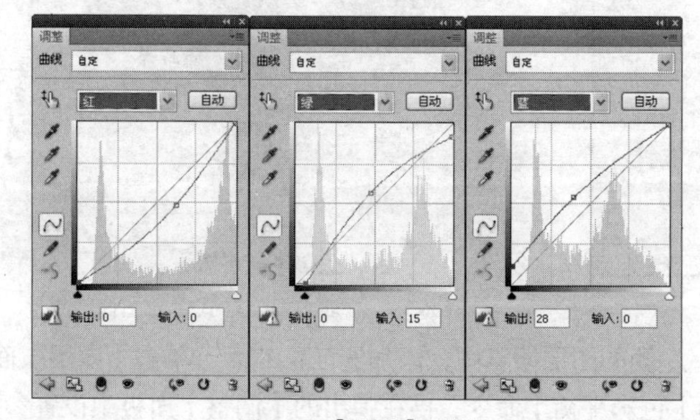

图 9-51 【调整】面板

图 9-52 调整后的图像效果

9. 再次载入“图层 8”蒙版缩览图的选区，然后，单击【图层】面板下方的 按钮，在弹出的菜单中选择【色阶】命令，再在弹出的【调整】面板中设置参数，如图 9-53 所示，调整后的图像效果如图 9-54 所示。

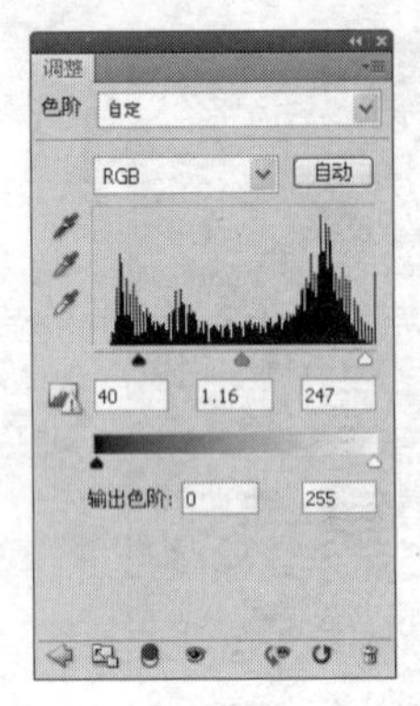

图 9-53 【调整】面板

图 9-54 调整后的图像效果

10. 将素材文件中“图库\第 09 章”目录下名为“儿童 03.jpg”的图片打开，然后，将其移动复制到“相册模板.psd”文件中，生成“图层 9”。

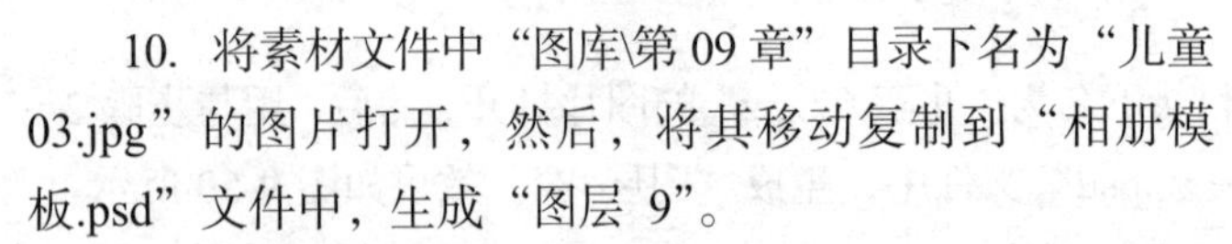

11. 按 Ctrl+T 组合键，为复制入的图片添加自由变换框，再按住 Ctrl 键，将其调整至如图 9-55 所示的形态，最后，按 Enter 键，确认图片的变换操作。

12. 执行【图层】/【图层样式】/【内发光】命令，在弹出的【图层样式】对话框中设置参数，如图 9-56 所示。

图 9-55 调整后的图片形态

13. 单击 确定 按钮，添加内发光样式后的图像效果如图 9-57 所示。

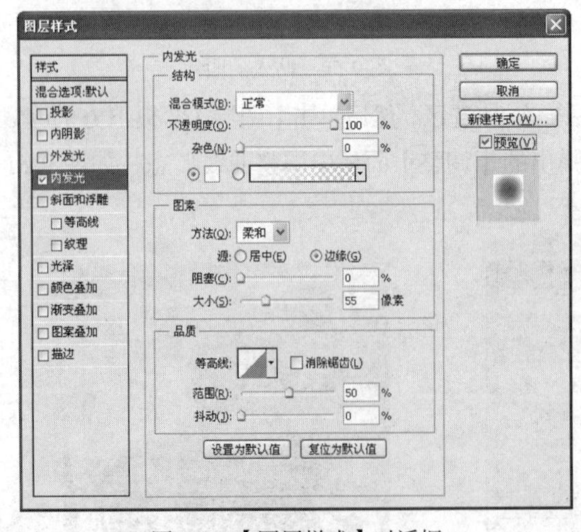

图 9-56 【图层样式】对话框

图 9-57 添加内发光样式后的图像效果

14. 按住 Ctrl 键并单击“图层 9”左侧的图层缩览图，添加选区，然后，单击【图层】面板下方的 按钮，在弹出的菜单中选择【色彩平衡】命令，再在弹出的【调整】面板中设置参数，如图 9-58 所示，调整后的图像效果如图 9-59 所示。

图 9-58 【调整】面板

图 9-59　调整后的图像效果

15. 选择 T 工具，依次输入如图 9-60 所示的蓝色（R:20,G:105,B:190）文字。

16. 执行【图层】/【图层样式】/【描边】命令，在弹出的【图层样式】对话框中设置参数，如图 9-61 所示。

图 9-60　输入的文字

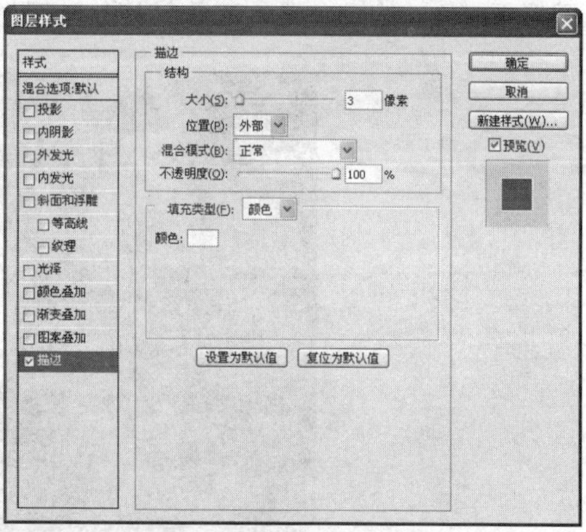

图 9-61 【图层样式】对话框

17. 单击 确定 按钮，添加描边样式后的文字效果如图 9-62 所示。

至此，儿童相册已制作完成，整体效果如图 9-63 所示。

图 9-62　添加描边样式后的文字效果

图 9-63　制作完成的儿童相册

18. 按 Shift+Ctrl+S 组合键，将文件命名为“制作儿童相册.psd”并保存。

小　结

本章主要讲解了图像色彩校正命令，这些命令对于将来在工作中校正图像颜色非常有用，希望读者能重视本章的内容。在本章的综合案例中，并没有直接用颜色调整命令在打开的图像上面调整颜色，而是借用了调整层中的颜色调整命令。无论使用哪种方法，其调整的方法和结果都是一样的，使用调整层的好处是可以随时修改调整颜色的参数，其原图的颜色将保留原样，并且，还可以通过蒙版来编辑图像的局部颜色，这种方法非常灵活、实用，还可以为后期的修改和继续调整留有足够的恢复余地，所以，应将其熟练掌握。

习　题

1. 打开素材文件中“图库\第 09 章”目录下的“人物 01.jpg”文件，用【黑白】命令将照片调整成单色，然后，用工具在人物的皮肤和衣服上稍加恢复，得到如图 9-64 所示的效果。

图 9-64　照片原图及调整后的效果

2. 打开素材文件中“图库\第 07 章”目录下的“人物 02.jpg”文件，然后，利用【色彩平衡】、【曲线】和【色相/饱和度】命令，将照片中偏红的肤色调整成健康红润的皮肤颜色，如图 9-65 所示。

图 9-65　照片原图及调整后的效果

第10章 滤镜

滤镜是 Photoshop 中最精彩的内容，可以制作出多种图像艺术效果及各种类型的艺术效果字。Photoshop CS5 的【滤镜】菜单中共有 100 多种滤镜命令，每个命令都可以使图像产生不同的滤镜效果，也可以利用滤镜库为图像应用多种滤镜效果。

10.1 【转换为智能滤镜】命令

Photoshop CS5 中的【转换为智能滤镜】命令可以使用户像操作图层样式那样灵活、方便地运用滤镜。如果在应用效果之前，先执行此命令，那么，在调制效果时，就可通过智能滤镜随时更改添加在图像上的滤镜参数了,并且还可以随时移除或添加其他滤镜。

利用智能滤镜修改图像效果时，可保留图像原有数据的完整性。如果觉得某滤镜不合适，可以暂时关闭，或者退回到应用滤镜前的图像的原始状态。若要修改某滤镜的参数，双击【图层】面板中的该滤镜后，即可弹出该滤镜的参数设置对话框；单击【图层】面板滤镜左侧的眼睛图标，可以关闭该滤镜的预览效果。在滤镜上单击鼠标右键，可在弹出的菜单中编辑滤镜的混合模式，更改滤镜的参数设置，关闭滤镜或删除滤镜等。

10.2 应用滤镜

滤镜菜单下面每一个命令都可以应用于 RGB 模式的图像，而对于 CMYK 和灰度模式的图像，则有部分滤镜命令无法执行，只有先将其转换为 RGB 模式后才可以应用，这一点要特别注意。

10.2.1 在图像中应用单个滤镜

在图像中创建好选区或设置好需要应用滤镜效果的图层后，执行【滤镜】菜单命令，在弹出的子菜单中选择相应的命令，如果滤镜命令后面带有省略号（…），则会弹出相应的对话框。单击对话框中图像预览窗口左下角的[+]和[-]按钮，可以放大或缩小显示预览窗口中的图像。设置好相应的参数及选项后，单击[确定]按钮，即可将一种滤镜效果应用到图像中。

10.2.2 在图像中应用多个滤镜

在图像中创建好选区或设置好需要应用滤镜效果的图层后，执行【滤镜】/【滤镜库】命令，将弹出【滤镜库】对话框，设置好滤镜命令后，【滤镜库】对话框中的标题栏名称将变为相应的滤镜名称。图 10-1 所示为执行相应命令后，【滤镜库】对话框的显示形态的说明图。

图 10-1 【滤镜库】对话框的说明图

执行过一次滤镜命令后，滤镜菜单栏中的第一个命令即可使用，执行此命令或按 Ctrl+F 组合键，可以在图像中再次应用最后一次应用的滤镜效果。按 Ctrl+Alt+F 组合键，将弹出上次应用滤镜的对话框。

10.3 【镜头校正】命令

【滤镜】/【镜头校正】命令用于修复常见的镜头瑕疵，比如，桶形和枕形失真、晕影和色差等。该滤镜命令在 RGB 颜色模式或灰度模式下只能用于 8 位/通道和 16 位/通道的图像。

打开素材文件中“图库\第 10 章”目录下的“雕塑.jpg”文件，执行【滤镜】/【镜头校正】命令，弹出如图 10-2 所示的【镜头校正】对话框。

一、工具按钮

- 【移去扭曲】工具：选择该工具后，可通过拖曳鼠标对图像进行扭曲。
- 【拉直】工具：选择该工具后，在图像边缘绘制一条线，即可使图像的边缘对齐水平或垂直的网格线。
- 【移动网格】工具：可以移动网格的位置，使网格对齐图像的边缘。
- 【抓手】工具：当图像窗口被放大后，可以平移图像在窗口中的显示位置。

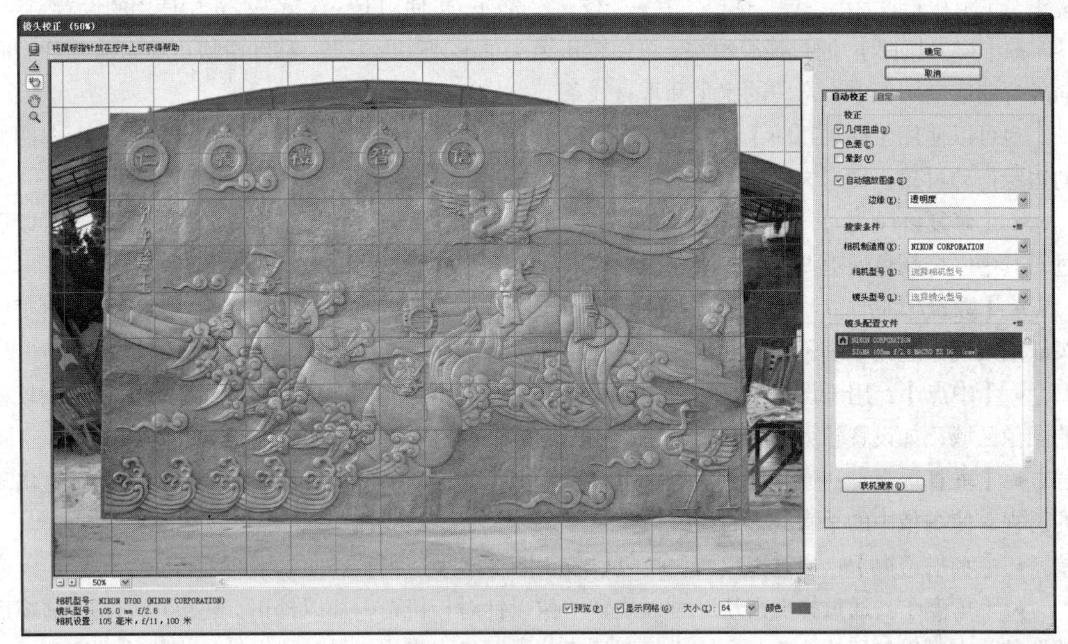

图 10-2 【镜头校正】对话框

• 【缩放】工具 ：可以放大或缩小图像的显示比例。

二、【自动校正】选项卡

• 【校正】：用于选择要修复的问题，包括几何扭曲、色差和晕影。

• 【自动缩放图像】：当校正没有按预期的方式扩展或收缩图像，使图像超出了原始尺寸时，勾选此项可自动缩放图像。

• 【边缘】：用于指定如何处理由于枕形失真、旋转或透视校正而产生的空白区域。可以使用透明色或某种颜色填充空白区域，也可以扩展图像的边缘像素。

• 【搜索条件】：用于对“镜头配置文件”列表进行过滤。默认情况下，基于图像传感器大小的配置文件将先出现。

• 【镜头配置文件】：用于选择匹配的配置文件。默认情况下，Photoshop 只显示与用于创建图像的相机和镜头匹配的配置文件（相机型号不必完全匹配）。Photoshop 还会根据焦距、光圈大小和对焦距离自动为所选镜头选择匹配的子配置文件。

• 【联机搜索】：当没有找到匹配的镜头配置文件时，可单击“联机搜索”按钮，以获取 Photoshop 社区所创建的其他配置文件。

三、【自定】选项卡

单击【镜头校正】对话框的右上角的【自定】选项卡，各项参数如图 10-3 所示。

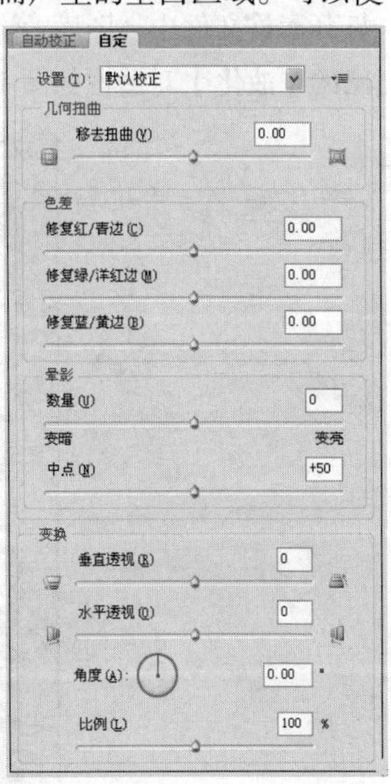

图 10-3 【自定】选项卡

• 【设置】：单击右侧的倒三角，可在弹出的菜单中选择一个预设的设置。选择“镜头默认值”选项，可使用以前为图像制作的相机、镜头、焦距和光圈大小设置。选择“上一个校正”选项，可使用上一次镜头校正中使用的设置。

- 【移去扭曲】：通过拖曳滑块，可以校正镜头桶形或枕形失真。移动滑块可拉直从图像中心向外弯曲或向图像中心弯曲的水平和垂直线条。

也可以使用【移去扭曲】工具来进行校正，向图像的中心拖动可校正枕形失真，而向图像的边缘拖动可校正桶形失真。

- 【修复红/青边】、【修复绿/洋红边】和【修复蓝/黄边】：通过拖曳相应的滑块，可以通过对其中一个颜色通道调整另一个颜色通道的大小，来补偿边缘。
- 【数量/变暗】：通过拖曳滑块，可以设置沿图像边缘变亮或变暗的程度。用于校正由于镜头缺陷或镜头遮光处理不正确而导致拐角较暗的图像。
- 【中点】：用于设置受“数量”滑块影响的区域宽度。如设置较小的参数，则会影响较多的图像区域；如设置较大的参数，则只影响图像的边缘。
- 【垂直透视】：通过拖曳滑块，可以校正由于相机向上或向下倾斜而导致的图像垂直出现的透视，使图像中的垂直线平行。
- 【水平透视】：通过拖曳滑块，可以校正图像水平透视，并使水平线平行。
- 【角度】：通过拖曳滑块，可以旋转图像以针对相机歪斜加以校正，还可用于校正透视后的调整。也可以使用拉直工具来进行此校正，沿图像中想作为横轴或纵轴的直线拖动即可。
- 【比例】：通过拖曳滑块，可以设置向上或向下调整图像的缩放，图像像素尺寸不会被改变。主要用于移去由于枕形失真、旋转或透视校正而产生的图像空白区域。放大实际上将导致图像被裁剪，并使插值增大到原始像素尺寸。

10.4 【液化】命令

【液化】命令可以通过交互方式对图像进行拼凑、推、拉、旋转、反射、折叠或膨胀等变形。打开素材文件中“图库\第 10 章”目录下的“人物.jpg”文件，执行【滤镜】/【液化】命令，弹出的【液化】对话框如图 10-4 所示。

图 10-4 【液化】对话框

对话框左侧的工具按钮用于设置变形的模式，右侧的选项及参数用于设置画笔的大小、压力及查看模式等。各工具按钮的功能介绍如下。

- 【向前变形】工具：选择此工具后，在预览窗口中单击或拖曳鼠标，可以将图像向前推送，使之产生扭曲变形。原图如图 10-5 所示，效果如图 10-6 所示。
- 【重建】工具：选择此工具后，在预览窗口中单击或拖曳鼠标，可以修复变形后的图像。
- 【顺时针旋转扭曲】工具：选择此工具后，在图像中单击或拖曳鼠标，可以得到顺时针扭曲效果，若同时按住 Alt 键，则可以得到逆时针扭曲效果，如图 10-7 所示。
- 【褶皱】工具：选择此工具后，在预览窗口中单击或拖曳鼠标，可以使图像在靠近画笔区域的中心进行变形，效果如图 10-8 所示。

图 10-5　原图

图 10-6　向前变形效果

图 10-7　顺时针旋转扭曲效果

图 10-8　褶皱效果

- 【膨胀】工具：选择此工具后，在预览窗口中单击或拖曳鼠标，可以使图像在远离画笔区域的中心进行变形，效果如图 10-9 所示。
- 【左推】工具：选择此工具后，在预览窗口中单击或拖曳鼠标，可以使图像向左或向上偏移。按住 Alt 键并拖曳鼠标，可以使图像向右或向下偏移，效果如图 10-10 所示。
- 【镜像】工具：选择此工具后，在预览窗口中单击或拖曳鼠标，可以反射与描边方向垂直的区域。按住 Alt 键并拖曳鼠标，将反射与描边方向相反的区域，效果如图 10-11 所示。
- 【湍流】工具：选择此工具后，在窗口中单击或拖曳鼠标，可以平滑地拼凑图像。一般用于创建火焰、云彩、波浪及类似的效果，如图 10-12 所示。

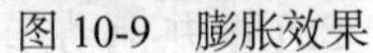

图 10-9　膨胀效果

图 10-10　左推效果

图 10-11　镜像效果

图 10-12　湍流效果

- 【冻结蒙版】工具：可以将某区域冻结并保护该区域，以免被进一步编辑。
- 【解冻蒙版】工具：可以将冻结的区域擦除，使该区域能够被编辑。

10.5 【消失点】命令

【消失点】命令是一种可以简化在包含透视平面（如建筑物的一侧、墙壁、地面或任何矩形物体）的图像中进行的透视校正编辑的过程。在编辑消失点时，可以在图像中指定平面，然后，应用绘画、仿制、复制、粘贴及变换等编辑操作，所有这些编辑操作都将根据所绘制的平面网格来给图像添加透视。本节将通过给沙发贴图的案例，来学习此命令的使用方法。

使用【消失点】命令给沙发贴图

1. 打开素材文件中“图库\第 10 章”目录下的“沙发.jpg”和“图案.jpg”文件。

2. 将“沙发.jpg”文件设置为工作文件，打开【路径】面板，按住 Ctrl 键并单击“路径 1”，载入沙发的选区。

3. 按 Ctrl+J 组合键，将沙发复制，生成“图层 1”，然后，再新建“图层 2”。

4. 将“图案.jpg”文件设置为工作文件，按 Ctrl+A 组合键，全选图案，然后，按 Ctrl+C 组合键将图案复制到剪贴板中，以备在【消失点】对话框中给沙发贴图用。

5. 将“沙发.jpg”文件设置为工作状态，然后，执行【滤镜】/【消失点】命令，弹出【消失点】对话框，如图 10-13 所示。

图 10-13 【消失点】对话框

- 【编辑平面】工具：用于选择、编辑和移动平面的节点或调整平面的大小，经常用于修改创建的透视平面。
- 【创建平面】工具：在画面中单击即可创建透视平面的角节点，创建后，可以拖动角节点调整透视平面的形状，按住 Ctrl 键并拖动平面中的角节点可以创建垂直平面。
- 【选框】工具：在平面上单击鼠标左键并拖动鼠标可以选择平面上的图像，选择图像后，将鼠标指针放到选区内，按住 Alt 键，可以对选区中的图像进行复制，按住 Ctrl 键并拖动选区，可以将源图像填充到选区中。
- 【图章】工具：该图章工具的使用方法与工具箱中的图章工具一样。
- 【画笔】工具：可以在图像上绘制选定的颜色。
- 【变换】工具：用于对定界框进行缩放、旋转，以及移动选区，与使用菜单栏中的【自由变换】命令相似。

- 【吸管】工具：可以拾取颜色作为画笔的绘画颜色。
- 【测量】工具：可以在图像中测量图像的角度和距离。
- 【抓手】工具：用于查看图像。
- 【缩放】工具：用于对图像进行放大或缩小。
- 图像预览区：用于查看图像的效果。
- 文字说明区：会根据鼠标的移动显示出可以进行的操作。

6. 选择【创建平面】工具，在沙发正面的左侧单击，确定绘制网格的起点，然后，向右移动鼠标并单击，确定网格的第二个控制点，如图 10-14 所示。依次绘制出沙发立面的网格，如图 10-15 所示。

图 10-14　绘制网格

图 10-15　绘制网格

7. 设置网格大小: 25 参数，控制网格的数量，如图 10-16 所示。

8. 继续利用工具，绘制沙发坐垫上的网格，如图 10-17 所示。

图 10-16　设置的网格

图 10-17　绘制的网格

9. 根据沙发的结构分别绘制出靠背和左右两边扶手的网格，如图 10-18 所示。

图 10-18　绘制的网格

10. 按 Ctrl+V 组合键，将前面复制到剪贴板中的图案粘贴到【消失点】对话框中，如图 10-19 所示。

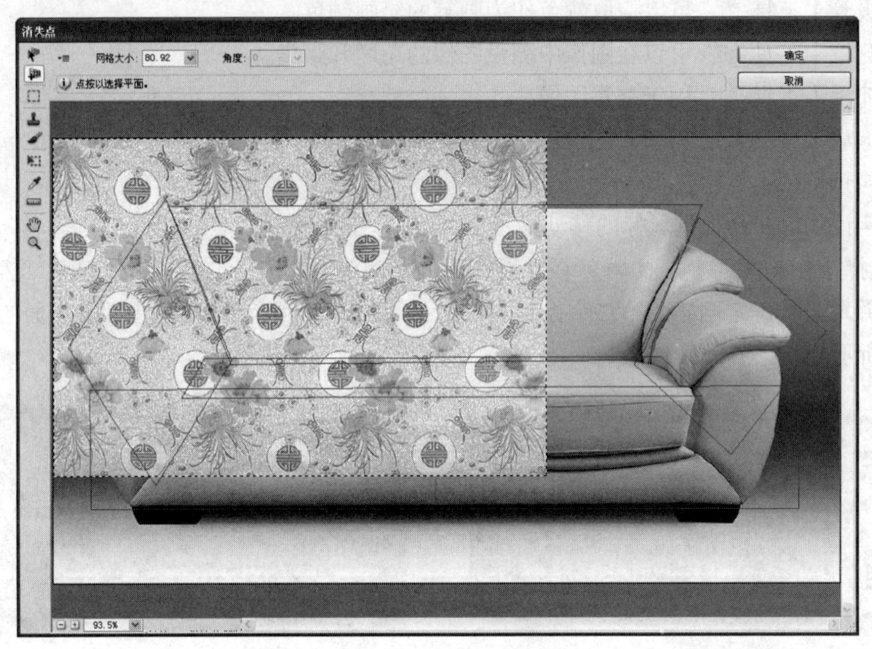

图 10-19　贴入的图案

11. 用鼠标将图案拖曳至网格内，如图 10-20 所示。

12. 按 Ctrl+V 组合键，再次将图案粘贴到【消失点】对话框中，再将其拖动到指定的网格中。按住 Alt 键并拖曳图案，可以复制图案，如图 10-21 所示。

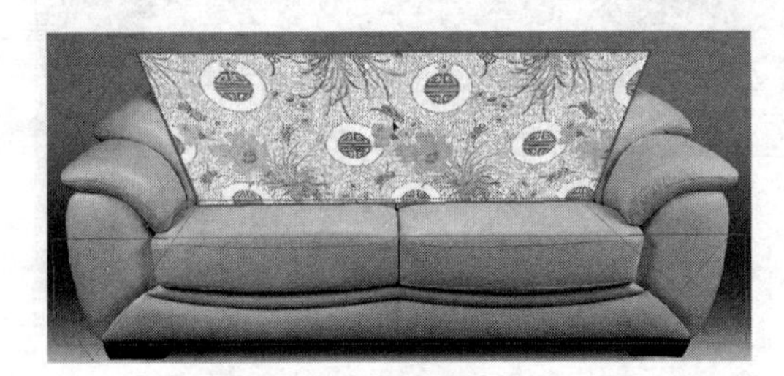

图 10-20　移动到网格内的图案

图 10-21　复制图案

13. 使用相同的方法再粘贴 3 个相同的图案，并依次将图案拖动到合适的网格内，如图 10-22 所示。

14. 单击 确定 按钮，退出【消失点】对话框，得到如图 10-23 所示的画面效果。

图 10-22　粘贴的图案

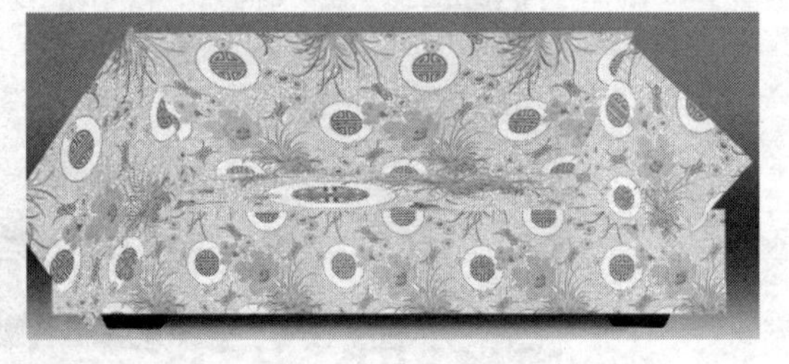

图 10-23　制作的透视图案

15. 按住 Ctrl 键并单击“图层 1”的图层缩览图，载入沙发的选区。

16. 按 Shift+Ctrl+I 组合键，将选区反选，然后，按 Delete 键，删除沙发外的图案，去除选区后得到如图 10-24 所示的效果。

17. 在【图层】面板中，将“图层 2”的图层混合模式设置为“正片叠底”，这样就得到了非常漂亮的沙发贴图效果，如图 10-25 所示。

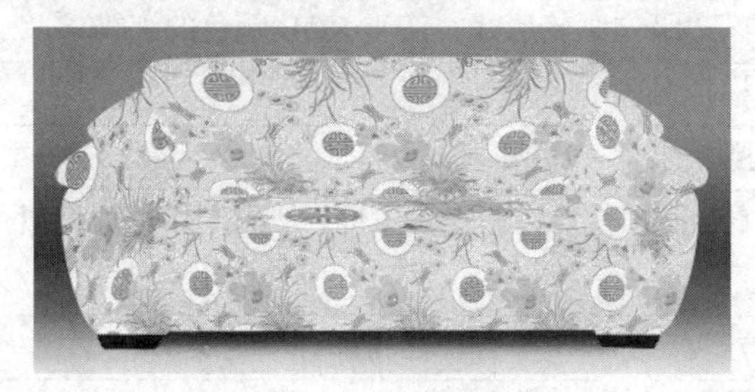

图 10-24　删除多余的图案

图 10-25　完成后的效果

18. 按 Shift+Ctrl+S 组合键，将此文件命名为“沙发贴图.psd”并保存。

10.6 滤镜命令

每一种滤镜都具有独特风格的窗口和功能强大的选项及参数设置，其使用和操作方法相对也较简单。下面将按照功能概括、效果展示的方式来向读者介绍 Photoshop CS5 的滤镜命令。

10.6.1 【风格化】滤镜

【风格化】菜单下的命令可通过置换图像中的像素和查找特定的颜色来增加对比度，生成各种绘画效果或印象派的艺术效果。其下包括 9 个菜单命令，每一种滤镜产生的效果如图 10-26 所示。

图 10-26 【风格化】菜单下的各滤镜效果

【风格化】菜单下每一种滤镜的功能如下。

滤镜名称	功　能
【查找边缘】	在图像中查找颜色的主要变化区域，强化过渡像素，产生类似于用彩笔勾描轮廓的效果，一般适用于背景单纯、主体图像突出的画面
【等高线】	在图像中每一个通道的亮区和暗区边缘勾画轮廓线，产生 RGB 颜色的细线条
【风】	在图像中创建细小的水平线条来模拟风吹的效果
【浮雕效果】	使图像产生一种凸起或凹陷的浮雕效果
【扩散】	根据设置的选项搅乱图像中的像素，使图像看起来聚焦不准，从而产生一种类似于冬天玻璃上的冰花融化的效果
【拼贴】	利用设定的颜色将图像分割成小方块，每一个小方块之间都有一定的位移
【曝光过度】	使图像产生正片与负片混合的效果
【凸出】	根据设置的不同选项，使图像生成立方体或锥体的三维效果
【照亮边缘】	对图像中的轮廓进行搜索，产生类似于霓虹灯光照亮的效果

10.6.2 【画笔描边】滤镜

【画笔描边】菜单下的命令可以给图像创造出各种不同的绘画艺术效果。其下包括 8 个菜单命令，每一种滤镜产生的效果如图 10-27 所示。

图 10-27 【画笔描边】菜单下的各滤镜效果

【画笔描边】菜单下每一种滤镜的功能如下。

滤镜名称	功　能
【成角的线条】	在图像中较亮区域与较暗区域分别使用两种不同角度的线条来描绘图像，可以制作出类似用油画笔在对角线方向上绘制的的效果
【墨水轮廓】	能够制作出类似钢笔勾画的风格，是用纤细的黑色线条在细节上重绘图像
【喷溅】	可以模拟喷枪喷溅，在图像中产生颗粒飞溅的效果
【喷色描边】	将图像的主导色，用成角的、喷溅的颜色线条重绘图像
【强化的边缘】	对图像中不同颜色之间的边缘进行加强处理。设置较高的边缘亮度控制值时，强化效果类似白色粉笔；设置较低的边缘亮度控制值时，强化效果类似黑色油墨

续表

滤镜名称	功 能
【深色线条】	在图像中用短而密的线条绘制深色区域，用长的线条描绘浅色区域
【烟灰墨】	可以使图像产生一种类似于毛笔在宣纸上绘画的效果，这种效果具有非常黑的柔化模糊边缘
【阴影线】	保留原图像的细节和特征，同时使用模拟的铅笔阴影线添加纹理，并使图像中彩色区域的边缘变得粗糙

10.6.3 【模糊】滤镜

【模糊】菜单下的命令可以对图像进行各种类型的模糊效果处理。它可通过平衡图像中的线条和遮蔽区域清晰的边缘像素，使图像显得虚化柔和。其下包括 11 个菜单命令，每一种滤镜产生的效果如图 10-28 所示。

图 10-28 【模糊】菜单下的各滤镜效果

【模糊】菜单下每一种滤镜的功能如下。

滤镜名称	功 能
【表面模糊】	在保留边缘的同时模糊图像，用于创建特殊的模糊效果，同时消除杂色或颗粒
【动感模糊】	沿特定方向（-360°～+360°）以指定的强度对图像进行模糊处理，类似于物体高速运动时，曝光的摄影手法
【方框模糊】	基于相邻像素的平均颜色值来模糊图像
【高斯模糊】	通过控制模糊半径参数对图像进行不同程度的模糊效果处理，从而使图像产生一种朦胧的效果。此命令是在图像处理过程中使用频率最高的一种图像模糊命令
【进一步模糊】	与使用【模糊】命令时图像产生的模糊效果基本相同，只是产生的效果更加明显

续表

滤镜名称	功　能
【径向模糊】	模拟移动或旋转的相机所拍摄的模糊照片效果
【镜头模糊】	模拟使用照相机镜头的柔光功能制作的镜头景深模糊效果
【模糊】	使图像产生极其轻微的模糊效果，只有在处理比较清晰的图像效果时才使用，要得到很明显的模糊效果，就要多次使用此命令
【平均】	可以将图层或选区中的图像颜色平均分布，产生一种新颜色，然后，用产生的新颜色填充图层或选区
【特殊模糊】	对图像进行精细的模糊，只对有微弱颜色变化的区域进行模糊，不对图像轮廓进行模糊
【形状模糊】	使用指定的形状来创建模糊，即先从【自定形状】预设列表中选择一种形状，然后，调整【半径】值的大小

10.6.4 【扭曲】滤镜

【扭曲】菜单下的命令可以对图像进行各种形态的扭曲，使图像产生奇妙的艺术效果。其下包括 13 个菜单命令，每一种滤镜产生的效果如图 10-29 所示。

图 10-29 【扭曲】菜单下的各滤镜效果

【扭曲】菜单下每一种滤镜的功能如下。

滤镜名称	功　能
【波浪】	使图像产生强烈的波浪效果
【波纹】	在图像上创建波状起伏的褶皱效果，类似于水表面的波纹
【玻璃】	使图像产生类似于透过不同质感的玻璃所看到的效果

续表

滤镜名称	功　能
【海洋波纹】	使图像表面产生随机分隔的波纹，像是在水中的效果
【极坐标】	可以将指定的图像从平面坐标转换到极坐标，或者从极坐标转换到平面坐标
【挤压】	使图像产生向外或向内挤压的效果，【挤压】对话框中的【数量】参数为负值时，可将图像向外挤压；数值为正值时，可将图像向内挤压
【扩散亮光】	以工具箱中的背景色为基色对图像的亮部区域进行加光渲染
【切变】	可以将图像沿设置的曲线进行扭曲，通过拖曳【切变】对话框中的线条，可以改变图像扭曲的形状
【球面化】	此命令与【挤压】命令相似，只是产生的效果和参数设置正负值与【挤压】相反。此命令还多了【模式】选项，可以将图像挤压，产生一种图像包在球面或柱面上的立体效果
【水波】	可产生一种类似于投石入水的涟漪效果
【旋转扭曲】	可以使图像产生旋转扭曲的变形效果，【旋转扭曲】对话框中的【角度】参数为负值时，图像将以逆时针进行旋转扭曲；数值为正值时，图像将以顺时针进行旋转扭曲
【置换】	可以将 PSD 格式的目标图像与指定的图像按照纹理的交错组合在一起，用来置换的图像称为置换图，该图像必须为 PSD 格式

10.6.5 【锐化】滤镜

【锐化】菜单下的命令可以通过增加图像中色彩相邻像素的对比度来聚焦模糊的图像，从而使图像变得清晰。【锐化】菜单下每一种滤镜的功能如下。

滤镜名称	功　能
【USM 锐化】	用于调整图像边缘的对比度，使模糊的图像变得清晰。在处理数码照片时，此命令非常实用
【进一步锐化】和【锐化】	【进一步锐化】和【锐化】命令都可以增大图像像素之间的反差，使图像产生较为清晰的效果。【进一步锐化】命令的效果相当于多次执行【锐化】命令所得到的图像锐化效果
【锐化边缘】	可以只锐化图像的边缘，同时保留图像整体的平滑度。其特点与【锐化】命令和【进一步锐化】命令相同
【智能锐化】	可以通过设置锐化算法或控制阴影和高光中的锐化量来锐化图像

10.6.6 【视频】滤镜

【视频】菜单下每一种滤镜的功能如下。

滤镜名称	功　能
【NTSC 颜色】	将图像的色彩范围限制在电视机可接受的色彩范围内，以防止发生颜色过度饱和而使电视机无法正确扫描的现象
【逐行】	可以通过移去视频图像中的奇数或偶数隔行线，使在视频上捕捉的运动图像变得平滑

10.6.7 【素描】滤镜

【素描】菜单下的命令可以利用前景色和背景色并根据当前图像中不同的色彩明暗分布来置换图像中的色彩，生成一种双色调的图像效果。其下包括 14 个菜单命令，每一种滤镜所产生的效果如图 10-30 所示。

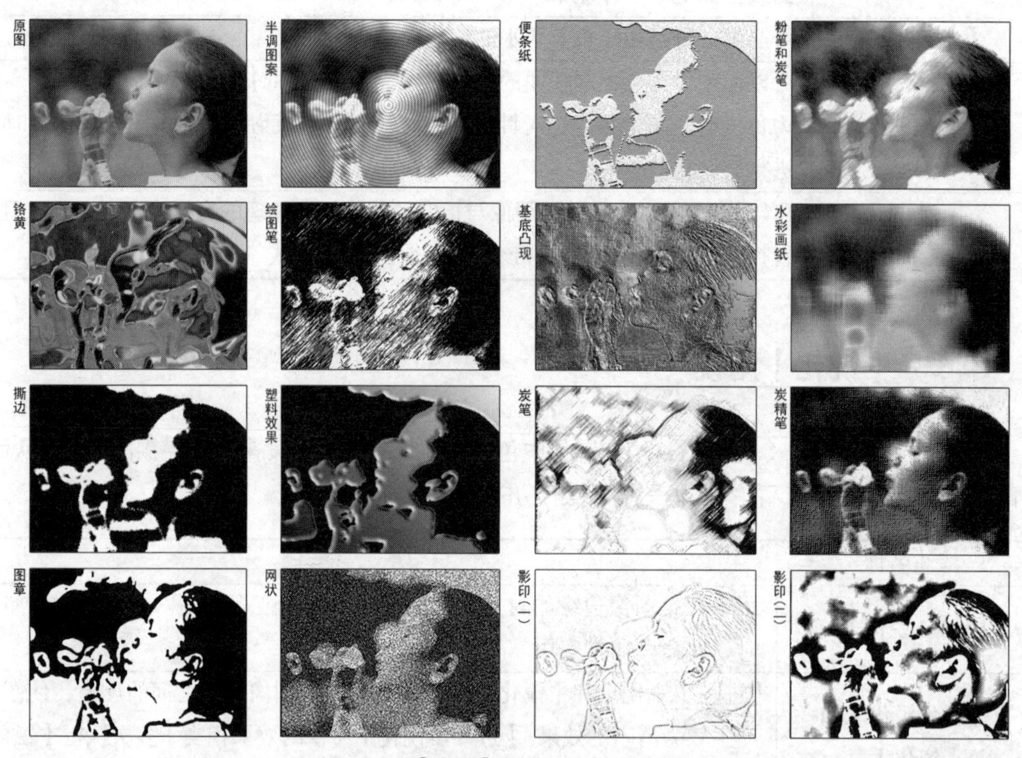

图 10-30 【素描】菜单下的各滤镜效果

【素描】菜单下每一种滤镜的功能如下。

滤镜名称	功　能
【半调图案】	在保持图像连续色调范围的同时模拟半调网屏效果
【便条纸】	使图像产生一种类似于浮雕的凹陷效果
【粉笔和炭笔】	使用前景色在图像上绘制粗糙的高亮区域，使用背景色绘制中间色调，从而产生一种类似粉笔或碳笔绘制的素描效果
【铬黄】	可以将图像处理成类似于金属合金的效果，高光部分有向外凸的效果，阴影部分则有向内凹的效果

续表

滤镜名称	功　能
【绘图笔】	使用细的、线状的油墨对图像进行描边，以获取原图像中的细节，产生一种类似钢笔素描的效果。此滤镜使用前景色作为油墨，使用背景色作为纸张，以替换原图像中的颜色
【基底凸现】	可以使图像产生凹凸起伏的雕刻壁画效果，用前景色填充图像中的较暗的区域，用背景色填充图像中的较亮的区域
【水彩画纸】	将产生类似于在潮湿的纸上作画时溢出的颜料效果
【撕边】	在图像的边缘部分表现出一种模拟碎纸片的效果
【塑料效果】	按照三维塑料效果塑造图像，表现出立体的感觉，用前景色和背景色给图像上色，图像中的亮部表现为凹陷，暗部表现为凸出
【炭笔】	用前景色和背景色来重新描绘图像，产生类似于用木碳笔绘制出来的效果
【炭精笔】	在图像上模拟用浓黑和纯白的炭精笔绘画的纹理效果，用前景色绘制图像中较暗的图像区域，用背景色绘制图像中较亮的图像区域
【图章】	简化图像中的色彩，使之呈现出用橡皮擦除或用图章盖印的效果，用前景色表现图像的阴影部分，用背景色表现图像的高光部分
【网状】	通过模拟胶片中感光显影液的收缩和扭曲来重新创建图像，使暗调区域呈现结块状，高光区域呈现轻微的颗粒化
【影印】	模拟一种由前景色和背景色形成的图像剪影效果

10.6.8 【纹理】滤镜

【纹理】菜单下的命令可使图像的表面产生特殊的纹理或材质效果。其下包括 6 个菜单命令，每一种滤镜所产生的效果如图 10-31 所示。

图 10-31 【纹理】菜单下的各滤镜效果

【纹理】菜单下每一种滤镜的功能如下。

滤镜名称	功　能
【龟裂缝】	模拟图像在凹凸的石膏表面上绘制的效果，并沿着图像等高线生成精细的裂纹
【颗粒】	利用颗粒使图像生成不同的纹理效果。选择不同的颗粒类型后，图像生成的纹理效果也不同
【马赛克拼贴】	将图像分割成若干个形状不规则的小块图形
【拼缀图】	将图像分解为若干个小正方形，每个小正方形都由该区域最亮的颜色进行填充，还可以调整小正方形的大小和凸陷程度
【染色玻璃】	在图像中生成类似于玻璃的效果，生成的玻璃块之间的缝隙将用前景色进行填充，图像中的细节将会随玻璃的生成而消失
【纹理化】	在图像中应用预设或自定义的纹理样式，从而生成指定的纹理效果

10.6.9 【像素化】滤镜

【像素化】菜单下的命令可以使图像中的像素按照不同的类型进行重新组合或分布，使图像呈现不同类型的像素组合效果。其下包括 7 个菜单命令，每一种滤镜所产生的效果如图 10-32 所示。

图 10-32 【像素化】菜单下的各滤镜效果

【像素化】菜单下每一种滤镜的功能如下。

滤镜名称	功　能
【彩块化】	将图像中的纯色或颜色相似的像素转化为像素色块，生成具有手绘感觉的效果
【彩色半调】	在图像的每个通道上模拟出现放大的半调网屏效果
【点状化】	将图像中的颜色分解为随机分布的网点，和绘画中的点彩画效果一样，网点之间的画布区域以默认的背景色来填充
【晶格化】	使图像中的色彩像素结块，生成颜色单一的多边形晶格形状
【马赛克】	将图像中的像素分解，转换成颜色单一的色块，从而生成马赛克效果
【碎片】	将图像中的像素进行平移，使图像产生一种不聚焦的模糊效果
【铜版雕刻】	将图像转换为彩色图像中完全饱和的颜色，产生一种随机的模仿铜版画的效果

10.6.10 【渲染】滤镜

使用【渲染】菜单下的命令可以在图像中创建云彩、纤维、光照等特殊效果。其下包括5个菜单命令，每一种滤镜所产生的效果如图10-33所示。

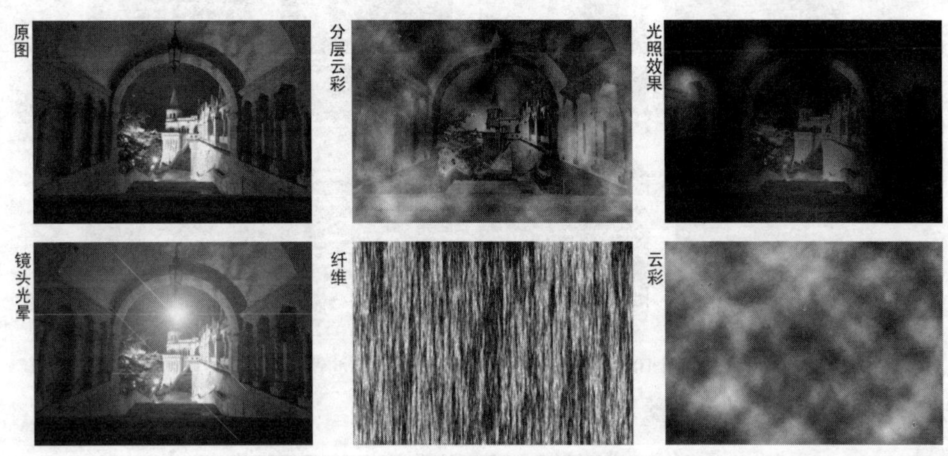

图10-33 【渲染】菜单下的各滤镜效果

【渲染】菜单下每一种滤镜的功能如下。

滤镜名称	功　能
【分层云彩】	在图像中按照介于前景色与背景色之间的颜色值随机生成的云彩效果，还可将生成的云彩与现有的图像混合。第一次选择该滤镜时，图像的某些部分会被反相为云彩，多次应用此滤镜之后，会创建出与大理石纹理相似的叶脉效果
【光照效果】	可以制作出多种奇妙色彩的灯光效果；还可以使用灰度文件的纹理制作出类似三维图像的效果，并存储的样式以在其他图像中使用。注意，它只能用于RGB颜色模式的图像中
【镜头光晕】	在图像中产生类似于摄像机镜头的眩光效果
【纤维】	通过前景色和背景色对当前图像进行混合处理，产生一种纤维效果
【云彩】	根据前景色与背景色在图像中随机生成类似于云彩的效果。此命令没有对话框，每次使用该命令时，所生成的云彩效果都会有所不同

10.6.11 【艺术效果】滤镜

使用【艺术效果】菜单下的命令可以使图像产生多种风格的艺术绘画效果。其下包括15个菜单命令，每一种滤镜所产生的效果如图10-34所示。

图 10-34 【艺术效果】菜单下的各滤镜效果

【艺术效果】菜单下每一种滤镜的功能如下。

滤镜名称	功　能
【壁画】	在图像的边缘添加黑色，并增加图像的反差，使图像产生古壁画的效果
【彩色铅笔】	模拟各种颜色的铅笔在图像上绘制的效果，图像中较明显的边缘被保留
【粗糙蜡笔】	模拟彩色蜡笔在带纹理的纸上绘制的效果
【底纹效果】	根据设置的纹理在图像中产生一种纹理效果，也可以用来创建布料或油画效果
【调色刀】	减少图像的细节，产生一种类似于用油画刀在画布上涂抹出的效果
【干画笔】	通过减少图像中的颜色来简化图像的细节，使图像呈现出类似于油画和水彩画之间的干画笔效果
【海报边缘】	根据设置的参数减少图像中的颜色数量，并查找图像的边缘，将其绘制成黑色的线条
【海绵】	在图像中颜色对比强烈、纹理较重的区域创建纹理，以模拟用海绵绘制的效果
【绘画涂抹】	用选择的各种类型的画笔来绘制图像，产生各种涂抹的艺术效果
【胶片颗粒】	在图像中的暗色调与中间色调之间添加颗粒，使图像的色彩看起来较为均匀、平衡
【木刻】	将图像中相近的颜色用一种颜色代替，使图像呈现出由几种简单的颜色绘制而成的剪贴画效果
【霓虹灯光】	为图像添加类似霓虹灯的发光效果
【水彩】	通过简化图像的细节来改变图像边界的色调及饱和度，使其产生类似于水彩风格的绘画效果
【塑料包装】	给图像涂一层光亮的颜色以强调表面细节，使图像产生一种质感很强的类似被蒙上塑料薄膜的效果
【涂抹棒】	在图像中较暗的区域将被密而短的黑色线条涂抹，亮的区域将变得更亮而丢失细节

10.6.12 【杂色】滤镜

【杂色】菜单下的命令可以在图像中添加或减少杂色，以创建各种不同的纹理效果。其下包括 5 个菜单命令，所产生的效果如图 10-35 所示。

图 10-35 【杂色】菜单下的各滤镜效果

【杂色】菜单下每一种滤镜的功能如下。

滤镜名称	功　能
【减少杂色】	在不影响整个图像或各个通道的设置并保留图像边缘的同时减少杂色
【蒙尘与划痕】	通过更改图像中相异的像素来减少杂色，使图像在清晰化和隐藏的缺陷之间达到平衡
【去斑】	模糊并去除图像中的杂色，同时保留原图像的细节。图像较小时，效果不是很明显，将图像放大显示后，才可以观察出细微的变化
【添加杂色】	将一定数量的杂色以随机的方式添加到图像中
【中间值】	通过混合图像中像素的亮度来减少杂色。此滤镜在消除或减少图像的动感效果时非常有用

10.6.13 【其他】滤镜

【其他】菜单下命令可以创建自己的滤镜、使用滤镜修改蒙版、使图像发生位移和快速调整颜色等。其下包括 5 个菜单命令，每一种滤镜所产生的效果如图 10-36 所示。

图 10-36 【其他】菜单下的各滤镜效果

【杂色】菜单下每一种滤镜的功能如下。

滤镜名称	功　能
【高反差保留】	在图像中有强烈颜色过渡的地方，按指定的半径保留边缘细节，并且，不显示图像的其余部分
【位移】	将指定的图像在水平或垂直位置移动，图像的原位置会变成背景色或图像的另一部分
【自定】	用于设置自已的滤镜，可以根据预定义的数学运算更改图像中每个像素的亮度值，此操作与通道的加、减计算类似
【最大值】	将图像中的亮部区域扩大，暗部区域缩小，产生较明亮的图像效果
【最小值】	此命令与【最大值】命令正好相反，是将图像中的亮部区域缩小，暗部区域扩大

10.6.14 【Digimarc（作品保护）】滤镜

【Digimarc（作品保护）】滤镜组中的滤镜命令可以将数字水印嵌入图像中，以存储版权信息。其下包括【读取水印】和【嵌入水印】两个滤镜命令。

一、【读取水印】滤镜

【读取水印】滤镜用于检查图像中是否有水印。如果图像中没有水印存在，将弹出一个【找不到水印】的提示框；如果有水印存在，就会显示出创建者的相应信息。

二、【嵌入水印】滤镜

【嵌入水印】滤镜可以在图像中加入识别图像创建者的水印，每幅图像中只能嵌入一个水印。如果要在分层图像中嵌入水印，应在嵌入水印之前合并图层，否则水印将只影响当前图层。

10.7 综合案例（一）——制作梦幻的光效翅膀

下面运用【径向模糊】和【旋转扭曲】滤镜命令，并结合【图层混合模式】选项、【自由变换】命令及画笔工具来制作梦幻的光效翅膀。

制作光效翅膀

1. 新建一个【宽度】为“15 厘米”、【高度】为“20 厘米”、【分辨率】为“150 像素/英寸”的白色文件，然后，为“背景”层填充黑色。

2. 利用工具，依次绘制出如图 10-37 所示的白色圆点图形，注意笔头大小的设置。

在绘制线圆点时，对于圆点的形状没有特定的要求。所绘制的圆点数量，将决定下一步画面中生成光线的数量。

3. 执行【滤镜】/【模糊】/【径向模糊】命令，在弹出的【径向模糊】对话框中设置参数，如图 10-38 所示。

4. 单击 确定 按钮，执行【径向模糊】命令后的效果如图 10-39 所示。

图 10-37　绘制的图形

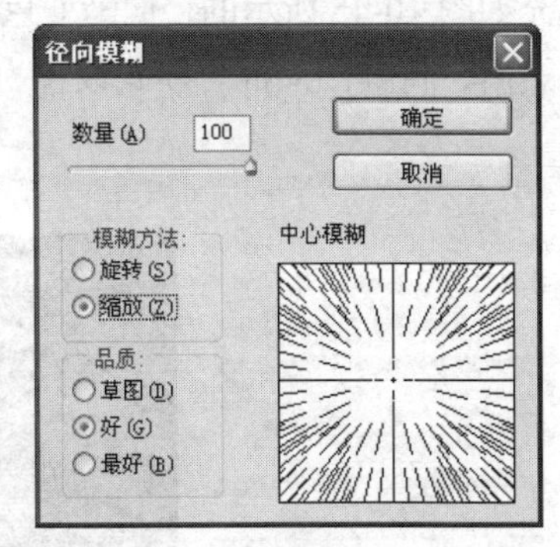

图 10-38　设置【径向模糊】参数

图 10-39　执行【径向模糊】命令后的效果

5. 连续 3 次按 Ctrl+F 组合键，重复执行【径向模糊】命令，生成的画面效果如图 10-40 所示。

6. 按 Ctrl+J 组合键，将当前画面通过复制生成“图层 1”，然后，利用工具，绘制出如图 10-41 所示的矩形选区。

7. 按 Delete 键，将画面右侧选择的内容删除，然后，按 Ctrl+D 组合键，去除选区。

8. 将“背景”层隐藏，然后，执行【滤镜】/【扭曲】/【旋转扭曲】命令，在弹出的【旋转扭曲】对话框中设置参数，如图 10-42 所示。

图 10-40　重复模糊后的效果

图 10-41　绘制的选区

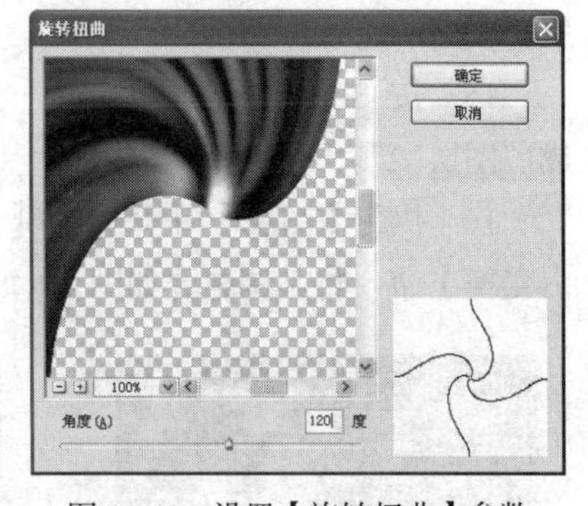

图 10-42　设置【旋转扭曲】参数

9. 单击 确定 按钮，执行【旋转扭曲】命令后的效果如图 10-43 所示。

10. 选取工具，激活属性栏中的按钮，再单击按钮，在弹出的【渐变编辑器】对话框中设置渐变颜色，如图 10-44 所示，最后，单击 确定 按钮。

图 10-43　执行【旋转扭曲】后的效果

图 10-44　设置的渐变颜色

11. 将“背景”层显示，将其设置为当前层，然后，将鼠标指针移至画面的中间位置，按住鼠标左键并向右拖曳鼠标，为背景层填充如图 10-45 所示的径向渐变色。

12. 将“图层 1”设置为当前层，然后，将其图层混合模式设置为“线性减淡（添加）”，更改混合模式后的效果如图 10-46 所示。

图 10-45　填充渐变色后的效果

图 10-46　更改混合模式后的效果

13. 打开素材文件中“图库\第 10 章”目录下的“婚纱照.jpg”文件，如图 10-47 所示。

14. 选择工具，将鼠标光标移动到图像的背景区域，按住 Shift 键并依次单击，将背景选取，创建的选区如图 10-48 所示。

15. 按 Shift+Ctrl+I 组合键，将选区反选，然后，将选择的人物移动复制到新建文件中，生成“图层 2”。

16. 执行【图层】/【修边】/【移去白色杂边】命令，将图像边缘的杂点去除，然后，用【自由变换】命令将其调整至如图 10-49 所示的大小及位置。

图 10-47　打开的图片

图 10-48　创建的选区

图 10-49　图像放置的位置

将选取的图像移动复制到新建文件中后，由于背景颜色的不同，人物的头纱即变得不透明了，下面，我们运用调整层命令，将其设置为透明效果。

17. 执行【选择】/【色彩范围】命令，弹出【色彩范围】对话框，然后，将鼠标光标移动到人物的头纱位置并单击，拾取颜色，再设置【色彩范围】对话框中的选项参数，如图 10-50 所示。

18. 单击 确定 按钮，生成的选区形态如图 10-51 所示。

图 10-50　设置的参数

图 10-51　生成的选区

19. 单击【图层】面板下方的 按钮，在弹出的菜单命令中选择【色相/饱和度】命令，然后，在弹出的【调整】面板中设置选项参数，如图 10-52 所示，调整后的图像效果如图 10-53 所示。

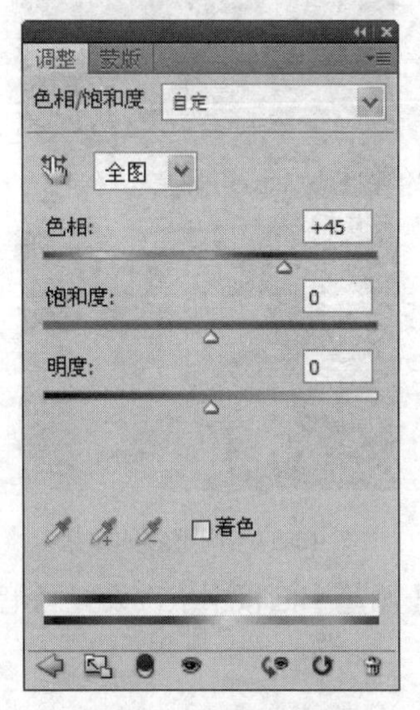

图 10-52　设置的参数

图 10-53　调整后的效果

20. 将“图层 1”设置为当前层，然后，按 Ctrl+T 组合键，为其添加自由变换框，将其调整至如图 10-54 所示的形态，再按 Enter 键，确认图形的变换操作。

21. 选择 工具，将属性栏中的【模式】选项设置为“正常”，将【强度】参数设置为“100%”，然后，将笔头的【大小】参数设置为“60 px”，再将鼠标指针移至图形的下方位置，按住鼠标左键并向上拖曳鼠标，将图形涂抹至如图 10-55 所示的形态。

22. 复制“图层 1”，生成“图层 1 副本”，以增加图形的清晰度。

23. 将“图层 1”和“图层 1 副本”同时选择，并再次复制，然后，执行【编辑】/【变换】/【水平翻转】命令，将复制出的图形翻转。

24. 按 Ctrl+T 组合键，为翻转后的图形添加自由变形框，将其调整至如图 10-56 所示的位置，然后，按 Enter 键，确认图形的变换操作。

图 10-54　调整后的图形形态

图 10-55　涂抹后的效果

25. 将“图层 1 副本 3”层设置为工作层，然后，将其稍向上移动，并倾斜一些角度，制作出如图 10-57 所示的效果。

图 10-56　将复制的图形调整后的形态

图 10-57　调整后的效果

26. 选择工具，单击属性栏中的按钮，在弹出的【画笔】面板中依次设置画笔选项及参数，如图 10-58 所示。

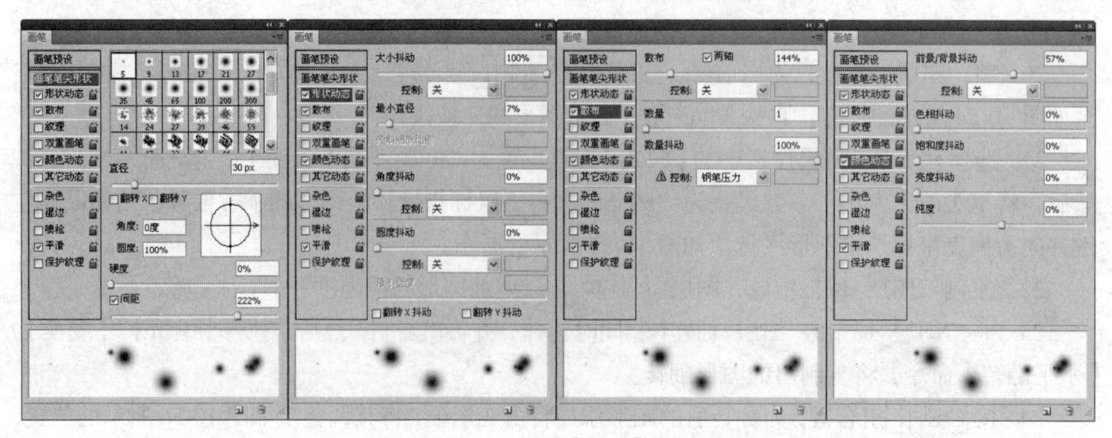

图 10-58　设置【画笔】参数

27. 新建“图层 3”，将前景色设置为淡蓝色（R:160,G:225,B:255），背景色设置为浅黄色（R:240,G:255,B:85），然后，按住鼠标左键并拖曳鼠标，在画面中绘制出如图 10-59 所示的圆点图形，完成光效翅膀的制作。

图 10-59　绘制的圆点图形

28. 按 Ctrl+S 组合键，将此文件命名为“制作梦幻光效翅膀.psd”并保存。

10.8 综合案例（二）——制作透明的玻璃效果字

下面综合运用通道及各滤镜命令来制作一个透明的玻璃效果字。

制作特效字

1. 新建一个【宽度】为“25 厘米”、【高度】为“10 厘米”、【分辨率】为“120 像素/英寸”的白色文件，然后，为“背景”层填充黑色。

2. 选择 T 工具，输入如图 10-60 所示的白色字母，然后，执行【图层】/【栅格化】/【文字】命令，将文字层转换为普通层。

3. 按住 Ctrl 键并单击字母的缩览图，加载选区，然后，单击【通道】面板中的按钮，新建一个“Alpha 1”通道，再为选区填充白色，新建的通道如图 10-61 所示。

图 10-60　输入的字母

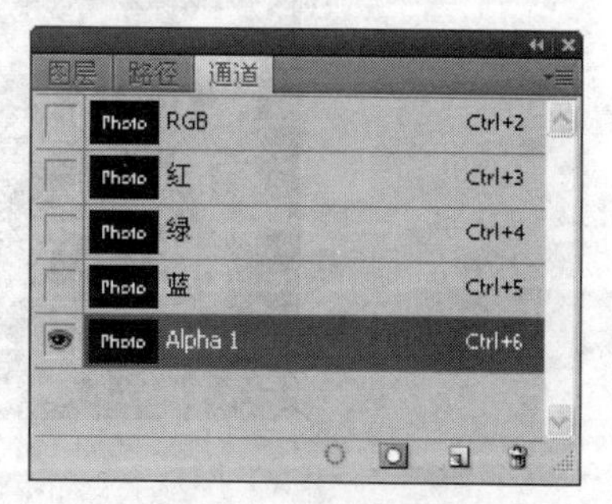

图 10-61　新建的通道

4. 按 Ctrl+D 组合键，去除选区，然后，执行【滤镜】/【素描】/【铬黄】命令，弹出【铬黄渐变】对话框，设置选项及参数，如图 10-62 所示。

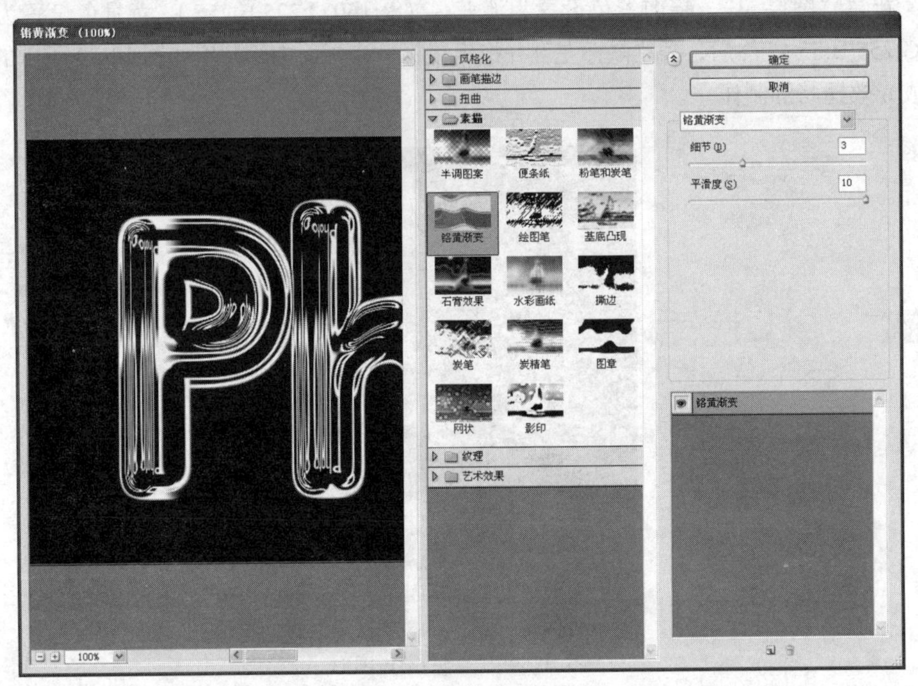

图 10-62 【铬黄渐变】对话框

5. 单击 确定 按钮，生成的效果如图 10-63 所示。

图 10-63 执行【铬黄】命令后的效果

6. 按住 Ctrl 键单击“Alpha 1”通道的缩览图，加载如图 10-64 所示的选区。

图 10-64 加载的选区

7. 转换到【图层】面板，然后，新建“图层 1”，再为选区填充白色，去除选区后的效果如图 10-65 所示。

8. 用与步骤 3 相同的方法，在【通道】面板中新建一个“Alpha 2”通道，如图 10-66 所示。

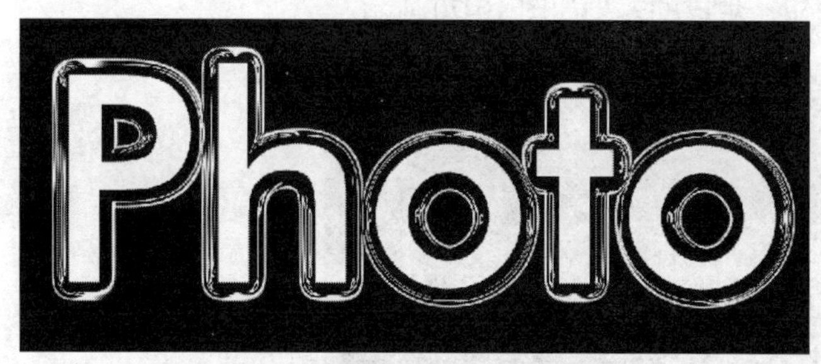

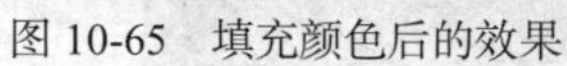
图 10-65　填充颜色后的效果

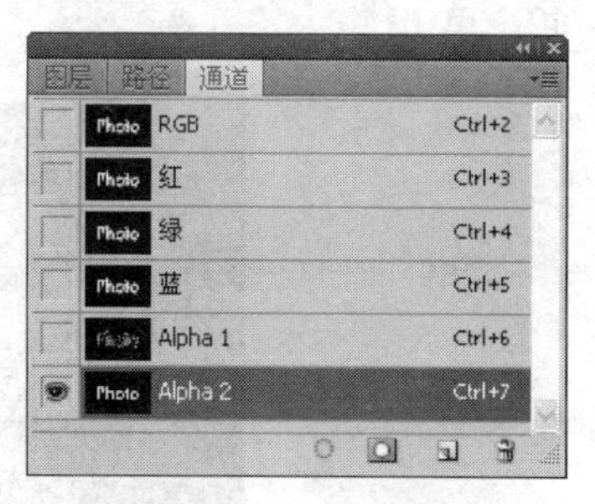

图 10-66　新建的通道

9. 按 Ctrl+D 组合键，去除选区，然后，执行【滤镜】/【模糊】/【高斯模糊】命令，在弹出的【高斯模糊】对话框中设置选项及参数，如图 10-67 所示。

10. 单击 确定 按钮，模糊后的字母效果如图 10-68 所示。

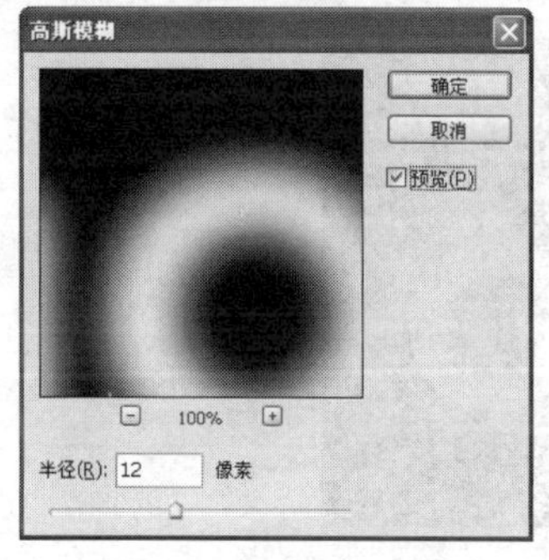

图 10-67　设置的参数

图 10-68　模糊后的字母效果

11. 执行【滤镜】/【扭曲】/【玻璃】命令，弹出【玻璃】对话框，参数设置如图 10-69 所示。

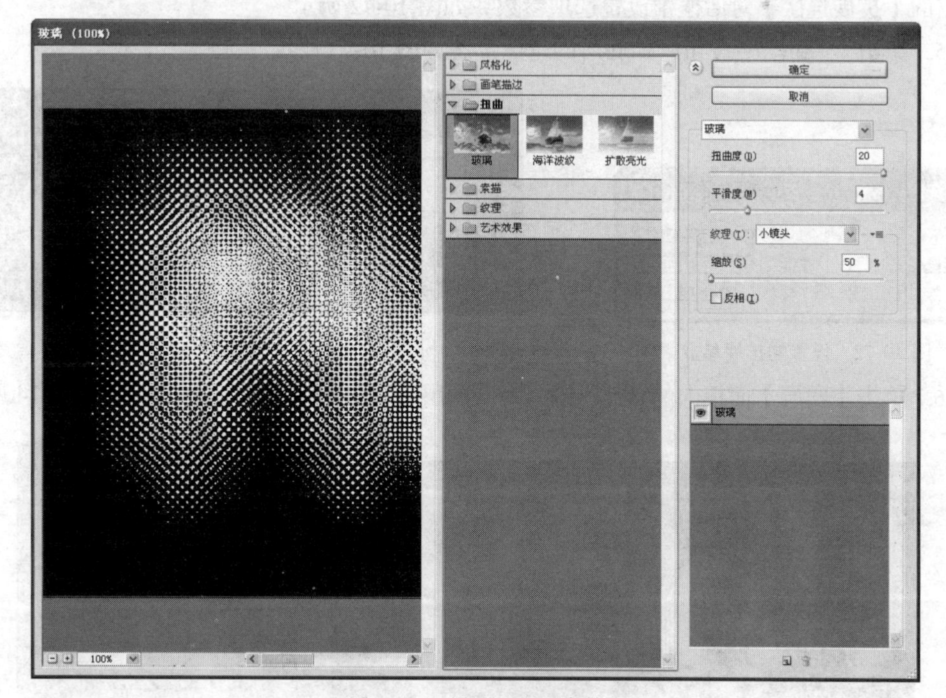

图 10-69　设置的选项参数

12. 单击 确定 按钮，生成的效果如图 10-70 所示。

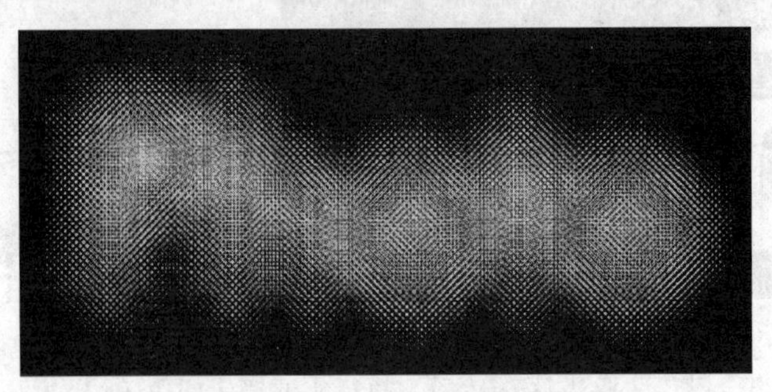

图 10-70 执行【玻璃】命令后的效果

13. 按住 Ctrl 键并单击“Alpha 2”通道的缩览图，加载选区，然后，转换到【图层】面板，新建“图层 2”，再为选区填充白色，去除选区后的效果如图 10-71 所示。

图 10-71 填充颜色后的效果

14. 按住 Ctrl 键并单击字母层的缩览图，加载选区，执行【选择】/【修改】/【扩展】命令，在弹出的【扩展选区】对话框中设置选项参数，如图 10-72 所示。

15. 单击 确定 按钮，扩展后的选区形态如图 10-73 所示。

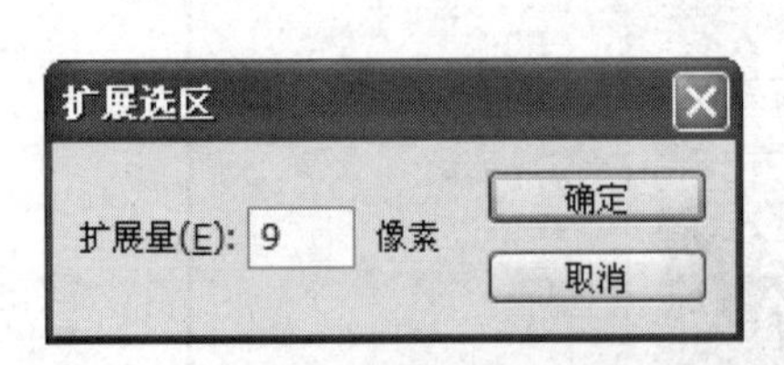

图 10-72 设置的扩展参数

图 10-73 扩展后的选区形态

16. 单击【图层】面板中的 按钮，为“图层 2”添加图层蒙版，效果如图 10-74 所示。

图 10-74 添加图层蒙版后的效果

17. 将字母层设置为当前层，执行【滤镜】/【模糊】/【高斯模糊】命令，在弹出的【高斯模糊】对话框中设置选项参数，如图 10-75 所示。

18. 单击 确定 按钮，模糊后的字母效果如图 10-76 所示。

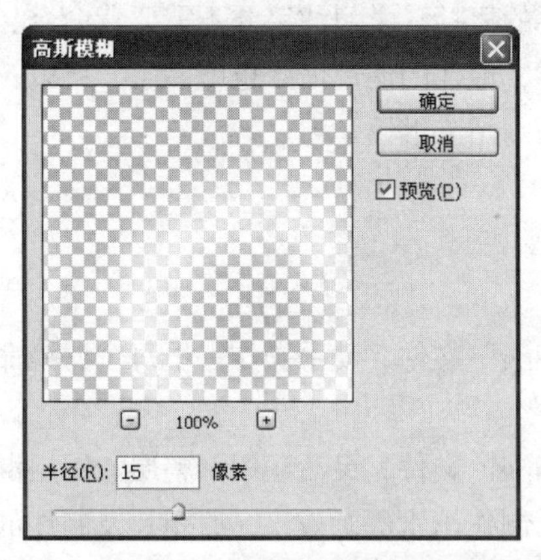

图 10-75　设置的模糊参数

图 10-76　模糊后的字母效果

19. 再次按住 Ctrl 键并单击字母层的缩览图，加载选区，然后，执行【选择】/【修改】/【羽化】命令，在弹出的【羽化选区】对话框中将【羽化半径】选项的参数设置为“20 像素”，单击 确定 按钮。

20. 在字母层的上方新建“图层 3”，然后为选区填充白色，如图 10-77 所示。

图 10-77　填充白色后的效果

21. 按 Ctrl+D 组合键，去除选区，即可完成透明玻璃效果字的制作，如图 10-78 所示。

图 10-78　制作完成的透明玻璃效果字

22. 按 Ctrl+S 组合键，将此文件命名为“效果字.psd”并保存。

小　结

本章主要是对 Photoshop CS5 中的滤镜部分进行了简要的概括。学习滤镜并不需要背命令、记参数，而是要通过制作特效来慢慢地掌握，做的效果多了，记住的滤镜命令也就多了，所以，希望读者能参考一些专门研究滤镜特效的图书或登录相关的网站来继续学习。

习　题

1. 打开素材文件中“图库\第 10 章”目录下的“木桥.jpg”文件，动手操作一下每个滤镜命令在图像中所产生的效果。

2. 打开素材文件中“图库\第 10 章”目录下的“荷花.jpg”文件。灵活运用调整层、图层混合模式及【滤镜】菜单栏中的【画笔描边】/【喷溅】命令，制作出水墨画效果，原图片及制作的效果如图 10-79 所示。

图 10-79　原图片及制作的水墨画效果

3. 打开素材文件中“图库\第 10 章”目录下的“照片.jpg”文件。利用图层蒙版，以及【滤镜】菜单栏中的【晶格化】和【自由变换】命令，制作出如图 10-80 所示的撕纸效果。

图 10-80　制作的撕纸效果

第11章 打印图像与系统优化

图像处理及作品设计的最终目的是将图像打印出来，正确地设置打印页面及打印机是保证图像被高质量打印输出的前提。利用 Photoshop 进行图像处理是一项非常复杂又非常细腻的工作，如果运用一定的系统优化操作，不但可以有效地提高图像处理的效率，而且，还能提高图像的质量。

11.1 打印图像

在打印图像之前，先要进行打印设置，如定义纸张的大小、打印图片的质量或副本数等。本节将以实例的形式来讲解利用喷墨打印机打印图像的一般操作过程。

打印图像

1. 打开打印机的电源开关，确认打印机处于联机状态。
2. 在打印机的放纸夹中放一张 A4 尺寸（210mm × 297mm）的普通打印纸。
3. 打开素材文件中“图库\第 11 章”目录下的“宣传单.jpg”文件，如图 11-1 所示。
4. 执行【图像】/【图像大小】命令，在弹出的【图像大小】对话框中设置参数，如图 11-2 所示，单击 确定 按钮。

图 11-1 打开的图片

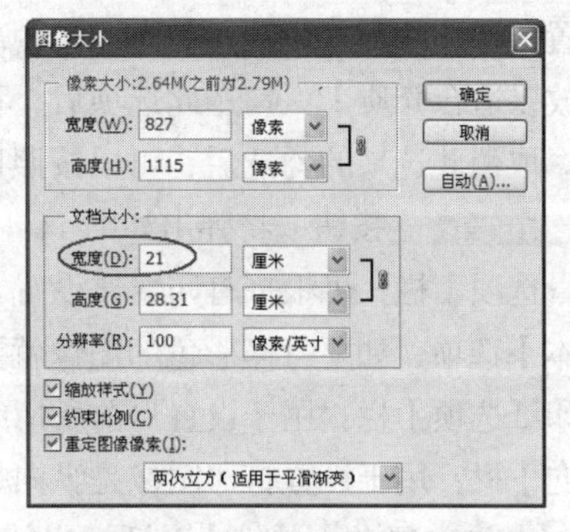

图 11-2 【图像大小】对话框

在【图像大小】对话框中，可以为打印的图像设置尺寸、分辨率等参数。当将【重定图像像素】复选框的勾选取消后，打印尺寸的宽度、高度与分辨率参数将成反比例设置。由于 A4 纸的宽度为 210mm，因此，我们将该文件的宽度设置为 21 厘米，以确保图像能被完全打印。

5. 执行【文件】/【打印】命令，弹出如图 11-3 所示的【打印】对话框。

图 11-3 【打印】对话框

执行【打印】命令后，弹出的【打印】对话框的形态会因打印机的品牌和型号不同而有所不同，但【页面设置】、【位置】等基本选项都可在【打印】对话框中找到。

- 和按钮：用于设置打印页面是纵向打印还是横向打印。
- 【份数】：用于设置需要打印图片的数量。
- 【图像居中】：勾选此选项后，打印出的图像将位于纸张的中央位置。取消此选项的勾选后，可以设置打印图片与纸张顶边和左边的距离。
- 【缩放以适合介质】：勾选此选项后，将按照设置的打印介质的尺寸来缩放图片，以适合介质的尺寸。取消此选项的勾选后，可以按照比例来缩放图片的大小。

6. 单击打印设置...按钮，将弹出如图 11-4 所示的【EPSON ME 1 属性】/【主窗口】对话框。

- 【质量选项】栏：可根据打印要求设置合适的打印质量选项。如只打印黑白颜色的文字，可选择【文本】选项，如要打印彩色的图像就要点选【照片】选项。
- 【打印纸选项】栏：用于设置目前所用纸张的类型及尺寸。
- 【方向】栏：用于设置打印图像是纵向打印还是横向打印。

7. 单击【EPSON ME 1 属性】对话框中的【页面版式】选项卡，其下的选项可用于设置打印图像在打印纸中是否居中，是否缩放，打印的份数、以及是否添加水印等，如图 11-5 所示。

图 11-4 【EPSON ME 1 属性】对话框

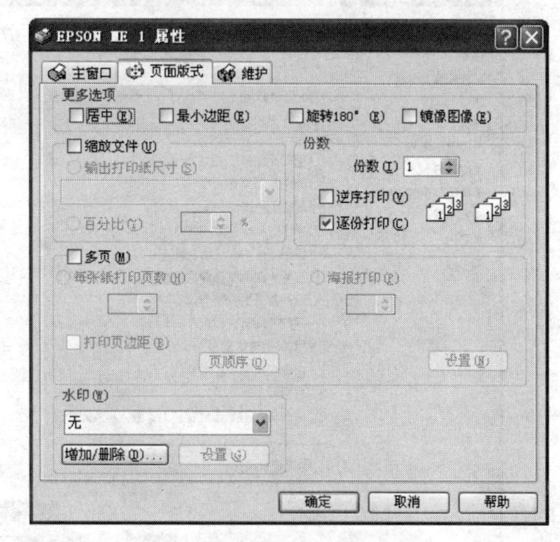

图 11-5 【页面版式】选项卡

8. 如勾选【EPSON ME 1 属性】/【主窗口】对话框的【打印选项】栏中的【打印预览】复选项后，单击 确定 按钮，退出【EPSON ME 1 属性】对话框，再在【打印】对话框中单击 打印(P) 按钮，将出现【打印预览】对话框。

9. 检查【打印预览】对话框中的可打印图像在纸张中的位置，确认无误后，单击 打印(P) 按钮，稍等片刻即完成“宣传单.jpg”图片的打印。

11.2 Photoshop 系统优化

按照自己的习惯重新设置 Photoshop 的系统，可以有效地提高工作效率。利用 Photoshop 的【首选项】命令，可以设置常用的显示选项、文件处理选项、光标选项、透明度与色域选项，以及增效工具选项等。

11.2.1 常规

执行【编辑】/【首选项】/【常规】命令（快捷键为 Ctrl+K 组合键），将弹出【首选项】/【常规】对话框，如图 11-6 所示。

（1）【拾色器】下拉列表中包括【Windows】和【Adobe】两个选项，【Adobe】是与 Photoshop 最匹配的颜色系统，所以，不要随意改变。

（2）【HUD 拾色器】：可在文档窗口中绘画时快速选择颜色，但需要启用 OpenGL。选择【色相条纹】选项，可显示垂直拾色器；选择【色相轮】选项，则显示圆形拾色器。

（3）【图像插值】下拉列表中包括以下 5 个选项。

- 【邻近（保留硬边缘）】：一种速度快但精度低的图像像素模拟方法。用于包含未消除锯齿边缘的插图，以保留硬边缘并生成较小的文件。在对图像进行扭曲或缩放时，以及在某个选区上多次执行操作时，这种效果会变得更加明显。

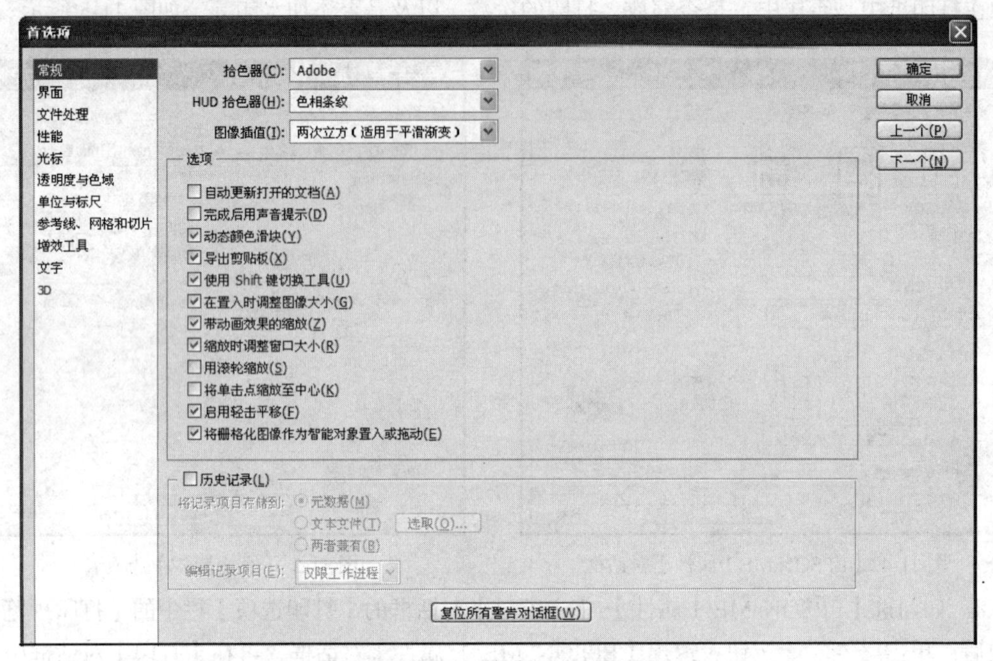

图 11-6 【首选项】/【常规】对话框

- 【两次线性】：一种通过平均周围像素颜色值来添加像素的方法，可生成中等品质的图像。
- 【两次立方（适用于平滑渐变）】：一种将周围像素值的分析作为依据的方法，计算速度较慢，但精度高，产生的色调渐变比“邻近”或“两次线性”更为平滑。这是 Photoshop 默认的插值方法。
- 【两次立方较平滑（适用于扩大）】：一种基于两次立方插值且旨在产生更平滑效果的有效图像放大方法。
- 【两次立方较锐利（适用于缩小）】：一种基于两次立方插值且具有增强锐化效果的有效图像减小方法。可在重新取样后的图像中保留细节，如果使用此选项会使图像中某些区域的锐化程度过高，可以使用【两次立方】选项。

（4）【选项】栏包括以下几种选项。

- 【自动更新打开的文档】：勾选此复选项后，退出 Photoshop 软件时，系统会对打开的文档进行自动更新。
- 【完成后用声音提示】：若勾选此复选项，命令操作执行完后，系统会发出“嘟嘟”的声音。
- 【动态颜色滑块】：勾选此复选项后，修改颜色时，色彩滑块将平滑移动。
- 【导出剪贴板】：若勾选此复选项，退出 Photoshop 后，软件中存入剪贴板的内容将保存在剪贴板上，否则，在退出 Photoshop 后，剪贴板上的内容将被清除。
- 【使用 Shift 键切换工具】：此选项只对工具箱右下角有三角形的工具按钮起作用。使用快捷键只能选择相应的按钮，不能再切换至隐藏的按钮。只有利用键盘上的 Shift 键+工具按钮快捷键，才可以在该工具按钮和隐藏工具按钮之间进行切换。若不勾选此项，则可直接使用相应的快捷键激活工具按钮，并在其隐藏工具按钮之间进行切换。
- 【在置入时调整图像大小】：勾选此复选项后，在当前文件中粘贴或置入其他图像时，系统会自动处理图像的大小以适应当前文件。

- 【带动画效果的缩放】：可以使图像产生平滑的缩放效果。
- 【缩放时调整窗口大小】：用于确定用键盘上的 Ctrl+ + 组合键或 Ctrl+ - 组合键放大或缩小图像的显示比例时，图像窗口的大小是否随之改变。
- 【用滚轮缩放】：勾选此复选项后，使用中间带滚轮的鼠标时，滑动滚轮即可缩放当前图像文件。向上推动滚轮可放大图像；向下滑动滚轮可缩小图像。
- 【将单击点缩放至中心】：使用缩放工具时，可以将单击点的图像缩放到画面中心。
- 【启用轻击平移】：用于设置使用抓手工具拖移图像时，释放鼠标左键后，图像也将自动滑动。
- 【将栅格化图像作为智能对象置入或拖动】：选择此项后，在 Photoshop 绘图窗口中已有图像文件存在的情况下，拖动其他要打开的图像文件到 Photoshop 绘图窗口后，系统将创建智能对象图层。如果取消该项的选择，那么，拖动文件将创建标准的普通图层。

（5）【历史记录】：勾选此复选项后，可在其下设置存储历史记录的有关信息。

- 【元数据】：选择此单选项后，可将历史记录存储为嵌入在文件中的元数据。
- 【文本文件】：选择此单选项后，可以将历史记录存储为文本文件。单击右侧的 选取(O)... 按钮，可在弹出的【存储】对话框中设置历史记录条目导出的路径和名称。
- 【两者兼有】：选择此单选项后，可以将历史记录存储为元数据，并且，存储在文本文件中。
- 【编辑记录项目】：用于指定历史记录中的信息详细程度。选择【仅限工作进程】选项，将记录包括 Photoshop 每次启动、退出和每次打开、关闭文件时所记录的项目，以及每幅图像的文件名，不记录任何有关文件编辑的信息；选择【简明】选项，将记录【会话】选项的信息，以及【历史记录】面板中显示的文本；选择【详细】选项，将记录【简明】选项的信息，以及【动作】面板中显示的文本。如果需要保留对文件所执行操作的完整历史记录，可选择【详细】选项。
- 复位所有警告对话框(W) 按钮：单击此按钮，将弹出【首选项】提示面板。单击 确定 按钮，可以对所有被取消显示的提示框进行重置。

11.2.2　界面

在【首选项】对话框中选择【界面】选项，将弹出如图 11-7 所示的【界面】对话框。

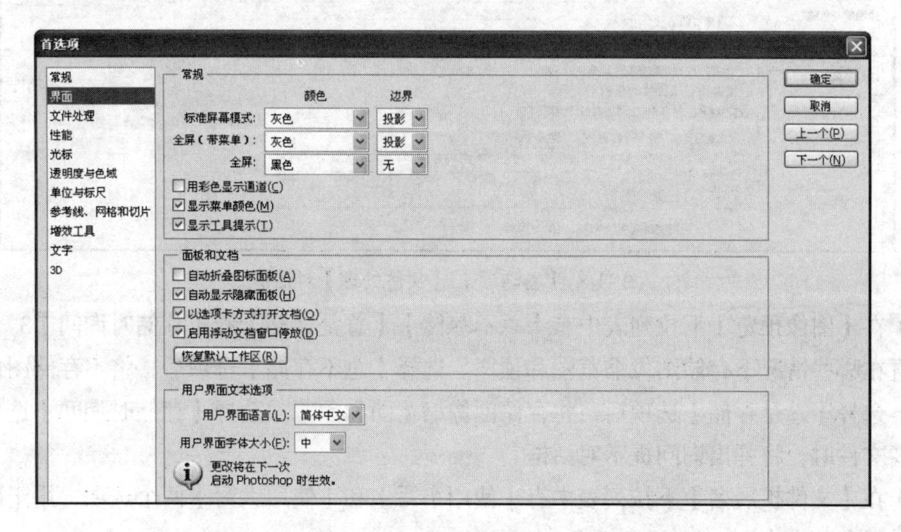

图 11-7 【首选项】/【界面】对话框

（1）常规。

- 【标准屏幕模式】/【全屏（带菜单）】/【全屏】：用于设置界面在各种屏幕模式下显示的颜色和边界效果。
- 【用彩色显示通道】：勾选此复选项后，颜色的通道将以相应的彩色显示。
- 【显示菜单颜色】：勾选此复选项后，可以将设置颜色的菜单显示为彩色。为菜单设置颜色的方法为：执行【编辑】/【菜单】命令，在弹出的【菜单】对话框中设置各菜单的颜色即可。
- 【显示工具提示】：勾选此复选项后，将鼠标指针放置到某工具上时，会显示出当前工具的名称和快捷键等提示信息。

（2）面板和文档。

- 【自动折叠图标面板】：勾选此复选项后，面板在被不使用时将自动折叠为图标状态。
- 【自动显示隐藏面板】：可以暂时显示隐藏面板。
- 【以选项卡方式打开文档】：勾选此复选项后，当打开文档时，会显示一个全屏的文档，其他的文档将被堆叠到选项卡中。
- 【启用浮动文档窗口停放】：勾选此复选项后，可以拖动文档的标题栏到程序窗口中。
- 恢复默认工作区(R)：单击此按钮，将恢复默认的工作区设置。

（3）【用户界面文本选项】：用于设置用户界面的语言和文字大小，设置后需要重新启动系统才能生效。

11.2.3 文件处理

选择【首选项】对话框左侧的【文件处理】选项，其右侧将显示有关【文件处理】选项的设置，如图 11-8 所示。

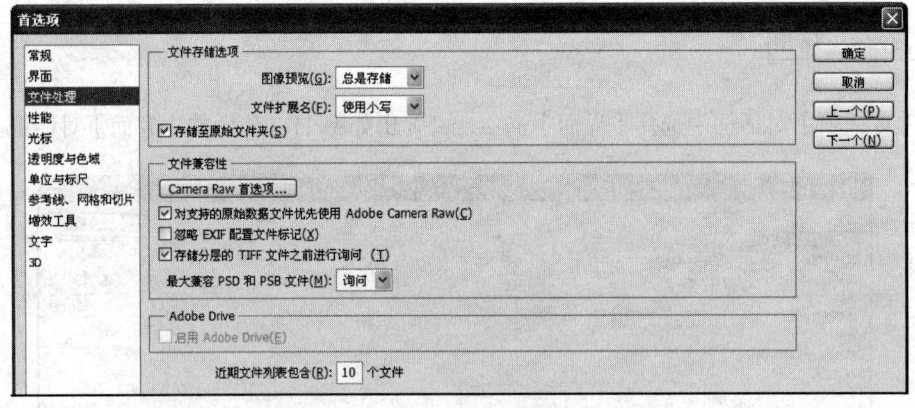

图 11-8 【首选项】/【文件处理】对话框

（1）在【图像预览】下拉列表中有【总不存储】、【总是存储】和【存储时询问】3 个选项，用于设置在哪些情况下存储图像缩览图和预览。选择【总不存储】选项后，将不存储图像缩览图和预览；选择【总是存储】选项后，将存储图像缩览图和预览；选择【存储时询问】选项后，在存储图像文件时，将弹出询问提示对话框。

（2）在【文件扩展名】下拉列表中有【使用小写】和【使用大写】两个选项，用于确定存储文件时扩展名的大小写。

（3）文件兼容性。

- 【对支持的原始数据文件优先使用 Adobe Camera Raw】：勾选此复选项后，将对具有 Raw 格式的图像文件优先启动 Adobe Camera Raw 窗口。

- 【忽略 EXIF 配置文件标记】：勾选此复选项后，在打开文件时，将忽略 EXIF 元数据指定的色彩空间规范。

- 【存储分层的 TIFF 文件之前进行询问】：勾选此复选项后，在存储 TIFF 格式的分层文件时，系统将弹出提示面板，提示用户保存分层图像文件会增加文件大小，询问用户是否进行保存。

- 【最大兼容 PSD 和 PSB 文件】：用于设置存储文件的兼容性。选择【总是】选项后，将启用最大兼容；选择【总不】选项后，将取消文件兼容。选择【询问】选项后，存储时将提示是否使兼容性最高。

（4）【近期文件列表包含】：执行【文件】/【最近打开的文件】命令，可以打开最近打开过的几个文件。【近期文件列表包含】值用于设置【最近打开的文件】菜单中最多可以显示的打开文件数。

11.2.4　性能

【性能】选项的设置如图 11-9 所示。该选项主要用于设置使用 Photoshop 的内存情况，以及图像处理过程中的历史记录状况和高速缓存的级别，将鼠标光标放置到各栏区域中后，下方的【说明】窗口中将显示该栏各选项的功能。

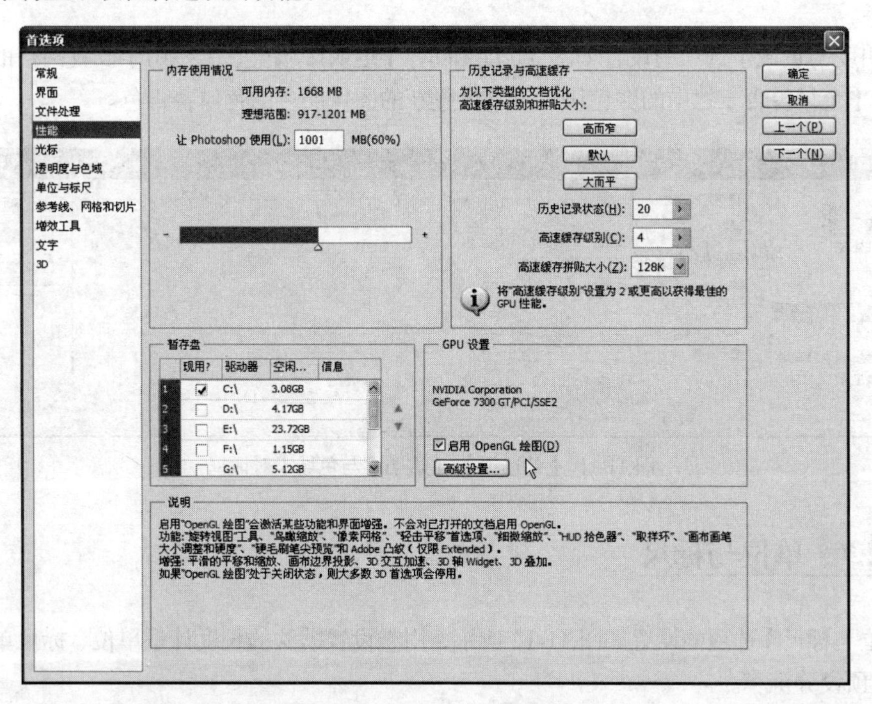

图 11-9 【首选项】/【性能】对话框

11.2.5　光标

【光标】选项的设置如图 11-10 所示。

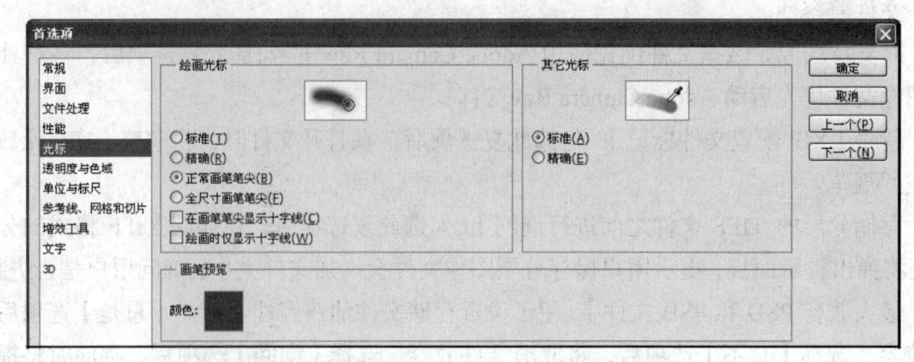

图 11-10 【首选项】/【光标】对话框

该对话框主要用于设置鼠标光标的显示形态，包括【绘画光标】和【其他光标】。

- 【绘画光标】用于控制如橡皮擦、铅笔、画笔、修复画笔、橡皮图章、图案图章、涂抹、模糊、锐化、减淡、加深和海绵工具等的光标显示形态。
- 【其他光标】用于控制除绘画工具之外的其他工具的光标形态，如选框、套索、多边形套索、魔棒、裁剪、切片、修补、吸管、钢笔、渐变、直线、油漆桶、磁性套索、磁性钢笔、自由钢笔、测量和颜色取样器工具等。

11.2.6　透明度与色域

【透明度与色域】选项的设置如图 11-11 所示。【透明区域设置】栏用于设置网格的大小及颜色；单击【色域警告】栏中的颜色块，可以设置新的图像颜色的色域警告色。

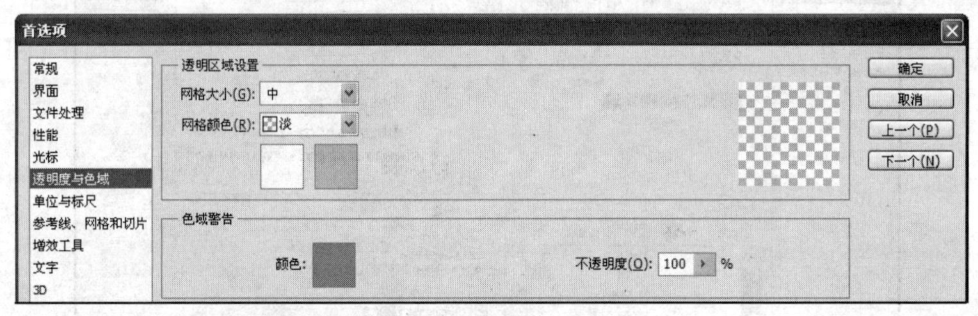

图 11-11 【首选项】/【透明度与色域】对话框

11.2.7　单位与标尺

【单位与标尺】选项的设置如图 11-12 所示，用于设置默认的长度计量单位、标尺单位及新创建文件的预设分辨率。

- 【单位】：可以设置标尺的单位和文字的单位。
- 【列尺寸】：用于设置文件被打印或装订时的“宽度”和“装订线”的尺寸。
- 【新文档预设分辨率】：用于设置新建文档时预设的打印分辨率和屏幕分辨率。
- 【点/派卡大小】：用于设置如何定义每英寸的点数。选择“PostScript（72 点/英寸）”时，可以设置一个兼容的单位大小，以便打印到 PostScript 设备；选择“传统（72.27 点/英寸）”时，可以使用 72.27 点/英寸进行打印，该项为传统的打印点数。

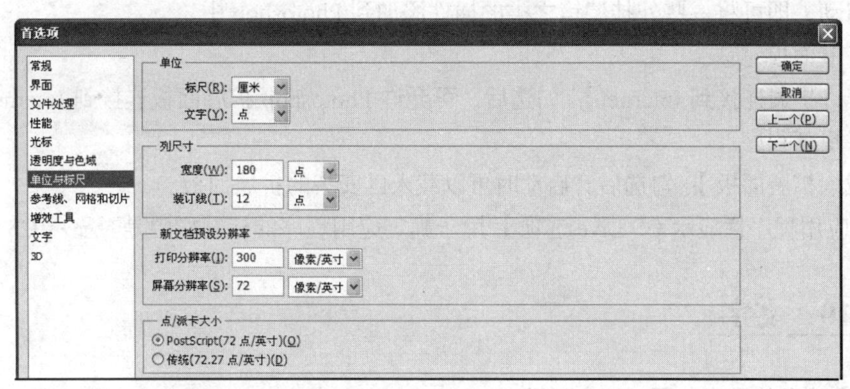

图 11-12 【首选项】/【单位与标尺】对话框

11.2.8　参考线、网格和切片

【参考线、网格和切片】选项的设置如图 11-13 所示。该选项用于设置 Photoshop 中参考线和网格的颜色、样式、间隔，切片的颜色和是否编号等。

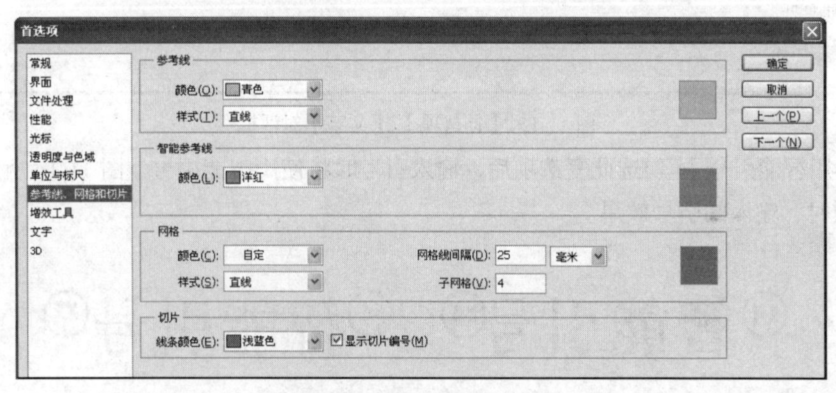

图 11-13 【首选项】/【参考线、网格和切片】对话框

11.2.9　增效工具

【增效工具】选项的设置如图 11-14 所示。

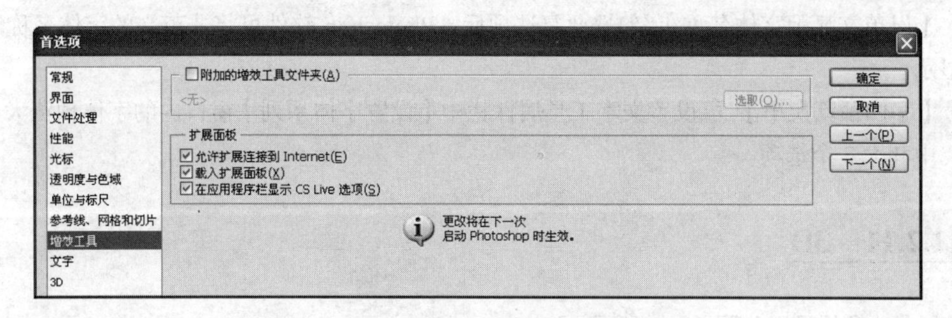

图 11-14 【首选项】/【增效工具】对话框

（1）【附加的增效工具文件夹】：勾选该复选项后，在打开的对话框中选择一个文件夹，再将系统重新启动，即可将一些外挂滤镜之类的插件添加到 Photoshop 中。

（2）扩展面板

- 【允许扩展连接到 Internet】：勾选后，可允许 Photoshop 扩展面板连接到 Internet，以获取新的内容并更新程序。
- 【载入扩展面板】：勾选后，启动时可以载入已安装的扩展面板。
- 【在应用程序栏显示 CS Live 选项】：用于确定应用程序的标题栏中是否显示 CS Live 选项。

11.2.10　文字

【文字】选项的设置如图 11-15 所示。

图 11-15 【首选项】/【文字】对话框

- 【使用智能引号】：勾选此复选项后，输入引号时将使用智能引号。图 11-16 所示为不勾选与勾选此项时，输入的引号效果。

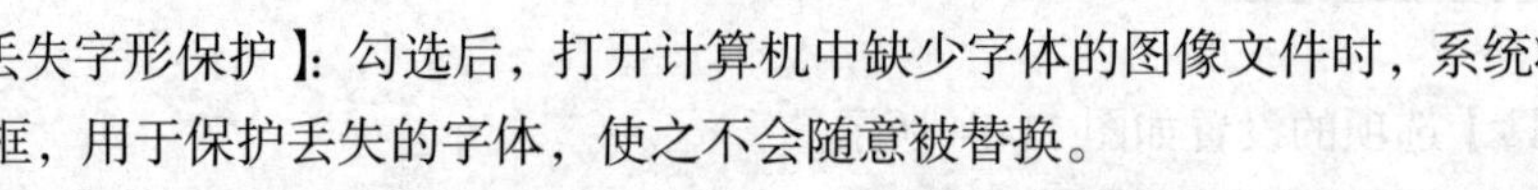

"智能引号"　“智能引号”

图 11-16　不勾选与勾选【使用智能引号】选项时，输入的引号形态

- 【显示亚洲字体选项】：用于确定【字符】和【段落】控制面板中是否显示中文、日文、韩文的字体选项。
- 【启用丢失字形保护】：勾选后，打开计算机中缺少字体的图像文件时，系统将弹出缺少字体的提示对话框，用于保护丢失的字体，使之不会随意被替换。
- 【以英文显示字体名称】：勾选此复选项后，Photoshop 软件可将非英文的字体名称以英文进行显示。
- 【字体预览大小】：可设置文字工具属性栏中【设置字体系列】窗口内的字体预览大小，包括小、中和大 3 个选项。

11.2.11　3D

【3D】选项的设置如图 11-17 所示。

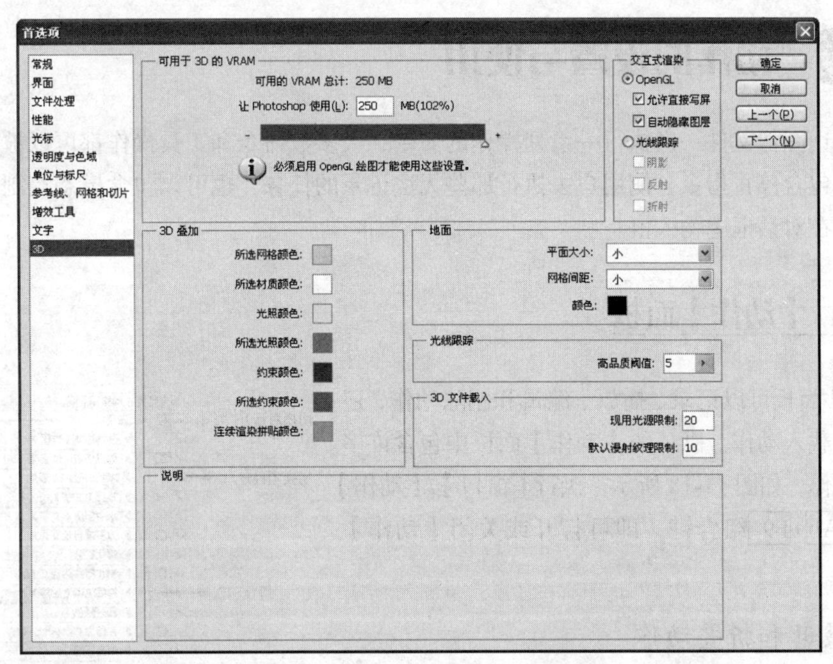

图 11-17 【首选项】/【3D】对话框

（1）【可用于 3D 的 VRAM】：用于设置 3D 引擎可以使用的显存量。该选项仅用于设置 3D 允许使用的最大 VRAM，不会影响操作系统和普通 Photoshop VRAM 分配。使用较大的 VRAM 有助于进行快速的 3D 交互，尤其是处理高分辨率的网格和纹理时。

（2）【交互式渲染】：用于指定进行 3D 对象交互时，Photoshop 渲染选项的设置。设置为“OpenGL”选项后，将在与 3D 对象进行交互时，始终使用硬件加速，对于某些品质设置，依赖于光线跟踪（如阴影、光源折射等）的高级渲染功能在交互时将不可见；设置为“光线跟踪”选项后，将在与 3D 对象进行交互时，使用 Adobe Ray Tracer。如果要在交互期间查看阴影、反射或折射，则可启用下面相应的选项。需要注意的是，启用这些选项后，系统的性能将会降低。

（3）【3D 叠加】：用于指定各种参考线的颜色。

（4）【地面】：进行 3D 操作时，用于设置显示地面的大小、网格大小及颜色。

（5）【光线跟踪】：将【3D 场景】面板中的“品质”选项设置为“光线跟踪最终效果”时，可定义光线跟踪渲染的图像品质。如果数值较小，那么，在某些区域（如柔和阴影、景深模糊）中的图像品质降低时，将立即自动停止光线跟踪。另外，在渲染时，始终可以通过单击鼠标键或按键盘上的按键来手动停止光线跟踪。

（6）【3D 文件载入】：用于指定 3D 文件载入时的行为。

- 【现用光源限制】：用于设置现用光源的初始限制。如果载入的 3D 文件中的光源数量超过了该限制数，那么，这些光源在一开始就会被关闭，但用户可以使用【场景】视图中光源对象旁边的眼睛图标在 3D 面板中打开这些光源。

- 【默认漫射纹理限制】：用于设置漫射纹理不存在时，Photoshop 将在材质上自动生成的漫射纹理的最大数量。如果 3D 文件具有的材质数超过了此数量，那么，Photoshop 将不会自动生成纹理。漫射纹理是在 3D 文件上进行绘画所必须的，如在没有漫射纹理的材质上绘画，Photoshop 将提示创建纹理。

11.3 动作的设置与使用

动作是让图像文件一次执行一系列操作的命令，大多数命令和工具操作都可以被记录在动作中。它可以包含停止指令，使用户去执行那些无法记录的任务，也可以包含模态控制，使用户在播放动作时在对话框中输入值。

11.3.1 【动作】面板

【动作】面板可以记录、播放、编辑和删除动作，还可以存储和载入动作。默认的【动作】面板中包含许多预定义的动作，如图 11-18 所示。执行【窗口】/【动作】命令或按 Alt+F9 组合键，即可打开或关闭【动作】面板。

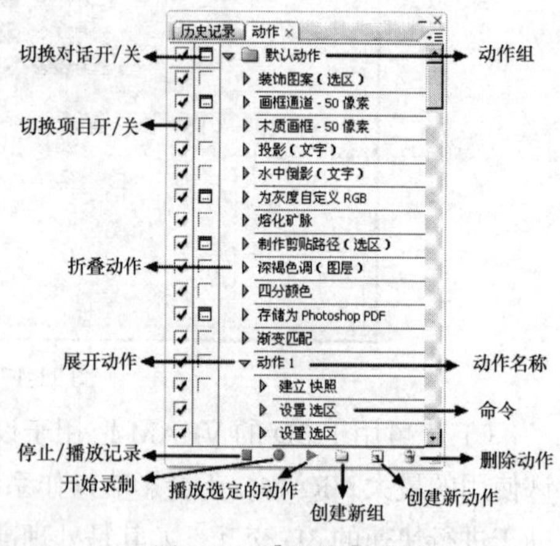

图 11-18 【动作】面板

一、展开和折叠动作

单击【动作】面板中的组、动作或命令左侧的 ▶ 图标，可将当前关闭的组、动作或命令展开；按住 Alt 键并单击 ▶ 图标，可展开一个组中的全部动作或一个动作中的全部命令。

单击 ▶ 图标，该图标将显示为 ▼ 图标，单击此图标，可将展开的组、动作或命令关闭；按住 Alt 键并单击 ▼ 图标，可关闭一个组中的全部动作或一个动作中的全部命令。

二、以按钮模式显示动作

默认情况下，【动作】面板是以列表的形式显示动作，用户也可以将其设置为以按钮的形式显示。具体操作是：单击【动作】面板右上角的 按钮，然后，在弹出的菜单中执行【按钮模式】命令即可。在【动作】面板菜单中再次选择【按钮模式】命令后，可将动作以列表的形式显示。

11.3.2 记录动作

除了应用 Photoshop CS5 中设置的预定义动作外，还可以自己设置动作。在设置之前，最好创建动作组，以更好地组织和管理动作。

一、创建新组

（1）单击【动作】面板中的【创建新动作组】按钮 。

（2）执行【动作】面板菜单中的【新序列】命令。

执行以上任一操作，都将弹出【新建组】对话框，输入动作组的名称，然后，单击 确定 按钮，即可新建动作组。

二、创建新动作

创建新动作组后，可以通过“记录”将所做的操作记录在该动作组中，直至停止记录。

（1）单击【动作】面板中的【创建新动作】按钮。

（2）执行【动作】面板菜单中的【新建动作】命令。

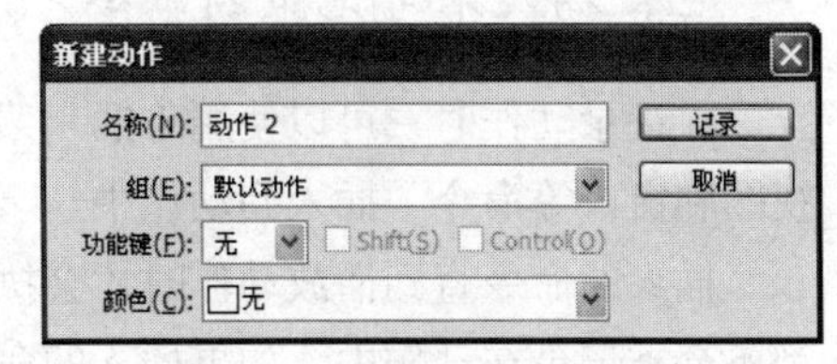

图 11-19 【新建动作】对话框

执行以上任一操作，都将弹出图 11-19 所示的【新建动作】对话框。在该对话框中设置各选项后，单击记录按钮，即可在新建动作的同时开始记录动作，此时，【动作】面板中的【开始记录】按钮将显示为红色的按钮，执行要记录的操作。如果要停止记录，可单击【动作】面板底部的【停止播放/记录】按钮，也可以在面板菜单中执行【停止记录】命令，还可以按 Esc 键，此时，显示为红色的记录按钮将还原为关闭的状态。

记录【存储为】命令时，不要更改文件名。如果输入了新的文件名，Photoshop CS5 将记录此文件名并在每次运行该动作时都使用此文件名。在存储之前，如果浏览到另一个文件夹，可以指定另一位置而不必指定文件名。

若要在同一动作中继续开始记录动作，可再次单击面板底部的按钮，或者执行面板菜单中的【再次记录】命令。

11.3.3　插入菜单项目、停止和不可记录的命令

在记录动作时，还可随时插入菜单项目、停止和不可记录的命令，以完善整个动作。

一、【插入菜单项目】命令

【插入菜单项目】命令可以将复杂的菜单项目作为动作的一部分包含在内。播放动作时，菜单项目将被设置在所记录的动作中。

（1）在【动作】面板中选择插入菜单项目的位置。

- 开始记录动作。
- 选择一个动作的名称，在该动作的最后记录菜单项目。
- 选择一个命令，在该命令之后记录菜单项目。

（2）在【动作】面板中选择现有的菜单项目。

（3）执行【动作】面板菜单中的【插入菜单项目】命令。

二、插入停止

在记录动作时可以插入停止，以便在播放动作时去执行那些无法记录的命令（如使用【绘画】工具），也可以在动作停止时显示一条短信息，提示用户需要进行的操作。

（1）选择插入停止的位置。

- 选择一个动作的名称，在该动作的最后插入停止。

- 选择一个命令，在该命令之后插入停止。

（2）在【动作】面板中执行【插入停止】命令，在弹出的【记录停止】对话框中，输入希望显示的信息。如果希望该选项继续执行动作而不停止，则勾选【允许继续】复选项，然后，单击 确定 按钮。

三、插入不可记录的命令

在记录动作时，可以使用【插入菜单项目】命令将许多不可记录的命令（如【绘画】工具、视图和窗口等命令）插入到动作中。

插入的命令直到播放动作时才会执行，因此，插入命令时图像文件保持不变。命令的任何值都不会被记录在动作中。如果插入的命令有对话框，那么，播放期间将显示该对话框，同时，暂停动作，直到单击 确定 按钮或 取消 按钮为止。

（1）选择要插入菜单项目的位置。

- 选择一个动作名称，在该动作的最后插入项目。
- 选择一个命令，在该命令的最后插入项目。

（2）在【动作】面板中选择【插入菜单项目】命令，在弹出的【插入菜单项目】对话框中选择一个菜单命令，然后，单击 确定 按钮。

11.3.4 设置及切换对话开/关和排除命令

记录完动作后，可设置对话开/关，以暂停有对话框的命令并在对话框中输入新的参数值。如果不设置对话的开/关，那么，播放动作时将不出现对话框，并且，不能更改已记录的值。在使用【插入菜单项目】命令插入有对话框的命令时，不能停用其对话开/关。另外，记录动作后，还可以排除不想播放的命令。

一、设置及切换对话开/关

在能弹出对话框的命令名称的左侧框中单击，当显示图标时，即完成对话开/关的设置，再次单击可删除对话开/关。在组或动作名称左侧的框中单击，可打开（或停用）组或动作中所有命令的对话开/关。对话开/关是以图标表示，如果动作和组中的可用命令只有一部分是对话开/关，那么，这些动作和组将显示红色的图标。

二、排除命令

在命令列表处于展开状态时，单击所要排除命令左侧的勾选标记，取消其勾选状态，即可排除此命令。再次单击，可使该命令被包括。若要排除或包括一个动作中的所有命令，可单击该动作名称左侧的勾选标记。

排除某个命令后，其勾选标记将消失，同时，上一级动作的勾选标记将显示为红色。

11.3.5 播放动作

播放动作就是执行【动作】面板中指定的一系列命令，也可以播放单个命令。如果播放的动作中包括对话开/关，则可以在对话框中指定值。

一、播放整个动作

在【动作】面板中选择要播放的动作名称，然后，单击面板底部的 ▶ 按钮或在面板菜单中选择【播放】命令。如果为一个动作指定了组合键，则可使用组合键播放该动作。

在【动作】面板中选择多个动作后，单击面板底部的 ▶ 按钮或在面板菜单中选择【播放】命令，可一次播放多个动作。

二、播放动作中的单个命令

在【动作】面板中选择要播放的命令，然后，按住 Ctrl 键并单击面板底部的 ▶ 按钮，或者按住 Ctrl 键并用鼠标双击该命令，即可播放此命令。在按钮模式中，单击一个按钮即可执行整个动作，但不执行先前已排除的命令。

11.3.6　编辑动作

记录动作后，还可以对动作进行编辑，如重新排列动作或命令的执行顺序，对组、动作或命令进行复制、删除、更改动作或组选项等。

一、重新排列动作和命令

在【动作】面板中重新排列动作或动作中的命令可以更改它们的执行顺序。

将动作或命令拖曳到位于另一个动作或命令之前或之后的新位置，当要放置的位置出现双线时释放鼠标左键，即可将该动作或命令移动到新的位置。利用这种方法，还可以将动作拖曳到另一个组或将命令拖曳到另一个动作中。

二、复制组、动作或命令

对于需要多次执行的组、动作或命令，可通过执行下列任一种操作将其复制。

（1）按住 Alt 键并将组、动作或命令拖曳到【动作】面板中的新位置，当要放置的位置出现双线时，释放鼠标左键。

（2）选择要复制的组、动作或命令，然后，在【动作】面板中选择【复制】命令，复制的组、动作或命令即出现在原来的位置之后。

（3）将要复制的组、动作或命令拖曳至【动作】面板底部的 按钮上。复制的组、动作或命令即出现在原来的位置之后。

三、删除组、动作和命令

对于不再需要的组、动作或命令，可通过执行下列任一种操作将其从【动作】面板中删除。

（1）选择要删除的组、动作或命令，然后，单击 按钮，在弹出的询问面板中单击 确定 按钮。

（2）选择要删除的组、动作或命令，按住 Alt 键并单击 按钮。

（3）将要删除的组、动作或命令拖曳到 按钮上。

（4）选择要删除的组、动作或命令，然后，在面板菜单中选择【删除】命令。选择【清除全部动作】命令可删除【动作】面板中的全部动作。

四、更改动作或组选项

（1）在【动作】面板中选择动作，然后，在面板中执行【动作选项】命令，即可在弹出的【动作选项】对话框中为选择的动作输入一个新的名称，或者设置新的键盘快捷键和按钮颜色。

（2）在【动作】面板中选择组，然后，在面板中执行【组选项】命令，即可在弹出的【组选项】对话框中为选择的组输入一个新的名称。

11.3.7 管理动作

默认情况下，【动作】面板中只显示预定义的动作，但可以载入其他动作，也可以将设置的动作保存，还可以设置动作的播放速度。

一、设置回放选项

【回放选项】命令提供了 3 种播放动作的速度，当处理包含语音注释的动作时，可以指定播放语音注释时动作是否暂停。在【动作】面板中选择【回放选项】命令，将弹出如图 11-20 所示的【回放选项】对话框。

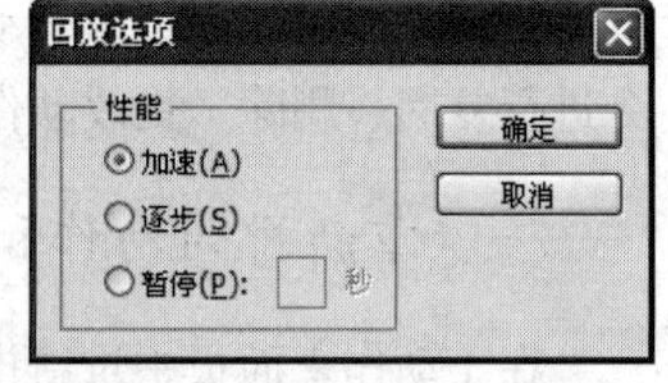

图 11-20 【回放选项】对话框

- 【加速】：选择此单选项后，将以正常的速度播放动作。此选项为默认设置。
- 【逐步】：选择此单选项后，将在播放每个命令后重绘图像，然后，再执行动作中的下一个命令。
- 【暂停】：选择此单选项后，可在右侧的文本框中输入暂停的时间，此后播放动作时，执行每个命令后将暂停此处所设置的时间量。

二、存储动作组

在【动作】面板中选择要保存的动作组，然后，在面板中执行【存储动作】命令，再在弹出的【存储】对话框中为该组输入名称并选择一个保存位置，最后，单击 保存(S) 按钮，即可将该动作组保存。

可以将动作组存储在任何位置，但如果将其保存在 Photoshop CS5 程序的【预设】/【动作】文件夹中，那么，重新启动应用程序后，该动作组将显示在【动作】面板的底部。

三、载入动作组

在需要执行预定义的其他动作时，可以将其所在的动作组载入。载入方法有下列两种。

（1）在【动作】面板中执行【载入动作】命令，选择要载入的动作组文件，然后，单击 载入(L) 按钮（Photoshop 动作组文件的扩展名为“.atn”）。

（2）在【动作】面板底部选择动作组。

四、将动作恢复到默认组

在【动作】面板中执行【复位动作】命令，再在弹出的面板中单击 确定 按钮，即可用默认组替换【动作】面板中的当前动作，若单击 追加(A) 按钮，则可将默认动作组添加到【动作】面板中的当前动作中。

五、替换动作组

在【动作】面板中执行【替换动作】命令，即可用选择的动作组替换【动作】面板中的当前动作。

小　　结

本章主要讲述了打印图像与系统优化的内容，包括打印图像操作、Photoshop 系统优化设置、动作的设置与使用等。这些内容虽然与图像处理的效果没有关系，但却是使处理的图像以高品质输出的关键，所以，希望读者能在掌握图像处理的前提下，熟练掌握这部分内容，使实际工作更方便。

习　　题

1. 打开素材文件中“图库\第 11 章”目录下的“儿童相册.jpg”文件，然后，利用【打印】命令对其进行打印输出。
2. 练习【动作】面板的使用。